LES

CAUSES ACTUELLES

EN GÉOLOGIE

DU MÊME AUTEUR

Géologie comparée. Étude descriptive théorique et expérimentale sur les Météorites. Vol. in-8" (1867), *épuisé*.

Lithologie terrestre et comparée; Roches, Météorites. Vol. in-8" à 2 colonnes, 1870.

Le Ciel géologique; Prodrome de géologie comparée. Vol. in-8°, 1871, *épuisé*.

Cours élémentaire de Géologie appliquée; Lithologie pratique, ou Étude générale et particulière des Roches considérées au triple point de vue de leur composition, de leur gisement et de leurs applications industrielles et agricoles. Vol. in-8", 1872.

Cours de Géologie comparée professé au Muséum d'histoire naturelle. Vol. in-8°, 1874.

La Terre végétale, de quoi elle est faite, comment elle se forme, comment on l'améliore; Géologie agricole. Vol. in-18, 1875.

Géologie des Environs de Paris ou Description des terrains et Énumération des fossiles qui s'y rencontrent, suivie d'un index géographique des localités fossilifères. Cours professé au Muséum d'histoire naturelle. Vol. in-8", 1875.

Promenade géologique à travers le ciel. Vol. in-32, 1875.

Géologie technologique, Traité des applications de la géologie aux arts et à l'industrie, traduction libre de l'*Economic geology*, de David Page. Vol. in-18, 1877.

Éléments de chimie et de géologie agricoles, traduction libre des *Elements of agricultural Chemistry and Geology*, de Johnston et Cameron. Vol. in-18, 1879.

EN PRÉPARATION

Traité des Météorites, description de la collection de météorites conservées au Muséum d'histoire naturelle. 1 vol. illustré.

Paris. — Imprimerie Arnous de Rivière, 26, rue Racine.

LES
CAUSES ACTUELLES

EN GÉOLOGIE

ET SPÉCIALEMENT

DANS L'HISTOIRE DES TERRAINS STRATIFIÉS

COURS PROFESSÉ AU MUSÉUM D'HISTOIRE NATURELLE

PAR

M. STANISLAS MEUNIER

AIDE-NATURALISTE, DOCTEUR ÈS SCIENCES
LAURÉAT DE L'INSTITUT (ACADÉMIE DES SCIENCES)
MEMBRE DE LA SOCIÉTÉ IMPÉRIALE DES NATURALISTES DE MOSCOU. ETC.

PARIS

DUNOD, ÉDITEUR

LIBRAIRE DES CORPS NATIONAUX DES PONTS ET CHAUSSÉES, DES MINES
ET DES TÉLÉGRAPHES

19. Quai des Augustins, 19

1879

TABLE DES MATIÈRES

Pages

AVANT-PROPOS.   VII
INTRODUCTION.   IX

LIVRE PREMIER
LA CROUTE GRANITIQUE

PREMIÈRE PARTIE. COMPOSITION DE LA CROUTE GRANITIQUE.   1

  CHAP. I. Description de la croûte.   1

  CHAP. II. Accessibilité du sujet au contrôle actuel.   4

DEUXIÈME PARTIE. ALLURES DE LA CROUTE GRANITIQUE.   7

  CHAP. I. Sinuosités de la croûte granitique.   7

  CHAP. II. Observations contemporaines.   10

    § 1. Tremblements de terre.   10
    § 2. Formation des chaînes de montagnes.   20
    § 3. Soulèvements et affaissements lents.   23

  CHAP. III. Conséquences des observations précédentes.   33

LIVRE II
LES RÉGIONS INFRAGRANITIQUES

PREMIÈRE PARTIE. LES ROCHES INTERCALÉES.   56

  CHAP. I. Caractères généraux des roches intercalées.   56

    § 1. Gisement des roches intercalées.   56
    § 2. Compositions minéralogiques des roches intercalées. . .   58

  CHAP. II. Phénomènes volcaniques.   62

  CHAP. III. Origine des roches intercalées récentes.   77

  CHAP. IV. Origine des roches plutoniques.   86

DEUXIÈME PARTIE. LES FILONS CONCRÉTIONNÉS.   93

  CHAP. I. Caractères généraux des filons concrétionnés   93

  CHAP. II. Filons concrétionnés de formation contemporaine. . . .   96

a

LIVRE III

LES RÉGIONS SUPRAGRANITIQUES

Pages

PREMIÈRE PARTIE. DÉNUDATION.   105
   CHAP. I.   Caractères généraux de la dénudation.   105
   CHAP. II. Action de la mer sur les falaises.   113
   CHAP. III. Action démolissante des glaciers.   135
   CHAP. IV. Action démolissante de la pluie et des eaux sauvages.   143
   CHAP. V.   Action démolissante des cours d'eau.   171
   CHAP. VI. Dénudation chimique.   180

DEUXIÈME PARTIE. SÉDIMENTATION.   196
   CHAP. I.   Terrains de transport.   197
      § 1. Terrains dits diluviens.   197
      § 2. Terrain glaciaire.   207
      § 3. Alluvions verticales.   220
      § 4. Terrain météorique.   246
      § 5. Remarques sur le creusement des vallées.   263
   CHAP. II. Terrains mixtes ou d'estuaires.   269
   CHAP. III. Terrains de sédiment proprement dits.   280
   CHAP. IV. État d'agglutination des couches.   284
   CHAP. V.   Nature chimique des couches.   304
   CHAP. VI. Variations des couches.   337

TROISIÈME PARTIE. FOSSILISATION.   345
   CHAP. I.   Transformations chimiques des matières enfouies. . . .   346
   CHAP. II. Gisement des fossiles.   352
   CHAP. III. Renouvellement des faunes et des flores.   381

RÉSUMÉ.   424

TABLE DES FIGURES INTERCALÉES DANS LE TEXTE.   431

TABLE ALPHABÉTIQUE DES LOCALITÉS MENTIONNÉES.   435

TABLE ALPHABÉTIQUE DES NOMS PROPRES CITÉS.   459

TABLE ALPHABÉTIQUE DES MATIÈRES.   466

AVANT-PROPOS

Comme son titre l'indique, ce livre est le résumé de leçons que nous avons été appelé à donner dans la chaire de géologie du Muséum d'histoire naturelle, où, depuis six années, nous suppléons, dans une partie de son enseignement, M. le professeur Daubrée.

A vrai dire, il résulte de la réunion des deux Cours consacrés, l'un, en 1875, à l'exposition générale de la doctrine des Causes actuelles en géologie, l'autre, l'année suivante, à l'application de cette doctrine à l'étude de la géologie parisienne. Mais nous avons fondu ensemble ces deux points de vue d'une manière intime, de manière à en faire un seul tout, où l'on trouvera un résumé de l'état actuel de la science.

On remarquera cependant une sorte de disproportion entre les diverses parties de cet ouvrage : l'histoire des terrains stratifiés est, à elle seule, beaucoup plus développée que celles ensemble des masses cristallisées et des roches éruptives. Cela tient exclusivement à ce que les circonstances nous ayant permis de l'étudier personnellement bien davantage, nous avons pu offrir au public un ensemble d'observations originales à leur égard. A ce point de vue nous nous permettrons de signaler spécialement les chapitres relatifs à la dénudation, aux terrains de transport, à la variation des couches, etc.

Les tables alphabétiques placées à la fin de ce volume, et à la rédaction desquelles nous avons apporté un soin tout particulier, constituent un véritable dictionnaire de géologie au triple point de vue des faits qui composent la science, des localités où on les observe et des auteurs qui les ont fait connaître.

INTRODUCTION

Que faut-il entendre, en géologie, par ces mots : *Causes actuelles ?*

Dans un ouvrage considérable, récemment livré au public, Charles Sainte-Claire Deville montre que cette dénomination, tirée de l'anglais où elle signifiait simplement *causes réelles*, par opposition aux suppositions gratuites si nombreuses jadis dans la·science, a été détournée de son sens : « Ces mots, *causes actuelles*, dit-il (*), sont en français la traduction des mots anglais *actual causes*. Mais consultez le dictionnaire pour bien comprendre le sens exact de ces expressions anglaises.

« *Dictionnaire de Johnston :*

« Actual; — certain, real, not speculative.

« Actually; — in act, in effect, really.

« Actualness; — the quality of being actual.

« *Dictionnaire de Spiers* (1852) :

(*) Charles Sainte-Claire Deville, *Coup d'œil historique sur la Géologie et sur les travaux d'Élie de Beaumont.* vol. in-8, 1878, p 246.

« Actual; — effectif, véritable; 2° actif; 3° actuel dans le sens d'effectif;

« Actually; — 1° réellement, véritablement, vraiment, absolument, positivement, énergiquement.

« Actualness; — réalité.....

« Ainsi, dans l'opinion des géologues anglais qui ont employé les mots *actual causes*, ces mots signifiaient non ce qui se fait *actuellement*, mais la cause réelle, effective, en opposition avec *imaginary* ou *speculative*. »

Nous allons voir, dans un moment, par l'exemple de Lyell, que cette affirmation n'est pas complétement exacte. Mais l'important n'est pas là. Que les mots *causes actuelles* ne traduisent pas littéralement *actual causes*, ils n'en restent pas moins l'appellation d'une doctrine féconde et certainement on n'est pas tenu de souscrire au verdict de Charles Deville, quand ce grand géologue écrit : « On leur a donné une signification absurde et il faut absolument les bannir de la langue géologique. »

Il y a bien peu de temps encore, la géologie était encombrée d'hypothèses relatives à l'origine de la terre et aux phénomènes qu'on observe à la surface de celle-ci. Ces hypothèses, fruits de l'imagination constamment affranchie du contrôle des faits, étaient à peu près complétement gratuites. Nous ne saurions les énumérer ici; notons seulement que, malgré leur extrême variété, elles étaient cependant sensiblement unanimes sur un point, à savoir que l'époque actuelle diffère à tous égards de celles qui l'ont précédée. Pour mieux dire, suivant ces systèmes, l'histoire du globe comprend deux périodes dont l'une, qui est le passé, est toute remplie de troubles, de révolutions, de désordres, de cataclysmes, tandis que l'autre, le présent, est caractérisée au contraire par la stabilité.

Hâtons-nous de constater plusieurs exceptions dans ce concert, et remarquons même que la France eut l'honneur d'avoir dans Buffon l'un des premiers écrivains qui rejetèrent cette distinction artificielle. Il est vrai que l'immortel auteur des *Époques de la nature*, emporté par la grandeur même de son génie, ne se mit pas assez à l'école des faits pour laisser un travail définitif; mais la faute en est plutôt à l'état d'enfance de la science à cette époque qu'à Buffon lui-même.

On pourrait en dire presque autant de James Hutton, à qui la géologie positive doit pourtant un si grand nombre de ses conquêtes les plus importantes. Car, s'il fut justement préoccupé d'effacer la limite dont nous parlions tout à l'heure, il se laissa aller, sans preuves à l'appui, à formuler des conclusions où l'on cherche en vain l'empreinte de la méthode scientifique. « Les substances minérales, disait-il en 1795 dans sa *Théorie de la terre*, sont soumises à une série de métamorphoses; elles sont alternativement dévastées et renouvelées. » Mais à cette constatation d'un fait positif, il ajoute bientôt ces affirmations dont rien ne peut être le contrôle : « Il ne nous appartient pas de déterminer combien de fois ces vicissitudes de destruction et de renouvellement, ont été opérées; elles forment une série dans laquelle nous ne pouvons voir ni le commencement ni la fin, ce qui s'accorde parfaitement avec ce que nous pouvons voir des autres parties de l'univers. L'Auteur de la nature n'a pas donné au monde des lois semblables aux institutions humaines qui portent en elles-mêmes le germe de leur destruction. Ses ouvrages ne montrent aucun caractère d'enfance ni de caducité, ni aucun signe qui puisse nous en faire deviner la durée passée ou à venir. Comme il a donné un commencement au système actuel, il peut sans doute lui donner une fin dans une période déterminée; mais *nous en pouvons conclure avec certitude que cette grande catastrophe ne s'effectuera par aucune des lois qui existent maintenant.* » On sait combien les données positives de la science actuelle sont à l'opposé de cette conclusion.

Au point de vue qui nous occupe, un des hommes qui ont laissé dans la science les traces les plus profondes est Poulett Scrope, qui exposa en 1827, dans ses *Considerations on vulcanoes*, des vues remarquables à plus d'un titre. Suivant lui : « Le principal objet de la géologie consiste à déduire l'histoire des changements qui ont eu lieu jadis sur notre globe, de la connaissance de ceux qui aujourd'hui s'opèrent successivement sur un point quelconque de sa surface, soit par des causes fortuites, soit par une série régulière de transformations, en appliquant les lois qui régissent ces derniers aux faits que nous rencontrons dans nos recherches géognostiques ».

Aujourd'hui même l'auteur n'aurait rien à changer à cette définition de la science; mais il a laissé à d'autres le soin d'en montrer la justesse par la découverte des innombrables faits de détail qui peuvent les légitimer aux points de vue les plus variés.

C'est ainsi que, malgré les précédents qui viennent d'être cités, c'est un illustre géologue anglais, Charles Lyell, qui doit être considéré comme le véritable auteur de la théorie si féconde des *Causes actuelles*. Cette théorie, reçue dès sa naissance avec faveur par beaucoup de géologues, a rencontré aussi des adversaires décidés. Elle fut formulée peu de temps après la publication du *Discours* de Cuvier *sur les révolutions du globe* et devait nécessairement trouver beaucoup d'opposition dans l'école du grand naturaliste français.

Dès 1832, Lyell prit les *Causes actuelles* comme sujet d'un cours qu'il professa au *King's college* de Londres, et c'est cette même théorie qui, développée successivement au fur et à mesure des progrès de la science, fournit la substance des célèbres *Principles of geology*. Les *Elements of geology* du même auteur, publiés beaucoup plus tard, en sont eux-mêmes une sorte de résumé.

Charles Lyell se rencontra, au début de ses travaux, avec un de nos compatriotes, engagé lui aussi dans la même ligne de recherches qui devaient être si fécondes. C'est Constant Prévost, dont les découvertes sont nombreuses, mais qui, prudent peut-être à l'excès, n'est pas arrivé à une formule générale comparable à la doctrine du géologue anglais.

Ce n'est d'ailleurs que progressivement que Constant Prévost arriva à se faire, des causes actuelles et de leur rôle, l'opinion à laquelle il s'arrêta définitivement. C'était en 1845 qu'il terminait une lecture à l'Académie des sciences par ces mots, qui furent regardés comme un manifeste contre l'École cataclysmienne de Cuvier :

« Les phénomènes géologiques de l'ordre actuel agissent sur une échelle aussi grande que dans les temps précédents, et les effets aujourd'hui produits ou qui pourraient l'être par des événements extraordinaires, mais possibles, ne sont et ne seraient inférieurs en étendue, ni en grandeur, ni en puissance, à ceux que nous offre la succession des terrains en ne remontant, si l'on veut, que jusqu'à l'époque des terrains carbonifères, exclusivement pour éviter toute apparence d'exagération. »

Cette doctrine souleva des contradictions violentes qui sont bien loin de s'être apaisées.

Cherchons à préciser le véritable terrain de ce débat intéressant.

Suivant nous, il est tout entier du domaine de la chronométrie, et les adversaires des causes actuelles sont victimes, à leur insu, d'une illusion qu'on retrouve dans la plupart des traditions cosmogoniques.

Celles-ci, en effet, n'accordent à la création tout entière qu'une durée extrèmement courte et, plus l'on découvre qu'elle contient de phénomènes superposés, plus l'on est contraint à admettre que ces phénomènes ont été rapides. Si, conformément aux idées anciennes, notre terre n'avait réellement que 6 000 ans, évidemment il faudrait reconnaître que les montagnes se sont soulevées tout à coup, que les vallées ont été creusées comme sous l'action de gigantesques rabots, que les continents se sont successivement émergés et submergés avec des allures de pistons et que les faunes et les flores ont été alternativement créées, comme sur les théâtres de féeries, et détruites, comme par des fléaux incoercibles.

Mais, les progrès de la science permettent à présent de soumettre les doctrines gratuites à un contrôle sévère. L'étude des parties les plus superficielles de la terre prouve, en dehors de toute hypothèse, que la période géologique actuelle dure depuis un temps qui a dépassé de beaucoup toutes les prévisions.

Il est indispensable de rappeler en quelques mots certains faits conduisant à cette conclusion capitale.

On sait comment M. Morlot a trouvé, dans le delta que la Tinière édifie sans cesse en tombant dans le lac de Genève, un véritable chronomètre. Sa section verticale pratiquée lors de l'édification du chemin de fer a montré que ce delta, en forme de cône, est constitué par la superposition tout à fait régulière de couches de sables ou de gravier et que son accroissement est exactement proportionnel au temps. Or, à $1^m,30$ sous la terre végétale, on a recueilli des médailles romaines datant de seize à dix-huit siècles. Une seconde couche, pleine de débris d'industrie, se présentant à 3 mètres, on est autorisé à lui attribuer une antiquité de 4 000 ans; elle correspond à l'époque antéhistorique qualifiée d'âge de bronze.

Enfin, à six mètres de profondeur, une troisième couche se présente avec des poteries grossières, du bois carbonisé et des os brisés. On en retira un squelette humain dont le crâne est petit, rond et remarquablement épais. Il lui faut bien reconnaître un âge de soixante-dix siècles.

Depuis ces 7 000 ans, non-seulement il n'y a pas eu de révolution géologique à l'embouchure de la Tinière, mais la pente des terrains, l'allure du torrent et celle du lac n'ont subi aucune variation sensible. Ce long laps de temps n'est qu'une minute dans la période géologique actuelle.

Au pont de Thielle, entre Brenne et Neuchâtel, des faits tout à fait comparables ont amené à reconnaître qu'il y a

6750 ans l'homme était déjà parvenu à un état de civilisation relativement avancé. Il construisait sur pilotis les habitations dites lacustres, il fabriquait des filets et des poteries, cultivait le blé et avait domestiqué le chien.

Mais on peut aller plus loin.

Les alluvions du Nil se superposent chaque année avec une extrème régularité et l'épaisseur dans chaque point s'accroît proportionnellement au temps. Dans une localité où il se dépose 15 centimètres de limon par siècle, M. Linant Bey trouva une brique à 18 mètres de profondeur et dont l'âge par conséquent est de 12000 ans. Dans un autre point où l'accroissement est différent, le même auteur recueillit une autre brique datant de 30000 ans.

Des résultats plus frappants encore ont été prouvés par l'étude du delta du Mississipi. Sa surface étant de 77000 kilomètres carrés et son épaisseur de 100 mètres au moins, Lyell a calculé que sa formation a exigé plus de 100000 ans, depuis lesquels aucune modification sensible n'a été apportée à la géographie physique du pays.

Agassiz, qui a étudié avec tant de soin les récifs madréporiques de la Floride, constate qu'ils gagnent sur la mer $0^m,30$ par siècle et calcule qu'il leur a fallu 135000 ans pour atteindre leurs dimensions actuelles. Ce fait est spécialement intéressant à cause de la susceptibilité spéciale des zoophytes coralligènes qui auraient cessé de prospérer, si seulement la température de l'air s'était sensiblement modifiée. Leur persistance se montre donc depuis 1350 siècles une uniformité climatérique absolue.

Au Brésil, Claussen a signalé des cavernes dont le sol,

accru chaque année de deux couches, l'une estivale, limoneuse, l'autre hivernale, stalagmitite, témoigne de la persistance des conditions météorologiques actuelles depuis plus de 100 000 ans. Elles renferment, pour le dire en passant, des restes de mégatherium, de glyptodon et d'autres espèces maintenant fossiles dont la disparition, loin de coïncider avec un cataclysme, est comprise comme simple détail dans la série uniforme des sédimentations saisonnières.

Les mouvements lents du sol peuvent parfois fournir aussi **des données chronométriques.** C'est ainsi que, dans certains points des côtes de Suède qui s'élèvent de $0^m,75$ par siècle, on trouve des couches marines récentes soulevées à 180 mètres. Leur émersion date donc de 24 000 ans.

Dans le pays de Galles, on trouve qu'après une élévation qui correspond à 112 000 ans, il y a eu un affaissement qui a exigé 24 000 ans. Les couches *modernes* exhaussées sont donc sorties de l'eau depuis 224 000 ans.

Ces 2 200 siècles appartiennent tout entiers à l'époque actuelle.

Or, la conséquence de ces faits, dont l'énumération aurait pu être prolongée beaucoup, c'est que, les phénomènes géologiques les plus récents ayant rempli une aussi immense période, ont dû nécessairement avoir une allure très-lente. Autrement, il faudrait supposer qu'après leurs manifestations subites un calme absolu a existé, et cette hypothèse est radicalement contraire à la continuité, visible partout, des actions géologiques.

Un exemple nous fera bien comprendre.

L'observation de tous les jours montre les cours d'eau

employés sans cesse à transporter dans les mers des particules arrachées au bassin de leur vallée. On a même pu mesurer la quantité de limon ainsi charrié et calculer le cube qu'elle représente au bout d'un temps déterminé.

Or si, remontant en arrière, on cherche ce que deviendraient nos vallées remises en possession de toute la substance qu'elles ont perdue, si insensiblement, depuis les milliers de siècles dont nous venons de parler, on trouve, malgré le manque inévitable de précision de semblables calculs, que non-seulement elles seraient comblées, mais que toute la surface continentale serait épaissie.

L'acceptation de la doctrine des causes actuelles peut donc, d'après cet exemple, être soumise à un contrôle pour ainsi dire mathématique.

D'ailleurs la période actuelle n'est bien évidemment rien en durée comparée à l'ensemble des époques géologiques qui l'ont précédée. Le dépôt sur plusieurs kilomètres d'épaisseur des couches stratifiées, dans des conditions de calme compatibles au développement de la vie et à la transformation lente des espèces organiques, a exigé nécessairement un nombre incalculable de fois le temps dont nous venons de parler.

Dès lors, non-seulement il n'y a plus lieu de supposer aux phénomènes géologiques une rapidité qui exige une puissance extrème chez les agents qui les ont produits, mais l'idée de leur grande lenteur s'impose invinciblement à l'esprit. On reconnaît que les forces actuellement en jeu, en possession du temps prolongé qui s'est écoulé depuis l'origine de la terre, sont tout à fait suffisantes pour expliquer les effets observés. C'est une sorte d'application à un axiome fondamental de la mécanique, et ce que nous gagnons ici en temps, nous pouvons l'économiser en force.

On voit que pour nous, comme pour Lyell qui cependant étant Anglais devait comprendre le sens des mots dans sa langue, comme pour Constant Prévost, les mots *causes actuelles* signifient simplement les causes actuellement agissantes, avec leur énergie et leur allure actuelles.

Il n'y a aucune raison à les limiter, comme on l'a fait quelquefois, aux *causes aqueuses;* et il faut remarquer aussi qu'elles déterminent souvent des *effets brusques*, quand, par exemple à la suite d'efforts longtemps continués, la limite d'élasticité de certaines masses se trouve tout à coup dépassée.

Enfin, leur domaine est tellement vaste qu'on les voit sortir, sans changer de caractère, des limites de la géologie proprement dite et résoudre des problèmes d'un ordre tout différent. L'étude des peuplades sauvages actuelles éclaire ainsi par la méthode que nous avons en vue toute l'histoire de l'homme fossile aussi bien en ce qui touche à des particularités intellectuelles ou morales que sous le rapport purement physique.

Une dernière remarque est nécessaire. Le globe ne reste pas constamment identique à lui-même. Il parcourt, à n'en pas douter, les phases successives d'une véritable évolution, et dès lors les mêmes causes doivent produire sur lui des effets qui dépendent en partie de son âge propre. Par exemple, la contraction centripète donnant lieu aux phénomènes de fractures et d'éruption, ceux-ci varient lentement en même temps que la température interne et que l'épaisseur de la croûte solidifiée. C'est une opinion que Constant Prévost lui-même a exprimée très-heureusement de la manière suivante : « La doctrine des causes actuelles, dit-il, ne suppose pas, selon moi, et contrairement à l'idée de beaucoup de géologues, l'identité et l'éternité des mêmes causes et des mêmes effets, mais bien l'enchaînement naturel nécessaire de causes et d'effets qui se modifient mutuellement de manière que les faits successifs produits, non-seulement peuvent, mais doivent varier; que de nouveaux peuvent se manifester, d'autres cesser de se produire, sans que pour cela on soit en droit de supposer des altérations dans les grandes lois immuables de la nature ou des bouleversements, des cataclysmes, des révolutions qui ne seraient pas les conséquences des mêmes lois ».

Ajoutons que si, à l'examen de la terre, on joint, comme on l'a fait dans ces derniers temps, l'étude géologique d'astres différents, on peut dire sans exagération que tout, même les questions d'origine et de fin du globe, rentre dans le domaine des causes actuelles et l'on peut attendre des applications qu'on en fera les résultats les plus importants.

LES
CAUSES ACTUELLES
EN GÉOLOGIE

LIVRE PREMIER
LA CROUTE GRANITIQUE

PREMIÈRE PARTIE
COMPOSITION DE LA CROUTE GRANITIQUE

CHAPITRE Ier.
DESCRIPTION DE LA CROUTE

Quelle que soit la région du globe qu'on étudie, on arrive toujours à reconnaître, soit directement, soit en appliquant les données fournies par des points voisins, que le véritable fondement des masses minérales visibles à la surface consiste en roches cristallines dont le type principal est constitué par le granite.

Il résulte de ce fait, qui sera justifié par la suite, que si, par la pensée, on dépouille le globe de toutes les formations superficielles, celui-ci apparaît comme un sphéroïde de granite. Le rôle général de cette roche, ou plutôt de cette famille de roches, justifie amplement la place qu'on lui donne dans les classifications géologiques (*) et explique aussi pourquoi c'est par son étude que nous commençons cet ouvrage.

Le granite (*fig.* 1) est caractérisé par un assemblage de cristaux

Fig. 1. — Examen microscopique du granite de Vire (Calvados)
réduit en lame transparente.
4, Mica brun. 6, 25, Quartz. 7, Feldspath triclinique. 9, 22, 24, Orthose.

imparfaits de feldspath orthose, de quartz et de mica, minéraux fondamentaux, essentiels comme on dit, auxquels s'ajoutent une série très-nombreuse d'espèces accidentelles, parfois importantes, mais sur lesquelles il est impossible de nous arrêter ici.

Nous venons de voir que le granite, compris géologiquement, est plutôt une famille de roches qu'une roche distincte. Les lithologistes, en effet, en distinguent plusieurs types, très-nettement

---

(*) Mais non pas, sans manquer à la méthode, dans les classifications lithologiques. Voir à cet égard ce que nous disons dans un précédent volume intitulé : *Géologie élémentaire, lithologie pratique,* Un vol. in-8, 1871. Librairie Dunod.

définis, mais qui sont reliés entre eux par d'insensibles intermédiaires. Les plus fréquents, dont il est indispensable de rappeler ici les principaux caractères, sont : le gneiss, le micaschiste, la protogine.

On peut dire que le gneiss ne diffère, en général, du granite normal que par sa structure qui est plus ou moins feuilletée. Cette différence, tout à fait secondaire au point de vue lithologique, est capitale, au contraire, pour les études de géologie, et l'on verra les conséquences qui en découlent. Il faut ajouter que, fort souvent aussi, le gneiss se distingue par des proportions particulières de ses éléments constituants; le quartz y étant beaucoup plus rare que dans le granite proprement dit.

Le micaschiste, offrant la même structure que le gneiss avec un degré plus grand encore de la schistosité, est caractérisé par l'absence plus ou moins complète du feldspath.

Enfin, la protogine, tantôt grenue, tantôt schisteuse se distingue par la présence d'un mica spécial, talqueux et de couleur verdâtre qui permet de reconnaître la roche à la première vue.

Ces divers types : granite, gneiss, micaschiste et protogine varient dans des limites assez larges et admettent des amas subordonnés de roches variées. On peut dire que, comprises de cette manière large, elles constituent à elles seules le soubassement rocheux général.

Pour ne pas faire appel à des notions que le développement naturel de notre sujet nous fera rencontrer plus tard, il faut nous borner ici à une description très-superficielle du terrain granitique. Cependant, il importe d'ajouter, à ce qui précède, qu'on reconnaît avec certitude que ce terrain, universel dans le sens horizontal, n'a pas une épaisseur indéfinie. Nous reviendrons plusieurs fois dans la suite sur ce point, qui est démontré surtout par l'étude des roches éruptives, et nous accepterons provisoirement comme acquis le résultat qu'on peut formuler en disant que les roches granitiques constituent une *croûte* cristalline générale.

CHAPITRE II

La croûte granitique étant de formation extrêmement ancienne, et ne devant plus se reproduire, il peut paraître contradictoire d'en entreprendre l'étude au point de vue des causes actuelles; aussi une remarque est-elle ici nécessaire.

La terre, dont nous avons exclusivement en vue l'étude dans cet ouvrage, n'est pas une exception dans la nature. Loin d'être seule de son espèce, elle doit apparaître de plus, à la suite des études récentes, comme l'un des très-nombreux termes d'une très-longue série de corps célestes dont les caractères généraux sont communs.

Ce point, sur lequel nous n'avons pas à insister et dont on trouvera ailleurs tous les développements (*), ne saurait non plus ne pas nous arrêter en passant. Il nous faut constater en effet, à la fois, l'impuissance des causes actuelles à expliquer dès mainte-, nant tous les phénomènes de la géologie et les prévisions qu'il est légitime de faire, quant à l'extension que pourra prendre dans l'avenir la méthode d'interprétation dont nous allons exposer les résultats déjà acquis.

On connaît la belle théorie cosmogonique de Laplace, d'après laquelle toutes les planètes seraient sorties successivement d'une même nébuleuse dont le Soleil représente le résidu. Il n'entre pas dans notre programme de développer ce sujet, mais nous devons faire remarquer que le système tiré par Laplace de son propre génie coïncide exactement aujourd'hui avec les faits d'observation directe dont l'illustre géomètre ne pouvait se douter.

Par exemple, l'analyse spectrale et l'examen des météorites ou pierres qui tombent du ciel, a conduit à ranger parmi les notions les plus positivement établies l'unité de composition chi-

---

(*) STANISLAS MEUNIER. *Cours de géologie comparée professé au Muséum d'histoire naturelle*; 1 vol. in-8°, 1874.

mique du **système solaire** qui sert précisément de base à la théorie de Laplace.

De même, les études qui constituent la science si nouvelle encore et déjà si féconde, désignée sous le nom de *Géologie comparée;* ces études ont fait voir que les astres qui font cortége au soleil parcourent les phases successives d'une véritable évolution, et qu'à l'heure actuelle ils sont loin d'avoir tous le même âge.

Le Soleil est le plus jeune; la Lune et Mars sont beaucoup plus avancés en développement. La Terre occupe à cet égard un rang intermédiaire.

Ces données une fois admises, il en résulte, à notre point de vue, cette conséquence très-importante qu'on peut appliquer aux astres du système solaire la méthode qui permet de reconstituer le passé ou de prévoir l'avenir d'un être dont on connaît les semblables plus âgés ou plus jeunes. Dans une forêt de chêne, par exemple, on est bien sûr que tel arbuste de dix ans a commencé par être une faible pousse sortant du gland et finira, s'il vit assez, par acquérir tous les caractères du doyen de la forêt.

De même relativement à la terre, nous devons conclure de ce qui précède, qu'elle a eu, dans le passé, la plus grande analogie avec Vénus et qu'elle s'achemine vers un état semblable à celui de Mars et de la Lune. Nous ne pouvons qu'indiquer ces points que l'on pourra étudier ailleurs, mais cela suffit pour montrer que rien n'empêche de prévoir la possibilité de l'étude directe du granite en voie de formation sur un astre autre et plus jeune que la Terre : sur le Soleil ou sur Vénus, peut-être sur le problématique Vulcain.

Après les conquêtes absolument inespérées ou même regardées comme impossibles que la science a réalisées sous nos yeux, personne ne voudrait affirmer que la chose dépassât le cercle des prévisions légitimes.

Quoi qu'il en soit, il faut reconnaître que jusqu'ici on n'a pas observé la production naturelle du granite et nous devons même ajouter que l'expérience synthétique, dont le rôle, comme nous l'avons dit, doit avoir sa place dans le domaine des causes actuelles, n'a pas donné jusqu'ici de résultats satisfaisants.

Toutefois, si l'expérience n'a pas appris comment s'est fait le granite, elle a montré nettement comment il ne peut pas se produire et cela mérite de nous arrêter un moment.

Si, en effet, on soumet, dans un creuset, du granite à la fusion et qu'on ménage le refroidissement avec toute la lenteur possible on constate toujours la production d'une substance amorphe, vitreuse, contrastant de la manière la plus complète avec l'aggrégat cristallin que constitue le granite. La conclusion, qui paraît bien ligitime, c'est que le granite ne s'est pas produit par fusion ou du moins par fusion pure et simple.

On sait, d'un autre côté, comment la présence de gouttelettes liquides au milieu même des cristaux constituants de la roche conduit à supposer que c'est par voie mixte, c'est-à-dire en présence de certaines vapeurs fortement chauffées que la croûte granitique a dû prendre naissance : conclusion remarquablement d'accord avec celle où conduisent les notions de géologie comparée, les astres plus rapprochés que la terre de la période granitique offrant justement à notre observation un milieu riche en gaz et de température très-haute.

Il est même légitime de dire que plus de précision encore peut être introduite dans ce sujet difficile, mais on n'en saisira la portée qu'au moment où nous exposerons l'état de nos connaissances au sujet des roches éruptives et de leur mode de formation.

Les expériences par fusion, exécutées d'abord par Buffon, conduisent aussi à reconnaître que l'épaisseur de la masse granitique ne saurait être indéfinie, car en adoptant les chiffres les plus faibles pour l'expression de l'augmentation de chaleur dans la profondeur, on reconnaît qu'à 30 kilomètres tout au plus, le granite ne saurait subsister à l'état solide. Sans préjuger la nature des masses existant à cette distance de la surface, sujet qui nous occupera plus loin, nous pouvons donc conclure en toute assurance, conformément à ce que nous disions plus haut, que le granite constitue une *croûte cristalline* relativement fort mince.

DEUXIÈME PARTIE

ALLURES DE LA CROUTE GRANITIQUE

L'histoire de la croûte granitique ne serait pas complète si, après avoir examiné sa composition, nous passions sous silence les caractères de gisement qu'elle présente. Loin, en effet, d'être uniforme dans toutes ses parties et de constituer une masse sphéroïdale régulière, elle a conservé de toutes parts l'empreinte de phénomènes très-anciens qu'il importe beaucoup d'énumérer.

CHAPITRE Ier.

SINUOSITÉS DE LA CROUTE GRANITIQUE

L'un des plus simples parmi les phénomènes anciens auxquels il vient d'être fait allusion consiste dans la différence de niveau auquel arrive en différents points la surface du granite. Tandis qu'au sommet du mont Blanc elle atteint 4,810 mètres, elle est à 1,000 mètres aux environs de Clermont-Ferrand et à Zéro à Cherbourg. Des considérations géologiques, qui nous occuperons plus tard, autorisent à supposer que le granite gît à plusieurs kilomètres de profondeur au-dessous du sol de Paris et par conséquent les ondulations de la surface de l'écorce cristalline sont très-marquées.

Allant plus loin, si l'on examine la structure des chaînes montagneuses, on constate que le granite porté à de grandes hauteurs est pour ainsi dire encadré de terrains différents, eux-mêmes fort accidentés et comme plaqués des deux côtés de l'arête cristalline. En suivant pas à pas ces terrains latéraux perpendiculairement à la chaîne on les voit, en arrivant dans la plaine, devenir progressivement horizontaux et le fait est si net que l'idée d'un redressement subi par ces terrains au voisinage du granite et postérieurement à leur formation, s'impose d'elle-même à l'esprit.

Enfin, une troisième remarque instructive au sujet du fait qui nous occupe concerne l'existence de certains accidents appelés *failles* et sur lesquels il est indispensable de nous arrêter un instant.

Ces failles (*fig.* 2) ne sont autre chose, que des fissures plus ou

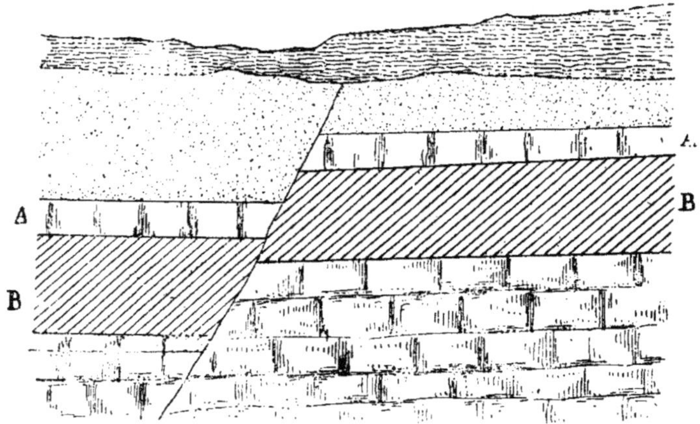

Fig. 2. — Disposition générale d'une *faille* recoupant des couches de terrains sédimentaires. On remarque, en suivant une couche en particulier telle que A ou B, que l'ensemble des couches a été rejeté par la faille.

moins verticales, qui recoupent la portion pierreuse du globe et se perdent dans des profondeurs plus grandes que toutes celles où l'on peut atteindre. L'ensemble des failles divise le globe tout entier, considéré à sa surface, en fragments juxtaposés donnant assez bien l'idée des voussoirs d'une voûte.

Or, on reconnaît que des failles sont toujours en relation avec les pointements granitiques dont nous venons de parler et que toujours des failles se montrent parallèllement à la direction des chaînes de montagne, et dans leur voisinage. Nous aurons l'occasion de revenir sur les failles qui recoupent tous les terrains superposés au granite, mais il faut insister ici sur ce fait qu'elles hachent le granite lui-même et dès lors constituent un des traits de la constitution du soubassement cristallin.

On aura une idée très-nette de ce qu'il faut entendre par failles, et par système de failles, en examinant la figure théorique qui, dans l'*explication de la carte géologique de France* (*), représente les accidents de surface et les failles qui caractérisent la plaine du Rhin. Pour celui qui est placé sur le sommet du Rothi, près de Soleure, l'imagination se représente aisément, suivant la remarque d'Élie de Beaumont, cette plaine remplacée par des masses aussi élevées que les Vosges et la Forêt-Noire, entre lesquelles elle s'étend, formant de ces deux groupes une seule proéminence légèrement bombée, dont la voûte extrêmement surbaissée s'incline peu à peu d'un côté vers la Lorraine et de l'autre vers le Wurtemberg.

Ainsi, l'examen de la masse granitique générale nous conduit à la constation de ces trois faits considérables :

1° La surface du granite est prodigieusement ondulée ;

2° Cette roche constitue l'arête des grandes chaînes montagneuses ;

3° Enfin, sa masse est de toutes parts recoupée de failles.

La question qui se pose devant nous à cette occasion est multiple : Ces caractères du granite sont-ils originaires ou acquis ? — Sont ils indépendants les uns des autres ou liés entre eux ? — Quelle est leur signification ?

Comme on va voir, ces trois questions, au fond, n'en forment qu'une et la considération des causes actuelles est toute-puissante pour les résoudre en permettant pour ainsi dire de saisir sur le fait la formation contemporaine des sinuosités dont il s'agit.

(*) ÉLIE DE BEAUMONT et DUFRÉNOY, *Explication de la carte géologique de France*, t. I, p. 437.

CHAPITRE II

Quand on étudie les caractères actuels de la masse granitique inférieure aux masses rocheuses superficielles de la terre, ce qui frappe le plus c'est ce grand fait qu'au lieu d'être inerte et immobile comme il semble si naturel de le supposer *à priori*, elle est au contraire animée de mouvements plus ou moins considérables, les uns brusques et intermittents, les autres tout à fait continus. Ils diffèrent entre eux par leurs caractères généraux, de façon qu'on peut les ranger sous trois chefs distincts. Les uns se manifestent par des oscillations verticales, horizontales ou circulaires, toujours instantanées et plus ou moins internes : on les appelle mouvements seismiques et plus simplement *tremblements de terre*. D'autres affectent des lignes plus ou moins longues, et s'exercent rapidement, et avec intermittence conduisant peu à peu à la production des dénivellations brusques qui caractérisent les chaînes de montagnes. Enfin les derniers, affectant des étendues plus ou moins considérables, sont lents et continus, et donnent lieu, suivant l'expression devenue classique d'Élie de Beaumont, aux *bossellements généraux* ; on verra que la division de la surface du globe, en continents et en bassins marins, est presque exclusivement son œuvre.

Un paragraphe sera consacré à chacune de ces espèces de mouvements.

§ 1. — Tremblements de terre.

La forme la plus facilement observable des mouvements de la croûte terrestre est celle que l'on désigne sous le nom de *tremblements de terre*. Ceux-ci ont lieu indistinctement dans des pays dont les constitutions géologiques superficielles sont les plus variées, et cette remarque, en montrant que ces constitutions n'ont rien à voir dans la question, conduit à rapporter le phénomène à l'assise granitique universelle.

Parmi les exemples de tremblements de terre, nous devons citer, quoiqu'il soit très-connu mais à cause de son grand développement et surtout des études spéciales dont il a été l'objet, celui qui a eu lieu le 1ᵉʳ novembre 1755 à Lisbonne, et dont M. Boscowitz a fait un récit auquel nous empruntons quelques faits (*). A neuf heures trente-cinq minutes, un choc effroyable ébranla la ville dans ses fondements les plus solides, sans autre signe précurseur qu'un grand bruit souterrain. En un instant, les plus beaux édifices tombaient en ruine. Quelques minutes après, la nature du mouvement changeait complétement : on eût dit le cahot d'un chariot roulant avec une violence extrême sur un chemin inégal. Il en résulta la chute de presque toutes les maisons et de beaucoup d'édifices publics, qui ensevelirent sous leurs ruines un nombre incalculable de victimes. Le tremblement de terre avait duré six minutes.

Quelques personnes, qui se trouvaient dans un canot sur le Tage, à 1 mille environ de la ville, ressentirent dès le début un choc violent semblable à celui que l'on éprouve en touchant le fond quoiqu'ils fussent à l'endroit le plus profond du fleuve. Le port était complétement à sec; mais tout à coup, une vague énorme, haute de plus de 50 pieds, apparut et menaça la malheureuse cité d'un désastre plus grand; elle en fut préservée néanmoins, grâce à la large baie dans laquelle vinrent se briser les vagues furieuses. Les eaux atteignirent les maisons restées encore debout, et forcèrent les survivants à se réfugier sur les hauteurs.

Une secousse se fit encore sentir vers midi, et l'on vit des murailles s'entr'ouvrir et se refermer immédiatement, laissant à peine une trace de l'énorme fissure qui s'était produite (**). Un

---

(*) Boscowitz. *Les volcans et les tremblements de terre*, p. 558.

(**) Nous avons assisté à la reproduction artificielle, quoique involontaire, de ce fait. Au moment de l'explosion de la poudrière du Luxembourg, lors de la prise de Paris par les troupes de Versailles, le 24 mai 1871, un mur d'une maison de la rue d'Assas se fendit de crevasses refermées aussitôt. Pendant le court instant de l'ouverture de ces crevasses, le vent produit par l'explosion y poussa des vêtements suspendus devant le mur et qui y furent si solidement encastrés qu'il fut impossible de les en retirer.

grand nombre des plus hautes montagnes du Portugal furent ébranlées, leur sommet s'affaissa et des quartiers de rochers furent précipités dans les vallées.

Les oscillations furent presque aussi terribles dans la ville d'Oporto que dans la capitale. A neuf heures quarante minutes environ du matin, bien que le ciel fût serein, on y entendit tout à coup un bruit semblable au roulement de plusieurs voitures sur un chemin raboteux, et presque aussitôt une secousse terrible ébranla tous les édifices. Le fleuve était dans un état d'agitation tel, que ses eaux s'élevèrent et s'abaissèrent de 5 à 6 pieds dans l'espace de deux minutes. Une quantité énorme de gaz s'en échappa.

Le même jour, le fléau ravagea également Ayamonte. Les secousses s'y succédèrent pendant quinze minutes, et endommagèrent la plupart des édifices. Enfin, une demi-heure plus tard, la mer, mêlant ses eaux à celles de la Guadiana, envahit la côte et submergea les îles voisines et les rues de la ville. Ce phénomène eût lieu à trois reprises différentes.

Les vagues écumantes apportées par le reflux, inondèrent aussi la ville de Canala qu'elles détruisirent presque entièrement. Le sol, en s'entr'ouvrant, livra passage à de nombreux torrents qui achevèrent la dévastation.

Le même jour, à neuf heures et quelques minutes, on ressentit à Cadix les effets du tremblement de terre, et deux heures après une vague de 60 pieds de hauteur vint fondre sur la ville dont les remparts furent submergés. La violence des eaux était si grande que des masses pesant huit ou dix tonneaux furent arrachées de leur emplacement et entraînées à une distance de 300 mètres. Pendant vingt-quatre heures, la mer resta dans un état de convulsive agitation et, suivant Berghaus et Klœden (*), tous les quarts d'heure ses vagues s'avançaient et se retiraient alternativement.

Le tremblement de terre de Lisbonne est remarquable par la vaste étendue de la surface terrestre qui en fut affectée. On   .

(*) ED. KLŒDEN. *Handbuch der Erdkunde.*

estime, en effet, qu'il se propagea sur la douzième partie de la superficie du globe.

Non-seulement il secoua toute l'Europe, mais il se fit sentir en Afrique et jusqu'aux régions transatlantiques.

L'Espagne entière et toute la chaîne des Pyrénées furent agitées. Au dire de Palassou (*), une crevasse de 6 lieues s'ouvrit auprès d'Angoulême, et, en Provence, l'eau de plusieurs sources se troubla. Vers l'est, les effets du tremblement de terre furent plus sensibles encore. Dès le 1ᵉʳ novembre, Brieg souffrit beaucoup, des maisons furent renversées, d'autres furent fortement endommagées. Les secousses y continuèrent, de même qu'à Lisbonne, jusque vers la fin de décembre, et au nord de la ville une source jaillit tout à coup des versants de l'Oberland bernois.

Les autres parties des Alpes ne furent pas ébranlées au même degré; cependant les lacs intérieurs donnèrent des signes manifestes d'agitation. Celui de Neufchâtel s'éleva au-dessus de ses bords et les torrents qui s'y déversent prirent un aspect vaseux; enfin le petit lac voisin de Murtner s'abaissa, dit-on, de 6 mètres et conserva ce niveau. Le lac de Côme fut particulièrement agité, et parmi les localités italiennes qui ressentirent les effets du fléau, on cite Turin et Milan. La première de ces deux villes n'en souffrit cependant que vers le 9 novembre; quant à la seconde, dès le 1ᵉʳ, on put craindre sa ruine complète. Le littoral italien fut également atteint, et l'on assure que le Vésuve, alors en éruption, cessa tout à coup de gronder et que la colonne de cendres qui s'en échappait fut soudainement refoulée dans l'intérieur du cratère.

En Allemagne, le tremblement de terre donna des signes non équivoques de sa propagation. Les sources thermales de Tœplitz perdirent dès le premier jour leur limpidité naturelle, et pendant une minute elles cessèrent de couler, pour reprendre de nouveau leur cours avec une violence et une abondance telles qu'en

---

(*) PALASSOU. *Liste des tremblements de terre ressentis dans les Pyrénées et les pays situés au pied de ces montagnes* (1814).

moins d'une demi-heure elles submergèrent les bassins et envahirent une partie du faubourg. Enfin l'eau redevint limpide, et l'on prétend que depuis cette époque elle coule plus abondamment et contient beaucoup plus de substances minérales. La Norwège et la Suède ne furent pas à l'abri des effets de ce mémorable événement, et plusieurs lacs furent soumis à des perturbations plus ou moins sensibles.

Mais le fait le plus remarquable est sans contredit l'oscillation de la mer sur tout le littoral européen. Elle eut lieu quelques minutes après le premier choc de Lisbonne, et à dix heures et demie, les eaux s'élevèrent à Leyde d'un pied au-dessus du niveau normal; au même moment, une violente secousse ébranlait l'église de Rotterdam. Les oscillations de la mer se produisirent non-seulement à l'embouchure de l'Elbe, à Hambourg, mais· encore sur les côtes de Danemark, de Norwège, du Mecklembourg, de la Poméranie et même sur les points les plus reculés du golfe de Finlande.

Les Iles Britanniques furent encore plus agitées que les parties septentrionales du continent, et sur la côte de Cornouailles on eut à déplorer de grands malheurs par suite de l'élévation subite des eaux de la mer à 8 ou 10 pieds au-dessus de leur niveau habituel. Le même phénomène se produisit quoiqu'avec moins de violence sur d'autres points des côtes et ces oscillations n'y furent pas les seuls effets du tremblement de terre de Lisbonne, car le sol fut encore ébranlé et les étangs sortirent de leur lit dans le comté d'Essex; les mineurs du comté de Derby craignirent un instant que les galènes ne s'écroulassent par suite des secousses multiples, et enfin les principaux lacs de l'Ecosse s'élevèrent à 3 pieds au-dessus de leurs rives.

Le fléau ébranla le littoral africain; les cités les plus riches du Maroc, telles que Tétouan, Tangenez, Mesquinez, furent presque entièrement détruites au même moment que Lisbonne. Près de la capitale du Maroc, un village disparut avec une population de 8 à 10,000 habitants, et à Mesquinez une montagne, en s'entr'ouvrant, livra passage pendant plusieurs jours à des torrents d'eau roussâtre. Les mêmes phénomènes se produisent aux îles Canaries, aux Açores; et l'île de Madère eut particulièrement à souffrir: la

mer s'y éleva à quatre ou cinq reprises différentes, de 15 pieds au-
dessus du niveau normal, et y causa les plus grands ravages.

L'agitation de l'Océan et de la terre ferme fut également très-
intense en Amérique et tout le groupe des petites Antilles, fut
ébranlé quelques heures avant la catastrophe de Lisbonne.

Il faut remarquer ici que c'est à tort qu'on considère habituellement les tremblements de terre comme des phénomènes exceptionnels. « Si, disait Humboldt (*), on pouvait avoir des nouvelles de l'état journalier de la surface terrestre tout entière, ou
serait probablement convaincu que cette surface est toujours
agitée par des secousses en quelques-uns de ses points et qu'elle
est incessamment soumise à la réaction de la masse intérieure. »

Les tremblements de terre se manifestent par des oscillations
verticales, horizontales ou circulaires qui se suivent et se répè-
tent à de courts intervalles. Les deux premières secousses sont
souvent simultanées. L'action verticale de bas en haut a produit
à Rio-Bamba en 1797, l'effet de l'explosion d'une mine ; les cadavres d'un grand nombre d'habitants furent lancés jusque sur
une colline dont la hauteur est de plusieurs centaines de pieds.
Les secousses circulaires ou gyratoires sont les plus rares, elles
sont aussi les plus dangereuses. Lors du tremblement de terre de
Rio-Bamba, des murs ont été retournés sans être renversés, des
allées d'abord rectilignes ont été courbées.

On a fait bien des hypothèses sur les causes des tremblements
de terre et plusieurs d'entre elles sont fort ingénieuses. Nous
n'avons pas à nous y arrêter, notre but étant seulement ici de
voir ce que ces phénomènes peuvent fournir quant à l'explication
des caractères à nous offerts par l'écorce granitique.

Le fait de la mobilité de cette écorce se rapproche évidemment
de lui-même de la constatation que nous avons faite des dénivellations extrêmes qu'elle présente sur tous les points. Mais l'application n'en est pas aussi directe qu'on pourrait croire à première
vue. En effet, de ces ondulations souvent si violentes qui caractérisent les tremblements de terre, il ne reste le plus souvent rien

---

(*) Humboldt. *Cosmos* (traduction de M. Faye, t. 1. p. 237.

de visible. Les déplacements les plus considérables du sol sont d'ordinaire suivis de déplacements égaux en sens inverse de façon qu'après l'événement, rien, au *point de vue géologique* et abstraction faite des ruines de la surface, ne saurait révéler son passage.

Par exemple, lors du tremblement de terre de Lisbonne (1er novembre 1755), le lit du Tage fut soulevé en plusieurs endroits jusqu'au niveau des eaux et des navires arrachés violemment de leurs ancres furent jetés les uns contre les autres avec un fracas épouvantable. Le grand quai appelé Cays de Prada s'abîma dans les flots avec tous les malheureux qui s'y étaient réfugiés. Mais un instant après le fond du fleuve et le quai avaient repris leur niveau primitif qu'ils ont conservé depuis.

Cependant il est des cas, et c'est pour cela que les tremblements de terre nous arrêtent ici, où certains effets se maintiennent et éclairent vivement alors les traits les plus remarquables de la structure du globe.

Ainsi, pendant le tremblement de terre qui ravagea la Calabre en 1783, on observa à Terranuova une grosse tour dont une partie coupée verticalement se releva par rapport à l'autre de façon que quoique l'union entre elles fût restée intime, une dénivellation considérable se montrait entre leurs assises de maçonnerie correspondante. C'est rigoureusement, et toute proportion gardée, la reproduction de ce que montre la figure 2 (p. 8), où une faille, correspondant à la coupure de la tour, rejette les couches stratifiées originairement placées comme les assises de maçonnerie.

Des faits encore plus nets furent observés en 1855 à la .Nouvelle-Zélande et étudiés avec soin par Lyell (*).

Le tremblement de terre eut lieu dans la nuit du 23 janvier à neuf heures et demie du soir : il fut le plus violent dans la partie la plus étroite du détroit de Cook, à quelques milles au S.-O. de Port-Nicholson; mais des vaisseaux en mer en ressentirent le choc à 150 milles de la côte et la surface entière ébranlée sur

---

(*) Lyell, *Bulletin de la Société géologique de France*, 2e série, t, XIII, p. 660, 1856.

mer est estimée à 360,000 milles carrés, surface trois fois plus grande que celle des Iles Britanniques.

D'après un ingénieur anglais en résidence à Port-Nicholson, M. Edwards Roberts, une étendue de pays comprenant 4.600 milles carrés, et par conséquent peu inférieure en dimension au Yorkshire tout entier, a été soulevée *d'une manière permanente* de 1 à 9 pieds. Il n'y avait point de soulèvement perceptible sur la côte à 16 milles au nord de Wellington; mais de ce point à Pencarrow Head, le promontoire occidental de Port-Nicholson, la hauteur du soulèvement allait graduellement en augmentant depuis 1 jusqu'à 7 pieds et continuait à croître jusqu'au flanc oriental d'une rangée de collines nommées Rimutaka, qui forment un chaînon des montagnes Tararna et où cette hauteur atteignait 9 pieds. Là, le mouvement fut arrêté brusquement, et n'affecta en rien la contrée basse qui s'étend plus loin vers l'est et que l'on nomme la plaine de Wairarapa. Les points d'élévation maximum et minimum que nous venons de mentionner sont à peu près à 23 milles l'un de l'autre dans la direction du N.-O.

Ayant été, avant et après le 23 janvier, occupé à exécuter, pour le gouvernement, divers travaux dans la rade de Port-Nicholson et sur la côte, M. Roberts eut l'occasion d'observer avec précision les changements de niveau du sol qui ont affecté plusieurs points et entre autres les falaises de la pointe de Muko-Muka, à 12 milles au S.-E. de Wellington où le côté oriental des collines de Rimutaka, dont nous avons parlé plus haut, vient toucher le détroit de Cook. Il y reconnut une ligne de faille très-distincte; d'un côté de cette ligne, la roche a été élevée verticalement à une hauteur de 9 pieds; de l'autre côté de la fissure, il n'y a eu de mouvement d'aucune sorte.

La masse soulevée consiste, d'après M. Walter Mantell, fils du célèbre géologue du même nom, en argilite ancienne, non stratifiée, ayant la composition ordinaire du schiste argileux, mais ne présentant pas de schistosité. Cette roche forme, du côté de la mer, une falaise de plusieurs centaines de pieds de hauteur, tandis que les couches marines tertiaires, qui sont à jour à l'est, le long de la côte, forment une autre falaise, relativement basse, qui ne dépasse pas 80 pieds en hauteur. Ces couches tertiaires n'ont été nullement soulevées. M. Roberts a pu mesurer avec exactitude la hauteur du soulèvement dans la roche ancienne de la pointe de Muko-Muka, grâce à une bande blanche où la surface de la roche avait été couverte de millépores, juste au-dessous du niveau de la marée basse. Le matin du jour qui suivit le tremblement de terre, il trouva cette zone blanche à 9 pieds plus haut qu'elle n'était avant le choc. Il n'y avait pas moyen, auparavant, de passer entre la mer et le pied de cette falaise verticale, sauf pendant un temps très-court au moment de la marée basse; les bergers étaient obligés d'attendre cet instant pour faire dépasser le promontoire à leurs troupeaux. Depuis le mouvement de soulèvement, une plage doucement inclinée de plus de 100 pieds de largeur a été mise à sec et les colons ont pu y faire passer une route qui suit la côte.

La ligne de jonction des roches anciennes et des roches tertiaires que nous venons de décrire est marquée, dans l'intérieur de la contrée, par un escarpement continu qui suit la direction N.-S. tout le long des collines de Rimutaka, dont le flanc est escarpé du côté oriental et domine la plaine de Wairarapa, formée de dépôts tertiaires. La direction de la faille, produite par le soulèvement, a été rendue visible par la formation d'un mur presque vertical qui porte la trace d'une récente rupture à 9 pieds de hauteur et peut être suivi dans l'intérieur des terres sur l'étonnante longueur de 90 milles, suivant le témoignage de M. Borlase, colon qui habite la vallée de Wairarapa, à peu près à 60 milles au nord du détroit de Cook. La faille est marquée en beaucoup d'endroits par des fissures ouvertes, dans lesquelles les bestiaux sont venus tomber sans qu'on ait pu, dans certains cas, les en retirer. Quelquefois ces fissures, de 6 à 9 pieds de largeur, sont remplies, çà et là, de boue et de terre meuble.

Le jour du tremblement de terre (23 janvier), la rade de Port-Nicholson, ainsi que la vallée de la Hutte, ont été élevées de 4 à 5 pieds; l'élévation minimum s'est produite sur le côté occidental, l'élévation maximum sur le côté oriental de la rade. Un rocher nommé le roc Balley, à une petite distance de la baie d'Évan, était autrefois à 2 pieds au-dessous du niveau des plus basses marées, et comme un vaisseau y pouvait toucher, on avait placé une bouée pour marquer sa position. Ce rocher dépasse actuellement de 3 pieds le niveau de la mer à la marée basse. Depuis le tremblement de terre, la marée remonte à peine la rivière de la Hutte. Au moment du choc, de grandes vagues sont venues se jeter sur la côte et, pendant plusieurs semaines, les marées ont été très-irrégulières. Des poissons morts ont été rejetés par les flots sur le champ de course de Wellington lors du tremblement de terre, et M. Mantell raconte que différents vaisseaux ont vu aussi, dans le détroit de Cook, des poissons morts flottant sur les eaux en nombre prodigieux, quelques-uns appartenant à des espèces que les pêcheurs n'avaient jamais vues auparavant.

Chose curieuse, en même temps que le mouvement de surélévation qui vient d'être indiqué avait lieu autour de Wellington, il se produisait au sud du détroit de Cook un déplacement en sens inverse. D'après M. Weld, propriétaire de terres dans l'ile du Milieu (*Middle Island*), la vallée de Wairan avec les parties de la côte voisine, se sont abaissées de 5 pieds environ, de façon qu'aujourd'hui la marée s'étend à quelques milles plus loin qu'auparavant dans la rivière de Wairan et que les colons sont obligés de remonter à 3 milles de plus qu'ils ne faisaient avant le tremblement de terre pour avoir de l'eau douce.

« Le nombre des tremblements de terre violents ressentis dans la Nouvelle-Zélande depuis le commencement de ce siècle est si grand, ajoute Lyell, qu'il alarme avec raison les colons et peut démontrer aux géologues que les changements géographiques importants peuvent avoir lieu non-seulement pendant la durée d'une espèce, mais encore pendant la vie d'un individu, surtout si l'on choisit pour individu l'un de ces arbres qui couvrent quelques-unes des montagnes de la Nouvelle-Zélande. M. Weld, qui a été dans l'île du Milieu pendant le tremblement de terre précédent de 1848, m'informe qu'à cette époque il se produisit une grande fissure dans la haute chaîne de montagnes de 1,000 à 4,000 pieds de haut qui s'étend au sud, depuis la falaise Blanche dans la baie des Nuages et qu'on peut regarder comme la prolongation de l'autre côté du détroit de la chaîne de Rimutaka. La fissure de 1848 n'avait pas en moyenne plus de 18 pouces de largeur, mais elle était remarquable par sa longueur, elle a été tracée par M. Weld

ou ses amis et des personnes dignes de confiance, sur une étendue
de 60 milles, dans la direction N.-S., sur une ligne parallèle à
l'axe de la chaîne. Qu'il n'y ait eu aucun soulèvement lié à la formation de cette fissure, c'est ce que l'on n'a pu établir. »

Enfin, dans un ouvrage publié en 1855 à Londres, sous ce
titre : *la Nouvelle-Zélande et ses habitants*, M. Taylor rapporte
qu'en 1847 on découvrit la carène d'un vaisseau, qu'on crut être
l'*Active*, naufragé en 1814, à 200 mètres dans les terres sur la
côte occidentale (à peu près à 20 milles au S.-O. de Nelson) avec
un petit arbre qui croissait à travers la membrure. Il en résulte
que, dans une période de trente ans, l'Océan s'était retiré assez
loin pour laisser ce débris d'un naufrage à 200 mètres dans les
terres. Beaucoup plus au sud, à environ 80 milles au N. de la
baie Dusky, était une petite crique, autrefois nommée la Queue,
souvent visité en 1823 par les pêcheurs de phoques, dont les vaisseaux y trouvaient un excellent abri, derrière les hautes falaises,
et des eaux si profondes près de la côte qu'ils pouvaient directement passer de leurs bateaux sur les rochers. Après une succession de tremblements de terre de 1826 et 1827, la transformation de la côte fut si complète que ses traits anciens devinrent
entièrement méconnaissables ; la crique est aujourd'hui à sec,
et l'on a vu sous l'eau des arbres qui ont sans doute été entraînés
dans la mer par des éboulements du haut des montagnes escar-
pées qui entourent la côte.

§ 2. — Formation des chaînes de montagnes.

Des faits analogues à ceux qui précèdent permettent de reconstituer par la pensée l'histoire du soulèvement des chaînes
de montagnes, et ici le rôle des causes actuelles se présente
avec un de ses caractères les plus remarquables que nous lui
reverrons revêtir souvent. Il s'agit de la prééminence qu'on est
conduit invinciblement à accorder aux actions lentes sur les
phénomènes instantanés.

Quand il s'agit de la formation des chaînes de montagnes, l'idée
simple, l'idée élémentaire consiste à les faire sortir du sol, *comme*

des champignons, pour employer un mot consacré. Divers géologues, même des plus éminents, ont compris ainsi le sujet, les uns poussés par des considérations géométriques, les autres préoccupés de fournir aux phénomènes diluviens les masses d'eau dont certaines théories ont besoin pour subsister. Les vrais naturalistes, qui se mettent avant tout à l'école des faits, reconnaissent, avec Constant Prevost, avec Lyell, que le soulèvement a dû être lent, ou, si l'on veut, saccadé, composé d'une série de soulèvements analogues à celui qui s'est produit sous nos yeux en Nouvelle-Zélande, dans l'exemple qui vient d'être relaté.

La justesse de cette conclusion, tirée, comme on voit, de l'observation des causes actuelles, éclate d'une manière particulièrement éloquente, en ce qui concerne la chaîne des Alpes dont le soulèvement est un des traits si importants' de la géologie européenne. Il faudra que nous y revenions en traitant de la dénudation et du creusement des vallées, mais nous devons faire remarquer tout de suite que les flancs de ces grandes montagnes portent de toutes parts des traces de soulèvements intermittents. Les niveaux successifs, de plus en plus abaissées, auxquels atteignent les divers termes de la série tertiaire sont, à cet égard, des témoignages décisifs.

On ne peut en citer d'exemple mieux caractérisé que celui que le bas Dauphiné méridional offre à l'examen du géologue et que M. Lory décrit de la manière suivante(*) : « La partie nord-ouest de ce bassin est occupée en entier par un plateau rocheux de calcaire d'eau douce, partie supérieure de la formation lacustre, avec gypse et lignites que nous avons décrits sous le nom usité de *mollasse d'eau douce*, mais en la distinguant essentiellement de la *mollasse proprement dite* ou *mollasse marine* dont elle est indépendante. Ce plateau paraît être resté à sec lors de l'irruption de la mer mollassique qui se serait arrêtée près de Grignan, à la ligne indiquée par la vallée de la Berre. Les assises inférieures de la *mollasse marine*, riches en fossiles et ayant les caractères d'un *dépôt littoral*, se montrent sur tout le contour de ce golfe, à Grignan,

---

(*) CH. LORY, *Description géologique du Dauphiné*. p. 599 et suiv.

Chantemerle, Chamant, Clausayes, Saint-Paul-Trois-Châteaux, et d'autres parts, à Taulignan, le Pègue, Nyons, Mérindol et Mollans. A l'ouest, aux environs de Saint-Paul, elles reposent indifféremment sur les dépôts tertiaires d'eau douce, ou sur les divers étages de la craie ou même sur les marnes aptiennes. Ces deux terrains avaient été déjà mis à sec et dénudés profondément avant d'avoir été recouverts par la mollasse. Au contraire, à l'est, de Taulignan à Mollans, la mollasse repose directemeut sur les dernières couches des terrains crétacés et elle a éprouvé les mêmes bouleversements que ceux-ci. Donc, au commencement de la période, le rivage oriental du bassin devait être formé par une lisière de terrains crétacés *presque horizontaux :* le soulèvement de ceux-ci a eu lieu *pendant* le dépôt de la mollasse marine et les assises inférieures de celle-ci ont participé à toutes les dislocations des couches crétacées. Cette hypothèse d'un exhaussement de la lisière occidentale des Alpes *pendant* le dépôt de la mollasse explique très-bien comment des lambeaux de l'assise inférieure, dure et coquillière, ont été emportés *seuls* jusqu'à de grandes hauteurs sur les flancs des chaînes calcaires ; comment ils paraissent quelquefois en discordance sensible avec les assises moyennes et supérieures ; comment celles-ci ne se montrent qu'à une certaine distance du rivage crétacé quand il a été considérablement exhaussé pendant cette période, comme c'est le cas de Taulignan jusqu'à Mollans. Les assises supérieures de la molasse occupent le centre du bassin comprenant Valréas, Visan, Tulette, etc.; elles forment des plateaux ravinés, découpés en collines dont les couches sont horizontales ou peu inclinées. Cette partie de terrain est composée d'une grande épaisseur de sables, de marnes bleues ou jaunâtres, argilo-sableuses et de grès grossiers, caillouteux généralement peu consistants. On trouve quelquefois dans les argiles bleues de petits amas de bois fossiles sans continuité et sans importance. La faune de ce dépôt paraît être entièrement marine dans le midi de la Drôme et on y trouve beaucoup de coquilles bien conservées surtout aux environs de Visan, dont la liste comprend plusieurs espèces qui se trouvent en Piémont, dans le terrain tertiaire supérieur (*subapennin*). A Saint-Éyriès, près Bollène, on rencontre un petit dépôt de marne argileuse grise extrêmement riche en fossiles dont la plupart des espèces appartiennent à ce dernier terrain. D'autres gisements de fossiles *pliocènes* paraissent exister encore près de Beaucaire, etc. D'après tout cela et d'après la distribution des assises supérieures de la mollasse elle-même, il nous paraît vraisemblable que la mer ne *s'est retirée que successivement* des différentes parties du bassin méridional du Rhône et qu'elle pouvait encore, à l'époque des dépôts *pliocènes subapennins*, occuper quelques parties basses de ce pays; là il y aurait eu liaison et transition insensible de la marne à de petits dépôts marins que l'on peut être tenté de rapporter aux terrains *pliocènes* qui n'ont jamais remonté dans la vallée du Rhône, au delà de Bollène; et nous pouvons, jusqu'à nouvelles preuves, les considérer comme étrangers au sol du Dauphiné. »

§ 3. — Soulèvements et affaissements lents.

C'est également parmi les phénomènes lents qu'il faut placer les soulèvements et les affaissements que l'on observe dans une foule de régions du globe.

L'un des exemples les plus classiques à cet égard est fourni par la Péninsule scandinave, et il y a plus de cent cinquante ans que l'astronome suédois Celsius a mis le fait hors de doute. Il savait, suivant l'expression de M. Elisée Reclus (*), « il savait, d'après le témoignage unanime des paysans du littoral, que le golfe de Bothnie diminue sans cesse en profondeur et en étendue ; les vieillards lui montraient les divers points de la côte et des écueils où la mer venait affleurer pendant leur enfance et signalaient en outre les lignes de niveau que les flots avaient tracées jadis dans l'intérieur des terres. D'ailleurs les noms de lieux, la position plus ou moins continentale d'anciens ports abandonnés et d'édifices construits autrefois sur le rivage, les débris de bateaux trouvés loin de la mer, enfin les monuments écrits et les chants populaires, ne pouvaient laisser aucun doute sur la

---

(*) Élisée Reclus, *La Terre*, t. I, p. 756.

retraite des eaux marines. A cette époque, où les savants croyaient encore à l'immuable solidité de la charpente osseuse, Celsius devait naturellement attribuer l'accroissement incessant du littoral à la dépression graduelle du niveau de la mer. En 1730, il se crut autorisé, par la comparaison de tous les témoignages recueillis, à émettre l'hypothèse que la Baltique s'abaissait d'environ 44 pouces suédois ($1^m,11$) tous les cent ans ; puis ayant tracé l'année suivante, en compagnie de Linné, un point de repère à la base d'un rocher de l'île Lœffgrund, situé non loin de Gefle, il put constater par ses propres yeux, treize ans plus tard, que le rétrécissement de la mer Baltique s'accomplit aussi rapidement qu'il l'avait supposé ; la différence de niveau observée pendant ces treize années était de $0^m,18$, soit $1^m,385$ pour un siècle. Celsius fut accusé d'impiété par les théologiens de Stockhom et d'Upsal. Le parlement voulut même trancher la question par un vote : les deux ordres des paysans et de la noblesse se déclarèrent incompétents, tandis que les représentants du clergé, suivis timidement par les bourgeois, condamnèrent l'opinion nouvelle comme une abominable hérésie. Toutefois, depuis le siècle dernier, les géologues qui ont visité les côtes de la Suède n'ont eu qu'à vérifier et à compléter les observations de Celsius ; il est vrai qu'ils ont dû renverser l'hypothèse première de l'abaissement graduel des eaux et reconnaître d'une manière certaine que les mouvements attribués par erreur à la masse liquide de la Baltique, étaient bien ceux du continent lui-même. Ainsi que l'avait déjà formulé, en 1740, un savant italien Antonio Lazzaro Moro, c'est la terre et non point la mer qui est en réalité l'élément mobile et changeant. »

Lyell, qui a beaucoup étudié le même sujet, insiste surtout sur les preuves d'exhaussements qui résultent de l'observation de coquilles marines récentes en pleine terre et à des altitudes plus ou moins considérables (*). Ainsi, il a recueilli, dans des monticules de sable et de gravier stratifiés, des coquilles identiques à celles qui vivent dans les mers actuelles, telles que le

---

(*) Lyell. *Transactions philosophiques de la Société royale de Londres*. 1835.

Cardium edule, la *Tellina baltica* et le *Mytilus edulis*. Cette dernière espèce forme à elle seule des bancs que sa décomposition colore en une teinte violette très-prononcée. Plusieurs de ces amas de coquilles se trouvent à 21 et même à 27 mètres au-dessus du niveau actuel de la mer. Dans la vallée de Sœdertelje, dont les pentes sont de gneiss, le dépôt coquillier récent constitue une plate-forme horizontale à 21 mètres au-dessus du canal, et qui offre la même disposition que celle des marnes subapennines.

En ouvrant les canaux qui font communiquer le lac Mœlar avec la mer, on trouva plusieurs vaisseaux qui y étaient enterrés et qui paraissaient être d'une haute antiquité. Une colline, coupée pour creuser le canal inférieur, renfermait une habitation construite en bois, et qui fut découverte à 15 mètres de profondeur, ensevelie sous des sables, des argiles et du gravier stratifiés. D'après l'examen des lieux, le célèbre géologue anglais pensa que cette cabane a été submergée par les eaux de la Baltique à une profondeur de 19^m,50, et que, avant d'être soulevée à sa hauteur actuelle, qui se trouve à peu près au niveau de la mer, elle avait été recouverte de couches de plus de 18 mètres d'épaisseur totale.

Des strates argileuses, avec *Tellina baltica*, ont été reconnues jusqu'à une distance de 80 milles des côtes, et les environs d'Upsal, qui, comme ceux de Stockholm, sont formés de granite et de gneiss, sont en partie recouverts par des dépôts plus récents et des blocs erratiques. On y voit également des *œsars* dirigés N.-S., s'élevant à plus de 30 mètres au-dessus de la rivière et composés de couches minces de sable, d'argile et de gravier, tantôt horizontales, tantôt très-inclinées et traversées par des fissures verticales. Près du château d'Upsal, et vers le haut de la colline, se trouvent des coquilles récentes placées entre des lits de gravier, et des blocs erratiques couronnent le sommet. C'est d'ailleurs la seule localité en Suède où Lyell ait observé des coquilles dans les œsars. Les caractères stratifiés de ces dépôts et la présence des coquilles intactes les lui font regarder comme résultant, non d'une débâcle venue du nord, mais d'une accumulation de sédiments formés au fond du golfe de Bothnie, parallèlement à l'ancienne côte, et pendant le soulèvement successif du pays. D'ailleurs pendant que le nord de la péninsule s'élève ainsi, le sud éprouve le mouvement inverse et la Scanie, de même que le Jutland, plongent peu à peu sous la mer. Ce double mouvement s'effectue comme autour d'une charnière qui passerait par la ville de Solvitzborg (*).

Des faits analogues furent depuis constatés de toutes parts. On peut dire qu'ils sont absolument universels et chacun reconnaîtra, après l'exposé que nous allons faire rapidement des principaux d'entre eux, toute la justesse de cette phrase de Darwin : « Le temps viendra, dit-il dans ses *Geological Observations on South America*, où les géologues regarderont comme aussi peu probable que le sol puisse avoir conservé le même niveau pendant toute une période géologique, qu'il le serait que l'atmosphère fut restée constamment calme pendant toute une saison. »

Sur les côtes de France les exemples abondent. Ainsi au large de Cherbourg le sol sous-marin est recouvert de restes encore debout d'une vaste forêt. On peut voir au Muséum des troncs entiers qui en proviennent et constater qu'ils appartiennent à des essences actuellement vivantes. D'ailleurs des témoignages historiques constatent que l'affaissement date au plus de quelques siècles et il en est de même aux environs de Pontorson qui, il y a quelque mille ans était relié par la terre ferme au Mont-Saint-Michel actuellement passé à l'état d'île. En 709 en effet le monastère du Mont-Saint-Michel fut dit-on construit en pleine forêt, à dix lieues de la mer.

Ce mouvement d'affaissement des côtes de la Manche semble à opposer au mouvement d'exhaussement de notre littoral atlantique, de telle sorte que, suivant les vues de Bravais, la France entière est animée d'un mouvement de bascule autour d'une sorte de charnière qui passerait à peu près par la péninsule bretonne. Ainsi, pendant que les côtes de Normandie s'affaissent comme on vient de le voir, le littoral du Poitou, de l'Aunis et de la Saintonge s'élèvent progressivement : Guérande, Le Croisic, Bourganeuf, Les Sables-d'Olonne, offrent sur leurs plages des

---

(*) Murchison, *Address to the Royal geographic Society of London*, 1845.

traces incontestables d'élévation récente. L'ancien golfe du Poitou dont l'entrée, il y a 2000 ans, n'avait pas moins de 30 à 40 kilomètres de largeur et qui pénétrait dans l'intérieur des terres jusqu'à Niort, s'est constamment rétréci depuis cette époque et maintenant ne forme plus qu'une petite baie connue sous le nom d'anse d'Aiguillon. Plus au sud, La Rochelle, qui doit son nom à la position qu'elle occupait jadis sur un rocher presque isolé au milieu des flots ne communique maintenant avec la mer que par un chenal souvent obstrué par les vases. Un autre port, Brouage, qui fut au moyen âge une ville de commerce importante, n'est plus qu'une ruine éloignée de la mer. On pourrait multiplier beaucoup les exemples du même genre.

Dans le sud de l'Angleterre Lyell a signalé depuis longtemps une foule de faits qui prouvent l'affaissement progressif des côtes.

En Italie, on peut citer plusieurs localités où des soulèvements et des affaissements lents ont laissé des traces manifestes. Aux environs de **Pouzzoles,** le temple de Sérapis est depuis longtemps cité à cet égard. Ses ruines consistent en trois colonnes formées chacune d'un seul bloc qui sont encore debout et se montrent seulement un peu inclinées vers la mer. Elles ont 13 mètres environ de haut, leur surface est unie et n'offre aucune altération jusqu'à $3^m,60$ au-dessous de leurs piédestaux; mais immédiatement au-dessus de cette zone on en observe une autre de $2^m,70$ environ de hauteur où le marbre a été perforé par un mollusque marin, le *Modiola lithophaga*.

Après un examen attentif des lieux, le célèbre géologue anglais Ch. Babbagge pense rendre compte des particularités observées en admettant les conclusions suivantes (*) :

1° Le temple a été bâti au niveau ou presque au niveau de la mer.

2° Le sol s'étant ensuite graduellement abaissé, l'eau de la mer se réunit à l'eau thermale qui renfermait du carbonate de chaux, forma un lac d'eau saumâtre et déposa une incrustation noire que l'eau saumâtre seule n'aurait pas pu former, de même que l'eau thermale seule n'eût pas permis aux serpules de s'y développer et n'eût point tracé une ligne de niveau d'eau.

(*) BABBAGGE, *Proceeding of the geological Society of London*, t. II. p. 72, 1834.

3° Le sol du temple fut alors recouvert, sur une épaisseur de 2^m,43, de cendres, de tufs ou de sable qui obstruèrent la communication par laquelle pénétrait l'eau de la mer. L'eau thermale forma un lac et le carbonate de chaux encroûta les colonnes et les murs. Les preuves de ces faits sont la limite inférieure des incrustations qui est irrégulière, tandis que la limite supérieure est un signe de niveau d'eau, et que l'on en observe plusieurs semblables à des hauteurs différentes. L'eau salée ne produit point d'incrustation de ce genre, et celle de la *Piscina mirabile*, qui est voisine de la mer, donne lieu à un dépôt identique, mais on n'y remarque aucun débris de serpules ou d'autres corps marins adhérents.

4° Le temple continuant à s'abaisser, son sol fut de nouveau rempli de matériaux solides, et il y eut à cette époque une violente irruption de la mer. Un second dépôt recouvrit l'ancien, ainsi que l'incrustation de carbonate de chaux. Ce qui reste des murs du temple est, en effet, plus élevé du côté de la terre. La limite inférieure de l'espace perforé par les coquilles lithophages est, sur les diverses colonnes, à des distances différentes au-dessous de la marque d'eau la plus élevée, et quelques fragments de colonne sont perforés aux extrémités.

5° Par suite de l'affaissement, les matières accumulées sur le pavé du temple furent submergées et les coquilles s'attachèrent aux colonnes et aux fragments qu'elles percèrent dans toutes les directions, et l'abaissement ne cessa que lorsque le pavé se trouva à 5^m,79 au-dessous du niveau de la mer.

6° Enfin, le sol, après être demeuré quelque temps stationnaire, se releva. Un nouveau dépôt de sable et de tuf se forma, laissant seulement visible au-dessus la partie supérieure des trois grandes colonnes, et plus tard le pavé se retrouva au niveau de la mer, comme nous le voyons aujourd'hui.

Parmi les localités classiques au point de vue qui nous occupe la côte ouest de l'Amérique du Sud est fort remarquable. On a suivi pas à pas, en effet, les mouvements verticaux du littoral chilien et péruvien. D'après Darwin (*) l'élévation aurait été de

---

(*) DARWIN, *Geological observation on south America*, passim.

5 mètres dans un laps de 220 ans. Il pense qu'à Lima, depuis l'existence de l'homme, elle n'a pas été de moins de 20 à 28 mètres et les côtes de l'île de Santo-Lorenzo, près de Callao, en offriraient aussi des preuves très-récentes. Des amas considérables de coquilles, identiques à celles du rivage, se voient sur une grande étendue. A une faible hauteur les coquilles sont intactes, mais sur une terrasse de 28 mètres environ elles sont en partie décomposées ; et à une élévation double un banc mince de calcaire pulvérulent, sans traces de débris organiques, se remarque immédiatement sous la terre végétale. Des objets de l'industrie humaine trouvés dans la couche coquillère, à 28 mètres au-dessus de la mer prouvent assez que ce soulèvement est postérieur à l'établissement de l'homme dans cette partie du Pérou. Mais depuis l'arrivée des Espagnols, en 1530, un abaissement se serait produit. A Valparaiso, dans un laps de 220 ans, l'élévation de la côte ne paraît pas avoir atteint 6 mètres, elle aurait été au contraire de 3 à 4 mètres dans les 17 années postérieures à 1817. Une partie de cette quantité peut seulement être attribuée au tremblement de terre de 1822, et le reste serait dû à un soulèvement à peine sensible qui se continuait encore en 1834. A Chiloé, l'élévation a été graduelle et d'environ 1ᵐ,30 en 4 ans. A Coquimbo dans un laps de 150 ans, le soulèvement aurait été aussi à peu près de cette même quantité. Les soulèvements spontanés qui ont accompagné les tremblements de terre, comme à Valparaiso en 1822, à la Conception en 1835 et plus tard dans l'archipel Chonos, étaient généralement connus, mais le soulèvement graduel de la côte du Chili avait à peine été indiqué avant le travail de Darwin.

Celui-ci regarde d'ailleurs ces mouvements d'élévation, qui dans la dernière période et dans la nôtre se sont étendus depuis la Terre de Feu jusqu'à 2 480 milles au N., sur la côte occidentale de l'Amérique du Sud, comme étant en relation directe avec les tremblements de terre, qui agitent si fréquemment cette région de même qu'avec les foyers volcaniques, si nombreux et si souvent en activité sur la crête des Cordillières. Il y aurait de la sorte une connexion intime entre ces trois ordres de phénomènes.

Dans le cours de ses études dans l'Amérique du Sud, Darwin a conclu qu'il y a un soulèvement graduel indépendant des tremblements de terre, depuis la côte occidentale de **La Plata** jusqu'au détroit de Magellan, où l'on voit des terrasses semblables avec des coquilles d'espèces vivantes. On ne ressent point de secousses dans cette région, et l'on ne peut attribuer l'élévation de ces bancs de coquilles à celles qui se manifestent au Chili et dont l'effet est à peine sensible dans la plaine au pied des Cordillières. Les tremblements de terre, les éruptions volcaniques et les élévations soudaines de la côte de l'océan Pacifique pourraient donc être considérées avec quelque vraisemblance comme les irrégularités d'un phénomène plus étendu.

Parmi les exemples remarquables d'affaissements contemporains de sol on peut mentionner celui dont a été le théâtre un point sous-marin voisin du Groënland signalé par les anciennes cartes comme un dangereux récif et qui est maintenant recouvert de plus de 700 brasses d'eau. D'après M. le Dr Lortet, à qui nous empruntons ces détails, cette *Terre de Buss*, pour lui donner son ancien nom, était située par 57° 30′ latitude Nord et 29° 50′ longitude Ouest (*).

Une carte française fort bien exécutée par M. Fleurieu et qui porte la date de Paris 1777 assigne également à cet îlot la même position; on y remarque un autre récif situé beaucoup plus à l'est (par 59° 30′ lat. N. et 16° 50′ long. O.) ce qui le place à cinquante ou soixante milles de l'extrémité occidentale du banc de Rockall. Il est fait mention de ces deux bas-fonds dans le récit du voyage entrepris par le capitaine J. Ross en 1818 : « Nous atteignîmes le 8 mai, y est-il dit, le point où la carte de Steel indique un banc découvert par Olof Kramer (lat. 59° 28′, long. 17° 22′) : à 130 brasses nous ne trouvâmes le fond ni à l'endroit désigné ni dans son voisinage immédiat ou éloigné. » Et encore : « Dans l'après-midi, nous trouvant exactement sous la latitude de la *Terre submergée de Buss* ainsi qu'elle est nommée sur les cartes, c'est-à-dire par 57° 28′ de lat. N. et désireux de reconnaître si ce bas-fond existe réellement par 29°45′ de longitude nous changeâmes de direction au coucher du soleil,

---

(*) WALLICH, *The North sea bed*, Londres, 1862, p. 63 à 66 et p. 141 et 142.

diminuant de voiles et virant de bord pour jeter la sonde; à
180 brasses, nous ne trouvions pas de fond et l'opération répétée
de 4 en 4 milles ne donna aucun résultat. Le capitaine Graah,
dans sa narration d'un voyage au Groënland s'exprime ainsi :
« Nous avons dépassé, le 25, ce qui est appelé sur les cartes la
Terre submergée de Buss, écueil dont les dangers sont signalés
dans les instructions anglaises aux navigateurs, même les plus
récentes; les marins peuvent se tranquilliser à cet égard et se tenir pour assurés que ce danger là est purement imaginaire. Il est
assez singulier que le point où la Terre de Buss est supposé avoir
existé soit précisément celui où d'anciennes cartes placent Friesland, cette terre mystérieuse dont la position a tant embarrassé
les géographes et qu'on a découvert tout récemment n'être autre
que les îles Faröer. » L'appendice au même ouvrage renvoie ses
lecteurs aux *Instructions pour naviguer entre l'Islande et le Groënland* d'Ivor Bardeen, qui décrit certains écueils qu'il nomme les
écueils de Gembröm et qu'il place au sud-ouest, à mi-chemin de
l'Islande au Groënland. Il recommande de gouverner dans une
direction qu'il indique, afin d'éviter les glaces qui, arrivées à
la dérive, *se fixent à ces rochers*. L'*Histoire de Groënland* de
Crautz fait aussi mention d'une terre située sur ce point. L'auteur parle de Sébastien Cabot et dit qu'il fut le premier à pénétrer
dans le détroit de Davis, puis il ajoute : « Nous avons lu dans
une relation qu'un siècle auparavant, en 1380, Nicolas et Anto-
nius Zeni, deux nobles Vénitiens, emportés par une tempête des
rivages de l'Islande dans la mer *Deucalédonienne*, découvrirent par
58° de latitude, entre l'Islande et le Groënland une grande île habitée par des chrétiens et possédant cent villes et villages. Cette île
s'appelait l'*Ouest Friesland*. Depuis lors aucun renseignement
quelconque n'est venu donner à ce récit le moindre semblant de
confirmation. Pendant son troisième voyage, Frobisher ayant
relâché dans une contrée située sur cette latitude et dont il trouva
les habitants identiques sous tous les rapports aux Groënlandais
en conclut, avec juste raison, que leur pays faisait partie du Groënland. Quelques personnes pourtant ont adopté l'opinion que
cette île a été engloutie par un tremblement de terre et qu'elle
n'est autre que la *Terre de Buss* marquée sur les cartes et que les

navigateurs redoutent à cause du peu de profondeur des eaux qui l'entourent et de la violence des vagues dont elle est battue. » Il est inutile de multiplier ces citations. Malgré le peu de crédit accordé aux assertions des auteurs anciens et aux témoignages positifs des navigateurs norwégiens et vénitiens, les récits des voyageurs modernes qui parlent d'une terre engloutie ou bas-fond et la remarquable corroboration que viennent de leur fournir les draguages récemment exécutés permettent de considérer comme très-probable l'existence à une certaine époque (entre les 27ᵉ et 29ᵉ degrés de latit. N. et les 59ᵉ et 60ᵉ degrés de long. O.) d'une île ou terre qui, engloutie avec une rapidité qui n'est pas connue, n'a laissé pour témoigner de son existence que le bas-fond actuellement recouvert par les flots. D'après les connaissances récemment acquises, un fait certain, c'est qu'il est un point situé entre les 27ᵉ et 32ᵉ degrés de longit. O., qui recouvert de 748 brasses seulement se trouve placé entre une profondeur de 1160 brasses d'un côté et 1260 de l'autre. Il est à remarquer que la position ainsi indiquée ne se trouve qu'à 100 milles au nord-est de celle qu'occupe sur les anciennes cartes la *Terre engloutie de Buss* et que sur un point situé à une centaine de mille à l'ouest du sondage précédent la profondeur décroît jusqu'à 512 brasses. Comme il est fort peu probable qu'on soit tombé par hasard sur la plus faible profondeur de tout l'espace et la *Terre engloutie* devant nécessairement en occuper le point le moins profond, il est permis de croire que la profondeur continue à décroître depuis les 748 brasses de sondage qui se trouve à l'ouest jusqu'au point où elle est supposée avoir existé. Ce qui renforce cet argument, c'est que ce point n'est éloigné du méridien indiqué par M. Fleurieu que de la faible distance de 12 milles dans la direction de l'est.

On doit rapprocher ce fait de ceux que M. Pingel a fait antérieurement connaître (*) et qui concernent l'affaissement graduel d'une partie de l'est occidental du Groënland. Les premières observations sont dues à Archander qui, de 1777 à 1779 avait

---

(*) Pingel, *Proceeding of the geological Society of London*, t. II, p. 208. 1835.

signalé, dans le Firth de Igalleko une petite île rocheuse située à une portée de fusil de Navori et qui était presque entièrement submergée dans les marées du printemps. On y voyait encore à cette époque les murs d'une ancienne maison de 52 pieds de long sur 30 de large sur 5 d'épaisseur et 6 de hauteur. Le Dr Pingel qui visita l'île un demi-siècle après trouva tout submergé ; les murs seuls s'élevaient au-dessus de la mer. Cinq autres points du Groënland que le même voyageur a observé lui ont offert des traces semblables d'abaissement que l'on a également constatés ailleurs. Aussi M. Pingel pense-t-il que les effets se sont produits sur une étendue de près de 9° du N. au S. de ce continent.

CHAPITRE III

CONSÉQUENCES DES OBSERVATIONS PRÉCÉDENTES.

La constation des phénomènes actuels qui viennent d'être énumérés, rapprochée des effets anciens exposés en premier lieu, jettent sur ceux-ci une lumière très-vive. Il est manifeste en effet que les dénivellations du granit, y compris les chaînes de montagnes sont les résultats d'anciens tremblements de terre et d'anciens soulèvements lents.

Ce que nous avons dit plus haut de la minceur relative du revêtement granitique se trouve aussi contrôlé par là, puisque les effets qui nous occupent se présentent comme conséquences du refroidissement spontané du globe : étant donnée la constitution de la terre, il est évident que le noyau chaud interne, se contractant progressivement, doit peu à peu abandonner la croûte solide qui tend à rester en porte à faux.

C'est en suivant ce noyau dans son mouvement centripète que la croûte, douée d'une flexibilité facilement expliquée par sa ténuité comparée à ses dimensions horizontales donne lieu suivant l'expression d'Élie de Beaumont aux *bossellements généraux*.

3

Comme il importe de montrer tout de suite que les mouvements verticaux du sol sont extrêmement fréquents et absolument universels, nous énumérerons rapidement les principales régions du globe où on en a signalé les effets. Les plus probants parmi ceux-ci consistent comme nous l'avons déjà vu dans la découverte en des points des continents situés au-dessus du niveau de la mer de coquilles marines d'espèces récentes, non chariées mais accumulées au contraire à la place même où les flots les ont déposées.

C'est en Écosse que les premières observations en ce genre ont été faites par M. Jameson en 1806, sur les bords du Firth de Forth et de la Clyde où des accumulations de coquilles furent remarquées. Depuis cette époque beaucoup d'autres géologues ont signalé de très-nombreuses localités analogues sur les côtes de l'Écosse, et, si, quittant le voisinage immédiat de la mer on pénètre plus avant dans l'intérieur du pays en s'élevant vers les montagnes, on trouve des dépôts peu différents des précédents et qui ont donné lieu à des discussions intéressantes. Nous voulons parler des terrasses ou banquettes régulières connues sous le nom de *paralled road* et en particulier de celles de Glen Roy que Laudel Dick et Macculoch ont signalées depuis longtemps.

Ces terrasses ou banquettes sont disposées horizontalement le long des pentes gazonnées des montagnes qui sont recouvertes d'une alluvion un peu argileuse et rarement épaisse. Elles constituent des bandes étroites, dont la surface incline légèrement vers la vallée. Leur largeur moyenne est de 18 mètres ; quatre seulement d'entre elles sont bien marquées sur une certaine étendue. La plus inférieure est à 296^m,16 au-dessus du niveau de la mer ; la seconde à 64^m,50 au-dessus de la précédente ; la troisième à 25 mètres plus haut ou à 385 mètres de hauteur absolue ; enfin le quatrième, qui n'existe pas partout où sont les autres est de 4 mètres seulement plus élevée que la troisième.

Or, dans une étude dont les résultats doivent être considérés comme définitivement acquis M. Darwin (*) reconnait, suivant le

---

(*) DARWIN. *Philosophical transaction of the royal Society of London*, 1839 p. I, p. 39.

résumé qu'en a donné d'Archiac, que les terrasses horizontales représentent d'anciens rivages; que l'eau de la mer a pénétré dans le plus grand nombre des vallées de cette partie de l'Écosse; que la terre est l'élément qui a changé de niveau et non la mer, des coquilles marines se trouvant comme nous l'avons dit à une grande hauteur sur les côtes orientales et occidentales de l'Écosse; qu'il y a eu des moments de repos entre les mouvements d'ascension du sol; que le sol soumis à ces oscillations présentait des accidents et une disposition semblables à ce que l'on observe aujourd'hui; enfin que beaucoup de circonstances particulières dans la disposition des vallées en question s'expliquent en supposant qu'elles ont été occupées par des bras de mer sujets à des marées et dont les eaux se sont successivement abaissées au fur et à mesure de l'élévation du sol.

Les faits observés en Angleterre montrent que tout ce pays a été, à une époque géologiquement récente, soulevé au-dessus de la mer, mais à des hauteurs très-inégales sur les divers points où existent encore les témoins irrécusables de ces mouvements. Par exemple, sur la pente N.-O. du Snowdon, on trouve, comme l'a constaté Buckland, des cailloux de granit et d'autres roches venant d'Anglesea, du Cumberland ou d'Irlande, associés avec des coquilles marines d'espèces encore vivantes. Ces matériaux s'élèvent à plus de 326 mètres sur le Moël-Tryfau. De ce point, ils descendent vers la côte, près de Caernarvon et occupent toute la surface du sol. Sur les bords de la Severn, c'est à 90 et 180 mètres que l'élévation s'est produite, et seulement à 12 ou 15 mètres dans le Devonshire. Sur les côtes, on trouve des plages soulevées de 61 à 122 mètres, etc. De ces faits, Murchison a conclu que la mer n'a point occupé successivement ces divers niveaux, mais que, pendant un laps de temps qui n'est pas très-éloigné de nous, le sol a éprouvé des mouvements considérables et inégaux d'élévation et d'abaissement, la présence des forêts sous-marines le long des côtes actuelles prouvant aussi des mouvements dans ce dernier sens.

Parmi les innombrables exemples d'affaissements récents de la même région, nous rappellerons qu'à Plumstead, à Dagenham et dans d'autres parties de la Tamise, entre Woolwich et Erith, on peut voir à marée basse les restes d'une forêt submergée sur laquelle le fleuve coule aujourd'hui. Ce fait a été décrit il y a environ 150 ans par le capitaine Perry. En 1817, le doyen Guckladd en a fait l'objet d'un mémoire qu'il a présenté à la société géographique de Londres.

En 1873, l'Association scientifique y fit une excursion. On avait, pour la circonstance, fait des excavations dans les marais à environ 12 pieds de profondeur. Le sol de la forêt, avec tous les objets intéressants qu'il recèle, avait été mis à nu et exposé aux regards.

Au-dessous de 6 à 8 pieds de terre d'alluvion, on a trouvé un sol formé de branches, de feuilles, de semences, de troncs d'arbres qui appartiennent à l'if, à l'aulne et au chêne. Une collection de restes d'animaux consistant en cornes de cerf, en ossements de bœufs brachycéphales et d'autres espèces récentes, ont été mis sous les yeux des visiteurs.

En Scandinavie, dont nous constations tout à l'heure l'état de mouvement du sol granitique, on constate de toutes parts l'existence d'anciens rivages au-dessus du niveau des eaux. Ainsi, à Hellesaven, à 8 lieues de la mer et à 140 mètres d'altitude, on voit des balanes encore adhérentes à la roche. Le gravier, avec des coquilles parfaitement conservées, se trouve dans plusieurs endroits, et le dépôt argileux, surtout dans le sud-est de la Norwége, où il atteint souvent jusqu'à 32 mètres d'épaisseur et davantage, appartient à la même époque. Les espèces de coquilles du gravier et des argiles, au nombre d'environ 50, sont toutes vivantes dans la mer du Nord. L'argile employée pour les briques, le gravier coquillier et la tourbe indiquent, par leurs différents niveaux, des soulèvements successifs. Les couches argileuses offrent particulièrement plusieurs terrasses dont le maximum d'élévation est d'à peu près 200 mètres. « Le gravier coquillier, dit d'Archiac (*), s'étendant depuis la Suède méridionale jusqu'au Finmark, les districts soulevés ont dû avoir une étendue très-considérable et, bien qu'il n'y ait pas de motif pour supposer que

---

(*) D'ARCHIAC, *Histoire des progrès de la géologie*. t. II.

chaque secousse ait agi sur toutes les parties de la Scandinavie, une uniformité très-remarquable, dans la distribution de ces amas, fait présumer qu'au moins quelques-uns de ces soulèvements ont dû être presque généraux. Des faits assez nombreux prouvent que la limite supérieure de la végétation s'est abaissée sur les hautes montagnes, non-seulement en Suède, mais aussi en Norwége qui ne paraît point partager aujourd'hui le soulèvement lent de la partie orientale de la presqu'île. On voit des forêts de pins (*Pinus sylvestris*) se terminer sur les flancs de la chaîne par une bande ou zone d'arbres morts depuis plusieurs siècles et encore debouts. »

D'après M. de Forchhammer (*), on rencontre, dans le Schleswig et dans le Holstein, à des hauteurs considérables au-dessus de la mer, des coquilles dont les analogues vivent encore dans le voisinage. Il cite, à Bornhœrd, à 40 mètres d'altitude, des lits de cailloux roulés avec *Cardium edule, Littorina littorea, Buccinum undatum, Ostrœa edulis,* dont les dimensions sont moindres, à la vérité, que celles de leurs analogues vivant sur la côte, mais identiques à celles des coquilles que l'on rencontre dans les dépôts récemment soulevés des côtes d'Angleterre.

Depuis les travaux de Murchison (**) on connaît, sur la rive droite de la Dwina, à 65 lieues au-dessus d'Archangel, des lits réguliers de sable et d'argile remplis de coquilles récentes qui paraissent contemporains des plages soulevées. Ces lits, dont l'épaisseur totale est de 3 mètres, sont recouverts de 6 mètres de gravier et de détritus, et reposent sur des bancs de gypse subordonnés aux marnes rouges du système permien. Des 23 coquilles qui y ont été recueillies, le plus grand nombre vit encore aujourd'hui dans la mer du Nord. De grandes oscillations du sol ont eu lieu dans cette région sans dérangement sensible des couches. Ainsi à l'embouchure de la Vaga, ces lits, semblables à ceux de la Dwina, recouvrent avec une concordance parfaite les couches permiennes sensiblement horizontales aussi ; cependant ces dernières, comme

---

(*) DE FORCHHAMMER, *Transactions of the geological Society of London*, t. VI, p. 157.

(**) MURCHISON, *Proceeding of the geological Society of London*, t. III, p. 178

les roches cristallines de la Scandinavie, ont dû être au-dessus des eaux pendant un laps de temps énorme, puis recouvertes par ces sédiments récents élevés eux-mêmes plus tard à 50 mètres au-dessus du niveau de la mer Glaciale.

Dans la région la plus septentrionale de l'Europe, dans la vallée de la Petschora, M. de Keyserling (*) a découvert, en 1843, de nombreuses coquilles arctiques dans les argiles qui forment les berges de la rivière et s'étendent jusqu'à trois degrés au sud de son embouchure. Ces coquilles atteignent 26 mètres au-dessus de la rivière.

Non loin de Civita Vecchia, au pont de l'Arrone, il y a sur une hauteur de 25 mètres à partir du niveau de la mer des alternances de gravier en partie volcanique, de marnes et de sables coquilliers, avec des lits subordonnés de pumite. Les 25 espèces de coquilles qu'on y recueille sont toutes vivantes sur la côte. En Sardaigne, des sables de même âge reposent sur les marnes subapennines, non loin de la côte actuelle ; ils ont été sur quelques points élevés à 20 mètres au-dessus de la mer. Dans les îles Baléares, à Gibraltar et ailleurs, des faits identiques pourraient être énumérés.

Des faits très-intéressants concernant les récents soulèvements du sol sont visibles au voisinage de la mer Caspienne et de la mer Noire. M. de Verneuil, par exemple, a reconnu (**) qu'à l'époque tertiaire supérieure la mer Caspienne couvrait la steppe inférieure d'Astrakhan, entre l'Oural ou Jaïk et le Volga, puis se prolongeait à l'ouest sur le pays des Kalmouks, entre les mers Caspienne et d'Azof, et jusqu'au delà de Kherson ; au sud, cette mer baignait encore le pied du Caucase. La steppe située au nord d'Astrakhan, entre l'Oural et le Volga, qui n'est probablement aussi qu'un fond de mer desséché, est occupée par des sables de diverses sortes et par des argiles sablonneuses avec des débris de coquilles dont quelques-unes vivent encore dans la Caspienne. Son niveau moyen n'est pas à plus de 15 mètres au-dessus de la

---

(*) DE KEYSERLING. *The geology of Russia in Europe*, t. I, p. 322.

(**) DE VERNEUIL. *Études géologiques sur la Crimée*, extrait des Mémoires de la *Société géologique de France*, t. I, p. 314.

Caspienne et par conséquent à plus de 9 mètres *au-dessous* de l'Océan. Des cavités très-évasées résultant de l'action des vagues et que l'on voit à deux niveaux différents sur le côté oriental du mont Bogdo prouvent que cette ancienne dépression, occupée par la mer, a été soulevée à deux reprises. La steppe basse du Caucase paraît être composée comme la précédente. Elle renferme beaucoup de sel, mais qui n'aurait pas la même origine que celui de la steppe d'Astrakhan. Les portions les plus salifères, telles que les bords de la Kama, doivent cette propriété à des cavités remplies de boues marines dans lesquelles une certaine quantité de sel est disséminée. Après les grandes pluies et dans certaines saisons, elles donnent lieu à des efflorescences salines. Ce caractère des marais salés de la côte occidentale de la mer Caspienne qui ne produisent jamais de bancs de sel, comme les lacs de Bogdo, d'Elton et d'Indeck, a été signalé d'abord par le célèbre explorateur Pallas. Les dépôts meubles des basses steppes, plus récents que le calcaire des steppes, sont intimement liés à la faune actuelle de la Caspienne, et des ossements de mammouth y ont été recueillis. Les *Mytilus* et autres coquilles adhérentes qui les recouvrent prouvent assez que ces grands animaux vivaient sur les rivages voisins lorsque la Caspienne occupait la steppe d'Astrakhan. Au nord de cette dernière on a découvert un dépôt de la même époque et qui, situé sur la rive gauche du Volga entre Stawropol et Spark, aurait formé le *bassin de Bulgar*, complétement séparé de ceux du sud par les roches carbonifères et permiennes. D'après les fossiles qu'a rapportés M. Basiner, les couches marines de la partie élevée du plateau d'Ust-Urt qui sépare la Caspienne de la mer d'Aral, seraient d'âge tertiaire moyen et devaient former une île entourée par la grande Méditerranée aralo-caspienne. Les bancs qui renferment les coquilles actuelles de la Caspienne s'élèvent à 50 et 65 mètres au-dessus du niveau de la mer d'Aral et forment une sorte de falaise ou banquette inférieure, à la base du plateau d'Ust-Urt. Leur élévation s'accorderait aussi avec celle des couches contemporaines sur les côtes de la mer Noire et de la mer d'Azof. M. Khanikoff pense qu'il n'y a point de différence entre les niveaux de l'Aral et de la Caspienne, tandis que, suivant d'autres observateurs, la première de ces mers intérieures serait à 35^m,66 au-dessus de la seconde ou à 10^m,11 au-dessus de la mer Noire.

Les mêmes phénomènes se présentent également sur le littoral de la Bulgarie, de la Roumélie et de l'Anatolie. Partout il y existe des traces d'une plus grande élévation de niveau dans les eaux de la mer Noire, traces qui se composent de dépôts modernes, tous à peu près à la même hauteur (25 à 30 mètres), et renferment des coquilles qui vivent encore sur la côte (*).

M. Ed. Biot, étudiant les annales historiques de la Chine, a noté des témoignages d'où il résulterait que des mers intérieures ont existé dans le désert actuel de Gobi et aux environs du lac Ho-ho-noor (**). L'une de ces mers a du se déverser sur la Chine basse par un affluent du fleuve Jaune, et l'autre par la gorge de Tsy-chy. Le déluge d'Yao (vingt-quatre siècles avant notre ère) aurait été occasionné par le soulèvement simultané ou peu éloigné de deux grands systèmes de montagnes dirigés l'un de Tai-tong-fou à Cang-sy, à la pointe méridionale de la province de Yun-nan, l'autre de la pointe du Leao-tong à l'extrémité de l'île de Haï-nan. Le soulèvement du premier système barra le fleuve Jaune qui coulait à l'ouest, le rejeta au sud, où il rejoignit la vallée de la rivière Ouey du Chensy. Le soulèvement du second système barra le cours du grand Kiang, couvrit de lacs et de marais la Chine centrale, et concourut avec le précédent à modifier le cours du Chang-tong et celui du Pe-tche-ly.

En Algérie, entre Lacalle et Oran, M. Renou (***) décrit des argiles recouvertes par un grès poreux plus ou moins calcarifère ou sableux, et renfermant des coquilles marines qui vivent encore aux environs. A Lacalle, ce grès est à 100 mètres au-dessus de la mer ; il repose sur un grès dépendant de la formation crétacé, et s'étend jusqu'à 3 kilomètres du rivage. A Bône, il atteint de 110 à 120 mètres d'élévation et recouvre le calcaire saccharoïde et les schistes talqueux.

(*) Hommaire de Hell, *Comptes rendus de l'Académie des sciences*, t. XXVI, p. 145 (1848).

(**) Ed. Biot, *Comptes rendus*, t. VIII, p. 683. 1839.

(***) Renou, *Annales des mines*, 4e série, t. IV, p. 528.

Dans le voisinage du cap de Bonne-Espérance, M. W.-B. Clarke (*) a reconnu les traces d'un soulèvement peu ancien et avant lequel False Bay et la baie de la Table étaient réunies par un canal ou bras de mer de plus de 120 mètres de profondeur. Le promontoire du cap était alors une île. La séparation de la montagne du Lion et du Diable de celle de la Table, ainsi que les fentes de cette partie du pays, ont été produites lors de l'élévation de la contrée. Dans l'intérieur des terres, on remarque également des preuves d'un changement de niveau, et il est facile de voir que le sud du continent africain a été autrefois un archipel.

L'élévation, au-dessus de la mer, de la partie orientale de la Floride est tellement faible, que toute la presqu'île doit avoir été submergée à une époque peu ancienne. Sa sortie des eaux est contemporaine de celle des nombreux îlots qui la bordent à l'est, à l'ouest et au sud.

Le caractère le plus remarquable de la côte orientale du Maryland est une série de collines sablonneuses, prolongement de la chaîne de partage des eaux qui se rendent dans la baie de Delaware d'avec celles qui se jettent à l'ouest dans la baie de Chesapeake. Ces collines forment des bandes généralement dirigées du nord-est au sud-ouest, s'abaissant vers l'extrémité sud de la péninsule et ayant l'aspect des plages produites par le retrait successif de la mer.

Au Canada, M. William Logan a décrit un dépôt qui présente tous les caractères des plages soulevées, et qui est situé à 131 mètres au-dessus du port de Montréal (73^m,10 au-dessus du lac Ontario, 22^m,64 au-dessus de la chute du Niagara ou 140^m,12 au-dessus de l'Atlantique). Les coquilles qu'il y a recueillies sont les mêmes qu'on observe dans les couches analogues des côtes de Norwége, des bords de la Dwina et de la Petschora.

Des faits remarquables au point de vue qui nous occupe sont fournis par la région des grands lacs américains ; on les comparera à ceux que nous citions tout à l'heure autour des grands

---

(*) W. B. CLARKE, *Proceeding of the geological Society of London*, t. III, p. 428.

lacs asiatiques. Le lac Ontario est environné de terrasses qui atteignent 232 mètres au-dessus du lac, ou 303^m,58 au-dessus de la mer. Ainsi les eaux de cette mer intérieure s'élevaient au moins à 305 mètres au-dessus de l'Océan actuel, et étaient bornées à l'ouest par les montagnes qui s'étendent depuis la plaine de Mexico jusqu'au 47° degré de latitude; au nord, par la barrière ou ligne de partage des eaux des lacs et de celle des rivières arctiques; à l'est, par les montagnes qui traversent les États-Unis jusqu'au golfe du Mexique; enfin, au sud, par une chaîne de montagnes aujourd'hui détruite.

La surface occupée par cette vaste Caspienne n'aurait pas été moindre de 960,000 milles carrés.

Dans l'État du Maine, il existe près de Lubeck un dépôt situé à 12 mètres au-dessus du niveau de la mer et renfermant des coquilles dont les espèces vivent encore sur la côte; sa situation actuelle est évidemment due à un soulèvement récent. De même les bassins des rivières du Massachussets ont sur leurs bords des terrasses disposées en gradins et à des niveaux qui se correspondent de chaque côté. La première est à 3 ou 5 mètres au-dessus de la rivière; la seconde, à 9 ou 12 mètres, est rarement très-large et aboutit à un troisième escarpement de 12 à 18 mètres dont le niveau supérieur atteint celui de la plaine qui constitue le fond de la vallée du Connecticut. Lyell, qui a comparé ces terrasses à celles de Glen-Roy, à cause de leur parfaite horizontalité sur une grande étendue, ne pense pas qu'on puisse les considérer autrement que comme des plages soulevées successivement et qui marquent les périodes de repos entre chaque mouvement (*).

Darwin a, dès 1837, signalé la côte du Chili comme fortement marquée par des soulèvements plus ou moins considérables. Près de l'embouchure du Ropel, on recueille des coquilles d'espèces vivantes à 1 mètre ou 1^m,25 au-dessus des plus hautes marées, et dans les environs elles s'élèvent jusqu'à 30 mètres. A Bucalèmes, village situé à 10 milles de la mer, il y a des lits considérables de ces mêmes coquilles, ainsi qu'au fond de la vallée de Maypo et San-

---

(*) Lyell, *Voyages dans l'Amérique du Nord*, t. II, p. 102.

Antonio. Sur la côte méridionale du promontoire qui forme la baie de Valparaiso, des bandes continues de ces débris marins se montrent depuis 18 jusqu'à 70 mètres d'élévation, et elles recouvrent une brèche de fragments granitiques consolidée sur place. On reconnaît facilement l'origine marine des terrasses de Coquimbo déjà signalées par le capitaine Basil Hall (*fig.* 3), à la pré-

Fig. 3. — Coupe théorique des terrasses coquillières récemment soulevées
aux environs de Coquimbo.

sence des coquilles qui y abondent et qui sont identiques avec celles qui vivent sur la côte. Elles sont enveloppées dans une roche de calcaire friable et s'élèvent jusqu'à 75 mètres d'altitude. Cette roche passe vers le bas à une couche coquillière formée principalement de balanes et recouvrant un grès dans lequel abondent des ossements de requins gigantesques, des huîtres d'espèces éteintes et de très-grandes pernes. Les bancs intermédiaires ont des coquilles communes aux couches supérieures, dont toutes les espèces vivent encore et aux inférieures, dont le plus grand nombre au contraire sont éteintes. Les terrasses parallèles se voient surtout dans les villages de Guasco et de Copiapo, à 350 milles au nord de Valparaiso, puis au sud vers la Conception.

Autour de Cobija, Alcide d'Orbigny signale (*) un dépôt coquillier marin élevé de 12 à 15 mètres au-dessus de la mer et dont toutes les espèces vivent sur la côte voisine. Plus haut est une couche argileuse, gris brun, avec des fragments anguleux des roches qui constituent les montagnes environnantes et de petites veines de gypse fibreux. Ces conglomérats récents atteignent 20 mètres au-dessus de la mer et s'élèvent ensuite jusqu'au pied des montagnes porphyriques, dans le voisinage desquelles les fragments deviennent plus volumineux et où les blocs se trouvent à 200 mètres d'altitude. Jusqu'à une élévation de 100 mètres, des rochers de porphyre syénitique, qui reposent sur les couches de sédiment, présentent dans leurs cavités des coquilles qui ont vécu en cet endroit comme vivent aujourd'hui leurs analogues à 100 mètres plus bas ; aussi l'auteur conclut-il de ce fait et d'autres du même genre un exhaussement de toute la côte durant l'époque actuelle, conclusions que ces mêmes considérations ne permettent cependant pas encore d'admettre d'une manière absolue.

Relativement aux anciennes plages de l'Amérique méridionale, on voit que des coquilles ont été soulevées et forment dans quelques parties des bancs continus depuis le 45° 35′ jusqu'au 12° de latitude sud, le long des côtes de l'océan Pacifique et sur une étendue de 2,075 milles géographiques du nord au sud. On peut assurer, en outre, qu'il en existe encore au delà dans ces deux directions, comme sur quelques points de la province de Tampico, dans le golfe du Mexique.

Sur toute cette ligne de côtes, on rencontre souvent, outre les débris organiques, beaucoup de marques d'érosion, des cavernes, d'anciennes plages, des dunes, des terrasses successives de gravier, toutes au-dessus du niveau actuel des mers. La rapidité des pentes sur ce versant de la chaîne fait que les coquilles ne se sont encore trouvées qu'à 2 ou 3 lieues du littoral actuel ; mais il existe au delà, jusqu'à 30 ou 40 milles dans l'intérieur des terres, des preuves évidentes du séjour des eaux marines.

D'après la seule considération des coquilles on peut juger que

---

(*) A. d'Orbigny, *Voyage dans l'Amérique méridional*

le soulèvement a été, à Chiloé, de 106 mètres; à la Conception de 190 et peut-être de 304; à Valparaiso, de 395, et à Coquimbo, de 77. Plus au nord on n'en a pas cité au-dessus de 90 mètres. A Lima l'élévation n'a été que de 76 mètres (*).

Dans beaucoup d'endroits de la côte du Chili et du Pérou il y a des traces de l'action de la mer à des niveaux successifs prouvant que l'élévation a été interrompue par des moments de repos. Ces traces sont surtout bien apparentes à Chiloé où sur une hauteur d'environ 152 mètres on aperçoit 3 escarpements; à Coquimbo il y en a 5 sur une hauteur de 111 mètres; à Cuasco, 6, dont 5 correspondent peut-être à ceux de Coquimbo. A Lima on compte 3 terrasses sur 76 mètres d'élévation, et d'autres se montrent à des niveaux encore plus élevés.

En Australie, les plages soulevées sont disposées à de grands intervalles le long des côtes actuelles. Elles sont formées de bancs horizontaux, placés à diverses hauteurs au-dessus de la mer et paraissant avoir été élevés à des époques différentes. La plage soulevée au lac King, à 21 mètres au-dessus de la mer, est composée d'argile endurcie rougeâtre et calcarifère qui renferme des huîtres et des anomies différentes de celles du rivage, tandis que sur la côte méridionale, entre le cap Littrop et la baie de Portland, il y a des coquilles d'espèces vivantes empâtées dans une roche grise. L'île Verte, dans le détroit de Bass, est formée de coquilles réduites en fragments et s'élevant à 30 mètres au-dessus de l'eau. Il en est de même de la pointe sud-est de l'île Flinders. A 10 milles au sud du cap Grimm et sur la côte occidentale de la terre de Van Diémen on trouve également des portions de plages soulevées semblables à celles du détroit (**).

Le fait des affaissements et des soulèvements lents de l'écorce terrestre n'est évidemment pas spécial aux époques voisines de la nôtre. Il s'est produit à tous les moments de l'histoire du globe, et sans lui la croûte terrestre offrirait des caractères tout diffé-

---

(*) DARWIN, *Geological observations on South america.*
(**) P. E. DE STRZELECKI, *Quarterly journal of the geological Society of London,* t. I, p. 358.

rents de ceux que nous observons. La superposition des couches stratifiées n'a le plus souvent pas d'autre cause, la mer n'ayant jamais eu, sur des surfaces assez vastes, la profondeur de plusieurs kilomètres qui correspond à l'épaisseur totale des anciens sédiments marins. On le reconnaît d'une manière particulièrement irréfutable quand des formations terrestres sont recouvertes les unes par les autres ou par des couches marines, ainsi que cela a lieu dans une foule de points.

Un des exemples les plus classiques de ce phénomènes est fourni par la célèbre carrière du Treuil près de Saint-Étienne, étudiée naguère par Brongniart. On sait qu'on y voyait sur une très-grande épaisseur, la houille, associée à des couches de sidérose, surmontée de plusieurs assises de grès au travers desquelles se montraient, en position verticale, de très-nombreux troncs de sigillaires et d'autres végétaux carbonifères. Plusieurs de ces troncs avaient cinq ou six mètres de long, et leur ensemble donnait à première vue l'idée d'une forêt engloutie dans l'épaisseur même du sol et fossilisée sur place.

Depuis lors, M. Grand'Eury a signalé dans le bassin houiller de la Loire une foule d'exemples analogues, sur lesquels l'auteur donne des détails qu'il convient de résumer. « Les tiges encore debout, que l'on reconnaît aisément, dit-il (1), pour s'être développées dans la position qu'elles occupent, sont généralement à Saint-Étienne des *Calamites*, des *Calamodendrons*, des souches de *Cordaïtes* et beaucoup de *Psaronius*, ces derniers posés fréquemment sur les couches de houille dans la zone des Fougères. »

M. Grand'Eury énumère en plusieurs pages de texte très-serré les divers niveaux et les localités où, sans les chercher, il a rencontré des troncs verticaux, et il conclut qu'il y a de ces troncs à tous les niveaux. « Tout me dit, ajoute-t-il, qu'en cherchant bien, on en trouverait un peu partout, car dans les déblais de mines, on rencontre très-souvent des parties de tiges ou de racines im-

---

(*) GRAND'EURY, Mémoire sur la flore carbonifère du département de la Loire et du centre de la France, dans les *Mémoires des savants étrangers*, t. XXIV, p. 329. 1877.

plantées perpendiculairement à la stratification et en place. Il y en a aussi bien dans les massifs stériles qu'au toit et à la sole des couches, dans les grès que dans les schistes. Et d'après ce dont j'ai pu juger dans mes voyages, les divers autres bassins houillers du centre de la France en ont pour le moins autant et d'aussi généralement répandus. Ce doit être là une règle commune à tous les terrains houillers, où l'on a presque partout signalé des tiges debout à différents étages. »

En Amérique, le cap Breton fournit un exemple depuis longtemps cité. Il répète exactement ceux que nous venons de mentionner, mais on ne saurait le passer sous silence à cause de l'échelle énorme sur laquelle le phénomène qui nous occupe est représenté. C'est le long des falaises de la mer que des forêts, superposées au nombre de soixante-dix, se présentent à l'observation dans une épaisseur de 400 à 500 mètres. Leur ancien sol est maintenant fortement incliné à l'horizon, mais elles sont exactement perpendiculaires avec lui, et la notion qu'elles fournissent de déplacements de la surface terrestre en est d'autant plus nette.

Près de Wolverhampton, dans le Staffordshire méridional, on a mis à découvert, en 1844, sur une surface de quelques centaines de mètres, une couche de houille qui a fourni plus de soixante-treize troncs d'arbres garnis encore de leurs racines; quelques-uns de ces troncs mesuraient près de 3 mètres de circonférence. Brisés près de la racine, ils étaient couchés dans toutes les directions, se croisant souvent les uns les autres. Leurs racines formaient en partie une couche de houille reposant sur un lit d'argile au-dessous duquel était une seconde forêt superposée à une seconde couche de houille. Plus bas existait une troisième forêt avec de grands troncs de lépidodendrons, de calamites et d'autres arbres.

Dans des terrains beaucoup moins anciens il faut mentionner les forêts fossiles de Portland. On y observe, au-dessus du portlandstone, formation d'origine marine, un calcaire lacustre ayant deux mètres de puissance. Ce calcaire supporte une couche appelée *dirt bed* (lit de boue) qui a 30 à 45 centimètres d'épaisseur. Le lit de boue est brun noirâtre, il renferme du lignite terreux, des cailloux roulés atteignant jusqu'à 22 centimètres de diamètre et des troncs silicifiés de conifères et de cycadées. Quelques-uns de ces troncs sont couchés dans le lit de boue, et leurs fragments, rattachés les uns aux autres, indiquent des arbres dont l'élévation était de 7 mètres environ : leur partie inférieure restée en place a une hauteur qui varie de 30 à 40 centimètres et qui quelquefois atteint 2 mètres. Les racines sont encore fixées à la roche où elles pénétraient jadis. Le lit de boue supporte un schiste calcaire d'eau douce.

« Essayons, dit M. Vézian (*) de retrouver la trace des événements qui se sont accomplis sur le point où l'on observe la superposition précédente. Immédiatement après la disparition du lac qui avait reçu le calcaire d'eau douce inférieur, une épaisse forêt a recouvert toute la région abandonnée par les eaux. Plus tard, le retour de ces eaux s'étant opéré d'une manière violente et subite, la forêt a été complétement détruite et la terre végétale entraînée ou tout au moins délayée dans la masse des eaux envahissantes. La boue entourant les arbres laissés en place ne peut être une ancienne terre végétale ; c'est la vase ou le limon que les eaux, devenues plus tranquilles, après avoir repris possession de leur ancien domaine, ont déposé avec les cailloux roulés qu'elles avaient charriés et les débris de la forêt qu'elles avaient anéantie. »

Quant à la cause de l'irruption des eaux il ne peut pas être douteux que c'est dans un affaissement du sol qu'il faut la chercher.

Ces mêmes faits montrent dans beaucoup de cas, comment les terrains maintenant émergés sont sortis de la mer. Et l'on doit reconnaître que les soulèvements et les affaissements lents ont joué le plus grand rôle dans l'édification même des couches du globe. C'est au point que la considération de ces mouvements verticaux serait de nature à fournir la meilleure classification des couches stratifiées.

Comme exemple de cette méthode, destinée sans doute à un grand avenir, nous ne pouvons mieux faire que de citer un travail

---

(*) Vézian, *Prodrome de géologie*, t. I, p. 340.

justement remarqué de M. Hébert sur la classification des assises jurassiques (*). Quelques mots suffiront pour en faire comprendre la portée.

Le terrain jurassique présente dans le bassin de Paris une structure qui est fortement empreinte des caractères identiques à ceux que les soulèvements et les affaissements récents ont imprimés sur les couches à l'époque actuelle.

Sur les flancs de l'Ardenne à l'est et sur ceux de la Vendée et du Cotentin à l'ouest on voit les couches de plus en plus récentes déborder transgressivement les couches plus anciennes.

Élie de Beaumont pensait rendre compte de cette disposition par la simple considération de la surcharge supportée par le milieu du bassin et par le relèvement des bords qui devait en résulter. Mais M. Hébert montre que les choses sont plus compliquées.

A chaque époque correspond une oscillation double ; seulement il résulte des observations du savant géologue que depuis le lias jusqu'à l'oolithe inférieure inclusivement, l'ascension du bord l'emporte sur la dépression du centre ; tandis que c'est précisément l'inverse qui a eu lieu à partir de l'oxfordien jusqu'à la fin des temps jurassiques.

A l'oolithe inférieure où s'est produit l'affaissement minimum du centre et la surélévation maxima des bords, correspond une longue période de repos rendue sensible par la dénudation qui s'y est produite et par le grand développement des animaux lithophages.

Il résulte de ces remarques importantes qu'au point de vue de la géologie dynamique, l'époque jurassique se divise d'abord en deux périodes dont l'inférieure est caractérisée par la prépondérance de l'affaissement et dont la supérieure a présenté l'allure inverse. Chacune de ces périodes se subdivise en étages dans chacun desquels s'est développée une oscillation complète.

Dans le cas où la croûte, au lieu de suivre peu à peu le noyau reste stationnaire quelque temps, puis cède tout à coup, il se fait

---

(*) Hébert, *Bulletin de la société géologique de France*, 2e série, t.XVIII, p. 97. 1861.

une brusque dénivellation et parconséquent un vrai tremblement de terre, avec accompagnement de failles.

C'est à ce dernier phénomène que nous avons donné le nom de *Rupture spontanée de la terre*. De toutes parts, disons-nous dans notre Cours de géologie comparée professé au Muséum (*), l'écorce terrestre est fendue et brisée. Ses couches, stratifiées ou non, sont entièrement réduites, par des fissures entrecroisées, en blocs distincts désignés sous le nom de *fragments naturels*. En outre l'ensemble entier de l'écorce est coupé en tous sens par des *failles* innombrables d'une profondeur inconnue mais sans doute égale à l'épaisseur de l'écorce consolidée, et dont la largeur, parfois inappréciable, s'élève d'autres fois jusqu'à vingt-cinq mètres et plus. Quant à leur longueur, également très-variable, elle peut atteindre plus de cent kilomètres, comme on en a des exemples en Angleterre et en Irlande. Or, ces ruptures ont toutes la même cause : toutes sont dues à un retrait plus ou moins considérable des roches solides; pour ce qui est des fragments naturels du granit et du basalte, la chose est évidente d'elle-même; il sera facile de montrer qu'il en est de même pour les failles.

Reportons-nous, en effet, à la structure générale de notre globe, composé d'une enveloppe solide relativement fort mince reposant sur un noyau fluide ou pâteux. Ce noyau, se refroidissant sans cesse, se contracte et par conséquent l'enveloppe qui n'en peut suivre le mouvement centripète ne tarde pas à porter à faux. Vu sa grande minceur, elle doit se briser. C'est ainsi qu'elle se débite en segments qui chevauchent les uns sur les autres. Il est clair, *à priori*, que l'orientation générale des failles doit suivre des lois géométriques, modifiées par l'hétérogénéité de la masse. Aussi constate-t-on dans une foule de cas que ces failles sont dirigées suivant des grands cercles de la sphère. Élie de Beaumont a consacré les plus persévérants efforts à la démonstration de ce fait que les chaînes de montagnes, dues avant tout à des failles, dessinent à la surface du globe un réseau régulier (**). On a reproché à l'illustre

---

(*) Stanislas Meunier, *Cours de géologie comparée*, p. 262, 1874.
(**) Élie de Beaumont, *Systèmes de montagnes*.

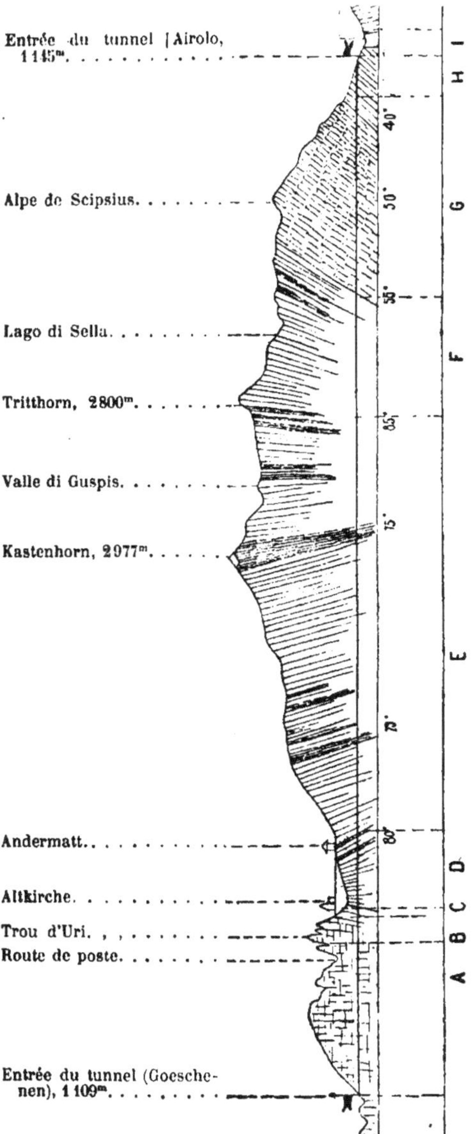

Fig. 4. — Coupe géologique montrant la structure en éventail du Saint-Gothard. Échelle de 1/100000.

A Granit plus ou moins homogène.
B Gneiss.
C Calcaire cristallin micacé.
D Schistes micacés passant au gneiss, alternant près d'Andermatt avec des bancs de schistes noirs contenant des veinules calcaires.
E Schistes micacés alternant avec des gneiss finement schisteux et quelques bandes éparses de roches dioritiques.
F Gneiss schisteux.
G Schistes micacés passant au gneiss grenatifère, plus ou moins amphiboliques.
H Schistes micacés passant au gneiss avec beaucoup de veines quartzeuses.
I Calcaire d'Airolo.

auteur d'être allé quelquefois trop loin dans cette voie et d'avoir voulu tout faire rentrer dans le canevas géométrique, sans accorder une part suffisamment large aux causes perturbatrices locales. Mais le fond de sa théorie est manifestement vrai.

Enfin, il est une conséquence de ces phénomènes qui joue un grand rôle dans la production des chaînes de montagnes et sur lequel il faut nous arrêter un moment. Il s'agit de la réaction des masses déplacées sur le noyau interne, dont une partie se trouve parfois injectée dans les failles récemment ouvertes. Nous aurons à revenir avec détail sur ce point dans le Livre suivant, consacré aux régions infragranitiques. Nous voulons seulement faire remarquer ici que le granit, qui constitue l'axe des chaînes montagneuses, l'axe des Alpes, par exemple, a nécessairement été poussé de bas en haut dans des failles ouvertes au milieu des terrains superposés.

A ce mécanisme de sortie se rattache l'explication de la structure caractéristique des montagnes, structure dite en *éventail*, depuis Saussure, et dont ce nom indique bien le caractère. Elle consiste dans la disposition divergente des strates constituantes de la montagne par rapport à la ligne horizontale dirigée suivant sa longueur par le pied de son axe. La *fig.* 4 ci-jointe empruntée à M. Alphonse Favre rend superflue toute explication plus détaillée (*).

Depuis les expériences de M. Daubrée sur l'écoulement des substances pâteuses, on peut dire que la structure en éventail des montagnes est une preuve à l'appui du mode de formation qui vient de leur être assigné. Le procédé mis surtout en usage par l'auteur consiste à soumettre à l'action d'une presse hydraulique des plus énergiques des prismes d'argile à demi desséchée renfermés entre des parois où l'on avait ménagé une ouverture étroite et allongée. Comme on voit, l'argile représente ici les roches, plus ou moins plastiques à l'origine, qui constituent l'axe et les premiers contreforts des chaînes de montagnes et l'ouverture simule la faille par laquelle s'est faite, dans la nature, l'éruption des masses profondes. Dès que la presse hydraulique agit, un

---

(*) Alphonse Favre, *Etudes géologiques sur la région des Alpes qui avoisinent le mont Blanc.*

vrai ruban d'argile, aussi long qu'on le veut, sort par l'ouverture.

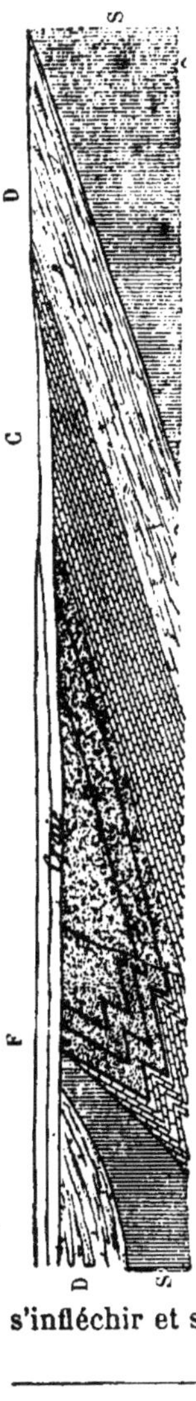

Fig. 5. — Disposition des terrains houiller et palæozoïques sous le terrain de craie, dans le département du Nord : S terrain silurien; D terrain dévonien; C calcaire carbonifère; H terrain houiller fortement plissé. Ou remarque qu'à gauche de la faille F les terrains de transition ont chevauché sur le terrain houiller plus récent de manière à le recouvrir.

Sa structure est éminemment feuilletée comme celle des schistes des Alpes, par exemple, et les feuillets sont parallèles à la grande longueur de l'ouverture, comme dans les montagnes les feuillets sont parallèles à la longueur de la chaîne, ou, si l'on veut, à la direction même de la faille primitive.

Mais la reproduction des phénomènes naturels a pu être poussée beaucoup plus loin, et M. Daubrée est arrivé à faire de la structure en éventail de véritables miniatures, parfaitement exactes (*). Pour cela, voici comment l'expérience a été conduite : « De l'argile préalablement bien malaxée et à peu près desséchée a été coupée sous forme d'un prisme carré. Après l'avoir placée entre deux plaques de fer carrées de même dimension que la base du prisme, on a soumis ce prisme à l'action de la presse hydraulique. Dans cette opération, il sort de chacune des quatre faces latérales une bavure dont la forme évasée, par suite du changement de pression, se raccorde aux faces du prisme. La masse ainsi déformée présente dans sa cassure transversale une texture essentiellement schisteuse, qui est ainsi disposée : dans toute la partie serrée par les deux plaques les feuillets sont parallèles aux deux parois; mais dès qu'on passe à la partie qui dépasse ces plaques, on voit les feuillets s'infléchir et s'éloigner de l'axe de manière à être parallèles aux

---

(*) Daubrée, *Comptes rendus de l'Académei des sciences*, t. LXXXVI, p. 733.

deux faces extérieures du jet, qui vont elles-mêmes en s'écartant de plus en plus. Le feuilleté est surtout prononcé à proximité des deux surfaces externes; en général, il l'est beaucoup moins vers la partie centrale. » Ceci est, comme on voit, le *fac-simile* de la structure en éventail dont l'origine se trouve par cela même très-vivement éclairée.

Il ne faut pas perdre de vue, du reste, que les phénomènes de soulèvement et d'affaissement sont beaucoup plus importants qu'il ne semble à l'inspection de la surface du sol actuel, et s'étendent avec les caractères les plus nets à des régions elles-mêmes qui, à l'heure présente, sont absolument horizontales. On ne peut en citer de meilleur exemple que celui qui représente la *fig.* 5 et qui est relatif au département du Nord et à la région voisine de Belgique. La superficie est constituée par des couches horizontales appartenant au terrain crétacé; mais au-dessous les strates ont l'allure tourmentée caractéristique des pays de montagnes : les couches houillères sont véritablement froncées. Bien plus, on constate le long de la grande faille dite du Midi (F) que l'ordre naturel de superposition des assises est interverti comme il arrive le long des chaînes offrant, comme les Alpes, la structure en éventail : les couches siluriennes recouvrent les couches houillères. Il est facile de calculer, d'après l'épaisseur des divers terrains en présence, la dénivellation totale qui a accompagné l'ouverture de la faille, et l'on reconnaît qu'elle correspond à des altitudes comparables à celles de vraies montagnes. On est donc là manifestement dans une chaîne où il ne manque que le relief et qui l'a perdu par suite d'un phénomène que nous étudierons plus loin sous le nom de *dénudation*.

La légitimité de cette conclusion, paradoxale à première vue, est établie par l'observation de véritables montagnes en voie de disparition. Dans le nombre doivent être classés les collines de la Basse-Normandie et de la Bretagne qui présentent à l'obsevation : glissements, redressement, métamorphisme et structure en éventail. Nous avons pu faire nous-mêmes, à cet égard, des études extrêmement probantes, et que nous n'avons pas encore publiées aux environs de Vire (Calvados).

LIVRE II.

LES RÉGIONS INFRAGRANITIQUES

On a vu précédemment que le soubassement universel des masses rocheuses consiste dans la croûte granitique, et nous avons dit comment des considérations très-simples conduisent à reconnaître que le granit n'a pas une épaisseur indéfinie, mais repose sur des substances différentes et trop chaudes pour ne pas être fluides.

Ceci posé, il est tout naturel de se demander en quoi consistent les masses infragranitiques dont on reconnaît ainsi l'existence, et quoique le problème paraisse à première vue au-dessus de nos moyens d'investigation, il se trouve que c'est un de ceux où le secours des causes actuelles est le plus efficace.

Le sujet qui va nous occuper se divise naturellement en deux parties relatives, l'une aux roches *intercalées*, et l'autre aux *filons* proprement dits. A premier examen, on reconnaît que ces deux sortes d'accidents ont leur origine sous le granit, car ils traversent l'assise cristalline exactement comme ils traversent le revêtement stratifié. Mais cette notion se complète singulièrement, comme on va voir, quand on étudie l'allure des uns et des autres.

PREMIÈRE PARTIE

LES ROCHES INTERCALÉES

CHAPITRE I

CARACTÈRES GÉNÉRAUX DES ROCHES INTERCALÉES

Les roches intercalées constituent un des traits les plus facilement observables de la structure du globe. Rien n'est plus frappant en effet que le brusque contraste entre une masse continue de granit ou un ensemble de couches stratifiées et un filon de roches qui les recoupe.

§ 1. — Gisement des roches intercalées.

Quoique très-variées en composition, les roches intercalées ont des caractères communs si nets qu'on n'hésite pas un instant à les réunir en une sorte de famille naturelle, et ces caractères tiennent avant tout au gisement dont nous devons résumer en quelques mots les dispositions générales.

La forme la plus fréquente est celle de filons ou plutôt de *dykes*, pour employer une expression anglaise devenue française et qui a le grand avantage de distinguer les accidents géologiques dont il s'agit des filons proprement dits ou *concrétionnés* qui nous occuperont plus loin.

Ces dykes sont comme des sortes de murs souterrains, peu épais, d'une longueur variable, pouvant atteindre plusieurs kilomètres et se prolongeant dans la profondeur jusqu'à une distance inconnue. Ils sont en général verticaux ou peu inclinés.

La comparaison avec des murs se présente plus naturellement encore à l'esprit quand la surface du sol, plus attaquable aux intempéries que la substance des dykes, a laissé ceux-ci en saillie. On rencontre cette disposition dans beaucoup de régions.

Les dykes n'ont pas toujours leurs deux surfaces parallèles entre elles ; parfois ils présentent des renflements considérables et alors ils constituent ce qu'on nomme des *culots*.

Il arrive aussi, qu'au lieu de recouper toutes les couches du sol ils sont interstratifiés avec elles, c'est-à-dire qu'à première vue ils peuvent être confondus avec les roches sédimentaires. Ce fait, qui se présente pour les porphyres et beaucoup d'autres roches, est très-fréquent pour les basaltes et les trapp, et il a été la cause des très-longues discussions auxquelles l'origine de ces masses a donné lieu.

Parfois ces *nappes*, au lieu d'être comprises dans l'épaisseur même de l'écorce terrestre, s'étendent sur sa surface : en Auvergne, par exemple, le basalte en nappes horizontales constitue la surface de maintes collines, qui admettent également dans leur constitution une ou deux couches de même nature. C'est particulièrement ce que l'on voit à Gergovie auprès de Clermont Ferrand. Dans les mêmes régions, les dolérites (mimosites) forment aussi des coulées superficielles appelées *cheires*.

Il n'est pas rare que les nappes alternent avec des couches de conglomerats de composition analogue et qui peuvent contenir des fossiles marins ou autres. C'est ce que montrent le Vicentin et d'autres localités.

Quand des coupes naturelles ou artificielles sont convenablement dirigées au travers des nappes qui nous occupent, elles permettent de reconnaître l'existence de dykes qui en sont comme les racines. Les nappes et les dykes offrent fort souvent une structure prismatique des plus remarquable à laquelle sont dûs divers accidents naturels fort appréciés des touristes. Citons entre autres les colonnes basaltiques de la grotte de Staffa, du comté d'Antrim, des environs de Murat, etc.

Enfin, parmi les dispositions les plus fréquentes des roches intercalées, il faut mentionner le cas où un dyke se termine à la surface du sol par un *dôme*, c'est-à-dire par une espèce de mamelon plus ou moins hémisphérique dont la nature tranche brusquement avec celle des masses voisines.

Les trachytes sont remarquables entre toutes les roches intercalées par la grandeur des dômes qu'ils constituent. Les pics les plus élevés de l'Amérique centrale en sont formés, comme le pic de Ténériffe et le mont Ararat. En France, le Puy-de-Dôme et beaucoup d'autres montagnes d'Auvergne sont dans le même cas.

Les porphyres donnent lieu aussi à des pointements parfois considérables. Le mont Uzor mérite d'être cité à cet égard.

C'est un caractère des roches amphiboliques désignées, le long des Pyrénées françaises, sous le nom d'ophites de Palassou de se présenter en pointements si non très-volumineux du moins extrêmement nombreux.

Les roches intercalées sont aussi parfois associées à d'autres proéminences tout à fait différentes, et qu'il est indispensable de mentionner. Elles sont constituées par l'accumulation de matériaux incohérents qui roulent sous le pied, et elles offrent la forme générale d'un cône tronqué par le haut et dont le sommet est remplacé par une cavité plus ou moins hémisphérique et plus ou moins profonde. Dans la France centrale, où ces proéminences sont particulièrement nombreuses, on les désigne, comme les dômes granitiques, sous le nom de Puys. Les roches qui les composent sont de nature doléritique, comparable à celle des nappes superficielles ou *cheires* qui leurs sont associées.

§ 2. — Compositions minéralogiques et age relatif des roches intercalées.

Quand on étudie les roches intercalées, on arrive bientôt à déterminer entre elles une chronologie relative, c'est-à-dire à reconnaître que certaines sont plus anciennes ou plus récentes que d'autres et même à intercaler leur âge de formation dans la série géologique.

Le problème est surtout facile à résoudre quand ces roches recoupent des couches stratifiées, car il arrive souvent que des formations interrompues par des dykes sont recouvertes par des couches non dérangées par eux. Tel dyke de porphyre, par exemple, recoupe le terrain crétacé sans pénétrer dans les assises tertiaires : évidemment il en résulte que sa formation est antérieure à la période palæothérienne et postérieure à la période crayeuse. Il arrive aussi que les roches intercalées ont empâté des fragments de roches stratifiées : il en résulte alors qu'elles sont postérieures à celles-ci.

Les cas de ce genre sont fort nombreux et ils conduisent à reconnaître ce fait très-instructif, que la nature des roches intercalées a variée avec le temps, ou, si l'on veut, qu'il y a un certain rapport entre l'âge relatif et la nature minéralogique des roches intercalées.

Pour bien comprendre ce fait, dont on verra plus loin l'importance à notre point de vue, il importe de dire quelques mots de la composition des principaux types de roches intercalées (*).

Cette composition est beaucoup plus simple que ne pourrait le faire supposer leur variété d'aspect. Les substances dont elles sont essentiellement formées se bornent à la silice, tantôt seule, sous forme de quartz, tantôt combinée avec une ou deux des bases suivantes : alumine. potasse, soude, chaux, magnésie, oxyde de fer. Les silicates sont tantôt anhydres, tantôt hydratés. Dans les premiers, l'eau n'existe pas à l'état de simple mélange ou, si l'on veut, d'eau d'imbibition ou de carrière, elle intervient directement dans leur constitution.

Le quartz libre entre dans la composition d'un très-grand nombre de roches intercalées, désignées souvent sous la dénomination spéciale de *roches acides*. En tête de ces roches doivent être mentionnés certains granits qui, par leur mode de gisement, méritent d'être classés dans la catégorie des roches intercalées. On se rappelle que le granit est formé par l'association de quartz de feldspath orthose et de mica, tous trois à l'état cristallin.

La *syènite* est un granit où l'oligoklase se mêle, dans certains cas, à l'orthose et où le mica cède la place à l'hornblende. Dans la *pegmatite*, au contraire, l'orthose est prépondérant et le quartz, généralement bien cristallisé, n'est mélangé qu'à une faible quantité de mica.

(*) Voyez à cet égard notre *Lithologie pratique*. 1871.

On distingue, sous le nom de *porphyres*, des roches intercalées très-importantes, dont le caractère le plus net est d'offrir une pâte feldspathique dans laquelle sont disséminés des cristaux de feldspath, tantôt seuls et tantôt mélangés de cristaux de quartz. Le porphyre se réduit parfois à sa pâte par l'absence de cristaux; c'est alors de l'*eurite* quand sa composition est tout à fait feldspathique et du *petrosilex* quand il renferme davantage de silice. Il est des cas où il prend un aspect terreux, dû peut-être à un commencement d'altération; sous les noms d'*argilophyre* et d'*argilolithe*, il constitue alors des massifs considérables. Le porphyre peut prendre la structure globulaire; c'est ainsi qu'il est fort développé dans l'île de Corse et aux environs de Fréjus. Il s'appelle alors *pyroméride*. Quand il est vitreux, il constitue le *rétinite*.

Le *diorite*, qui résulte de l'union du feldspath avec l'amphibole, est une sorte fort répandue de roches intercalées; il joue, par exemple, un grand rôle dans la chaîne des Pyrénées sous le nom d'*ophite de Palassou*. Parfois, la cristallisation du diorite devenant microscopique et indiscernable à l'œil nu, il en résulte des masses d'apparence homogène que Haüy a appelées *aphanite*. Il arrive aussi que le feldspath disparaît et la roche est alors de l'*amphibolite*. Ce grand groupe de roches comprend des types globuleux rappelant par conséquent le pyroméride et qu'on réunit sous le nom de *diorite orbiculaire*.

La *serpentine* est encore une sorte très-caractérisée de roches intercalées. Elle consiste dans le mélange de trois minéraux essentiels (*), dont le plus abondant, qui provient de l'altération des deux autres, est un silicate hydraté de magnésie plus ou moins défini; ce silicate est associé à du péridot et à des minéraux pyroxéniques ou amphiboliques. A côté d'elle, se rangent l'*euphotide* (mélange de feldspath du 6ᵉ système et de smaragdite); le *granitone* (qui renferme, avec le feldspath, de la bronzite ou de la diallage); l'*éclogite* (où la smaragdite est associée au grenat); l'*hypérite*, enfin, qui est une euphotide où l'hyperthène remplace la smaragdite. Comme forme globuleuse de ces roches silicatées

---

(*) STANISLAS MEUNIER, *Comptes-rendus de l'Acad. des sciences*, t. LXXIV, p. 1325.

magnésiennes, on doit mentionner la *variolite de la Durance*.

Il faut rapprocher, à beaucoup d'égards, le *trachyte* des roches granitiques. C'est en effet une roche essentiellement formée de feldspath et qui est surtout caractérisée par sa structure poreuse. C'est comme types de trachyte plus ou moins complétement vitreux que nous citerons ici le *phonolithe*, l'*obsidienne*, la *ponce* et certains *perlites*.

La *dolérite* est à son tour le type d'une sorte de famille caractérisée par la présence du pyroxène. Celui-ci, dans la dolérite, est associé à un feldspath triclinique. En devenant compacte, elle passe par les types connus sous les noms de *mimosite*, de *basalte*, de *basanite* et de *trapp*. Lorsque sa structure est porphyroïde, elle devient du *mélaphyre*. Son type vitreux est le *gallinace*, et son type globuleux, le *spilite* ou *variolite du Drac*. Par altération, elle donne les *wackes*.

Voici un tableau qui montre dans quel terrain se rencontre chacune des roches intercalées dont nous venons d'indiquer la composition :

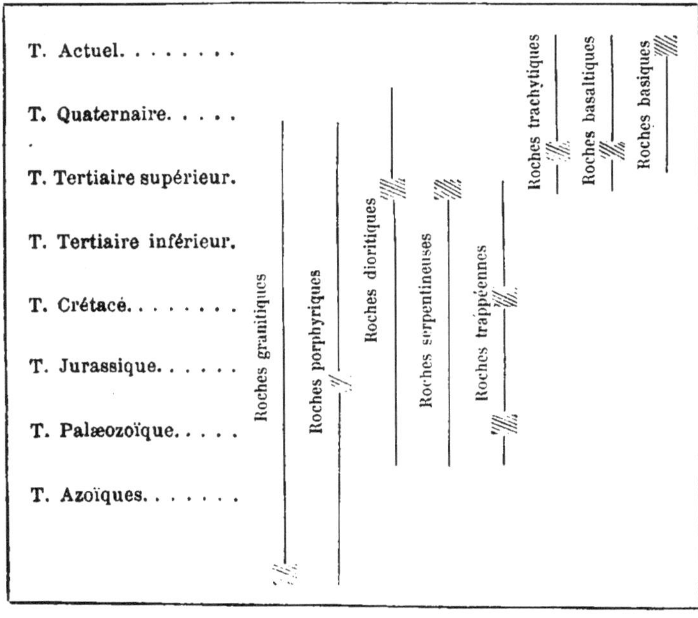

On voit combien, à cet égard, sont larges les variations d'un type à l'autre.

CHAPITRE II

PHÉNOMÈNES VOLCANIQUES

Notre but étant de rechercher, par la considération des causes actuelles, à déterminer l'origine et le mode de formation des roches intercalées, il n'est pas étonnant que la classification minéralogique de ces roches ne soit pas celle qui nous convienne le mieux. C'est avant tout le point de vue chronologique qui doit dominer dans cette comparaison du passé au présent, et c'est pour cela que nous diviserons les roches intercalées en deux grands groupes, dont le premier comprendra les masses récentes (quaternaires et tertiaires) et le second les masses plus anciennes.

C'est sans doute l'un des sujets où la considération des causes actuelles a été invoquée le plus anciennement que celui qui concerne l'origine des roches intercalées de la France centrale. Revenant d'Italie, où ils avaient étudié les phénomènes volcaniques, Guettard et Malesherbes furent frappés, en 1751, de l'aspect des pavés de Montélimart qu'ils comparèrent d'instinct à certaines laves modernes. Ce pavé est formé de courtes articulations de colonnes basaltiques plantées perpendiculairement dans le sol et ressemble par suite à celui des routes antiques dans le voisinage de Rome qui sont pavées avec des pièces polygonales de lave. En s'informant, les deux naturalistes apprirent que ces pierres provenaient du rocher sur lequel est bâti le château de Roche-Maure, sur la rive droite du Rhône, et on les instruisit, en outre, que de pareilles roches abondent dans les montagnes du Vivarais. Ces renseignements les engagèrent à visiter cette province et, étape par étape, ils atteignirent la capitale de l'Auvergne, découvrant chaque jour une raison nouvelle pour croire à la nature volcanique des montagnes qu'ils traversaient. Arrivés à Clermont, tout doute disparut. Les courants de lave des environs de cette ville, noirs et hérissés comme ceux du Vésuve, descendant sans interruption de plusieurs cônes de scories qui, pour la plupart, présentent un caractère régulier, les convainquirent de la vérité de leurs conjectures, et ils proclamèrent hautement leur intéressante découverte. De retour à Paris, Guettard publia un mémoire où il annonçait l'existence de volcans éteints en Auvergne, mais il n'obtint que peu de crédit. Cette idée parut une extravagance, et même un très-sagace professeur de Clermont, qui prétendit que les scories volcaniques n'étaient autre chose que des débris de fourneaux de forges établis dans les montagnes voisines par les Romains, ces auteurs de toutes choses merveilleuses, gagna plus de partisans que le naturaliste.

Cependant les travaux plus modernes ont pleinement confirmé les idées de Guettard, et aucune démonstration n'est plus rigoureuse aujourd'hui que celle de la nature exclusivement volcanique des roches intercalées d'Auvergne. Les puys sont certainement des volcans éteints, les cheires sont évidemment des coulées de lave, etc.

Il sera utile de montrer que c'est jusque dans les détails les plus intimes que la comparaison se soutient. Pour cela, nous commencerons par décrire en ce qu'ils ont d'essentiels les phénomènes volcaniques modernes, et ce sera l'objet du présent chapitre ; puis nous examinerons dans le chapitre suivant en quoi consistent les volcans éteints.

D'une manière générale, les volcans sont des montagnes coniques faciles à reconnaître à leurs contours bien arrêtés. De la plupart des hauts volcans, on peut dire ce qu'Alexandre de Humboldt disait du Cotopaxi, selon lui, la cime la plus belle et la plus régulière des Andes : « c'est un cône parfait, qui, revêtu d'une couche de neige, brille d'un éclat éblouissant au coucher du soleil, et se détache d'une manière pittoresque de la voûte azurée du ciel » (*).

____

(*) DE HUMBOLDT. *Annales des Mines*, 3ᵉ série, t. XVI, p. 345.

Quand le volcan est sorti d'une montagne, il apparaît comme son sommet; mais alors la partie supérieure de la montagne seule est régulière; la base subsiste avec ses irrégularités primitives.

Comme il n'y a pas de règle sans exception, il y a des volcans, très-rares, il est vrai, qui n'ont pas la forme conique. Quand le volcan se réveille, il se mutile lui-même, lançant au loin d'énormes morceaux de ses parois; puis les matières qu'il vomit s'accumulent; et après une suite d'éruptions, son sommet disparaît sous des crêtes hérissées de pointes, des aiguilles inclinées, des rochers brisées et branlants.

C'est ainsi que l'Héclat n'a plus que d'une manière fort vague la forme d'un cône. Le Pichincha, qui domine Quito, a quatre sommets qui sont des pics. Un de ces pics, le Guagua-Pichincha, ou Fils du Volcan, ressemble à une tour gothique ruinée.

Le Cotopaxi, si régulier maintenant, a dû, dans des temps éloignés, être lui-même un pic. On aperçoit, en effet, sur le versant méridional de la montagne, un énorme bloc de rocher, à moitié recouvert de neige, et tout hérissé de pointes, que les naturels appellent la *Tête-de-l'Inca*. Selon eux, ce bloc était la partie supérieure du Volcan, et il en fut séparé lors d'une des dernières éruptions. « Ils prétendent, dit Alex. de Humboldt, que cette catastrophe extraordinaire eut lieu peu de temps après l'invasion de l'Inca Tupæ-Yupanqui dans la contrée, et que ce bloc de rocher isolé s'appelle la Tête-de-l'Inca, parce que sa chute fut le présage sinistre de la mort du conquérant. »

Un autre caractère, absolument particulier aux volcans, c'est de posséder un cratère, large ouverture en forme de coupe par où s'échapent, durant la période d'activité, les cendres, les laves et autres substances.

La partie inférieure du cratère s'appelle le *fond* ou la *plaine*. Au milieu est l'orifice, souvent très-exigu, qui fait une sorte de cheminée au vaste foyer incandescent du globe. A la suite de plusieurs éruptions, un mur de laves refroidies, de cendres, etc., se forme autour de l'orifice; c'est ce qu'on appelle le *mur du cratère*. Quand le cratère est de petite dimension, ce mur se confond avec ses parois; quand il est très-grand, au contraire, un intervalle souvent immense sépare ces deux barrières, et c'est cet intervalle qui constitue la plaine, toujours remplie de matières volcaniques, et de démolition dans un désordre sans nom.

Souvent un nouveau cratère se forme dans l'ancien, et c'est un fait très-anciennement connu. Strabon raconte qu'il avait entendu parler, par des témoins oculaires, d'une plaine entourée, au sommet de l'Etna, par un bord annulaire, comme un mur d'enceinte. Au milieu de cette plaine s'élevait, disait-on, une montagne brûlante dont la fumée montait verticalement.

Il n'est pas étonnant que les voyageurs aient nié ou affirmé tour à tour pour la même montagne l'existence de cratères emboîtés pour ainsi dire. Chaque nouvelle éruption modifie plus ou moins le volcan, et ces cratères sont édifiés, démolis ou changés de place très-fréquemment. C'est ainsi que le Vésuve a offert successivement le spectacle d'un cratère au fond duquel s'ouvrait un puits sans rebords, et celui d'un cratère dans lequel s'ouvrait plusieurs cônes d'éruptions (*fig.* 6).

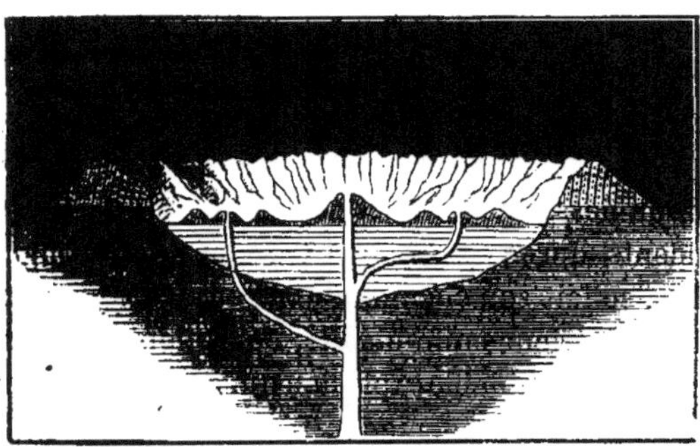

Fig. 6. — Coupe théorique du cratère et de la cheminée d'un volcan. Celle-ci ramifiée dans la profondeur, donne naissance dans le cratère à plusieurs cônes d'éruption.

Quand il y a plusieurs bouches au fond du cratère, elles se réunissent parfois ; le mur qui les séparait s'écroule, et les deux bouches réunies forment alors un immense entonnoir.

Quelques montagnes volcaniques ont deux cratères : tel est le Maunaloa, dans l'île d'Hawaï, qui a un cratère au sommet, et l'autre dans une plaine sur sa pente. Le volcan de Bourbon a trois cratères, et le Gunnuny-Salam, dans l'île de Sumatra, en a six.

Comme contraste, il y a des montagnes embrasées qui n'en ont pas, les matières s'échappant par les crevasses qui s'ouvrent sur leurs flancs au moment de l'éruption. Tel est le cas du volcan d'Antisana.

Il n'y a aucun rapport entre la grandeur du cratère et l'importance du volcan. Celui de l'île de Ténériffe, qui est si puissant, est extrêmement petit. Il en est de même de bien d'autres.

Il n'y a que de bien rares exemples de volcans en éruption permanente (Stromboli). Ordinairement les éruptions sont intermittentes, avec des intervalles de mois, d'années ou de siècles. En général, si les intervalles sont courts, les éruptions sont moins violentes. Les réveils, après un long temps de repos, sont terribles. L'Etna, en activité presque continuelle, est relativement modéré. On sait, au contraire, quelles épouvantables catastrophes occasionna le réveil du Vésuve au Ier siècle.

Rappelons en quelques mots les phénomènes qui précèdent et accompagnent une éruption violente.

Tremblements de terre, semblables à des spasmes violents qui secoueraient la montagne et le sol environnant, détonations souterraines, pesanteur et calme extraordinaires de l'atmosphère; diminution ou desséchement des sources et des puits.

Ces accidents durent un temps plus ou moins long, pendant lequel la lave se fait son chemin de bas en haut. La communication avec l'air extérieur enfin établie, l'éruption commence généralement par une formidable explosion qui semble ébranler la montagne jusque dans ses fondements. D'autres explosions de fluides aériformes, causant un bruit formidable, se succèdent avec rapidité autour de l'orifice de l'éruption, qui se trouve le plus souvent être l'ouverture ou le cratère central de la montagne. Cette ouverture a généralement été obstruée pendant la période de repos, et les fluides élastiques dans leur rapide dégagement lancent au loin les matières qui s'y sont accumulées. Souvent ces débris demeurent suspendus dans les nuages de vapeur brûlante qui s'élève sur une colonne de plusieurs pieds de hauteur, ayant sa base sur les bords du cratère. La vapeur forme des nuages blancs, semblables à des boules de coton accumulées, tandis que les cendres noires, les pierres, etc., en jets non interrompus, contrastent singulièrement avec elle. Des éclairs très-vifs en zigzags sillonnent la colonne pendant que l'augmentation continuelle du nuage intercepte la lumière du jour.

Enfin, la lave finit par s'ouvrir une issue soit au bord du cratère, soit par quelque crevasse ouverte au flanc ou même à la base de la montagne, et s'écoule en torrents sur les surfaces plus basses, s'étendant quelquefois à une distance de plusieurs milles.

L'émission de la lave indique que l'éruption est à son maximum, et son arrêt annonce la fin de la crise. Cependant, longtemps après, les explosions gazeuses continuent avec une grande énergie.

Enfin, toute agitation cesse, et sur le cratère, il ne reste plus que des laves durcies, des scories accumulées et des roches éboulées. C'est alors que le géologue peut procéder à ses observations.

Ce que l'on constate tout d'abord, c'est la dislocation de la montagne; de nombreuses crevasses se sont produites sur ses parois. Suivant les très-intéressantes remarques de Poulett-Scrope, elles sont plus ou moins verticales parce qu'elles sont à angles droits avec la résistance, c'est-à-dire avec la lave qui tend à s'élever; mais elles pourront être fort irrégulières dans leur cours et leur délinéation, selon les divers accidents de la composition et de la structure, et par suite de la cohésion, dans les différentes roches. La production des fissures dépend entièrement de la cohésion et de la rigidité de la masse soulevée. Si cette masse est molle, cédant à la pression, comme de la boue, ou mobile comme du sable, il pourra s'opérer un changement de place dans les molécules; mais il ne pourra se former aucune fente. Ce dernier effet, sur les roches solides, ne sera déterminé que par leur structure mécanique. Ce semble être une propriété de la substance de la plupart de ces roches, de céder à la pression en fractures plus ou moins *droites* et prolongées. Probablement, elle est due à ce que les molécules ont généralement les côtés aplatis, et se trouvent, par quelque action cristalline ou concrétionnaire, disposés en plans plus ou moins continus et parallèles. Proportionnellement au degré qui affecte chaque solide dans un tel arrangement, ce solide tendra à se fendre en plans droits et parallèles dans les fissures primaires ou secondaires et transversales. Les rochers divisés transversalement en joints cèdent de préférence en plans coïncidant avec ces solutions de continuité, presque toujours droites et parallèles. Mais, même dans les solides qui semblent avoir une structure uniforme et non interrompue, il est remarquable combien les fractures s'approchent du plan rectiligne. Dans une nappe de glace, par exemple, brisée par la pression, les fentes sont généralement prolongées très-loin en lignes droites, croisées de quelques fissures transversales également rectilignes.

Maintenant, si nous supposons que les roches superposées à une masse souterraine de matière minérale en voie de dilatation ont une structure intérieure telle qu'elle leur donne une tendance générale à se fendre en fissures droites et longitudinales (et il en est presque toujours ainsi, comme il a été dit plus haut), les fissures qui se déclareront les premières s'ouvriront là où la tension sera le plus énergique, et, par conséquent, vers la surface supérieure des roches, au centre ou à peu près de la superficie disloquée, et vers la surface inférieure près des limites latérales. Une fissure formée dans la première de ces positions se propagera rapidement vers le bas jusqu'au point, ou plutôt, jusqu'au plan où la tension cesse et la compression commence. Une fissure, d'autre part, se manifestant vers les limites latérales de la surface affectée, joignant des parties qui demeurent intactes, s'ouvrira d'abord à la surface inférieure des roches solides et se propagera vers le haut. Les fissures de la première classe s'élargiront vers le côté supérieur, à mesure qu'elles se prolongeront le long de l'axe neutre, mais seront violemment resserrées au-dessous de ce niveau par la compression horizontale. Les fissures de la deuxième classe ou fissures latérales, à mesure qu'elles se propageront en haut, s'élargiront vers la matière qui se dilate en dessous et qui se trouvera subitement dégagée de la pression à cet endroit, et par une rapide intumescence s'injectera dans cette fissure ainsi ouverte. Les roches, des deux côtés de la portion supérieure de ces dernières fissures, se trouveront exposées à une énergique compression horizontale, et perpendiculaire à la direction de leurs plans. Mais comme la surface extérieure ne présente aucune résistance appréciable au mouvement vertical de bas en haut, l'effet de cette compression sera probablement d'élever plus ou moins quelques portions de la surface le long de la ligne de ces fissures latérales. En déterminant des fentes parallèles dans les roches supérieures, elle affaiblira aussi la résistance de ces dernières aux efforts de la lave, qui, s'injectant dans la partie inférieure des fissures, cherche par leur intermédiaire à communiquer avec l'air extérieur. D'un autre côté, si les couches superficielles sont molles et flexibles, cette pression horizontale tendra à les comprimer en plis onduleux.

Dans quelque partie de la surface bouleversée qu'elles se déclarent, ces fissures qui s'ouvrent d'abord à la surface inférieure des roches supérieures, et qui, à mesure qu'elles s'étendent, s'élargissent vers le bas, dans la direction de la lave en dessous, ces fissures seront instantanément injectées de la matière la plus fluide, qui se trouvera violemment pompée ou aspirée dans les plus petites comme dans les plus grandes déchirures, par suite de l'énorme pression hydrostatique à laquelle, dans de telles circonstances, tout fluide doit se trouver soumis. Ces fissures, lorsque plus tard la lave s'est refroidie et consolidée, paraissent alors comme des dykes plus ou moins verticaux, traversant les roches, mais généralement sans en déranger la position.

C'est un fait bien connu que des dykes remplis de cette façon sont très-nombreux dans tous les districts volcaniques. A Sainte-Hélène, la surface de certaines plaines est couverte d'un réseau d'innombrables dykes de lave basaltique, entrecroisés comme les fils d'une toile d'araignée. Les dykes abondent naturellement davantage dans les cônes composés ou montagnes volcaniques qui sont le produit d'éruptions répétées. L'étendue horizontale de quelques dykes est considérable; la fissure occupée par la lave s'étant probablement par degrés ouverte de plus en plus. Dans la grande éruption de 1783, du Skaptar Jokul en Islande, la lave fut consécutivement vomie à différents endroits sur une longueur linéaire de 320 kilomètres. Il n'y a aucun doute qu'une fissure souterraine de cette longueur soit injectée de lave, et forme maintenant un dyke traversant les couches inférieures, semblables aux dykes que l'on trouve dans le nord de l'Angleterre, traversant les terrains houillers et l'oolithe du Durham et du Yorkshire sur des lignes droites de 100 kilomètres et plus. De telles fissures, dans le voisinage de volcans actifs, sont généralement cachées sous une couche de cendres et de pierres. D'ailleurs il n'est pas nécessaire de supposer que partout elles atteignent la surface extérieure. Leur présence n'est souvent révélée que par un affaissement de la surface du terrain le long de leur parcours. Les dykes anciens, que l'on peut remarquer dans des districts où la surface a été soumise à une grande dénudation, se gonflent quelquefois subitement à des endroits qui probablement indiquent les points où la lave avait atteint la surface, et s'était fait jour au dehors à l'époque de l'injection de la lave.

Lorsque la lave s'échappe des crevasses, elle a la consistance d'une pâte semi-liquide, rouge de flamme pendant la nuit, brune pendant le jour; mais au contact de l'air sa surface ne tarde pas à se refroidir et à se durcir; cette surface est sillonnée d'innombrables crevasses par où s'échappe la vapeur contenue dans la lave. Par la puissance de ce dégagement, mais peut-être surtout par la friction et le mouvement irrégulier de la matière qui coule au-dessous, la surface de la plupart des laves se brise, chemin faisant, en croûtes grossières ou dalles scoriformes, dentelées ou anguleuses, ce qui la fait ressembler aux rivières gelées ou aux mers des latitudes boréales. Quelques-unes de ces masses incohérentes de lave peuvent s'élever de 10, 20 ou même 50 pieds au-dessus du niveau, et pourraient même être facilement prises pour des restes de dykes, surtout lorsque, ainsi qu'il arrive quelquefois, ces masses affectent une structure prismatique rudimentaire.

Dans quelques laves, le craquement par déperdition de chaleur et de vapeur au contact de l'air pénètre à la profondeur de plusieurs pieds, et divise la roche en blocs détachés plus ou moins cubiques, surtout vers les côtés ou l'extrémité du courant, la tendance à se diviser ainsi étant accrue par l'impulsion de la matière qui s'écoule en dessous.

Par suite de la rapide consolidation des surfaces extérieures, un courant de lave s'avance généralement avec un mouvement rotatoire, les scories et les croûtes qui se forment sur son front roulant à terre devant lui. C'est ce qui explique comment on trouve généralement une couche de scories sous tous les courants de lave, même là où il n'est point tombé de matières éjaculées par les explosions.

Quelques laves affectent des formes filandreuses comme des cordes et présentent une substance unie et même vitreuse. Ces laves, très-visqueuses, forment, lorsqu'elles s'accumulent au dessus d'un soupirail peu important, une colline à rebords courbes et à replis concentriques, ou même un dôme ou une protubérance en pain de sucre. Le professeur Dana en décrit quelques-unes sur les pentes du Maunaloa dans l'île d'Hawaï, comme ayant la figure d'une bouteille droite. D'après lui, quelques-unes avaient 100 pieds de haut. Bory de Saint-Vincent décrit de semblables collines sur le volcan de l'île Bourbon. Ce sont de vrais cônes de lave dentelés avec une ouverture au sommet. Si des scories sont éjaculées pendant leur formation, leur contexture se compose de couches irrégulièrement alternées de lave et de fragments. Tel était le cône formé en dedans du cratère vésuvien en 1735.

La quantité de lave rejetée par une seule éruption, et l'étendue de la surface qu'elle recouvre, sont souvent considérables. Le volcan de Skaptar Jokul, en 1783, vomit deux énormes torrents : l'un, d'environ 80 kilomètres, et quelquefois large de 24 ; l'autre, de 65, et large de 12. La profondeur en était par endroits de 150 mètres, et l'on a calculé que toute la masse devait dépasser le volume du Mont-Blanc. C'est là peut-être l'émission la plus copieuse, pour une seule éruption, qui soit connue. Mais rien ne s'oppose à ce qu'elle puisse être égalée par quelques-unes provenant des volcans de l'Amérique méridionale et du Kamschatka. On voit que c'est un exemple analogue à celui que nous offrent les anciennes périodes. Dans le Dekkan, aux Indes, le colonel Seykes nous dit qu'il existe une superficie de 400.000 kilomètres carrés, couverts d'un plancher non interrompu de basaltes. Il n'y a aucune preuve qu'il soit provenu d'une seule source, mais les effluves de lave ont dû être prodigieuses pour inonder une surface plane aussi considérable.

Lorsque la lave coule sur une surface inégale, elle remplit tous les creux qu'elle rencontre, toutes les fissures ou crevasses qui peuvent exister sur cette surface. Après que la matière est refroidie, les fissures ainsi remplies prennent le caractère de dykes.

Quand les dykes, qui sont très-dures, trouvent des couches facilement désagrégeables, elles paraissent souvent saillir d'une surface exposée : de là leur nom, le r.· *dyke* signifiant un mur, dans le dialecte du nord de l'Angleterre.

Lorsqu'un courant de lave coule sur un terrain marécageux, la soudaine vaporisation de l'humidité inférieure occasionne des explosions qui, çà et là, se font jour à travers la masse suprajacente en la déchirant et en rejetant les fragments dans l'air, et forment ainsi des couches irrégulières ou des protubérances scoriformes à la surface.

Dans la mer, les mêmes explosions se produisent, mais sans violence particulière. Une certaine quantité de l'eau la plus proche de la lave incandescente, à mesure que le courant s'avance, est chauffée et vaporisée; mais la consolidation superficielle qui s'opère instantanément arrête tout contact ultérieur. Les gerçures qui se développent dans cette croûte à mesure qu'elle se solidifie, émettant des torrents de vapeur qui s'opposent à l'entrée de l'eau dans la matière ignée.

Pour tout le reste, il est à croire qu'un courant de lave se comporte dans l'eau comme sur terre.

Lorsqu'une matière pâteuse, comme la lave, abandonne son véhicule fluide, eau ou chaleur, isolées ou combinées, ses molécules tendent à se resserrer, par conséquent sa masse se contracte ou diminue. Si la consolidation commence à la surface, comme cela a toujours lieu par le contact d'un corps moins dense ou plus froid, cette tendance à la contraction s'exerce sur tous les points de la couche superficielle qui subit cette influence. Le resserrement causé par la force de contraction, dans une direction perpendiculaire à la surface, n'occasionne aucune déchirure, parce que la liquidité de la matière lui permet de céder, par le mouvement de ses molécules dans cette direction-là, mais aussi la force de contraction qui s'exerce sur un point quelconque de la surface est contrariée par la contraction simultanée des points environnants. Par suite de cet antagonisme, le plan supérieur doit être divisé par un nombre plus ou moins considérable de fissures, en portions distinctes, dans chacune desquelles la force totale de contraction surmonte les forces adverses des points adjacents. Dans chacune s'établit un centre de contraction, et la molécule qui occupe ce point demeure stationnaire, tandis que toutes les autres y sont plus ou r'e ˋs attirées. Dans des circonstances favorables, ce changement de position est accompagné d'une disposition concrétionnaire qui leur permet de se ranger selon leurs affinités mutuelles, et cette tendance qu'ont tous les corps à s'assembler autour d'un noyau qui se trouve à l'endroit et au moment convenables. Les déchirures divisant les portions séparées se forment le long des lignes où les forces contractiles ou concrétionnaires des centres voisins se contrebalancent. Si ces réactions avaient lieu lorsque la matière est complétement tranquille et que sa substance est parfaitement homogène, les centres seraient à égale distance, et tous les cercles soumis à leur influence seraient égaux. Les fissures diviseraient donc la couche solide en hexagones réguliers, chaque fissure étant tangente aux deux cercles voisins entre lesquels elle se forme.

Mais, tant que la liquidité de la matière au-dessous de cette couche superficielle lui permet de céder à la force de contraction dans une direction perpendiculaire à la surface, il ne se produira aucune fissure parallèle à ce plan. Par conséquent, par la propagation intérieure continue de cette consolidation, les fissures se prolongeront vers l'intérieur en plans perpendiculaires à la surface dans laquelle s'est commencée la consolidation, ce qui divisera la masse en prismes de forme hexagonale, dont l'axe sera la ligne décrite par le centre de contraction.

Dans tous les courants de lave, la surface extérieure, dont la consolidation est dérangée par les vapeurs s'échappant des fissures et par le mouvement continuel et irrégulier du courant inférieur, se divise en blocs polygonaux grossiers, inégaux et souvent informes. Il y a plus, le prolongement des prismes dépendant de ce que la lave continue à céder à la force de contraction dans la direction des axes, il arrivera qu'à mesure que la liquidité deviendra plus imparfaite, des fissures transversales ou des joints se formeront et sépareront les prismes en autant d'articulations.

Ce double système brise la lave en blocs cuboïdes ou prismatiques, très-réguliers dans les parties inférieures des couches épaisses, les prismes affectant la figure bien connue de colonnes.

Les axes des colonnes étant toujours perpendiculaires à la surface qui se refroidit, là où cette substance est concave, elles y convergent, et là où elle est convexe, elles en divergent en sens opposé. De là ces groupes de prismes en éventail que l'on remarque souvent dans les colonnades.

On a cru longtemps que la configuration en colonnes appartenait seulement aux temps les plus anciens. C'est une erreur. En réalité, cette structure est commune à l'intérieur des masses de lave de tout âge. Ces laves, lorsqu'elles sont de dates très-anciennes, ont généralement été mises à nu par l'érosion aqueuse ou par d'autres actions destructives, ce qui a révélé la configuration prismatique de leur intérieur. Mais où cette observation peut réellement être faite, comme dans les sections occasionnées par les profondes ravines ou les roches verticales de l'Etna, de l'Islande et de Bourbon, et même du Vésuve, on peut remarquer des dispositions en colonnes, très-régulières, même dans les laves dont la date est connue. Dans certaines circonstances particulièrement favorables, des colonnes basaltiques se sont formées avec une longueur de 100 et même de 150 pieds, quelquefois mesurant 50 pieds sans jointure, quoique d'une épaisseur de 8 ou 9 pouces seulement.

Par une extrême multiplicité de jointures, la structure en colonnes tend à passer à la structure sphéroïdale ou globulaire. Il y a même des prismes de colonnes basaltiques qui semblent composés de sphéroïdes empilés les uns sur les autres. Mais cette structure n'apparaît que par un commencement de décomposition. Dans l'île de Ponza, des prismes de pechstein vert vitreux se divisent facilement en sphéroïdes parfaits ou en ovoïdes d'un pied ou même de quelques pouces de diamètre, qui, sous la percussion, s'éraillent en lames concentriques, semblables aux pelures d'un oignon.

Quelquefois les blocs grossiers de la première formation se divisent en une multitude de petits prismes perpendiculaires à leur surface et parfaitement réguliers. De même aussi il arrive qu'une masse de lave, après avoir affecté une structure globulaire, ait été, par une contraction postérieure, divisée, soit en prismes perpendiculaires à la surface du sphéroïde, et, par suite, convergeant à son centre, soit en lames concentriques.

Enfin, certaines laves, par la quantité de jointures parallèles aux surfaces refroidies, affectent, par la consolidation, une structure tabulaire ou lamellaire, ou même schisteuse, quand les plaques sont très-minces.

Il est très-rare que l'on ait l'occasion d'observer une éruption volcanique sous-marine, la résistance opposée par l'eau empêchant les matières éjaculées de s'élever, dans la plupart des cas, à des hauteurs assez considérables pour être aperçues.

Les quelques observations que l'on a pu faire montrent que les éruptions ont lieu au fond de la mer, comme dans l'atmosphère, avec les seules différences apportées par la densité et la basse température du milieu.

Ces observations ont été faites principalement : près de San-Miguel, une des Açores (1638, 1691 et 1720) ; près de Santorin, de 1707 à 1712, époque à laquelle eut lieu la naissance de l'Isola Nuova ; en 1796, dans le groupe des Aléoutiennes ; en 1831 (formation de l'île Julia), sur la côte sud-ouest de la Sicile ; en 1848, sur la côte de la Nouvelle-Grenade, près de Carthagène.

Toujours on a remarqué que des colonnes de fumée (vapeur mêlée avec des cendres) le jour et des flammes (jets de scories rouges) la nuit, s'élevèrent de la mer violemment agitée. Puis des rochers noirs se dessinèrent à la surface de l'eau, les uns solides, les autres bientôt désagrégés par l'action des flots. Parmi les matières rejetées par l'éruption, les unes s'accumulent immédiatement autour de l'orifice en forme de cône ; les autres, après êtres restées quelque temps suspendues dans l'eau, se déposent graduellement et uniformément au fond sur une vaste superficie en forme de couches sédimentaires. Les matières composant la partie supérieure du cône sont aussi probablement emportées par les courants, et déposées de même sur des surfaces assez étendues.

C'est ainsi, sans aucun doute, que furent formés les tufs stratifiés et conchifères qui couvrent les plaines maritimes de l'Italie occidentale, la campagne de Rome et la terre de labour. On sait que la ponce flotte sur l'eau; aussi, lorsque les déjections fragmentaires sont de cette nature, elles peuvent être entraînées par les vents et les courants à de grandes distances et déposées sur les rivages auxquels aboutissent ces courants.

Si les eaux au-dessous desquelles se manifestent les éruptions sont imprégnées des matières calcaires, les tufs produits de cette façon présenteront un ciment calcaire contenant des coquillages marins, ou alterneront quelquefois avec les grès calcaires déposés par les eaux adjacentes.

C'est de cette façon que se formèrent les pépérinos calcaires et conchifères du Véronais, du Vicentin et des collines Euganéennes, de la Sicile méridionale, et du bassin d'eau douce de la Luisagne, du Dekkan, des pampas de l'Amérique du sud, et de nombreuses localités où le basalte, ainsi que les conglomérats calcaires et basaltiques, se trouvent continuellement alterner avec des couches régulières de calcaire.

Quant aux laves, elles s'étendent latéralement sous une couche scoriforme, avec une rapidité et sur une étendue proportionnées à la force d'expulsion, à leur fluidité, aussi bien qu'aux accidents de niveau dans les surfaces environnantes.

Sous l'eau, les laves prennent une extension latérale plus considérable, comparativement à leur épaisseur, que sous la seule pression atmosphérique. Les trapps anciens considérés comme ayant une origine sous-marine (Islande, îles Feroë, etc.) ont une grande dimension horizontale.

L'influence dégradante des flots est cause que les laves sous-marines présentent peu de parties scoriformes. C'est, en effet, ce qui a généralement été observé dans les trapps anciens sous-marins.

La lave formée sous l'eau est souvent remplie de vésicules. Les formations du trapp de Flœtz sont fréquemment vésiculaires ou plutôt amygdaloïdes.

CHAPITRE III

ORIGINE DES ROCHES INTERCALÉES RÉCENTES

Après ces notions sommaires sur les volcans actuéllement actifs, voyons en quoi consistent les caractères principaux des volcans éteints. Nous prendrons pour types ceux de la France centrale, si bien étudiée par divers géologues, au premier rang desquels il est juste de citer Poulett Scrope (*) auquel nous emprunterons à ce sujet un intéressant passage, et le professeur H. Lecoq, de Clermont (**).

Les éruptions qui ont donné naissance aux roches volcaniques sont remarquables, pour s'être manifestées sur un plateau soulevé de gneiss granitiques et d'autres roches cristallines qui, à cette époque, était non-seulement au-dessus du niveau de la mer, mais s'y était trouvé longtemps déjà, puisque dans son vaste périmètre on ne trouve aucune trace de couches marines postérieures aux couches carbonifères ; et celles-là mêmes semblent restreintes à certaines tranchées allongées qui paraissent avoir été les *fjords* de cette île granitique.

Plusieurs dépressions de ce plateau furent ainsi occupées à un moment de la période tertiaire, mais pas plus tôt que le miocène par des lacs d'eau douce, laquelle déposa une énorme quantité de matières arénacées et calcaires, des marnes fines stratifiées pour la plupart, les couches sont en partie interstratifiées de cendres volcaniques et de basalte, ce qui indique qu'il s'est manifesté des éruptions longtemps avant la dessiccation de ces lacs.

Les points d'éruption sont distribués sur deux lignes, l'une N.-S. traversant tout le dôme granitique, l'autre le séparant de cette ligne du N.-N.-O. au S.-S.-E., direction identique avec l'axe de la chaîne granitique centrale, comme le démontre la direction

---

(*) POULETT SCROPE. *Géologie de la France centrale.*
(**) HENRI LECOQ. *Description géologique de l'Auvergne.*

principale de ses lames et de celles de gneiss et de schistes cristallins qui l'accompagnent.

Dans cette région les formations volcaniques consistent d'après Poulett Scrope : 1° en quatre groupes principaux et séparés, dont chacun peut être appelé la charpente d'un grand volcan ou d'un orifice habituel de matières volcaniques très-abondantes; et 2° dans les produits d'une chaîne d'orifices isolés traversant la contrée entière, chaque orifice n'ayant, selon toute apparence, eu qu'une seule éruption, de sorte que ses produits sont à peine mélangés avec ceux des autres orifices. Pour ce qui est de l'âge, quelques-uns de ces volcans dispersés et isolés semblent avoir été en éruption à des époques aussi anciennes que celles des grands volcans habituels; quelques autres au contraire paraissent dater d'une époque bien plus moderne. A la première classe appartiennent le Mont-Dore, le Cantal, les monts d'Aubrac et le Mezenc. A l'autre une centaine de petits cratères distribués en une large bande orientée à peu près comme le méridien.

Nous allons décrire rapidement ces divers points afin de montrer qu'ils présentent tous les caractères essentiels offerts plus haut par les volcans actuellement actifs. On verra même que l'activité n'est pas complétement éteinte, étant représentée par les émanations caractéristiques de la fin des éruptions et spécialement par l'acide carbonique qui suinte encore en abondance de tous les points du sol de l'Auvergne.

Le Mont-Dore est une montagne dont le sommet (Pic de Sancy) atteint 1880 mètres au-dessus du niveau de la mer. Les pics entourent presque entièrement deux larges abîmes en forme de cratères qui sont les gorges supérieures des principaux cours d'eau qui le déchargent. De cette crête saillante, les flancs de la montagne s'inclinent avec une régularité remarquable sur tous les côtés jusqu'à la plaine. Les ravins qui sillonnent les pentes laissent voir que la masse est composée de couches de laves trachytiques et basaltiques alternant avec leurs conglomérats respectifs et qui s'inclinent extérieurement parallèlement aux pentes des flancs.

On observe aussi plusieurs mamelons saillants de trachytes, surtout sur le flanc septentrional, ce qui en altère la régularité superficielle. On ne peut mettre en doute l'alternance des laves trachytiques et basaltiques, mais les premières sont uniformément massives et épaisses et n'ont pas coulé bien loin des hauteurs centrales. Les courants basaltiques au contraire sont moins épars et ont coulé dans presque toutes les directions en larges nappes à des distances de plus de trente kilomètres. '

Le trachyte est très-porphyroïde et les cristaux du feldspath sont gros et vitreux. Il y a aussi des couches massives et des masses pyramidales d'une phonolithe si fissile qu'on en emploie les feuilles comme ardoises grossières. Les couches basaltiques varient beaucoup d'aspect et de caractères minéralogiques ; les unes sont denses, noires et d'un grain fin ; d'autres cellulaires ; d'autres enfin hautement cristallines et d'un grain grossier. On devrait en classer plusieurs parmi les phonolithes.

Quoique habituellement prismatique, le basalte est rarement colonnaire, mais le plus souvent tabulaire ; le trachyte est parfois colonnaire à un très-haut degré. Les conglomérats sont de caractères variés ; quelques-uns sont arénacés et contiennent des blocs de lave de toute grandeur et de toute espèce. D'autres, au contraire, sont des tufs fins et arénacés, souvent pétris de lamelles, et quelquefois blancs comme de la craie ; souvent colorés par le fer et contenant des résidus végétaux, des arbres plus ou moins carbonisés, des os d'animaux, etc. Ces conglomérats semblent avoir rempli des cavités dans le flanc de la montagne et s'étendent à 30 kilomètres ou davantage en vastes accumulations irrégulières. Les conglomérats basaltiques sont souvent mélangés avec des fragments trachytiques, de façon à former un pépérino ferrugineux compacte. Il ne reste plus de cônes de scories appartenant à l'ancien volcan, non plus que d'autres indications du site des orifices d'éruption, excepté quelques amas superficiels de bombes volcaniques et de masses scoriformes pesantes, vers les points les plus élevés d'où se sont, sans aucun doute, déversé les laves basaltiques, mais desquels, en même temps ou depuis longtemps disparu, les scories plus friables sous l'influence de la dégradation météorique. Cependant des éruptions isolées, d'un aspect comparativement récent, ont eu lieu dans le périmètre du Mont-Dore, et elles appartiennent, à proprement parler, à la seconde catégorie d'orifices disséminés et indépendants que nous décrirons plus bas.

Le Cantal est, comme le Mont-Dore, la charpente d'un volcan qui ressemble beaucoup à tous égards à celui-ci et qui date sans doute de la même époque; puisqu'il a subi à un égal degré l'influence dégradante des intempéries.

Ii recouvre à peu près quatre fois plus d'espace que ne le fait le Mont-Dore, quoiqu'aucun de ses pics ne s'élève aussi haut. La différence cependant n'est pas grande, le Plomb du Cantal s'élevant à 1830 mètres au-dessus du niveau de la mer. Comme dans le Mont-Dore, les pics culminants entourent une vaste dépression en forme de cratère du milieu de laquelle s'élève une pyramide de phonolithe. Cette éminence fut probablement projetée comme un dyke dans un état de demi-solidité parmi les couches de conglomérats détachés, puis disparus. Les hauteurs environnantes sont formées en partie de trachyte et en partie de basalte. La plus considérable, le Plomb du Cantal, se compose entièrement de basalte. De ce point, comme du Mont-Dore, d'épaisses couches de deux sortes de roches descendent avec l'inclinaison habituelle, raide d'abord, puis douce, vers le pied de la montagne jusqu'à une distance de 30 à 50 kilomètres. Ces laves sont accompagnées et enveloppées de conglomérats successifs qui forment une portion plus considérable de cette montagne que du Mont-Dore. On en voit la section des deux côtés de larges et profondes vallées qui rayonnent des hauteurs centrales. Ce conglomérat est fort mélangé ; dans quelques endroits, c'est un tuf de feldspath ou de ponce; dans d'autres, c'est un pépérino ferrugineux. Quelquefois il est assez compacte pour servir à la construction, et ailleurs il est friable et sablonneux, renfermant des blocs roulés de trachyte ou de basalte, ou de la ponce et des scories. Dans le périmètre du bassin d'eau douce, il s'est opéré un mélange intime de la matière calcaire avec la cendre et le basalte, ce qui démontre que le lac existait encore et déposait son sédiment lorsque quelques éruptions au moins se manifestaient. Sur plusieurs points, le tuf contient des couches de lignite assez abondantes pour être exploitées comme combustible. L'émission du trachyte, dans cette montagne, paraît avoir précédé celle du basalte, puisque ce dernier est supérieur dans toute la superficie recouverte. Et cet ordre ne paraît jamais être interverti.

De hautes et vastes plates-formes de basalte, couvertes d'une rude végétation, s'étendent sur les pentes les plus basses de la montagne, surtout à l'est. Partout où elles sont coupées par des torrents, elles laissent voir des couches massives et répétées de basalte colonnaire séparées par des conglomérats de scories. Cette configuration colonnaire est quelquefois, à Murat par exemple, merveilleusement régulière et les colonnes atteignent une longueur de 50 mètres; quelques-unes en mesurent 16 sans une jointure, quoique le diamètre ne soit que de 25 à 30 centimètres. On en peut voir d'analogues sous le pérystile de la galerie de géologie du Muséum.

Excepté dans le périmètre déjà mentionné, et qui n'est pas fort étendu, le granit apparaît au-dessous des roches volcaniques partout où les vallées sont suffisamment creusées pour pénétrer ces derniers. Mais la masse des roches volcaniques vers le centre de la montagne doit être de 300 à 500 mètres d'épaisseur.

Au midi du Cantal, à une distance d'environ 50 kilomètres de son sommet, s'élève un autre groupe plus petit de plateaux basaltiques, auprès de la Guiolle entre les vallées du Lot et de la Truyère. Ces laves sont le produit d'un orifice ou groupe séparé d'orifices. Elles reposent uniformément sur le granit, coiffant les plus hautes éminences et datant par conséquent d'une époque ancienne.

Enfin la région montagneuse appelée le Mézenc, dans laquelle la Loire prend sa source, constitue le quatrième grand district volcanique et en même temps le plus méridional de la France centrale. Son plus haut point est à 1745 mètres au-dessus du niveau de la mer et se compose de phonolithe, comme toutes les principales éminences qui environnent ce point central qui porte plus spécialement le nom de Mézenc.

Dans tout ce district il n'y a pas de trachyte qui ne soit plus ou moins schisteux et qui, par suite, ne doive être considéré comme faisant partie du groupe phonolithique, quoique quelques-unes des variétés soient presque blanches et contiennent fort peu d'argile. Dans le voisinage immédiat du Mézenc, un bassin demi-circulaire aux rebords scoriformes et cellulaires semble indiquer un cratère récent. De ce cratère rayonnent plusieurs chaînes de collines conoïdes de phonolithe plus ou moins dégradées.

Ces collines constituent : ou bien les restes de plusieurs courants massifs qui ont été dégradés là où se trouvait de la matière plus friable, ou bien les produits d'autant d'explosions séparées de cette espèce particulière de lave à deux orifices sur la ligne d'une fissure d'éruption. Ces masses pyramidales de phonolithe s'élèvent de 150 à 300 mètres au-dessus de leurs bases.

Quelques-unes semblent reposer sur le basalte, d'autres directement sur la plate-forme granitique et, sur un ou deux points, le phonolithe recouvre bien certainement les sables d'eau douce et les marnes du bassin du Puy.

Ce phonolithe est généralement variolitique, c'est-à-dire tacheté de petites concrétions globulaires verdâtres d'une matière plus augitique que la base qui est presque entièrement feldspathique, d'une contexture écailleuse et à demi-cristalline. Le grain est souvent compact, fin et serré ; quelquefois aussi il est grossier et ressemble à la domite. Dans plusieurs endroits, il est fort décomposé et se transforme en une terre poudreuse grisâtre, presque un kaolin. Les hauteurs du Mézenc ont aussi donné naissance à d'énormes courants de lave basaltique, qui se sont étendus en différentes directions principalement à l'est et au nord. Un courant considérable se dirige vers le sud-est et atteint presque le Rhône, à Rochemaure. Il n'est cependant pas certain que cette vaste nappe basaltique, appelée le Coiron, soit descendue du Mézenc sous forme de courant. Peut-être est-ce le produit de diverses éruptions par une fissure orientée de la même façon.

« Cette dernière hypothèse, dit Poulett Scrope, paraît justifiée par ce fait, que l'on voit plusieurs dykes pénétrer le gneiss et le calcaire jurassique (qui vient y aboutir à la limite sud-est de la plate-forme granitique) se rattachant au basalte supérieur; elle l'est, en outre, par la direction de cet embranchement qui va du nord-ouest au sud-est, et par conséquent se trouve coïncider avec la ligne des orifices volcaniques indépendants. »

A tout prendre, le groupe du Mézenc est bien plus aplati que le Cantal ou le mont Dore, et par suite il présente à un moindre degré les caractères d'un volcan normal. Pour ce qui est de son âge, il fut probablement en éruption en même temps qu'eux, si l'on en peut juger d'après l'égale quantité de dégradation subie par ses produits et leur position au-dessus des couches provenant de l'eau douce. Sous ce rapport, les grands remparts de basalte colonnaire, appelés le *Palais des Géants*, qui bordent l'extrémité orientale de la grande plate-forme du Coiron et dominent la vallée du Rhône, en face de Montélimart à 2 ou 300 mètres, sont dignes d'attention en ce qu'ils démontrent que toute cette large et profonde vallée a dû nécessairement être creusée depuis l'écoulement de ces laves. Comparativement, les conglomérats manquent dans le Mézenc, quoique probablement ils aient autrefois rempli plusieurs vastes tranchées dans le bassin d'eau douce du Puy, de couches épaisses de pépérino dont les brèches de Denise, de la Roche-Corneille, etc., sont les fragments restants.

Outre les grandes montagnes qui viennent d'être décrites, il y a eu de temps en temps des éruptions dans toute la région, ainsi que nous l'avons déjà dit.

Les plus anciennes furent probablement contemporaines de celles des plus grands volcans, puisque leurs cônes de cendres ont également disparu pour la plupart et que les laves basaltiques qu'elles ont émises forment de hauts plateaux bien au-dessus du niveau des vallées actuelles.

Quelques-unes ont certainement éclaté avant que les lacs d'eau douce eussent été desséchés comme on peut le voir par le mélange intime de leurs eaux et leurs lapillis avec les dépôts marneux qui, à cette époque étaient évidemment à l'état de boue molle, produisant un pépérino calcaire, et comme on peut le voir encore par l'alternance dans certains cas du basalte avec les couches calcaires. D'autres laves ont fait irruption sur le plateau granitique, et, après en avoir inondé les pentes, ont continué leur cours sur la formation d'eau douce, sur les points où devait se trouver alors les niveaux les plus bas, mais qui aujourd'hui, par suite de l'excavation postérieure des vallées dans les parties découvertes sur chaque côté, ont donné naissance à de hautes collines aplaties recouvertes d'une calotte de lave. Une période plus récente encore d'éruption forma des groupes et des chaînes de cônes de cendres nombreux et réguliers d'un aspect aussi moderne que quelques-uns des cônes parasites les plus récents de l'Etna.

Plusieurs se trouvent ébréchés par le jaillissement de torrents de laves qui ont envahi les vallées alors existantes, les ont comblées à des hauteurs de 30 mètres et davantage sur des superficies de plusieurs kilomètres et ont formé des lacs, en endiguant des cours d'eau.

Les portions inférieures de quelques-uns de ces courants, surtout dans le Vivarais, qui est la région la plus méridionale de cette bande d'éruption, laissent voir des rangées colonnaires d'une régularité presque architecturale. Les laves de ces orifices indépendants et dispersés sont principalement basaltiques. Quelques-unes, cependant, comme dans le voisinage de Volvic, sont de téphrine très-cellulaire, et, dans la chaîne de cônes, près de Clermont, on voit quatre ou cinq collines en forme de dômes d'un trachyte très-poreux appelé domite, du nom du Puy-de-Dôme, le cône le plus considérable de la chaîne, s'élever du milieu ou tout près de cratères bien caractérisés, d'autant de cônes incontestables d'éruption, formés de ponce, de scories, de blocs expulsés et de cendres. Ces laves trachytiques ont dû être rejetées dans un état de fluidité trop imparfaite pour leur permettre de couler, mais suffisant pour les faire accumuler autour et au-dessus de l'orifice qui les a produites.

Plusieurs autres lacs se rencontrent dans cette chaîne les uns creusés dans le granit, les autres dans le basalte. Les quantités de scories et de lapillis qui les entourent, quoique ne formant aucun cône digne de remarque sont cependant assez considérables pour démontrer que ces cavités sont dues à des explosions provenant d'une masse de lave en ébullition disloquant les roches supérieures. Enfin cette contrée ouvre un admirable champ d'étude des divers caractères minéralogiques et des dispositions des produits volcaniques.

Les détails qui précèdent et qui concernent exclusivement le district volcanique de la France centrale ne devraient recevoir que bien peu de modifications pour se rapporter exactement à toutes les autres régions analogues. Prenons-les donc comme des notions générales sur les volcans éteints et remarquons comment chacune d'elles se trouve expliquée par un phénomène encore en voie de production journalière dans les volcans actifs.

L'alignement des puys d'Auvergne ne fait que répéter le remarquable alignement des volcans d'aujourd'hui, alignement visible, par exemple, sur une échelle incomparable sur tout le littoral oriental de l'Océan Pacifique.

La forme des cratères tertiaires est rigoureusement celle des cratères modernes et la manière dont ceux-ci sont édifiés peu à peu par l'accumulation de matériaux détritiques vomis par l'orifice volcanique ne laisse aucune incertitude sur le mécanisme qui les a formés.

De même, leur démolition latérale est expliquée par l'effondrement auquel donne lieu en s'y accumulant la lave de nos cratères actuels.

La forme des coulées d'Auvergne et des nappes de roches vomies est reproduite exactement par celle des déjections liquides de nos volcans, soit au moment de l'éruption, soit à la suite des modifications réalisées par les agents atmosphériques. Il en est de même de la forme des dykes qui se produisent par le remplissage de failles ou de fissures préexistantes.

Les couches stratifiées de pépérinos, parfois fossilifères, se forment encore sous nos yeux par l'accumulation sous l'eau des produits pulvérulents des volcans situés sur un littoral, et l'alternance de ces couches avec des sédiments d'origine purement aqueux, se réalise lorsque des éruptions intermittentes sont séparées par des périodes de repos plus ou moins prolongées.

CHAPITRE IV

Ce qui précède conduit à reconnaître d'une manière incontestable que les causes actuelles ne laissent aucun point douteux de l'étude des roches ignées des régions volcaniques éteintes.

La même doctrine s'applique-t-elle également à l'étude des roches intercalées plus anciennes? Voilà ce qu'il faut examiner à présent.

Si ces roches diffèrent par plusieurs caractères des productions volcaniques, ce qui justifie la réunion qu'on en fait souvent dans une classe spéciale sous le nom de productions plutoniques, néanmoins il faut reconnaître qu'elles ont avec elles beaucoup de traits communs.

Les principaux ont rapport au gisement qui, comme nous l'avons vu, affecte les trois formes présentées également par les roches volcaniques de dykes, de nappes et de domes.

L'alignement des pointements le long des failles indique aussi un mode d'origine commun.

Mais ce n'est pas tout, les caractères physiques des roches plutoniques sont souvent tout à fait semblables à ceux des roches volcaniques.

Les différents degrés de cristallinité se retrouvent dans les uns comme dans les autres de sorte qu'on y rencontre également des types grenus, porphyroïdes, compacts, etc.

On constate le développement très-remarquables des vacuoles dans certaines roches fort anciennes appelées souvent à cause de cela du nom caractéristique d'*amygdaloïdes* et ces roches offrent, pour le dire en passant, la particularité intéressante, de constituer le gisement de divers minéraux spéciaux, tels que les agates (à Oberstein et dans l'Uruguay), les zéolittes (aux îles Feroë) et le spath d'Islande.

Nous avons déjà constaté la présence de minéraux analogues dans les laves anciennes; et l'observation contemporaine montre qu'ils se forment dans les laves peu de temps après leur sortie, alors qu'elles sont encore chaudes, par la réaction des vapeurs sur leur propre substance.

Comme les roches volcaniques, beaucoup de roches plutoniques sont accompagnées de masses vitreuses parfois fort développées.

Les porphyres, par exemple, offrent avec les rétinites une association de tous points comparable à celle des laves feldspathiques avec les obsidiennes et les gallinaces avec les basaltes. La Saxe est, à cet égard, un pays tout à fait classique et les roches porphyriques qui y sont si développées y offrent à l'observateur toutes les variétés des roches vitreuses qui nous occupent.

La structure pseudorégulière est un caractère de beaucoup de roches plutoniques comme celle des roches volcaniques. Le porphyre, par exemple, affecte souvent la structure colonnaire. On n'en peut citer de meilleurs exemples que les environs de Fréjus étudiés d'abord par Élie de Beaumont et Dufrénoy qui en ont donné une coupe des plus instructives. On est là en présence d'espèces d'*orgues* tout à fait comparables à celles que constituent en Auvergne, par exemple, les prismes de basalte. Nous avons mentionné Murat comme remarquable à cet égard. Le vieux château de Bade est lui-même construit sur de véritables prismes de porphyres de l'effet le plus pittoresque et dont la forme générale est tout à fait analogue à celle des colonnades basaltiques.

Il faut aussi mentionner ici la tendance de beaucoup de roches intercalées à se diviser en une série de polyèdres par des plans entrecroisés. Beaucoup de trapps sont dans ce cas ainsi que des aphanites, des eurites, etc.

Il est encore un caractère qui conduit à assimiler les roches plutoniques aux roches volcaniques; il s'agit de la présence de conglomérats, analogues aux pépérinos stratifiés sous la mer. Nous n'en pouvons citer de meilleur exemple que celui offert à Thann par l'euritine. Cette roche est pour la composition un véritable porphyre à grains fins, mais elle est littéralement pétrie d'empreintes végétales. Il est parfaitement clair que le fait ne peut s'expliquer qu'en admettant qu'une sorte de cendre porphyrique est allée, à l'époque houillère, se stratifier sous l'eau et empâter les plantes qui y étaient elles-mêmes submergées.

Il résulte évidemment de toutes ces remarques que les roches plutoniques sont sorties des régions infrà-granitiques par un mécanisme du même genre que celui en vertu duquel les roches volcaniques viennent actuellement au jour, et c'est ce qui justifie amplement le nom qu'on leur donne souvent de *roches éruptives*.

Il en est cependant parmi elles dont l'histoire échappe jusqu'ici au contrôle des causes actuelles par le vaste côté qui concerne leur composition minéralogique. Nous voulons parler des roches éruptives silicatées magnésiennes dont le type est la *serpentine*. Leurs caractères mixtes conduisent, comme nous l'avons montré par des recherches spéciales, à y voir le produit d'une altération particulière de roches éruptives originairement très-différentes, dont le type est fourni par une roche météoritique très-répandue et connue sous le nom d'aumalite (*).

Quand on admet que les roches éruptives sont sorties de la profondeur à la manière des roches volcaniques, on est conduit à reconnaître que la vapeur d'eau a joué un rôle de première importance comme moteur dans ces masses pierreuses.

La présence des roches éruptives hydratées (rétinites, etc.), non moins que celle des vacuoles dont les amygdaloïdes sont pétries et les substances souvent hydratées qu'elles contiennent (zéolithes), constitue une preuve évidente de la part prise par l'eau lors des phénomènes éruptifs anciens. Toutefois, nous nous bornons ici à cette remarque. Le sujet qui sera étudié dans notre seconde partie (filons concrétionnés) fournira à cet égard un complément de renseignements nécessaires pour avoir une idée complète de l'histoire souterraine de l'eau à toutes les époques.

Pour terminer ce sujet, il faut remarquer que l'étude des roches éruptives, comprise comme nous venons de le faire, permet de représenter, avec une certaine précision, la nature chimique et la structure des régions infrà-granitiques qui semblent par conséquent, *à priori*, à l'abri de nos moyens d'investigation.

En effet, étant admis que le globe se refroidit et se consolide progressivement à partir de la surface, il est évident que le réser-

---

(*) Stanislas Meunier. Étude minéralogique sur la serpentine grise dans les *Comptes rendus de l'Académie des sciences*, t. LXXIV, p. 1325. 1872.

voir de matière fondue, apte à subir les phénomènes d'éruption, s'enfonce peu à peu. Donc les éruptions successives nous apportent des échantillons des masses de plus en plus profondes en voie de consolidation. Si l'on veut, les roches émises à l'époque silurienne appartiennent à un horizon moins profond que celles qui sont sorties à l'époque crétacée et celles-ci gisent moins loin de la surface que les laves actuelles, etc.

Il est donc légitime de croire que si l'on pouvait pénétrer sous le **granit**, on trouverait successivement une zone porphyrique, **une zone** dioritique, une zone serpentineuse, une zone trappéenne, **une zone trachytique**, une zone basaltique, une zone lavique. **C'est à** ce point que la solidification centripète semble être arrivée **actuellement**. Quant à ce qui peut exister plus loin de la surface, si l'observation terrestre directe paraît devoir être impuissante à nous l'apprendre, d'autres modes d'informations nous sont cependant offerts.

Il faut, en effet, reconnaître à cet égard que les causes actuelles ne paraissent pas aussi riches en enseignement que les considérations tirées de la géologie comparée. Celles-ci, sur lesquelles nous n'avons pas à revenir ici, conduisent à admettre, avec la **plus grande** vraisemblance, que les diverses assises rocheuses que nous pouvons observer plus ou moins directement, sont supportées **par des** couches identiques à la substance même des divers types **de météorites** ou pierres qui tombent du ciel. Celles-ci, en effet, **représentent à** n'en pas douter le produit de la désagrégation **d'un astre** constitué absolument suivant le même modèle que **notre** propre globe et permettent par conséquent de connaître **jusqu'au** centre la composition lithologique de celui-ci.

Le point le plus saillant à faire ressortir de ces études, c'est la **présence**, dans les régions les plus profondes de la terre, d'un noyau **de fer** métallique qui donne raison à la fois de la forte densité de notre planète, des phénomènes de magnétisme terrestre et de la **découverte**, dans certaines roches éruptives, de grenailles de fer **métallique**. Ces points, que nous ne pouvons qu'indiquer ici, ont **été** développés par nous dans un autre ouvrage (*). Cependant,

____

(*) STANISLAS MEUNIER. *Le Ciel géologique*, p. 199 et suiv.

depuis cette publication, la science s'est enrichie à cet égard d'un ensemble d'observations qu'il est impossible de ne pas mentionner. Il s'agit de la découverte, dans certaines parties du Groënland, de dolérites contenant le fer natif en quantité considérable.

On sait que c'est durant son expédition au Groënland, en 1870, que M. Nordenskjold, découvrit ces masses ferrugineuses dans un point de la côte méridionale de l'île de Disco, connu sous le nom d'Ovifak. Elles gisaient sur le rivage, entre le niveau de la haute mer et celui de la marée basse, parmi des blocs de granit et de gneiss roulés au pied d'une grande falaise basaltique. Le basalte lui-même contient des blocs lenticulaires ou disciformes de fer nickelé, qui ont l'apparence extérieure, la composition chimique et la résistance à l'air des fers météoriques (*).

L'idée première fut de voir dans ces masses le produit d'une chute de météorites qui, par une circonstance toute fortuite, aurait eu lieu au moment où la lave basaltique était encore pâteuse. Mais il fallut renoncer à cette supposition lorsque M. Steenstrup, explorant le détroit de Waigatt, découvrit à Assuk des assises de basalte dont les grenailles de fer sont évidemment l'un des éléments constitutifs (**).

Dans un mémoire fort important (***), M. Lawrence Smith a cherché à prouver que ce fer résulte d'une réduction du basalte, sous l'influence des matières charbonneuses fort abondantes à l'état de lignite dans les couches tertiaires du Groënland. Il insiste avec beaucoup de raison sur l'analogie de composition du fer natif avec le métal qu'on extrait artificiellement du basalte en le fondant dans un creuset *brasqué* de charbon. Mais il fait voir en même temps que le basalte offre tous les caractères de composition qu'il présente dans les localités dépourvues de métal

---

(*) Nordenskjold, *Geological magazine*, t. IX, 1872.

(**) Steenstrup, *Aftryk af Vidensk Medd, fra den naturhist. Forening i Kobenhaven*, mars 1872.

(***) Lawrence Smith, *Comptes rendus*, t. LXXXVII, p. 674, 1878.

libre, et il est évident qu'il ne saurait en être ainsi si le fer avait
été fourni par les minéraux de la roche éruptive. La conclusion
est, pour nous, que le métal provient des régions profondes du
globe et représente, par conséquent, un échantillon du noyau
métallique de la terre.

Cette notion, procurée par les roches éruptives, paraît devoir
conduire, pour le dire en passant, à une conception très-simple
du procédé par lequel l'atmosphère est alimentée de l'acide carbonique mis en œuvre par la végétation, et c'est ce que nous
avons fait ressortir ailleurs avec détails (*). On peut remarquer,
en effet, que les infiltrations superficielles, réagissant sur la
masse chaude de la fonte interne, doit nécessairement, d'après
les belles expériences de M. Cloëz (**), donner lieu au dégagement de carbures d'hydrogène variés, lesquels parvenant vers
les régions périphériques où les amène leur faible densité, se
convertissent par combustion en un mélange d'eau et d'acide
carbonique. C'est ce dernier qui, vomi par les orifices volcaniques et par d'innombrables sources, remplace dans l'air le carbone fixé par la respiration végétale et accumulé sous forme de
combustibles minéraux par voie de fossilisation.

Enfin, nous ne pouvons terminer ce sujet sans faire remarquer
comment l'examen des causes actuelles comprises dans leur sens
le plus large, révèle en quelque sorte l'histoire chronologique du
phénomène éruptif et permet de prévoir son avenir à la surface
de la terre.

Dans l'étude qui précède, on a vu, en effet, que l'allure de ce
grand phénomène s'est modifiée devant la succession des périodes
géologiques. A l'origine purement plutonique, il s'est modifié peu
à peu, jusqu'à devenir volcanique comme il est à présent. Cet
état de choses ne dure que depuis peu de temps et tout conduit
à admettre qu'il ira en se développant beaucoup, de façon à
amener peu à peu la surface de notre globe à prendre une configuration analogue à celle de la surface lunaire. « Dès qu'on jette

---

(*) STANISLAS MEUNIER, *Comptes rendus*, t. LXXXVII, p. 541, 1878.
(**) CLOËZ, *Comptes rendus*, t. LXXXV, p. 1003, 1877.

un coup d'œil sur la surface de la lune, on est frappé, dit Arago (*),
de la forme circulaire de ses vallées, à tel point qu'il n'est personne qui ne les appelle incontinent des cratères. Les cratères de
nos terrains volcaniques sont fortement empreints dans toutes
les régions de la Lune. On n'a qu'à comparer les cartes de cet
astre avec celles de certaines parties de la terre : avec la carte du
Vésuve, avec les cartes des champs phlégréens, de l'Auvergne, etc.,
et la ressemblance paraîtra frappante à tout le monde. Les pitons
isolés qu'on aperçoit au centre des grands centres de la Lune,
comme par exemple au centre de *Tycho*, se retrouvent aussi sur
notre globe. »

(*) Arago, *Astronomie populaire*.

DEUXIÈME PARTIE

LES FILONS CONCRÉTIONNÉS

CHAPITRE I.

CARACTÈRES GÉNÉRAUX DES FILONS CONCRÉTIONNÉS.

Le mode de production des filons peut être, lui aussi, étudié au point de vue de la doctrine des causes actuelles. En effet, les filons se rattachent par des intermédiaires insensibles à certains dépôts contemporains des sources thermales. A cet égard, des faits du plus haut intérêt ont été constatés récemment.

Avant tout, il faut bien se rappeler les caractères généraux des filons. Ce sont des masses minérales non stratifiées, de forme à peu près tubulaire, c'est-à-dire dont l'étendue en hauteur et en longueur est beaucoup plus grande que celle en épaisseur. Quand ils se rencontrent dans les terrains stratifiés, ils *recoupent* presque toujours les couches sous un angle très-ouvert ; ils sont d'ailleurs d'une nature ou d'une structure différentes de celles des terrains qu'ils traversent.

Dès qu'on étudie l'allure des filons on est frappé de l'analogie qu'ils présentent avec les *failles* qui nous ont précédemment occupé. Comme ces fentes, les filons se rétrécissent vers leurs extrémités ; ils finissent par se terminer en forme de coins ou se perdent en petites fissures suivant la ténacité ou le mode de texture de la roche encaissante. Presque tous les filons d'un district de mines qui paraissent être d'une même formation ont

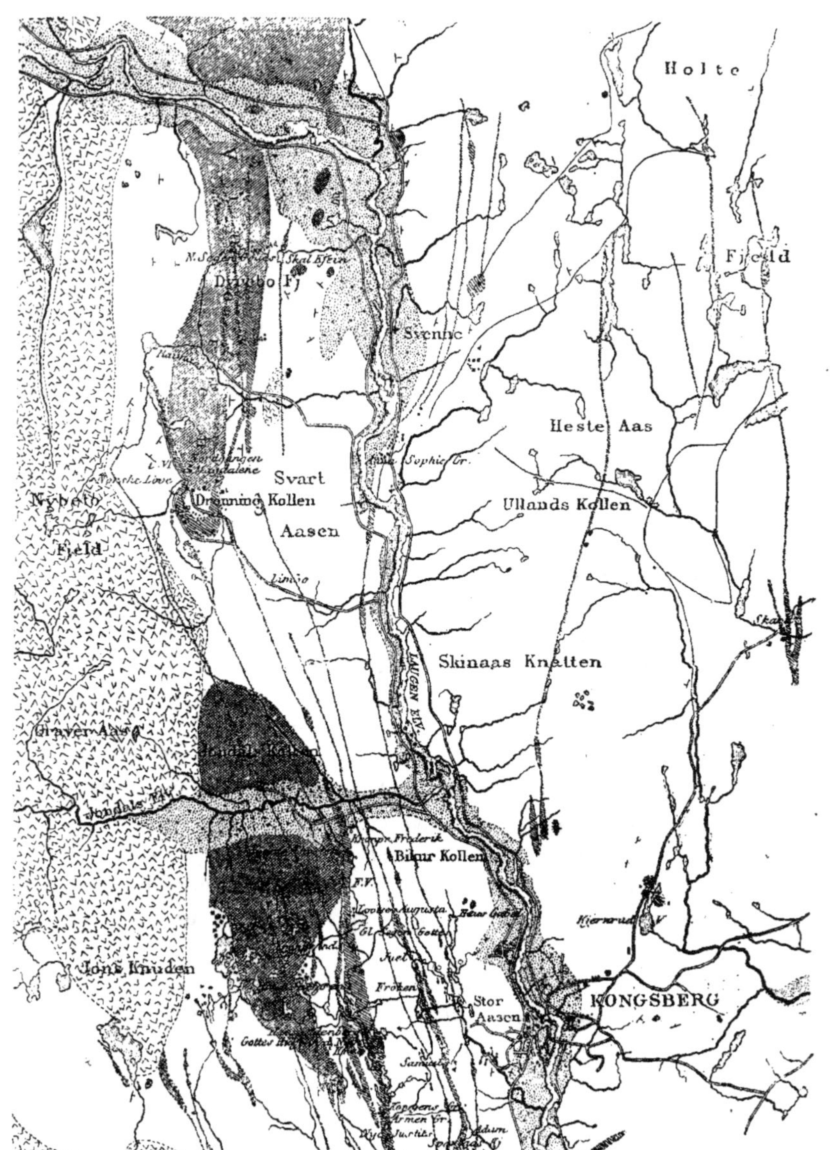

Fig. 7. — Carte géologique du district de Kongsberg.

la même direction ; ce fait, visible sur la *fig.* 7, indique qu'ils ont été produits par une même force, qui a disloqué le sol suivant un sens déterminé. Cette figure, qui est la réduction d'une partie de la carte géologique de Kongsberg, montre à gauche le granit et à droite l'ensemble des couches stratifiées, au travers desquelles se sont fait jour les filons. Ceux-ci forment, comme on voit, un véritable faisceau, dirigé du N. N. O. au S. S. E., et leur ensemble donne évidemment l'idée d'un réseau de fêlures produites en même temps par une même action. Personne ne doute que les fissures connues des mineurs sous les noms de *failles*, *croiseurs*, *rejets*, suivant leur importance, ne soient réellement des crevasses ; or, il existe entre les plus étroites de celles-ci et les filons les plus puissants, une série continue de transitions dans laquelle il n'est pas possible d'établir de démarcation. D'ailleurs, les unes comme les autres, sont remplies de minerais ou vides, preuve évidente de la similitude de leur origine.

La conséquence de ces observations est que les filons ont été à l'origine de véritables fentes, entièrement vides tout d'abord. Elle est confirmée par beaucoup de faits, et par exemple, par la présence fréquente, dans leur intérieur, de galets ou cailloux roulés. Ainsi, à Joachimsthal, on a trouvé dans le Daniellisstollen des galets de gneiss, à une profondeur de plus de 80 mètres. Dans la Hesse, auprès de Riegelsdorf, on a vu pareillement un filon de cobalt, traversé par un autre filon, rempli de sable et de galets. A Challanches, en Dauphiné, Schreibers a encore observé de pareils faits. Mais ce qui conduit plus que tout le reste à faire reconnaître que les filons résultent du remplissage de fissures préexistantes, c'est la disposition même des matières dont ils se composent.

Par exemple, le minerai et les diverses gangues qui composent un filon, peuvent, au lieu d'être répartis sans ordre dans sa masse, lui imprimer une structure *rubanée* (*fig.* 8) ; en d'autres termes, un filon peut présenter plusieurs gangues disposées

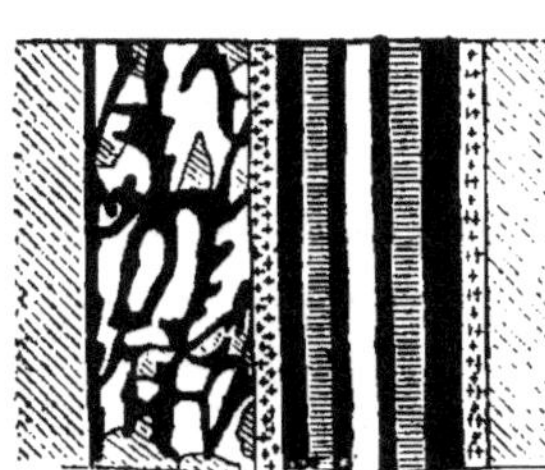
Fig. 8.
Structure rubanée d'un filon.

d'une manière symétrique par rapport aux épontes ; de sorte que si le milieu du filon est occupé par une bande de barytine, il y aura par exemple, de chaque côté de celle-ci, une bande de quartz, puis une bande de spath fluor, une bande de galène, une bande de pyrite, etc. Il est des filons où ces variations se produisent jusqu'à sept fois à partir de chaque éponte.

Une autre particularité de structure, qui se rapproche de la précédente, est fournie par les filons dits *en cocardes*. Ils renferment des fragments pierreux plus ou moins anguleux autour de chacun desquels s'observe la succession de dépôts métalliques et pierreux dont nous venons de parler.

C'est évidemment à cette variété qu'appartient, avec ses traits les plus nets, le caractère filonien ; il est donc extrêmement intéressant de savoir que cette structure si particulière a été retrouvée dans certaines masses météoritiques, au premier rang desquelles doivent être cités le célèbre fer de Krasnojarsk, dit de Pallas et la masse d'Atacama (*).

Il est impossible de ne pas retirer des observations précédentes l'opinion bien nette que les filons ne sont pas autre chose que des fentes ou failles remplies après coup par les substances variées qui les incrustent. Mais comment s'est fait ce remplissage ? Voilà une question qui a fourni la matière de controverses extrêmement vives et extrêmement prolongées, et auxquelles est venue mettre fin, comme on va voir, l'observation des causes actuelles.

CHAPITRE II

FILONS CONCRÉTIONNÉS DE FORMATION CONTEMPORAINE.

On constate dans le dépôt des sources minérales une foule de circonstances qui reproduisent les particularités des filons : de sorte que l'opinion s'impose d'elle-même que ces filons sont les canaux actuellement desséchés d'anciennes sources comparables à celles qui sourdent encore à présent.

(*) Stanislas Meunier, *Comptes-rendus*, t. LXXV, p. 588 et 717 ; 1872, et t. LXXXVII, p. 855 ; 1878.

Ce point est trop important pour que nous ne nous y arrêtions pas un instant.

Les sources incrustantes sont fort nombreuses et de compositions très-diverses. Leurs dépôts, parfois fort abondants, arrivent, dans certains cas, à édifier des roches tout entières, et c'est à ce titre que nous les étudierons plus loin. Mais il se trouve aussi qu'elles déposent, outre des substances terreuses, plusieurs minerais lithoïdes ou métalliques identiques à ceux des filons et affectant des dispositions analogues.

On pourrait citer à cette occasion beaucoup de sources, telles que celles de Hammam Meskoutine, en Algérie, qui donnent de la pyrite avec d'autres substances; mais nous préférons signaler d'abord celles qui produisent les minéraux qui forment l'apanage de certaines roches éruptives amygdaloïdes, puis celles qui fournissent tout un ensemble d'espèces filoniennes.

C'est ainsi que M. Daubrée a publié d'intéressants détails sur la production de zéolithes dans le bassin des sources de Plombières (Vosges) et de minéraux de filons dans celui des sources de Bourbonne-les-Bains (Haute-Marne).

A Plombières, il a suffi, dit-il, de descendre de quelques mètres sous le sol, et d'entrer dans des masses imbibées d'eau thermale, pour y découvrir le cuivre sulfuré en cristaux identiques à ceux de Cornouailles, et toute une série de zéolithes, disposées comme dans les roches basaltiques; que serait-ce si l'on pouvait pénétrer plus profondément dans les canaux par lesquels s'élèvent les sources thermales (*)?

Le béton que les Romains ont étendu à proximité des points d'émergence des sources thermales est composé de fragments de briques et de grès bigarré sans mélange de sable, et cimenté par de la chaux. Il repose tantôt sur le granit, tantôt sur le gravier. M. Daubrée a reconnu que, sous l'action prolongée de l'eau minérale, le ciment calcaire et les briques ont été en partie transformés. Les combinaisons nouvelles se montrent surtout dans les cavités de la masse, où elles forment des enduits mamelonnés et quelquefois cristallisés. Les plus remarquables de ces

______

(*) **Daubrée**, *Annales des mines*, 5e série, XIII, p. 227; 1858.

7

produits par leur abondance sont des silicates de la famille des zéolithes, et notamment l'apophyllite, la chabasie et l'harmotome.

A part la présence des zéolithes qui ont cristallisé dans les boursoufflures, les fragments de briques qui font partie du béton romain ont souvent acquis un aspect tout particulier; ils se sont imprégnés très-intimement de silicates semblables à ceux qui ont cristallisé dans les géodes, et l'on peut dire qu'ils ont subi un véritable métamorphisme.

Malgré sa dureté extrème, la maçonnerie romaine donne accès à l'eau thermale, tant par ses pores que par les fissures et les cavités qui s'y rencontrent. D'ailleurs, la pression des sources force l'eau à circuler lentement dans sa masse, qui est ainsi non-seulement baignée, mais encore traversée par l'eau minérale. Cette eau n'est donc pas stagnante; il y a courant très-lent, il est vrai, mais courant continu. D'un autre côté, l'eau minérale de Plombières ne contient sans doute que de très-faibles quantités de matieres salines (3 décigrammes par litre) qui se composent surtout de silice, potasse, soude, chaux et alumine, mais son renouvellement continuel et indéfiniment prolongé lui permet d'accumuler, en quantité notable, des dépôts de matière dont elle fournit en partie les éléments.

Il est à remarquer qu'en général une petite partie des éléments constitutifs de ces minéraux est apportée par l'eau. Grâce à l'alcali que celle-ci renferme, elle réagit graduellement sur certaines substances qu'elle traverse; les autres éléments préexistant dans la roche, ils saisissent en quelque sorte les premiers au passage, selon leurs affinités, et le minéral est pour ainsi dire formé sur place. Hâtons-nous de dire qu'il n'en est pas de même des filons métallifères : là, presque tout ce qui a été déposé dans le canal de circulation de la source paraît être étranger à la roche formant ses parois. Ce sont donc des effets très-différents de la même cause, et l'on peut les observer à la fois à Plombières.

Pour que les silicates se forment et cristallisent parfaitement il n'est pas besoin d'une chaleur aussi élévée qu'on l'a d'abord supposé ; une température de 60 à 70 degrés, qui est celle des sources de Plombières, suffit à la production au moins de certains d'entre eux.

Plus tard, M. Daubrée a même trouvé la chabasie cristallisée, quoique moins nettement, dans le béton romain baigné par la source thermale de Luxeuil, dont la température est seulement de 46 degrés (*).

Sur des points rapprochés les uns des autres, à quelques millimètres d'intervalle, on voit se former des produits différents, suivant la nature de la pâte sur laquelle l'eau réagit. C'est ainsi que l'apophyllite, silicate qui renferme de la chaux outre la potasse, s'est formée dans les cavités de la chaux. On ne l'a pas rencontrée dans la brique; c'est, au contraire, dans cette dernière, presque exclusivement composée, comme on le sait, de silicate alumineux, que l'on trouve la chabasie, silicate double **d'alumine et de potasse.** Ces faits sont une preuve de plus que les éléments des zéolithes susdites n'étaient pas contenus en totalité dans l'eau qui imbibait la maçonnerie. Les éléments complémentaires : chaux, alumine ou autres nécessaires à la constitution des nouveaux composés, étaient renfermés, soit dans le mortier, soit dans les briques qui les ont abandonnés à la réaction de l'eau.

Le travail qui se produit à Plombières s'est évidemment accompli, sur des proportions considérables, dans certaines formations géologiques.

L'ensemble de minéraux disséminés dans les innombrables cellules de la maçonnerie constitue une association qui forme fréquemment l'apanage de certaines roches éruptives.

Il y a plus : la manière d'être de ces minéraux contemporains rappelle dans les moindres circonstances leur disposition dans les nappes de basalte et de trapp douées de la structure **amygdaloïde.** Si ce n'était la différence de couleur, il serait même **très-possible** de confondre les parties du béton chargées de zéolithes avec les tufs basaltiques où se sont formés les mêmes minéraux; les briques, avec leur boursouflure et leurs druses, imitent d'une manière surprenante les roches amygdaloïdes.

Une telle identité dans les résultats décèle incontestablement **de grandes** analogies d'origine.

(*) **Daubrée**, *Bulletin de la Société géologique de France*, 2ᵉ série, t. XVIII, p. 108; 1860.

Dans le voisinage des roches volcaniques de l'Etna, de l'Islande et d'autres contrées, on rencontre une roche à laquelle on a donné le nom de palagonite. Ce silicate hydraté, d'un aspect souvent résineux, a tous les caractères des silicates du béton de Plombières.

Enfin il y a, continue le savant géologue, une analogie frappante entre la production des silicates cristallisés du beton de Plombières et la formation des silicates qui se trouvent dans une foule de roches métamorphiques : tels sont la wernérite, le grenat, le feldspath, le pyroxène, la macle.

Qu'une dislocation vienne à faire naître un groupe de sources thermales, et la plupart des terrains traversés par ces sources subiront une action dont ce qui s'est passé à Plombières donne une idée.

Des faits de concrétion filonienne se sont produits à la source thermale de Bourbonne les Bains, M. Daubrée a pu, là encore, les étudier et les expliquer (*).

Les sources thermales de Bourbonne jaillissent du grès bigarré, ou, plus exactement, des argiles bariolées qui forment la partie supérieure de cet étage et supportent celui du muschelkalk. Elles prennent naissance à proximité de failles en rapport avec les fractures qui ont ouvert la vallée et laissé d'autres traces dans cette partie de la France. L'apparition inattendue de pointements granitiques qui surgissent au milieu du grès bigarré, à Châtillon-sur-Saône à moins de 10 kilomètres de distance, paraît en connexion avec l'origine de ces sources.

Dans le but de pratiquer un sondage dans le puits antique, dit *puisard romain*, qui a été autrefois établi sur la principale source de Bourbonne, et qui est situé dans l'établissement civil, il fallait en mettre le fond à sec, ce qui fut exécuté en 1874.

C'est dans la partie inférieure de ce puits qu'ont été découverts les faits que nous allons signaler; aussi convient-il d'en décrire la disposition.

Le fond du puisard dont il s'agit est situé à 7ᵐ 80 au-dessous du pavé des bains civils. En y arrivant, on rencontre d'abord une

---

(*) DAUBRÉE, *Annales des Mines*, 6ᵉ série, t. VIII, p. 439; 1876.

boue argileuse noirâtre renfermant des débris de bois, ainsi que des milliers de noisettes, des glands et quelques noyaux de fruits. Sous cette couche, qui avait 30 centimètres d'épaisseur, était une couche de sable gris de 15 centimètres, puis une autre couche de boue de 10 centimètres.

Après avoir déposé sur la chaussée 3 ou 4 mètres cubes de la boue provenant de cette troisième couche, on y aperçut quelques médailles. Aussitôt on la soumit au lavage et au tamisage, et on y récolta 4 700 pièces, dont 4 en or, 265 en argent, et le reste en bronze ou en laiton. Les pièces d'or étaient aux effigies de Néron, d'Adrien, de Faustine jeune et d'Honorius. Parmi les pièces d'argent, il y en avait un certain nombre de gauloises. Des monnaies impériales formaient le reste ; quelques-unes descendaient jusqu'à l'époque du Bas-Empire. Les monnaies de bronze appartenaient aussi à des temps très-différents : Auguste, Vespasien, Faustine, Domitien, Constant, Magnence, etc.

Outre les pièces déterminables, il y en avait environ 1 600 dont l'action érosive de l'eau thermale a rendu le relief tout à fait indistinct.

A ces médailles étaient associés des objets variés : statuettes en bronze, épingles et bagues en or pâle, grains de collier en succin.

Enfin, au-dessous du niveau où abondaient les médailles, se trouvait une quatrième couche, bien digne aussi de fixer l'attention. De 5 centimères environ, elle est formée de fragments pierreux, principalement de grès grisâtre avec quelques silex. Au lieu d'être restés isolés, ces fragments étaient plus ou moins solidement cimentés par des substances à éclat métallique et très nettement cristalisées. Parmi les menus morceaux de grès retirés du puisard, il en est un certain nombre qui présentent des empreintes de cubes, plus ou moins déformés, telles que certaines couches du trias en renferment en divers pays et dont la forme paraît résulter d'un moulage de cristaux cubiques de sel gemme, par le sable, lorsque la roche était en voie de formation.

Ce conglomérat renfermait également de très-nombreuses médailles ; mais beaucoup ont disparu, quelquefois en laissant leur empreinte, pour donner naissance à ces substances minérales mentionnées plus haut.

Beaucoup des espèces minérales recontrées à Bourbonne, s'é-taient formées aux dépens du bronze ou du fer, particulière-ment de la pyrite. Des zéolithes avaient été produites dans le béton par une réaction sur les substances que renferment ces maçonneries; des silicates d'alumine hydratés s'étaient déposés sous forme de boue; des érosions remarquables s'étaient pro-duites sur des pierres de taille en calcaire; enfin des débris orga-niques, végétaux ou animaux s'étaient fossilifiés; telles sont les faits importants accomplis par les eaux thermales.

Parmi les minéraux associés aux médailles et aux autres objets en bronze, M. Daubrée a reconnu la chalkosine, la chalkopyrite, la philipsite et la tétraédrite. Dans ce dernier minéral, l'antimoine est l'élément essentiel, et sa présence a lieu de surprendre, car si l'on a reconnu ses traces dans les sources de diverses localités, on ne les a jamais signalées dans celle de Bourbonne-les-Bains.

C'est donc vraisemblablement aux objets enfouis dans le puisard que ce corps a été emprunté. Sans connaître l'antimoine métal lique, les Romains employaient plusieurs de ses combinaisons. Cependant, malgré les nombreuses analyses de bronze antique faites par M. de Fellenberg, et qui mentionnent l'antimoine dans la proportion de 0,001 à 0,006, on ne put trouver à l'École des mines où elles furent soumises à l'analyse chimique, des traces d'antimoine, si faibles quelles fussent dans trois médailles dont deux de bronze, l'autre de laiton. Mais cette dernière expérience ne prouve rien; pour dire qu'il n'y a point d'antimoine dans les objets jetés dans le puits, il faudrait les avoirs analysés tous.

D'autres substances ont encore été formées aux dépens du bronze, tels que l'oxyde d'étain, la cuprite, la mélaconise, le chrysocole et jusqu'à du cuivre natif.

Le plomb joue aussi un rôle important dans ces formations de minéraux. Des tuyaux de ce métal ont été rencontrés en grand nombre dans les galeries des Romains et dans le voisinage de somptueuse piscines en marbre blanc. Ces tuyaux dont la section est celle d'une poire sont formés d'une feuille repliée sur elle-même et soudée suivant le procédé alors en usage. Or ces tuyaux offrent des preuves évidentes de l'action énergique que l'eau mi-nérale a exercée sur eux. Ils ont donné naissance à la *phosgénite*, espèce rare qui n'a été rencontrée en grands cristaux qu'en Derbyshire, à Crawforden (Écosse), en haute Silésie et en Sardaigne. La galène se montre associée à la phosgénite. L'anglésite et la cérusite ont aussi été formées par le plomb. Parmi ces composés on a trouvé de l'oxyde de plomb ou litharge. Le même fait s'est produit à Plombières.

Les combinaisons formées par le fer étaient le peroxyde hydraté, le bisulfure ou pyrite, et même des silicates et des carbonates. Il faut aussi mentionner la vivianite terreuse qui se dépose constamment autour de menus débris de bois, parce qu'elle en tire son phosphore.

En dehors des minéraux métalliques, d'autres, avons-nous dit, se sont produits dans certaines parties du béton, lequel, comme dans bien d'autres constructions romaines, contient beaucoup de fragments de briques disséminés dans la chaux. C'est surtout dans les boursouflures de ces briques, visibles ou microscopiques, que les substances minérales nouvelles se sont développées. C'est ainsi que la chabasie et la christianite se sont formées en cristaux dans de véritables géodes. On a rencontré aussi une zéolithe en prismes hexagonaux réguliers et qui ressemble beaucoup à celle découverte au lac de Laach (Allemagne) dans du calcaire enveloppé par la roche volcanique. Dans les boursouflures de briques on a trouvé aussi du carbonate de chaux sous les états de calcite et d'aragonite.

Tous ces minéraux ont une ressemblance étonnante, dans leur disposition générale, avec ceux des anciennes périodes. Ainsi, par la manière dont ils se sont précipités au milieu des fragments pierreux, ils rappellent bien les brèches à ciment métallique, si fréquentes dans les filons ; ils ressemblent également aux poudingues avec galènes du grès bigarré du Bleyberg, près Commern, en Prusse, et, mieux encore, en raison de leurs nombreux débris végétaux, aux poudingues et grès cuprifères exploités dans le gouvernement de Perm, en Russie.

Il importe d'ajouter que, même alors que les filons sulfurés sont complétement constitués par le jeu des sources thermales, ils continuent souvent d'être le siége de réactions chimiques plus ou moins compliquées pouvant amener la formation contemporaine de minéraux très-variés. C'est spécialement le cas pour un certain nombre de métaux natifs, ainsi qu'il résulte d'expériences dont nous avons signalé les principaux résultats (*). Par exemple, si une eau contenant des traces d'un sel d'argent, comme c'est le cas, entre autres, pour l'eau de la mer, vient à s'infiltrer dans un filon de sulfure de plomb ou galène, le métal précieux sera peu à peu précipité à l'état de liberté, et la galène supposée pure au début, deviendra ainsi argentifère. Elle pourra même se recouvrir de végétations métalliques rappelant les *arbres de Diane*. Qu'on suppose, en second lieu, une infiltration renfermant des traces de sels d'or arrivant au contact de filons de pyrite de fer, elle donnera lieu à un dépôt d'or natif. Parfois les réactions de ce genre produisent, non pas des métaux libres, mais des sous-sels. C'est ainsi que le sulfate de cuivre dépose de la brochantite sur la galène et que les chromates alcalins y produisent de la mélanochroïte.

Ajoutons enfin que le monosulfure de sodium, contenu dans tant d'eaux minérales, donne naissance, par sa réaction sur des dissolutions métalliques, à des dépôts variés au premier rang desquels doit être cité l'argent natif. Tous ces faits ont une application directe à l'histoire des gîtes métallifères.

(*) Stanislas Meunier, *Comptes rendus*, t. LXXXIV, p. 638 (1877), t. LXXXVI, p. 686 (1878), et t. LXXXVII, p. 656 (1878).

LIVRE III

LES RÉGIONS SUPRAGRANITIQUES

PREMIÈRE PARTIE

DÉNUDATION

CHAPITRE I

CARACTÈRES GÉNÉRAUX DES DÉNUDATIONS

On est frappé, quand on compare à la série complète des terrains les coupes géologiques données par diverses localités, des lacunes qu'elles présentent, et on remarque souvent que, dans des régions peu distantes les unes des autres, la succession des couches qui se présentent n'est pas la même. Ainsi, pour prendre un exemple auprès de Paris, tandis que la craie est, à Meudon, recouverte par le calcaire pisolithique, elle supporte immédiatement, à Beynes, le calcaire grossier supérieur. La lacune, énorme dans ce cas, correspond à l'épais ensemble des couches désignées sommairement sous les noms de calcaire pisolithique, de sables glauconifères, de calcaire grossier inférieur et de calcaire grossier moyen.

En même temps on constate, dans un très-grand nombre de cas, que la surface supérieure du terrain où commencent les lacunes qui nous occupent, de la craie à Beynes, pour nous fixer là, ne concorde pas pour l'allure avec la couche qui lui est immédiatement superposée. Ordinairement, au lieu d'être plane, elle est plus ou moins onduleuse et le dépôt supérieur est venu véritablement combler ses irrégularités. Une foule de coupes montreraient combien la craie présente, autour de Paris, une surface inégale et comment les couches tertiaires comblent manifestement les dépressions de sa surface ravinée. Il est impossible de ne pas remarquer que si ce revêtement tertiaire lui était enlevé, la roche crétacée offrirait des accidents, vallons et collines tout à fait comparables à ceux de la superficie actuelle du sol ; et cette analogie très-remarquable nous arrêtera plus loin.

Pour le moment, bornons-nous à noter qu'un terrain raviné comme celui qui vient d'être mentionné, est dit *dénudé*, et cherchons comment on peut expliquer les irrégularités qu'il présente.

Or, dans maintes circonstances, on a la preuve irréfutable qu'il doit cet état à la disparition des couches analogues à celles qu'on retrouve sur lui quand la série stratifiée se présente à ce niveau sans lacunes.

Un premier aperçu dans cette direction est fourni par la constatation de ce que montrent les flancs de toutes les vallées dans les pays constitués par des terrains stratifiés. On y voit à droite et à gauche les mêmes couches se correspondre exactement avec les mêmes allures et la même succession de façon qu'il est manifeste que tout le vide actuel de la dépression naturelle représente un cube de matériaux enlevés par la dénudation. Il est facile de le calculer et il ne faut pas oublier que le résultat est très-inférieur au résultat vrai, puisque la surface des plateaux est elle-même le reste d'un massif beaucoup plus considérable qui a été rabotté sur toute sa surface. On peut rencontrer de toute part une foule d'exemples très-nets de la disposition que nous indiquons et ils introduisent dans l'esprit cette conviction que ce qui reste depuis le fond des vallées jusqu'au sommet des collines ne représente qu'une faible fraction de ce qui s'était déposé originairement sur la couche mise à nu dans le thalweg. On va voir dans un moment par quel mécanisme cet énorme cube de matières a été enlevé ; pour le moment il nous suffit d'en constater la disparition.

Il se présente des circonstances nombreuses où l'on peut évaluer avec précision l'ensemble du travail opéré lors de la dénudation. Nous en citerons quelques-unes choisies parmi les plus nettes. Elles s'observent surtout lorsque des failles ont amené des rejets dans des couches dont les deux parties disjointes fournissent un point de repère par leur distance respective. Ce que nous avons dit précédemment des failles nous dispense d'entrer ici dans beaucoup de détails à cet égard et nous pouvons nous borner à rapporter un exemple dont M. Ebray (*) s'est servi pour calculer la valeur de la dénudation qui s'est exercé aux environs de Mâcon.

Comme il le fait remarquer, la dénudation suivant la faille analogue à celle de notre *fig.* 2, page 8, et supposée verticale se calcule en prenant la distance qui sépare un point donné de la lèvre affaissée, du point correspondant de la lèvre soulevée, en portant cette distance sur une perpendiculaire à l'inclinaison des couches, puis en menant par son sommet une parallèle à cette même inclinaison. On obtient ainsi une hauteur qui représente l'escarpement théorique antérieur à toute dénudation.

Aux environs de Mâcon, le minimum de la dénudation est de 500 mètres environ.

L'importance des dénudations qui se sont opérés à de grandes altitudes est très-saisisable et calculable dans les Alpes où une série de formations de diverses natures lithologiques permet d'appliquer le même procédé que précédemment.

Ainsi, entre la rivière de l'Ain et le lac Léman, il existe une série de chaînes dont les points culminants dépassent 1 000 mètres et dont les montagnes sont coupées par des failles plus ou moins profondes.

M. d'Alleizette (**) donne la disposition d'une de ces failles qui coupe la chaîne de Berthiaud; la dislocation met en contact anormal et au même niveau la craie et l'oxfordien en démontrant un hiatus de 3 à 400 mètres environ. Les failles s'étant produites après la formation de la craie, et même, d'après M. d'Alleizette. après le dépôt des mollasses, il est clair que l'étage corallien et

---

(*) EBRAY, *Bulletin de la Société géologique de France.* 2ᵉ série, t. XVII, p. 515.
(**). D'ALLEIZETTE, *Bull. de la Société de géologie*, 2ᵉ série. t. XIX. pl. X.

l'étage portlandien, de même que le néocomien et la craie, ont dû exister sur la lèvre redressée de la faille, ce qui conduit à admettre une dénudation minima de 400 mètres.

La chaîne du grand Colombier permet de constater quelques failles qui traversent quelques fois les points culminants, comme cela se remarque sur les coupes du Jura par M. Benoit (*).

La faille dont il est ici question met en contact anormal, à l'altitude de 1 400 mètres, la partie moyenne de l'oxfordien et la grande oolithe.

Les étages supérieurs de la formation jurassique ont recouvert la lèvre relevée de la faille, et il s'est opéré en ce point, comme sur les sommités de la chaîne du Reculet des dénudations de 4 à 500 mètres au moins de puissance.

L'étude des coupes fournies par Étallon dans sa description du haut Jura conduit à des résultats identiques.

Les environs du lac du Bourget permettent de relever quelques failles importantes au moyen desquelles il devient facile de fixer ses idées sur les ravinements dus à l'action des eaux diluviennes.

La carte géologique annexée au travail de M. Louis Pillet intitulé : « *Description géologique, les environs d'Aix,* » donne la disposition des failles qui ont produit le mont Pillaz et la dent de Rivolet.

On remarque qu'à la faille du mont Pillaz le néoconien bute contre l'oxfordien, supportant sur la lèvre redressée le valangien, le néocomien et l'urgonien. Ce dernier est couronné d'un dépôt albien et de sénonien qui se prolonge jusque sur les bords extrèmes de l'escarpement de la faille en indiquant de cette façon, qu'il devait aussi s'étendre à l'ouest de celle-ci.

Sur la lèvre affaissée, on voit le nummulitique reposer directement sur l'urgonien sans l'intermédiaire des étages de la craie moyenne et de la craie supérieure ; d'un autre côté, on y voit que le nummulitique a pris part au mouvement, et que l'accident géologique est en partie postérieur à ce dépôt, d'où l'on conclut que la craie a été dénudée à une époque antérieure.

La cessation de la craie blanche sur le bord de la lèvre redressée

---

(*) BENOIT, *Bull. de la Société géol. de France,* 2ᵉ série, t. XVII, pl. V.

indique aussi que cette brusque interruption est due au même accident, et l'ensemble des faits démontre qu'il y a eu, suivant la même ligne, plusieurs époques de dislocation.

La faille de la dent de Rivolet permet d'observer à peu de distance, au sud de Chambéry, le contact anormal de l'urgonien et de l'oxfordien. Le point de faille donne une dénudation minima qui peut se calculer ainsi qu'il suit :

Partie dénudée de l'oxfordien.	70 mètres.
Corallien.	80 —
Valangien.	100 —
Néocomien.	60 —
Urgonien.	100 —
Total.	410 mètres.

M.ᵉ Lory donne la disposition de plusieurs failles dans son travail sur le Briançonnais (*), qui permet d'établir l'influence des courants à des altitudes de 3 000 mètres.

Il suffit, pour se convaincre de l'importance des dénudations sur ces points élevés, de jeter les yeux sur la faille de Nevache qui met en contact et au même niveau les grès houillers et la partie supérieure du lias.

Il est évident que les couches du lias ont dû recouvrir tout l'espace situé entre la roche de Queyrlin et Nevache, et qu'il faut admettre ici une dénudation qui, d'après les coupes de M. Lory, doit atteindre le chiffre énorme de 1 000 mètres.

J'ai appelé l'attention sur un fait qu'on peut observer aux environs de Montainville (Seine-et-Oise) et qui conduit à évaluer la valeur de la dénudation éprouvée en ce point par la surface du sol (**). En effet, on observe, dans cette localité, un filon vertical de sables granitiques rentrant dans la catégorie des terrains qui seront signalés plus loin sous le nom d'*Alluvions verticales*. Ce filon traverse la craie à *micraster cor anguinum*, recouverte seulement d'un faible lambeau d'argile plastique. Or, parmi les matériaux d'origine profonde qui remplissent le filon, on rencontre quelques fragments de meulières

---

(*) Lory, *Bull. de la Société de géol. de France*, 2ᵉ série, t. XX. pl. IV, p. 233.
(**) Stanislas Meunier, *Comptes rendus*, t. LXXXIII, p. 576. 1876.

dont les caractères minéralogiques prouvent qu'elles ont subi des actions calorifiques pendant l'ascension des sables. Cette sorte de roche provient, au minimum, d'amas de travertin de la Brie et, plus vraisemblablement encore, des couches de la Beauce et elle est tombée verticalement dans la faille, comme on sait que tombent les graviers de diluvium dans les puits naturels des couches sous-jacentes. Il en résulte qu'à Montainville même, où l'on ne trouve rien actuellement au-dessus de l'argile plastique, il existait, lors de l'éruption des sables, des assises tertiaires enlevées par la dénudation. On peut à la fois, grâce à ce fait, affirmer l'énorme épaisseur enlevée par la dénudation et reconnaître l'allure tranquille de celle-ci, puisque l'argile plastique, si éminemment délayable, est néanmoins restée encore sous forme de lambeau non remanié au sommet du monticule.

A Fleurines, dans le département de l'Oise, j'ai observé sous une autre forme des phénomènes analogues(*). Nous décrirons, en parlant des alluvions verticales que l'on rencontre dans cette localité, au lieu dit les Frièges, un admirable puits naturel qui traverse la masse épaisse des sables moyens et qui se présente comme une grosse tour naturelle pleine de blocs de calcaire de Saint-Ouen et complétement enveloppé de grappes de grès cimenté par du carbonate de chaux. Or, cette colonne paraît fournir une évaluation du travail de dénudation lente subie par la surface du sol au point où elle se présente. Voici comment : la petite colline de Frièges est formée du haut en bas par les sables moyens; mais la butte de Saint-Christophe à laquelle elle sert pour ainsi dire de contre-fort, présente, au-dessus de ces sables, des grès, puis le travertin de Saint-Ouen recouvert lui-même par d'autres formations plus récentes. Or, la colonne prouvant, par les blocs qu'elle contient, qu'au-dessus des Frièges, le Saint-Ouen a existé dans le passé et, d'autre part, la proximité des points autorisant à supposer que l'épaisseur des couches était sensiblement la même sur les deux buttes, on arrive à reconnaître que la dénudation subie par le haut du puits naturel et conséquemment par les couches où il est compris dépasse une cinquantaine de mètres.

(*) STANISLAS MEUNIER. *Comptes rendus.* t. LXXXIII. p. **164**; **1876**.

On reconnaît, par ces divers modes d'information, que certaines dénudations ont emporté des centaines de mètres de terrains.

Il est des régions du globe où le phénomène a atteint des proportions bien plus considérables encore. Il nous suffira de citer à ce propos les études récentes faites dans la partie de l'Utah (États-Unis) qui porte le nom de région de l'Uinta et qui se subdivise en trois provinces, celles du Bassin, du Plateau et du Park.

Dès la fin des temps secondaires, les parties soulevées de l'Uinta ont subi, par érosion, une perte d'épaisseur qui n'est pas moins de 30,000 pieds ou plus de 9,000 mètres. Comme il est facile de voir que l'érosion a été intermittente, il faut reconnaître que l'exercice des procédés de dénudation a par moment atteint une puissance extrême.

Dans l'érosion des chaînes montagneuses de la province du Bassin, on est frappé de la grandeur de l'œuvre de démolition réalisée par les agents atmosphériques. Il est manifeste que la chaîne actuelle n'est plus qu'un faible résidu d'une grande masse inclinée, tandis que les espaces compris entre les chaînons ont perdu leur profondeur, remplis qu'ils sont par les argiles, les sables et les graviers résultant de la pulvérisation des sommets disparus. Et, soit que l'on considère la quantité de substance qui a été perdue par les blocs primitivement soulevés, soit qu'on envisage celle qui a été accumulée dans la vallée : perte là et gain ici ; dans tous les cas, on reconnaît que le volume de matériaux déplacés est énorme. Et n'oublions pas que dans la plus grande partie de cette surface qui nous occupe, le travail de remaniement est l'œuvre d'agents atmosphériques.

Toutefois, malgré cette échelle des phénomènes de dénudation de la province du Bassin, ils ne paraissent plus que peu de chose dès qu'on vient à les comparer à ceux dont les deux autres provinces du Plateau et du Park ont été le théâtre. A cet égard, M. Powell, géologue américain, fait remarquer (*), et nous y reviendrons dans un moment, que la plus ou moins grande rapidité de l'érosion atmosphérique dépend de trois conditions tout à fait principales : d'abord de l'élévation des roches au-dessus du niveau de sédi-

---

(*) PowELL. *Geology of Uinta.*

mentation; secondement du degré de dureté et de compacité des roches; enfin de la quantité d'eau de pluie qu'elles reçoivent.

A ce dernier point de vue, il faut faire attention, toutefois, que l'érosion ne croît pas en proportion de la quantité d'humidité. Celle-ci, en effet, détermine souvent le développement de la végétation qui est la meilleure de toutes les protections que puissent avoir les masses rocheuses contre les agents de démolition.

Pour ce qui est du degré de dureté et de compacité, il n'est pas non plus lié d'une manière simple à la vitesse de désorganisation; car il arrive très-souvent que les débris dus à la démolition première constituent une enveloppe protectrice par les masses sous-jacentes.

Aussi est-ce sans conteste possible, l'élévation au-dessus du niveau de sédimentation qui doit être considéré comme le facteur principal de l'érosion *maxima*. Suivant M. Powell, la puissance de l'érosion augmente en progression géométrique avec l'élévation. Le pouvoir des courants aqueux pour entraîner les détritus augmente de la même manière, et la puissance de l'eau comme agent de corrosion est pour ainsi dire accrue aussi. Le creusement de canaux profonds pour les courants rapides, charriant des graviers et des sables produit d'autres conditions de surfaces favorables à la désagrégation générale. Les parois de ces canaux profonds sont brisées par l'action pure et simple de la pesanteur qui est aussi aidée, suivant un procédé non défini là, où des couches plus dures alternent avec des couches plus tendres.

Aussi, grâce à ces faits, sommes-nous préparés à apprendre que des 30,000 pieds d'épaisseur enlevés par dénudation à la surface des montagnes de l'Uinta, 16,000 au moins ont été fournis par des couches palæozoïques présentant une texture des plus compactes, mais situées à des niveaux élevés.

A côté de cette puissance de la dénudation, il faut prévenir que c'est dans ce phénomène que les nouvelles couches du sol trouvent, comme nous le verrons, les matériaux qui les constituent. Il résulte de là que la dénudation est un phénomène d'une importance tout à fait capitale, sur lequel il convient de nous arrêter, afin de rechercher dans quelle mesure la considération des causes actuelles peut en révéler les différents détails.

Or, les phénomènes actuels fournissent deux ordres de faits pour expliquer les résultats de la dénudation : d'une part, les agents violents et rapides, comme la mer et les glaciers; d'autre part, les agents d'apparence peu énergique, et en tout cas d'exercice très-lent, comme sont les intempéries et spécialement les pluies.

Voyons ce qui revient à chacun d'eux.

CHAPITRE II.

ACTION DE LA MER SUR LES FALAISES

La mer, venant battre sur les falaises qui la bordent, détermine la dénudation de la paroi à pic. Le limon produit par cette démolition va se stratifier sur le fond du bassin marin et, alors, entre celui-ci et le dépôt actuel, existe ordinairement une lacune analogue à celles que nous décrivions tout à l'heure.

En Bretagne et en Basse-Normandie, ce sédiment se dépose sur le granit ou sur les assises stratifiées les plus anciennes. C'est ce qu'on peut observer, par exemple aux environs de Granville (Manche) où nous avons soumis le phénomène à une étude spéciale. Le contact de la roche cambrienne dénudée avec le sédiment actuel étendu en couches horizontales est des plus instructifs et révèle le mode de formation d'une foule d'accidents offert par la jonction des couches successives dans les coupes géologiques.

Plus au nord, sur les côtes de la Seine-Inférieure, c'est sur la craie que le dépôt actuel prend naissance. La lacune est moins grande que précédemment, mais les faits généraux sont les mêmes. Entre Dieppe et le Havre, se présentent une foule de points favorables à l'étude de ces faits du plus haut intérêt au point de vue où nous sommes placés.

Si l'on analyse ces phénomènes d'exercice si fréquents, on reconnaît que les lacunes peuvent tenir à deux causes principales :

1° Ou bien le point où se dépose le sédiment actuel avait précédemment été maintenu à l'abri des atteintes de la mer et nous n'avons pas à revenir sur ce cas qui rentre dans la grande question précédemment étudiée des oscillations de l'écorce du globe ;

2° Ou bien les sédiments d'abord déposés d'une façon normale ont été ensuite enlevés.

Examinons ce second cas.

Supposons une falaise tertiaire **T** placée, sans lacune, sur un terrain secondaire S et donnant lieu, par sa démolition sous l'action de la mer M, à un sédiment actuel A (*fig.* 9). Celui-ci va se stratifier

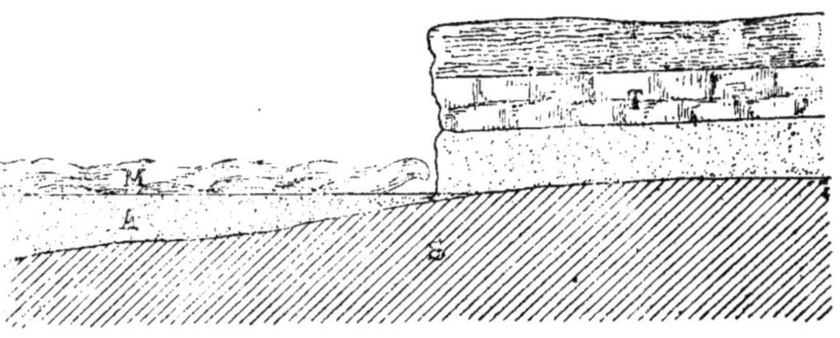

Fig. 9. — Falaise tertiaire donnant lieu par sa démolition à un sédiment actuel qui va se stratifier sur les couches secondaires du fond de la mer.

sur le fond secondaire et une lacune est produite par cela même. On voit que les deux phénomènes, de destruction de la couche tertiaire et de dépôt de la couche actuelle, sont simultanés, mais ils pourraient ne se pas faire au même point. Il suffirait qu'il y eût là, comme dans tant de cas, des courants emportant, au fur et à mesure de sa formation, le produit de la trituration des roches tertiaires. Le fond sous-marin, formé de roches crétacées, n'aurait plus qu'à être soulevé au-dessus des flots pour compter parmi les roches dénudées susceptibles d'être recouvertes par des sédiments, atmosphériques ou lacustres, comme cela se présente si souvent.

Si la falaise est dévonienne et le fond tout au moins silurien, le dépôt actuel s'étalant sur ce dernier accentue une lacune encore bien plus considérable. Et l'on conçoit que ce phénomène puisse s'exercer sur un point où déjà une lacune existe, de façon à donner lieu à toutes les particularités qu'on trouve à cet égard dans les terrains stratifiés.

Parmi les faits qui peuvent être cités comme recevant leur explication directe des notions qui précèdent, on citera d'abord la disposition que j'ai étudiée à Fresnes-les-Rungis (Seine) (*). Dans l'intérieur même de ce village se trouve une petite carrière, maintenant abandonnée, qui présente de haut en bas, sur une épaisseur de trois à quatre mètres, les couches suivantes au-dessous de la terre végétale : 1° marne blanche toute pétrie d'*Ostræa cyathula ;* 2° marne brune ; 3° marne blanche sans fossiles ; 4° marne brune identique au n° 2 ; 5°. marne blanche sans fossiles, identique au n° 3 ; 6° marne pétrie d'*Ostræa longirostris ;* 7° marne sableuse ; 8° enfin calcaire à *Cerithium plicatum, Cytherea incrassata, Natica micromphalus, Milliolites,* pinces de crustacés, etc.

Les couches sont nettement inclinées vers le nord-ouest, ce qui explique que dans une portion de la carrière c'est la couche à *O. longirostris* qui affleure tandis que dans une autre et quoique ces assises soient restées parfaitement parallèles entre elles, c'est la couche à *O. cyathula.* Ce fait, uni à cet autre, que les huîtres sont ici à la cote de 81 mètres, tandis qu'à Chevilly, les meulières de Brie sont à celle de 87 mètres, montre qu'il y a eu glissement en masse, glissement causé, sans doute, par un tassement de marnes vertes sous-jacentes.

Un point sur lequel il faut appeler spécialement l'attention, c'est la présence dans la couche à *O. cyathula* de nombreux petits galets de calcaire offrant tous les caractères de pierrailles longtemps battues par les flots. Il semble en résulter que Fresne-lès-Rungis est précisément situé sur le littoral de la mer où vivaient les *O. cyathula.* Ceux-ci se sont souvent fixés sur les galets dont il s'agit comme l'ont fait aussi des serpules, des balanes, des bryozoaires, et d'autres animaux marins.

Ce qui ajoute de l'intérêt à cette remarque, c'est qu'en examinant ces galets calcaires et en les brisant, on constate qu'ils sont fossilifères. Certains d'entre eux sont comme pétris de petites

---

(*) STANISLAS MEUNIER. *Géologie des environs de Paris,* p. 135.

bithynies, qui ne paraissent correspondre à aucune de celles
que Deshayes décrit comme appartenant au terrain des sables
de Fontainebleau. Au contraire, elles semblent identiques au
B. pusilla du calcaire de Saint-Ouen.

Si l'on fait attention que les galets calcaires signalés ici ont la
plus grande analogie d'aspect et de texture avec les calcaires
lacustres on sera porté à croire que c'est par la démolition du
travertin inférieur que la mer des *Ostræa cyathula* a produit à
Fresnes ses galets.

Ajoutons que la bithynie contenue à l'intérieur des galets se
retrouve autour d'eux dans l'argile où ils sont noyés. Mais avant
d'admettre qu'elle est contemporaine de l'*O. cyathula*, on peut
présumer qu'elle subsiste après la désagrégation du calcaire marneux qui la contenait déjà à l'état fossile et que sa petitesse l'a
préservée de toute altération.

On voit qu'il résulte de ces faits, non-seulement la connaissance
d'un point du littoral de la mer des huîtres, mais aussi celle de
l'âge des falaises qui la bordaient en ce point.

Dans beaucoup de localités, par exemple, à Guitrancourt, aux
environs de Mantes, on observe à la base du calcaire grossier une
couche toute pétrie de galets ovoïdes de nature siliceuse faciles
à reconnaître pour provenir de la craie blanche. On voit à la surface des champs de gros blocs de calcaire, rempli de ces dragées
qui apparaissent partout dans la terre végétale. Ailleurs, ces mêmes
galets, absolument identiques, forment une couche dépendante
de l'argile plastique. C'est ce qu'on observe à Chaumont en Vexin,
à Choisy-au-Bac (Oise), et ailleurs.

A Étampes, dans la grande coupe de la côte Saint-Martin, on
voit le sable de Fontainebleau, d'origine granitique, admettre certains lits siliceux fournis évidemment par les couches crétacées.
L'identité avec le sable actuel de la plage de Dieppe où la mer le
produit par le broyage des régions de la craie est des plus instructives : des échantillons de ces deux provenances si distinctes dans
le temps ne sauraient être distingués.

A cette occasion, il est très-important de faire remarquer que
le phénomène de dénudation qui nous occupe a pu, dans chaque
cas, ne pas durer, à beaucoup près, le même temps dans diffé-

rentes localités. Ainsi, presque partout où elle se présente dans la France du nord, la craie blanche est surmontée d'une formation clastique résultant en grande partie des débris siliceux auxquels sa dénudation a donné lieu; mais cette formation est, suivant les localités, recouverte par des couches tertiaires fort différentes. Tandis que dans l'Oise, à Coye, par exemple, elle est surmontée par les assises épaisses de la glauconie, elle se fond aux environs de Nemours (Seine-et-Marne) avec les dépôts lacustres de la Brie. Aussi, malgré l'avis de d'Archiac (*), il paraît légitime de se ranger à l'opinion de M. Raulin (**) pour qui les productions de Nemours seraient dans le sud de Paris l'équivalent à la fois des sables du Soissonnais, du calcaire grossier et des sables de Beauchamp.

Il faut dire que l'assimilation que nous admettons entre les dénudations anciennes et les dénudations actuelles des falaises par la mer n'a pas semblé légitime à tous les géologues.

Beaucoup d'entre eux regardent le phénomène contemporain comme infiniment moins puissant que l'autre. Montrons qu'il lui est comparable et réalise des effets analogues.

La force de démolition des vagues est dans certain cas énorme : on en a la preuve par des exemples innombrables.

Le Dr. Hibbert, observant les îles Shettland, y signale des blocs de roche de 2m,80 sur 2 mètres et 1m,20 poussés par les flots jusqu'à 153 mètres de distance et cela en remontant une légère pente.

A Plymouth, un orage qui sévit le 23 novembre 1824, donna aux lames la force d'enlever du fond de la mer des blocs, de 2 à 5 tonnes pour les porter au sommet du brise-lames. En même temps un vaisseau de 200 tonnes fut jeté sur la digue.

La mer jeta en 1852 sur le banc de Chésil, situé auprès de l'île de Portland, une masse de galets estimées à 3 millions et demi de tonnes et Lyell présenta en rapportant ce fait des considérations que nous devons résumer sur l'origine même du banc de Chésil (***). Celui-ci consiste en un amas de galets de 27 kilomètres

---

de long environ et dont la partie principale, près de Portland, a la mer de chaque côté sur une longueur de 8 kilomètres. Il se continue ensuite plus loin dans la direction N. O. jusqu'à Abbotsbury sur une étendue de 11 kilomètres l'un de ses bords offre une pente rapide vers la mer, et l'autre s'incline sur un canal étroit appelé le Fleet dont les eaux sont saumâtres et que l'on peut regarder comme un estuaire. Il s'étend enfin sur une distance de 8 kilomètres le long de la côte de Dorsetshire où il offre l'aspect d'une plage couverte de galets transportés par les eaux.

Les galets dont se compose cette immence barrière sont principalement siliceux et se trouvent entassés les uns sur les autres sans adhérer ensemble. Ils s'élèvent à une hauteur de 6 à 9 mètres au-dessus de la moyenne ordinaire des plus hautes eaux, et à celle de 12 mètres à l'extrémité S-E. qui est la plus rapprochée de l'île de Portland, sur ce point, les galets sont très-volumineux et la largeur du banc, qui s'y montre d'environ 180 mètres, diminue et n'est plus que de 150 mètres à Abbotsbury.

La portion de la barre qui joint l'île de Portland au continent repose sur l'argile de Kimmeridge, qui souvent est mise à nu pendant les tempêtes. Son origine peut être attribuée soit à un haut fond formé par l'argile, soit à l'action des marées dans un canal aussi étroit qui aurait arrêté la marche des galets qui viennent toujours de l'Ouest. Il est à remarquer que dans toute l'étendue du banc de Chésil, les cailloux augmentent graduellement de grosseur à mesure que l'on avance vers le S-E. et que l'on s'éloigne d'avantage du point d'où ils proviennent. Si le contraire avait lieu, on l'attribuerait naturellement à l'usure des galets résultant du continuel frottement qu'ils éprouvent en roulant le long d'un rivage de 27 kilomètres de longueur. « Dans tous les cas, dit Lyell, la véritable explication du phénomène me paraît être la suivante : quand un coup de vent S-O. se combine avec la marée, les courants ou mouvements les plus forts de la mer agissent pendant les orages, avec beaucoup plus d'énergie dans un canal ouvert ou sur le point le plus éloigné de l'extrémité de la baie que dans son intérieur qui se trouve bien plus abrité par la terre contre le vent et les vagues. En d'autres termes, la mer a plus de puissance vers le S. et comme la direction du banc va du N.-O. au S.-E., le volume des masses venant de l'O. et jetées sur la côte doit être toujours plus considérable sur les points où le mouvement des vagues et des courants et le plus violent. » Le colonel Reid prétend que toutes les pierres calcaires roulées venant de l'O. sont bientot broyées et réduites à l'état de sable e que c'est sous cette forme quelles font le tour de l'ile de Portland (*).

Les plus lourds canons des remparts de Cherbourg ont souvent été déplacés par les paquets de mer. A Dunkerque, M. Yvon Villarceau a reconnu que le sol tremble à $1^k,1/2$ du rivage sous le choc de la tempête.

Dans un travail souvent cité, Thomas Stephenson a soumis au calcul la puissance des lames de tempête. D'après ses résultats l'eau jetée contre le phare de Bell-Rock y exerce une pression égale à 17 tonnes par mètre carré.

Pour l'ile de Sherryvore, le même auteur a trouvé 30 tonnes 1/2 par mètre carré ou, si l'on veut plus de 3 kilogrammes par centimètre de surface.

Les faits qui précèdent, nous ont préparés au récit de quelques-uns des effets des vagues marines s'attaquant aux falaises habituellement formées de roches en partie au moins peu consistantes.

Pour avoir une idée de leur énergie, il faut les contempler un jour de tempête du haut d'une falaise, à Dieppe par exemple. Elles viennent en biais attaquer le pied du rempart crayeux qui tremble jusqu'en haut. Leurs escadrons furibonds se succèdent sans répit et trouvent dans les galets déjà produits, et qui agissent à la manière de béliers sous l'impulsion qu'ils leur donnent, de puissants auxilliaires.

Quand la tourmente a cessé, on peut évaluer la quantité dont la mer a gagné sur la terre ferme, et calculer les milliers de mètres cubes de roches englouties et transformés en galets.

Le fait de cette démolition des côtes est général sur les deux rives de la Manche. La mer a gagné, parait-il, 1 400 mètres depuis le x⁰ siècle; soit 2 mètres par an du côté français.

L'endroit où jadis était le village de Sainte-Adresse, est remplacé

(*) REID, *Paper of royal engineers*, 1838, t. II, p. 128.

maintenant par le banc de l'Éclat. Les falaises de Normandie reculent sans cesse (*fig.* 10); plusieurs villages ont été entraînés;

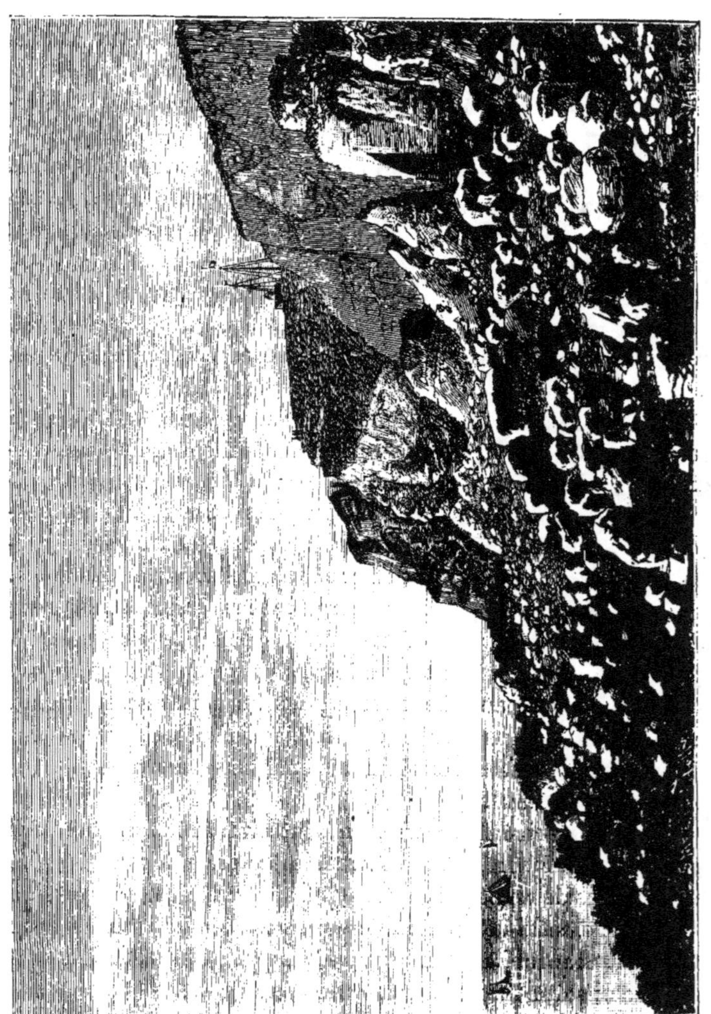

Fig. 10. — Action démolissante de la mer sur les falaises calcaires des côtes de la Manche.

l'antique cité de Limes, près de Dieppe, battue en brèche chaque hiver aura dans quelque temps absolument disparu.

Sur le rivage anglais qui nous fait face, des phénomènes tout pareils ont lieu.

Ainsi, en 1865, les falaises de l'île de Portland s'écroulèrent sous l'action des flots, sur une épaisseur de 100 mètres, et tombèrent dans la mer; en décembre 1734, un autre éboulement eut lieu du côté oriental de l'île sur une étendue de 150 mètres, et mit à découvert plusieurs squelettes ensevelis sous des dalles de pierre.

L'histoire a gardé le souvenir de beaucoup d'autres catastrophes analogues. L'une des plus remarquables est celle de 1792, où 2 kilomètres de falaises, sur une épaisseur de 600 mètres, glissèrent de 15 mètres. « Dès le matin, dit Hutchin (1), on remarqua qu'il se formait des crevasses sur la route, elles ne cessèrent de s'agrandir et de se multiplier, à tel point qu'avant deux heures de l'après-midi, le sol avait déjà subi un affaissement de plusieurs décimètres; le mouvement était continu et n'était suivi d'aucun autre bruit, que celui qu'occasionnait la séparation des racines et des broussailles, et de temps en temps la chute de quelque roche. A la nuit il sembla cesser un peu, mais il reprit bientôt avec une force nouvelle, et avant le matin du jour suivant, le sol, à partir du sommet de la falaise jusqu'au bord de l'eau, se trouva en plusieurs endroits abaissé perpendiculairement de 15 mètres. L'étendue du terrain sur lequel se produisait le mouvement était de 2 kilomètres environ, dans la direction nord-sud, et de 600 mètres dans celle de l'est à l'ouest. »

Toute la côte de Sussex n'a cessé, depuis un temps immémorial, de subir les envahissements de la mer. Sous Élisabeth, c'est-à-dire au XVIe siècle, la ville de Brighton était située à l'emplacement même de la jetée suspendue actuelle.

A 1000 mètres à l'ouest de Newhaven, on voit sur la falaise les restes d'un ancien camp romain; c'est le pendant exact du « camp de César » des environs de Dieppe, ou cité de Limes, dont nous parlions tout à l'heure. Il est comme celui-ci entièrement miné, et dans peu de temps certainement il n'y en aura plus de traces.

(*) HUTCHIN, *Histoire du Dorsetshire*.

En même temps, disparaîtront les derniers vestiges de la formation d'argile plastique qui limite au sud la craie anglaise, et les géologues devront s'en rapporter à des documents historiques pour connaître l'extension de cette formation.

On doit, en passant, remarquer que pareil fait s'est nécessairement reproduit maintes fois dans la série stratigraphique. Des formations locales et peu importantes peuvent très-bien avoir été complétement détruites de façon que la notion n'en soit pas venue jusqu'à nous.

Ainsi le calcaire pisolithique, réduit à l'état de simples lambeaux, n'a pas été bien éloigné de subir cette destruction totale.

Les partisans des idées d'évolution dans les séries organiques doivent insister sur ces considérations qui donnent de quoi comprendre, dans certains cas, les lacunes offertes par les suites de fossiles.

Près de Douvres, la haute falaise de craie où Shakespeare a placé l'une des plus belles scènes du *Roi Lear*, a subi à diverses reprises l'action destructive de la mer. En 1810, il s'y fit un éboulement énorme, qui fit éprouver à la ville un véritable tremblement de terre. Déjà, en 1772, un autre éboulement bien plus considérable encore avait eu lieu. « On peut supposer, dit Lyell, qu'en 1660, époque où fut composée la tragédie du *Roi Lear*, la vue que l'on découvrait du haut du précipice était plus « effrayante et plus propre à donner le vertige » quelle ne l'est maintenant. Les antiquaires les plus autorisés, s'accordent à admettre que le port de Douvres était anciennement un estuaire, la mer pénétrant alors dans une vallée comprise entre des collines de craie. Nous ajouterons, que les débris recueillis dans divers fouilles confirment la description qu'ont faite de ces lieux César et Antonin, de laquelle résulte la preuve historique évidente, qu'à une époque reculée il n'existait pas un seul galet à Douvres. »

En résumé, il résulte des mesures prises en divers points de la côte sud de l'Angleterre, que la mer gagne en moyenne 1 mètre par an sur la terre ferme; et le fait est tellement connu qu'on y a égard dans les actes de ventes. A l'est de la péninsule de Kent, les eaux se sont avancées de plus de 6 kilomètres vers l'ouest depuis la période romaine. « Dans leurs envahissements successifs, dit M. Élisée Reclus, elles ont submergé les vastes domaines du comte saxon Godwin, et les ont remplacés par les redoutables Godwin-Sands, où tant de navires se perdent chaque année, puis elles ont transformé, en une grande rade ouverte, l'étroite lagune de Douvres. »

Le **Pas-de-Calais** s'élargit sans cesse. La falaise de Gris-Nez recule en moyenne de 25 mètres par siècle.

« En contemplant les falaises, dit encore M. Élisée Reclus, ces murailles à pic qui, sur diverses côtes, se dressent à plusieurs centaines de mètres au-dessus du niveau de la mer, on se demande avec effroi comment les assauts répétés des vagues ont pu suffire pour tailler ainsi les montagnes et les côteaux dont les bases doucement inclinées se baignaient autrefois dans le flot. Du haut de ces falaises, on voit à ses pieds l'Océan tumultueux, étalé comme une surface plane, et l'on ne distingue plus les vagues que par leurs reflets, les brisants que par leur guirlande d'écume; les bruits multiples des flots se fondent en un long murmure qui s'éteint, puis renaît pour s'éteindre encore. Et pourtant cette eau qu'on aperçoit en bas à une si grande profondeur, et qui semble impuissante contre le rocher solide, a renversé, tranche par tranche, toute la fraction de colline ou de montagne dont la falaise n'est que l'escarre gigantesque; puis, après avoir graduellement abattu ces énormes assises, elles les a réduites en poussière et en a fait disparaître les traces. Souvent il ne reste plus même d'écueil à l'endroit où se dressaient les promontoires. Les phénomènes constatés, même durant la courte vie de l'homme, sont des faits si grandioses dans leur marche et si remarquables dans leurs effets, qu'un savant anglais, le capitaine Saxby, a proposé d'en faire une science spéciale, l'*ondavarologie*. Pour avoir une idée de la force destructive exercée par les flots de l'Océan, il suffit de les contempler, par un jour de tempête, du haut des falaises crayeuses de Dieppe ou du Havre. A ses pieds, on voit l'armée des vagues blanchissantes se ruer à l'assaut des rochers. Poussées à la fois par le vent du large, la marée et le courant latéral, elles bondissent par-dessus les écueils et les talus du bord, et viennent frapper obliquement la base des falaises. Leur choc fait trembler les énormes murailles jusqu'à la cime, et leur fracas se répercute dans toutes les anfractuosités par un tonnerre incessant. Projetée dans les fentes du roc avec une terrible force d'impulsion, l'eau déloge toutes les matières argileuses ou calcaires, déchausse peu à peu les blocs ou les assises plus solides, les arrache d'un coup, puis les roule sur la grève et les brises en galets qu'elle promène avec un bruit formidable. A travers le tourbillon d'écume bouillonnante qui assiége le rivage, on ne fait qu'entrevoir l'œuvre de démolition; mais les vagues sont tellement chargées de débris, qu'elles offrent jusqu'à l'horizon une couleur noirâtre ou terreuse. Quand la tourmente a cessé, on peut mesurer les empiètements de la mer et calculer les milliers de mètres cubes de pierre engloutis et transformés en galets et en sable. Vers la fin de l'année 1862, pendant l'une des plus terribles tempêtes du siècle, M. Lennier a vu la mer abattre les rochers de la Hève sur une épaisseur de 15 mètres. M. Bouniceau, l'un des savants qui ont le mieux étudié les phénomènes de l'érosion des rivages, évalue à un quart de mètre au moins la fraction de falaise qui est enlevée en moyenne par la mer aux côtes du Calvados, tandis que sur les côtes de la Seine-Inférieure, on ne peut considérer l'érosion annuelle comme moindre de 30 centimètres. »

Ce n'est pas la seule force d'impulsion de l'eau marine qui démolit les falaises du bord. La masse liquide serait sans force contre les roches dures, si elle ne se chargeait, en approchant du bord, de débris de toute espèce : galets, coquillages, sables, qu'elle lance comme autant de projectiles contre les parois qui la dominent. Le sable, incessamment froissé sur les roches, use peu à peu les assises les plus solides; et ce sont par ses propres débris que la falaise achève de se démolir.

Mais « si les flots marchent constamment à l'assaut du rivage pour transformer en falaises les hauteurs du bord, celles-ci, de leur côté, ne se contentent pas de résister par leur masse et par la dureté plus ou moins grande de leurs assises. Plusieurs d'entre elles ont, en outre, dirait-on, le soin de cuirasser contre les vagues leur base menacée. Une épaisse végétation d'algues, aux chevelures flottantes, tapisse les corniches, rompt la force de la houle et change en torrents d'écume tourbillonnante les énormes lames qui couraient à l'attaque des roches avec une grande vitesse. En outre, toute la partie des rochers, comprise entre les niveaux de la haute et de la basse mer, est couverte de balanes et d'autres coquillages, assez nombreux pour donner à certaines heures, à la pierre, l'apparence d'une masse grouillante, et pour lui former ensuite comme une immense carapace immobile. Les côtes ainsi protégées sont précisément celles qui, par la solidité de leurs roches, résisteraient le mieux aux attaques de la mer. Quant aux falaises composées dans toute leur épaisseur ou seulement à leur base de matériaux peu résistants, elles s'éboulent trop souvent pour que les mollusques et les algues se hasardent en nombre sur la partie du rocher que viennent assaillir les vagues. De grands blocs se détachent des assises supérieures et tombent sur la grève; ensuite, sous l'action des lames, ils se fractionnent en morceaux plus petits, puis en galets que le flot roule et froisse incessamment avec un bruit de chaînes. Sous ces débris, constamment remués par la vague, aucun organisme apporté de la haute mer ne peut se défendre; le désert se fait même dans les eaux qui déferlent sur cette masse grondante. » Mais alors ce sont ces débris accumulés autour de la roche qui viennent la défendre en brisant la force des lames. Sont protégées de cette sorte, les falaises des environs de Vintimille, au bord de la Méditerranée, et les côtes hérissées de la Bretagne.

En présence de cette démolition rapide des falaises de la Manche, il est bien naturel de jeter un coup d'œil en arrière et de se demander si la France et l'Angleterre ont toujours été séparées par le détroit.

Dans un mémoire intitulé : *L'ancienne jonction de l'Angleterre et de la France ou le détroit de Calais, sa formation par la rupture de l'isthme ; sa topographie et sa constitution géologique*, et datant de 1751, Desmarets commence par réunir les preuves de l'unité géologique des deux côtés de la Manche. A propos de ce grand fait, confirmé par tous les progrès ultérieurs de la géologie, Desmarets invoque d'abord les preuves historiques à l'appui de sa thèse. Après avoir puisé dans les auteurs anciens tous les passages plus ou moins susceptibles d'une interprétation conforme à ses vues, il insiste sur la communauté d'origine des Gaulois et des premiers habitants de la Grande-Bretagne et conclut que l'isolement de ces deux peuples, au temps de César, est la conséquence de leur séparation accidentelle causée précisément par la rupture de l'isthme de Calais. Repoussant l'opinion d'après laquelle ces hommes primitifs auraient franchi le détroit déjà ouvert, il fait remarquer que le même procédé ne peut s'appliquer au transport des animaux nuisibles. « Les hommes, dit-il, n'ont jamais pris plaisir à peupler leur séjour de loups. Leur transport et leur multiplication dans la Grande-Bretagne ne peut donc être l'effet de l'attention des premiers habitants; car il est à croire que ceux dont on a exterminé la race dans ces derniers temps n'avaient pas plus de férocité que leurs ancêtres. Ils n'ont pu faire le trajet à la nage ici comme les ours blancs qui, s'embarquant sur d'énormes glaçons qui se détachent des côtes du Groënland, font des descentes en Islande. Il faut donc ouvrir à ces animaux (aussi bien qu'aux hommes qui n'étaient alors ni plus industrieux ni plus entreprenants qu'eux) un passage libre et praticable. Or, on ne peut en admettre d'autre que la langue de terre qui réunissait la Grande-Bretagne à la France, entre Douvres et Calais, comme nous le ferons voir par la suite. »

Ce raisonnement paraîtra sans doute aujourd'hui bien facilement attaquable; mais l'auteur donne des preuves physiques qu'il est bon de considérer sur la carte qu'il a dressée d'après Baach, la première dans laquelle se trouve exprimée la topographie du fond de la mer et que nous reproduisons ici (*fig.* 11). « La première bande comprend depuis 70 jusqu'à 79 brasses de profondeur et s'étend en pleine mer. La seconde s'avance presque vis-à-vis les premières côtes de la Bretagne; elle indique depuis 60 brasses jusqu'à 69. La troisième fond à de 50 a 59, pousse sa pointe jusqu'au cap Ferrell d'un côté et Bridport de l'autre. La quatrième, qui s'avance presque vis-à-vis l'île de Wight et Barfleur a 40 jusqu'à 49 brasses de profondeur; une cinquième, qui donne 30 à 39 brasses, s'étend jusqu'au cap de Saint-Valery et Beachy-Head. Une sixième de 20 à 29, va expirer sur les bords du fond du détroit qu'occupait l'isthme. Enfin, une septième recouvre le détroit et va se répandre dans la mer d'Allemagne; elle marque 14 à 16 brasses assez régulièrement. Il faut remarquer ici que les

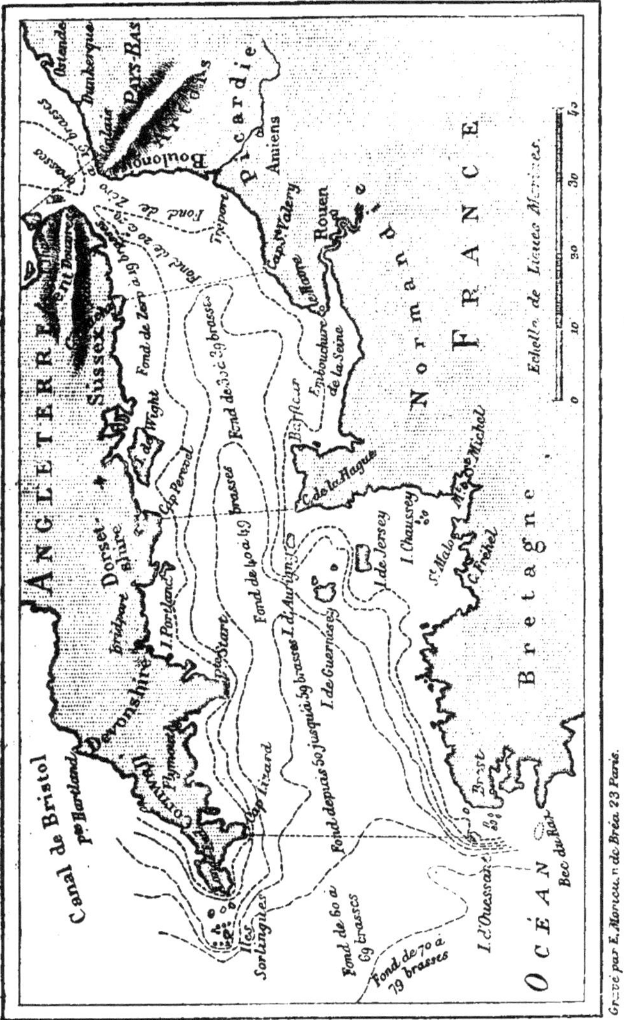

Fig. 11. — Topographie du fond de la Manche d'après la carte de Raach.

lisérés de ces diverses bandes figurées qui comprennent les sondes
de 10 en 10, en même temps qu'ils affectent de diriger leur pointe

vers le Pas-de-Calais, se rapprochent aussi insensiblement des côtes qui forment le contour de la Manche et, en général, éprouvent dans leurs configurations latérales une uniformité assez marquée avec les côtes de France et d'Angleterre. »

Cette dernière remarque paraît encore plus significative si on la rapproche de cette autre, à laquelle Desmarets ne tarde pas à arriver :

« Une autre découverte, dit-il, que je dois à M. Baach, est que, suivant ses observations, une branche de montagne qui se détache de celles qui sont dans nos provinces méridionales, en allongeant son sommet, traverse les provinces du centre et va aboutir à Calais. Mais cette longue chaîne est interrompue par le détroit; et ce qu'il y a d'étonnant, et de concluant en même temps pour les raisonnements que je fais en faveur de l'union, c'est que l'extrémité de cette branche se continue assez avant dans l'Angleterre, en suivant la même direction qu'en France. »

L'existence antique de l'isthme de Calais étant ainsi appuyée d'arguments variés, dont nous ne citons que les principaux, l'auteur conclut qu'il a été rompu par l'effet du travail de la mer. Il fait appel à des considérations, toutes nouvelles alors, et qui appartiennent au domaine des causes actuelles. Desmarets commence par étudier l'action des vagues sur les falaises. Il remarque très-judicieusement que les côtes qui présentent une coupe a plomb d'une hauteur considérable, supportent toute l'impétuosité du mouvement des marées; au lieu que sur les côtes basses et qui sont formées par un accroissement insensible du fond de la mer, les flots se ralentissent insensiblement par des obstacles contre lesquels ils n'agissent qu'obliquement et vont expirer sur les sables. Aussi, dit-il, l'eau amoncelle des coquillages, du gravier et de la vase sur les plages basses et y élève des dunes. Au contraire, les vagues qui sont brisées par les côtes élevées minent les terres ou les falaises et en détachent des matières qu'elles transportent au loin. Ainsi, ajoute-t-il, on aurait tort de s'imaginer que les progrès de la mer sur les terres ne peuvent s'opérer parce qu'on supposait que ses menaces sont suivies d'une retraite tranquille et que, par une réciprocité de restitution égale aux enlèvements, les variations doivent être insensibles.

Si l'on fait attention ensuite à la nature identique des côtes de part et d'autre du détroit, on en conclura que l'isthme lui-même était de nature crayeuse, et par conséquent on pourra appliquer à la rapidité de sa démolition les nombres qu'on obtient actuellement par l'étude de la dénudation subie par le littoral. C'est par des évaluations de ce genre que Desmarets termine son curieux mémoire.

« En supposant, dit-il, l'épaisseur de l'isthme de quatre lieues communes, qui est à peu près la largeur de la branche de montagnes qui prend sa direction des côtes de France pour aller se continuer en Angleterre, et qui n'est interrompue que par le détroit, nous aurons besoin de deux mille deux cent cinquante ans pour faire disparaître entièrement l'isthme. Mais il faut concevoir que la mer d'Allemagne agissait, de son côté, avec moins d'avantage, à la vérité, mais cependant avec une certaine force capable de faire de grands progrès contre les côtes orientales. Si donc nous partageons cette tâche, au lieu de deux mille deux cent cinquante ans, nous aurons onze cent vingt-cinq ans pour l'enlèvement total. Nous aurions pu faire entrer dans ce calcul le rapport de la dureté des pierres; car le moellon du Tresport est plus dur, et par conséquent plus difficile à entamer par les coups réitérés des flots, que les craies de Douvres et de Calais; ce qui mérite attention. » « Mais, continue naïvement l'auteur, nous aurions pu y ajouter cette considération importante, que les matières terrestres n'ayant pas acquis une certaine solidité et ayant été imprégnées par le déluge universel, elles donnent plus de prise aux vagues. Toutes ces réflexions feront voir que si les rapports sont un peu forcés par rapport à la situation, ils peuvent être compensés par d'autres évaluations qu'il a suffi d'indiquer. On se relâche souvent de ces avantages quand on a plus de ressources qu'il n'en faut. En assignant onze cent vingt-cinq ans pour l'enlèvement de l'isthme, nous donnons le temps aux peuplades de se répandre dans les Gaules et d'aller s'établir en Angleterre; et nous reculons assez l'événement pour qu'il ait été inconnu absolument des Phéniciens et de Pythéas. Le vrai satisfait à tout, et nous pouvons nous flatter d'en avoir au moins approché. »

Ce mémoire nous a paru bon à citer ; car, à nos yeux, ce n'est pas à l'époque d'où il date un mince mérite que d'avoir contribué à faire admettre le parallèle entre les actions géologiques proprement dites et celles qui se développent à l'heure qu'il est. Quoique partant d'une idée certainement inexacte, quant aux durées, — sur lesquelles nous reviendrons plus loin, — Desmarets a contribué, dans le mémoire qui vient de nous occuper, à faire abandonner la ligne de démarcation si nettement et si gratuitement tracée entre le passé et le présent de notre globe.

Il importe de bien remarquer que le fait des démolitions des côtes par la mer est loin d'être local et se présente, au contraire, dans une foule de régions.

En Hollande, par exemple, les conquêtes de la mer sur la terre sont innombrables, et l'on sait la lutte épique des habitants contre les flots.

L'immense golfe connu sous le nom de Zuiderzée représente un envahissement récent de l'Océan. Du temps de Tacite, c'était un espace de terre ferme comprenant d'ailleurs plusieurs lacs dont le plus grand est désigné par Pomponius Méla sous le nom de Flevo. A cette époque, l'Yssel tombait dans ces eaux intérieures, et continuant son cours au delà, atteignait la mer du Nord, entre les îles appelées aujourd'hui Vlieland et Schelling. La première faisait alors continuité avec celle du Texel, et celle-ci avec la Nord-Hollande, les canaux de séparation n'ayant pas encore été creusés par la mer. Comme le rappelle Élie de Beaumont (*), les envahissements successifs par lesquels ces lacs et une grande partie des territoires adjacents furent transformés en un grand golfe, commença dans les premières années et se compléta vers la fin du xiii° siècle. Alting donne la relation suivante du phénomène d'après des documents manuscrits des abbés de Worann, Émo et Manco, contemporains de l'événement. « Dans l'année 1205, l'île appelée aujourd'hui Wieringen, au sud du Texel, n'était pas encore détachée de la terre ferme. Dans les années 1219, en janvier et septembre ; 1246, en octobre ; 1249, en

---

(1) ÉLIE DE BEAUMONT, *Leçons de géologie pratique*, p. 305.

décembre; et 1251, se succédèrent de grandes inondations venues du Nord, par l'effet desquelles le golfe au nord-ouest du lac Flevo se trouva agrandi. L'île de Wieringen fut détachée du continent par la démolition des terres circonvoisines, et la mer prépara la rupture de l'isthme qui joignait la Frise au comté de Staveren, isthme qui n'était traversé que par le canal de décharge des eaux réunies de l'Yssel et du Rhin. La rupture complète de cet isthme s'opéra enfin, soit pendant les grandes marées qui, en 1282, se succédèrent durant plusieurs jours consécutifs, soit dans le cours des années suivantes; car on possède des documents établissant que du temps du comte Florentinus V, qui régna de 1256 à 1296, Médemblick se trouvait déjà sur le rivage d'un golfe, et que, dans l'année 1297, la mer s'étendait au sud de Staveren (*). »

En dehors de l'Europe, les faits sont analogues, et, par exemple, le cap May, dans la baie de Delaware aux États-Unis, recule de $2^m,70$ par an.

Parmi les cas où l'action démolissante de la mer est particulièrement énergique, il faut citer ceux où elle s'exerce sur des îles de peu d'étendue. Celles-ci, attaquées à la fois de toutes parts, arrivent souvent à disparaître.

Ainsi, il y a 1500 ans, on connaissait sur le littoral de la Hollande, en avant du Zuiderzée, une chaîne de 23 îles, elles-mêmes reste évident de quelque ancienne terre submergée. Aujourd'hui il n'en reste plus que 16 fragments dont beaucoup consistent en simples bancs de sable constamment diminués.

La corrosion de ces îles est si rapide qu'elle peut aisément être suivie sur les cartes. On peut voir par exemple, comment, de 1738 à 1825, a fondu pour ainsi dire l'île de Borkum.

Wangerooge, débris de l'ancienne terre de Wangerland était encore, en 1840, très-peuplée et courue des baigneurs; maintenant c'est une plage de vase à peu près abandonnée.

Enfin Nordstrand a diminué des 11/12ᵉˢ depuis le XVIIᵉ siècle, et la sonde jetée, là où était le centre de l'île, donne 14 mètres.

Vers la fin du XVIIᵉ siècle, un isthme unissait encore Helgoland

____

(1) Von **Hoff**, *Veronderungen der Erdoberflache*, t. I. p. 359.

à un autre îlot dont les falaises avaient 60 mètres de hauteur. Aujourd'hui, il n'y a plus d'îlot, et, de ses falaises, il ne reste que quelques bancs de sables visibles à marée basse. « Qui reconnaîtrait, dit M. E. Reclus, dans ce rocher d'Helgoland, long de 2 kilomètres à peine et large de 600 mètres, la terre dont parlait Adam de Brème, en 1702, et qui était alors « très-fertile, riche en céréales, en bestiaux et en volailles, » et qui s'étendait, dit Karl Müller, sur un espace de 900 kilomètres carrés. Actuellement, quelques rangées de pommes de terre, quelques maigres pâturages sont les seuls restes qui témoignent de l'antique fertilité d'Helgoland. »

Cet effet destructif a lieu même sur les îles formées des matériaux les plus résistants. Ainsi, dans les Shettland, les roches granitiques situées entre Papa-Stour et Hillswick-Ness, et celles qu'on trouve au sud de cette dernière île composent des ensembles de roches dont les formes bizarres rappellent l'aspect d'une petite flotte dont les vaisseaux auraient leurs voiles déployées.

C'est ici qu'il faut remarquer que, dans certains cas, de vraies dénudations sont effectuées par des courants sous-marins. On n'en peut citer un meilleur exemple que la destruction si rapide de l'île Julia. Et on en concluera la presque impossibilité pour une île de se constituer par sédiments dans une mer ouverte. C'est un point sur lequel nous reviendrons.

Il est impossible de ne pas rapprocher ces faits de ceux qui nous ont occupés dans une autre partie de cet ouvrage, alors que nous étudiions les mouvements de l'écorce terrestre. Nous avons vu, en effet (page 30), les affaissements du fond sous-marin déterminer la disparition d'îles tout entières.

Toutefois, il est facile de distinguer les deux phénomènes, à la fois, d'après leurs caractères propres, tels que l'absence ou l'existence d'éboulements partiels, etc., et d'après les caractères généraux de la région où ils se produisent. Il est évident, en effet, que là où un affaissement d'île a lieu, les côtes plus ou moins voisines manifestent des phénomènes analogues qui permettent, comme on l'a vu, de préciser le sens et l'importance d'une intumescence.

Il faut pourtant remarquer que souvent les deux phénomènes se superposent. C'est alors probablement parce qu'une côte s'affaisse lentement que la mer gagne progressivement sur elle et détermine les démolitions les plus considérables. Nul doute qu'il n'en soit ainsi sur les côtes de la Manche et, par exemple, la séparation du mont Saint-Michel est l'œuvre de la mer, démolissant ses côtes par suite de l'affaissement progressif de celles-ci.

Si l'on suppose, en effet, une côte parfaitement fixe, vis à vis d'une mer qui la bat, il est certain que l'action démolissante ne pourra pas être indéfinie. Dès qu'elle aura été poussée jusqu'au point atteint par la mer dans les marées les plus hautes, elle devra s'arrêter.

Pour qu'elle continue, il faut :

Ou bien qu'un courant violent enlève au fur et à mesure les matériaux provenant de la démolition, de façon que le pied de la falaise soit toujours baigné ;

Ou bien que l'affaissement général de la côte donne lieu au même effet.

Dans le cas de nos côtes normandes, prises comme exemple, le courant violent en question ne semble pas exister et, d'un autre côté, nous avons constaté directement l'affaissement du sol.

Pour être complet, il importe de remarquer une circonstance qui apporte une sorte de frein à l'action démolissante de la mer et en retarde les effets.

Chaque fois que la mer a déterminé un éboulement considérable, elle exerce son activité sur les matériaux accumulés au pied de la falaise et s'y épuise longtemps. La côte est alors protégée par cette sorte de rempart naturel.

Si la côte d'Essex est aussi rapidement détruite par les vagues, cela vient, en grande partie, du soin avec lequel on recueille les *septaria*, nodules de calcaire argileux qui jonchent la grève, et qu'on utilise à la fabrication de la chaux hydraulique. Suivant la remarque de Lyell, en laissant ces pierres en place, on retarderait l'époque sans doute prochaine où la ville de Harwick sera séparée du continent et peut-être détruite.

Aussi est-ce l'inverse qu'on a fait récemment aux environs de Douvres, au pied de la falaise de Shakespeare, dont nous parlions tout à l'heure. Pour sauver ce promontoire historique, la maison qu'il porte et le chemin de fer qui le traverse en tunnel, on eut l'idée de faire sauter les couches supérieures. Devant une foule immense, accourue pour jouir de ce spectacle nouveau, on mit le feu à des centaines de kilogrammes de poudre entassés dans la mine et d'énormes masses de rocher s'écroulèrent dans la mer du haut de la colline. Il faudra longtemps pour que la mer, ayant cette barrière à détruire, puisse de nouveau menacer la côte elle-même.

L'énergie de la mer, comme agent de démolition, étant reconnue par tous les faits qui précèdent, remarquons bien l'analogie intime des résultats qu'elle fournit avec les dénudations proprement dites.

En effet, c'est bien une vraie dénudation, c'est-à-dire un vrai rabotage horizontal, que cette destruction de terrain qui · s'opère sous nos yeux le long des côtes et qui marche tout d'un coup sur toute la hauteur d'une falaise représentant parfois 100 mètres et plus. D'après ce que nous avons dit, la Manche desséchée apparaîtrait comme une vallée de dénudation creusée en plein terrain crétacé.

La destruction totale des îles ne fait que montrer plus vite ce qui aura lieu en plus de temps pour les continents et nous fait assister au rabotage que subit, par le fait de l'océan, la surface de la terre.

Un autre enseignement capital à tirer de ces faits est relatif à la lenteur des grandes dénudations. Tout d'abord, quand on voit, par exemple, la craie dénudée sous les terrains tertiaires, on est porté à attribuer le phénomène à l'action d'un formidable courant enlevant d'un seul coup toute la substance qui fait défaut.

Mais nous voyons, au contraire, que l'ablation a pu se faire à raison de 25 mètres par siècle et peut-être beaucoup plus lentement; et dès lors dans des conditions compatibles avec l'exercice de la vie.

Ainsi, le recul de Brighton n'a produit aucun trouble dans la vie des habitants.

On ne saurait trop se pénétrer de cette conclusion dont la considération est de première importance, ainsi que nous aurons l'occasion d'y revenir.

CHAPITRE III

ACTION DÉMOLISSANTE DES GLACIERS

Les glaciers peuvent être comptés comme des agents énergiques de dénudation.

La boue glaciaire et les moraines représentent les matériaux qu'ils ont arrachés aux montagnes. Ces débris, dans les hautes régions, forment aux bords du glacier une traînée, cheminant comme un immense convoi avec le glacier qui le supporte; c'est à cette accumulation de débris que l'on donne le nom de moraine latérale.

Lorsque deux glaciers se réunissent, la moraine gauche de l'un d'eux se confond avec la moraine droite de l'autre pour n'en constituer qu'une seule qu'on appelle moraine médiane. Évidemment un glacier a autant de moraines médianes que d'affluents.

Les moraines latérales et médianes sont désignées d'une manière collective sous le nom de moraines superficielles par opposition aux moraines profondes constituées par la réunion de tous les débris accumulés entre les glaciers et le sol sous-jacent. L'eau mêlée à ces débris provient de la partie du glacier qui est en contact avec le sol et qui, d'après les calculs d'Élie de Beaumont, donne origine chaque année, sous l'influence de la chaleur interne, à une couche d'eau ayant 6 millimètres d'épaisseur. Elle provient aussi, soit des sources qui jaillissent du sol caché par le glacier, soit des eaux qui coulent à sa surface et pénètrent dans des crevasses. Cette eau n'est abondante que pendant l'été et c'est elle qui alimente en majeure partie les cours d'eau qui, comme le Rhône, prennent naissance dans la région supérieure des Alpes.

En effet, le frottement qu'un glacier exerce sur son fond est trop considérable pour ne pas laisser de traces sur les roches avec lesquelles il se trouve en contact. Mais son action est différente suivant la nature minéralogique de ces roches et la configuration qu'il occupe. Si l'on pénètre entre le sol et la surface inférieure d'un glacier, on rampe sur une couche de cailloux et de sable lin imprégnée d'eau. Si l'on enlève cette couche, on reconnaît que la roche sous-jacente est nivelée, polie, usée par le frottement et recouverte de stries rectilignes ressemblant tantôt à de petits sillons, plus souvent à des rayures parfaitement droites qui auraient été gravées à l'aide d'un burin ou même d'une aiguille très-fine.

« Le mécanisme par lequel ces stries ont été gravées est, dit M. Charles Martins (*), celui que l'industrie emploie pour polir les pierres et les métaux. A l'aide d'une poudre fine, appelée émeri, on frotte la surface métallique et on lui donne un éclat qui provient de la réflexion de la lumière par une infinité de petites stries excessivement ténues. La couche de cailloux et de boue interposée entre le glacier et le roc subjacent, voilà l'émeri. Le roc est la surface métallique et la masse du glacier qui presse et déplace la couche de boue en descendant continuellement vers la plaine représente l'action de la main du polisseur. Aussi les stries dont nous parlons sont-elles toujours dirigées dans le sens de la marche du glacier; mais comme celui-ci est sujet à de petites déviations latérales, les stries se croisent quelquefois en formant entre elles des angles très-petits. Les stries gravées sur les roches qui contiennent les glaciers sont en général horizontales ou parallèles à la surface. Toutefois, aux rétrécissements des **vallées**, ces stries se redressent et se rapprochent de la verticale. Forcé de franchir un détroit, le glacier se relève sur ses bords et remonte le long des flancs de la montagne qui lui barre le passage. En outre, le glacier imprime souvent à tous les rochers une forme particulière et caractéristique. En détruisant toutes les aspérités de ces rochers, il en nivèle la surface et les arrondit en amont, tandis qu'en aval, ils conservent quelquefois leurs formes abruptes, inégales et raboteuses. Vu de loin, un groupe de rochers ainsi arrondis rappelle l'aspect d'un troupeau de moutons; de là, le nom de *roches moutonnées* que Saussure leur a donné et qui leur est resté (*fig.* 12). »

Comme on le conçoit, c'est dans le Nord que se trouvent les

(*) Charles Martins, *Bull. soc géol.*, 2ᵉ série, t. IV, 2 nov. 1846.

plus beaux exemples de dénudation glaciaire. La Scandinavie
a subi un rabotage général.

A proprement parler, le sol tout entier de la Scandinavie n'est
qu'une vaste surface polie. S'il arrive que sur un point quelconque les polis échappent à l'observation, il suffit d'enlever la

Fig. 12. — *Roches moutonnées* par l'action d'un glacier.

couche du diluvium qui recouvre le sol pour les retrouver avec
leurs sillons et leurs stries caractéristiques. S'ils sont complètement effacés d'une colline ou d'un ravin, l'œil exercé n'en reconnaît pas moins, dans les formes ballonnées des rochers, les
effets du gigantesque rabot qui a façonné tous les reliefs. La
fig. 13 donne une coupe idéale qui résume les faits offerts par

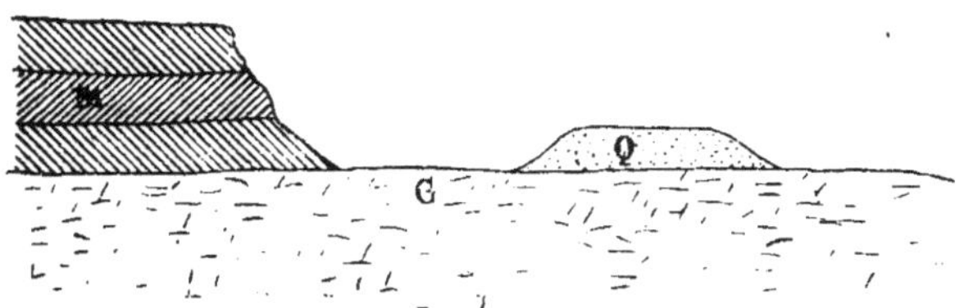

Fig. 13. — Dénudation produite en Scandinavie par les glaces. G granit.
Si Couches siluriennes. Q dépôt quaternaire (*Esar*).

la péninsule scandinave. On voit que les couches horizontales Si
des terrains de transition ont été enlevées par le rabotage glaciaire tandis que la surface polie du granit G a reçu, par places
des dépôts détritiques Q comme sous le nom d'œsars.

Les sulcatures, très-nombreuses et bien conservées, se présentent, soit sous la forme de fines stries rectilignes, dont on reconnaît les traces partout où les polis sont bien conservés, soit sous la forme de cannelures quelquefois très-longues. D'autres fois, ce sont de larges sillons qu'on a désignés sous le nom de cylindres creux. Ils sont tantôt rectilignes, tantôt légèrement courbés, mais jamais ramifiés, et leur surface est souvent couverte des mêmes fines stries rectilignes qui se retrouvent sur les surfaces environnantes. De fort beaux exemples de ces sillons se voient sur les deux rives du fiord de Christiania, où la roche est de gneiss, et le long de la route de Christiania à Krogleben, sur du porphyre. On en voit aussi aux environs de Stockholm, sur les îles du lac Mœlar, ainsi qu'aux environs de Waxholm, dans la Baltique.

Ces sillons ou cylindres creux sont, à plusieurs égards, les analogues des sillons qu'Agassiz a décrits et figurés sous le nom de coups de gouge, et qui sont dus au frottement de gros galets. Lorsque ces galets sont pris entre la glace et la roche, ils sont serrés avec une telle force contre les parois du rivage qu'ils entament les rochers les plus durs.

Il est à peine nécessaire de rappeler que ces sillons rectilignes, ou simplement arqués, n'ont rien de commun avec les canaux creusés par la vague, dont on voit de fort beaux exemples sur la côte occidentale de Suède, à l'entrée du fiord de Gothembourg, ainsi que dans plusieurs îles du fiord de Christiania. Ils sont, à la vérité, polis comme des sillons glaciaires; mais ils n'ont jamais de stries dans leur intérieur; leur forme tortueuse et souvent anastomosée les trahit d'ailleurs au premier coup d'œil.

Les marmites de géants qu'on rencontre sur plusieurs îles du fiord de Christiania, en particulier sur une petite île schisteuse, à côté de celle de Malmö, à une demi-lieue de Christiania, sont tout aussi étrangères aux glaciers que les canaux tortueux. Elles sont produites par des remous chargés de pierres et mis en mouvement soit par la vague de la mer, soit par des torrents. Leurs parois sont admirablement polies ainsi que les galets qui servent à les creuser, mais on n'y rencontre jamais la moindre trace de stries.

On trouve, dans les petites îles des fiords de la Norwége, de

grands couloirs qui courent dans le sens des stries, semblables à
de petites vallées parallèles. Ces couloirs, dont il y a des exemples
sur la petite île de Huspéru, dans le fiord de Christiania, sont
hors de toute proportion avec les sillons dont nous venons de
parler, car ils ont quelquefois plusieurs centaines de pieds de
longueur, une largeur de 30 à 50 pieds, et à peu près autant de
profondeur. Leurs parois sont souvent verticales et recouvertes
de fines stries, comme les surfaces adjacentes. Ces dernières y
sont même plus distinctes; on y voit aussi des cannelures et même
de grands sillons. Cette circonstance a engagé quelques auteurs
à attribuer le croisement de ces couloirs à la même cause qui a
poli les montagnes et gravé les stries, et comme ces couloirs se
trouvent de préférence sur les îles basses, tandis qu'ils manquent
généralement sur les croupes des montagnes, M. Scherer (*) en
conclut que l'agent qui les a creusés a dû agir avec beaucoup plus
d'intensité au fond des vallées que sur les plateaux et les collines.
Quant à la distribution inégale de ces couloirs, l'auteur en
cherche l'origine dans la durée inégale de la roche, qui aurait
été entamée plus profondément par l'agent erratique là où elle est
plus désagrégeable. Mais si les courants mentionnés auxquels il
attribue le phénomène erratique avaient réellement été assez forts
pour creuser au milieu du fiord des couloirs pareils, on n'entrevoit
pas pourquoi on ne leur attribuerait pas aussi la formation des
grandes vallées et des fiords eux-mêmes. Mais alors l'effet n'est
plus en proportion avec la cause. Du moment qu'on invoque
l'inégale dureté de la roche pour expliquer la formation des couloirs, rien n'empêche de supposer qu'ils ont été creusés avant la
période diluvienne. Dans cette hypothèse, les couloirs seraient
antérieurs au phénomène erratique, qui n'aurait fait que les polir,
les rayer et peut-être les élargir.

Sur la rive orientale du fiord de Christiania, près d'une maison
de pêcheur, à une demi-heure de la ville, existe un sillon d'une
largeur variable de 30 à 60 centimètres et d'une profondeur à peu
près égale, creusé dans la paroi du rivage en un endroit qui est

---

(*) Scherer, *Poggendorf's Annalen.* t. LXVI. p. 281. 1845.

très-escarpé et couvert de stries longitudinales. Ce sillon est très-bien poli, et l'on distingue dans son intérieur de fines stries dirigées dans le sens de la pente, et par conséquent perpendiculaires à la direction générale des sulcatures. Il n'y a qu'une manière d'expliquer ces stries exceptionnelles, c'est de supposer qu'il existait en ce point un glacier latéral, s'avançant perpendiculairement à la grande vallée, semblable aux affluents latéraux des grands glaciers des Alpes, mais dont les vestiges auraient été plus tard effacés par le glacier principal à l'exception de ceux qui se trouvaient au fond des couloirs trop étroits pour que la glace ait pu s'y mouler.

A part ces exceptions, les différentes espèces de sulcatures sont en général parallèles sur un point donné. Il n'y a guère que les stries fines qui se croisent quelquefois sous des angles considérables, de 40 à 60 degrés et davantage, comme cela se voit d'ailleurs sous les glaciers et sur les parois des vallées qui les encaissent.

La mer n'est pas une limite pour les sulcatures, car on les voit plonger sous les eaux sur une foule de points du littoral, aussi loin que l'œil peut pénétrer. Il a en outre été fait la remarque que les polis et les sulcatures sont plus nets le long des côtes et sur les rives des fiords, qu'au sommet des collines ou sur les plateaux, et l'on a voulu voir dans ce fait une preuve en faveur de la théorie qui attribue les polis à l'action de la vague. Il existe en effet une zone de quelques mètres de largeur immédiatement au-dessus de la mer, où l'éclat des polis est beaucoup plus vif et le burinage plus parfait qu'ailleurs. Mais cette circonstance, loin de prouver en faveur de l'action de la mer, lui est plutôt contraire. Si les polis et les stries sont plus distincts et mieux conservés dans la zone en question, ce n'est pas parce que la vague les renouvelle (ce qui est impossible du moins à l'égard des stries); mais parce qu'elle empêche les lichens de prendre pied aussi loin et aussi haut qu'elle peut atteindre. Or on sait que rien n'altère plus la surface des rochers que la végétation des lichens.

On a beaucoup insisté sur la différence qui existe sous le rapport des polis entre les diverses faces des îles et des rochers saillants qui ont subi l'action erratique. La face tournée du côté d'amont est toujours arrondie, polie, striée, tandis que la face

opposée est souvent anguleuse et dépourvue de stries et de cannelures. Cette disposition est tellement frappante le long des côtes
et dans les vallées de la Scandinavie, qu'elle y a été remarquée
depuis longtemps par le peuple des campagnes, qui désigne les
collines ainsi coupées d'un côté sous le nom de *skoaret flesk* (lard
entamé), parce qu'elles ont, en effet, l'air d'être entamées sur
leur face préservée. Or, comme cette face anguleuse est généralc-
ment en aval, il en résulte que si le polissage et le façonnement
des rochers était l'œuvre de la vague; ce côté, loin d'être préservé, devrait, au contraire, être le mieux arrondi.

En Norwége, le contraste entre le côté choqué et le côté préservé est beaucoup plus frappant dans les vallées et sur le bord
des fiords que sur les plateaux, qui sont aussi cependant polis et
rayés. Cette disposition est la conséquence d'une action prolongée des glaciers. Si, comme tout semble l'indiquer, la fonte
des glaces s'est effectuée d'une manière lente et graduelle, il
s'ensuit que les glaciers ont dû séjourner plus longtemps dans
les vallées et les dépressions du sol, et partant leur action doit y
avoir laissé des traces plus profondes et plus indélébiles.

Loin de suivre une direction unique, les stries, comme on
l'avait conclu d'observations trop peu nombreuses, courent, au
contraire, dans toutes les directions; elles sont subordonnées aux
reliefs du sol et dépendent des versants. Cela est surtout
évident dans l'intérieur des montagnes de la Norwége, où les
sulcatures suivent d'une manière absolue la direction des vallées.
S'il arrive qu'une vallée dévie de sa direction première pour se
fléchir, soit à droite, soit à gauche, on voit les stries répéter les
mêmes flexions.

En Suède, la direction des sulcatures est plus uniforme qu'en
Norwége : c'est une conséquence naturelle du relief du pays, qui
est beaucoup moins accidenté que le sol de la Norwége. On sait que,
dans toute la partie méridionale de la presqu'île, les sulcatures
courent généralement du nord au sud avec des déviations plus
ou moins considérables, tantôt à l'est, tantôt à l'ouest. C'est ce
dont il est facile de s'assurer en longeant le Göte-Canal, entre
Gothembourg et Stockholm. Après avoir couru dans la première
de ces villes vers le sud-ouest, elles abandonnent insensiblement

cette direction à mesure qu'elles s'avancent du côté de l'est, et à Stockholm elles sont orientées au sud-est, décrivant, par conséquent, un éventail qui égale à peu près un quart de cercle.

Enfin, il existe une limite supérieure des polis qui se trahit facilement à l'œil exercé par les contrastes de forme auxquels elle donne lieu. Toutes les cimes qui s'élèvent au-dessus de cette limite sont profondément disloquées et dentelées, tandis que leurs flancs, au-dessous de cette même limite sont arrondis et polis. Les sulcatures ne sont pas, en général, très-bien conservées dans les régions supérieures : cependant M. Keilhau (*) a vu des stries jusqu'à 1 800 mètres de hauteurs, sur le plateau Halingdalen et Hardanger, et l'on sait que M. Siljestrœm (**) en a observé sur les flancs du Snöhattan à l'altitude de 1234 mètres.

L'application aux anciennes périodes des démolitions produites par les glaciers peut, dans beaucoup de cas, se faire de la manière la plus légitime. C'est ainsi que M. Daubrée a rapproché des graviers glaciaires des sables anguleux d'âges très-divers. C'est ainsi également que plusieurs géologues ont reconnu le caractère erratique de blocs empâtés dans des roches plus ou moins anciennes. Par exemple, dans le terain miocène, M. Gastaldi a signalé, à la Superga, des blocs engagés dans un conglomérat, et qui offrent toutes les apparences des fragments rocheux entraînés par des glaces flottantes. L'un de ces blocs a près de 8 mètres de côté, et l'une de ses faces, parfaitement polie, offre les stries glaciaires. Il faut ajouter que la formation en question est dépourvue de fossiles, mais son âge résulte du recouvrement qu'elle subit de la part d'une couche miocène supérieure, bien caractérisée. Certains blocs de conglomérat de la Superga sont formés de serpentine, c'est-à-dire d'une roche qui n'existe pas en place, à moins de 33 kilomètres et cela porte à penser que les glaces flottantes ont joué encore là un rôle considérable.

En 1857, le géologue anglais Godwin Austeen signala, à Purbeck, dans le sud de l'Angleterre, des fragments pierreux englobés

---

(*) KEILHAU, *Nyt Magazin fur Naturvidenskaberne*, vol. III.
(**) SILJELTROEM, *Voyages en Scandinavie de la Commission du Nord.*

dans la craie non remaniée. Parmi ces fragments, il en est qui sont constitués par de la syénite norwégienne, et aucune force autre que celles des glaces flottantes ne peut être invoquée pour en expliquer le transport à si longue distance. Deux années auparavant, Ramsay signalait un conglomérat permien du Shropshire et du Worcestershire comme dû à l'action des glaces flottantes, et en isolait des blocs de 500 kilog. parfaitement polis et striés. Laissons de côté les apparences de même genre offertes par le terrain dévonien du Yorkshire, parce qu'elles peuvent être dues à d'autres causes, et remarquons combien l'influence glaciaire, en même temps qu'elle cesse de caractériser une période, acquiert par cela même d'importance géologique.

Dans des études de ce genre, il faut bien distinguer les caractères glaciaires de ceux plus ou moins analogues produits par des agents autres que la glace. Beaucoup de stries et de surfaces polies rapprochées d'abord de celles qui nous occupaient tout à l'heure ont été reconnues comme étant le résultat de l'action des intempéries sur la tranche de certaines roches. C'est ce qui a eu lieu par exemple dans plusieurs localités des environs de Paris.

CHAPITRE IV

ACTION DÉMOLISSANTE DE LA PLUIE ET DES EAUX SAUVAGES

Il n'y a pas pour nous de dénudation plus facile à observer que celle qui, à une époque relativement récente, a déterminé le relief actuel de notre sol émergé.

On sait que beaucoup de géologues l'attribue à de gigantesques courants qui, à l'époque quaternaire, auraient buriné la surface de nos continents. C'est-à-dire qu'ils ont à cet égard une opinion analogue à celle qui nous est apparue inexacte par les dénudations opérées par la mer.

Nous ferons à ce sujet quelques emprunts à M. Belgrand qui

montrent bien l'état de la question pour les savants composant ce qu'on pourrait appeler *l'école cataclysmienne*.

D'après M. Belgrand (*), chaque vallée actuelle étaient à *l'époque diluvienne* le lit d'un fleuve gigantesque coulant dans le même sens que le fleuve d'à présent lequel ne serait qu'un faible résidu de la rivière quaternaire. Les eaux très-limoneuses étaient trop rapides d'abord pour déposer les troubles qu'elles charriaient. Leur vitesse leur permettait de creuser progressivement le fond de la vallée; mais à mesure que la dépression augmentait, le niveau baissait nécessairement sur le plateau et le fleuve subissait un ralentissement proportionné.

C'est alors que le limon des plateaux se serait déposé.

Les parcelles grossières allaient s'accumuler sur les flancs des côteaux disposés de façon à se trouver préservé du choc directs de l'eau et y constituaient les dépôts que M. Belgrand a cru devoir distinguer sous le nom de *diluvium des côteaux*.

Enfin, les sables et galets voyageaient au fond du lit et se déposaient en longues bandes sur les terrasses, par un mécanisme que l'on met en usage dans un égout pour y faire circuler des sables et des cailloux.

A leur suite s'étendaient les limons : le rouge sur les terrasses élevées, et le lœss sur le diluvium gris.

Disons tout de suite, que parmi les diverses objections qu'on peut faire à cette théorie, et qui nous engagent, pour notre part, à ne pas l'adopter sans de profondes modifications, est la difficulté d'assigner des sources et des moyens d'alimentation aux fleuves énormes qu'elle suppose et dont ne rend certainement pas compte le régime climatologique dont M. Belgrand dote la période diluvienne.

Toutefois, n'estimant pas qu'un pareil sujet soit une affaire de sentiment, et désireux d'appliquer ici les préceptes de la méthode scientifique, nous allons examiner la question sans idée préconçue.

Avant d'adopter une théorie quelconque, on nous permettra de faire deux choses :

(*) BELGRAND, *La Seine.*

1° Examiner les conditions des couches ayant subi le prétendu rabotage;

2° Chercher si, dans les faits contemporains, il n'y a rien qui nous fasse assister à quelque chose de semblable.

Or, nous remarquons tout de suite que les coteaux respectés par l'érosion sont souvent formés de matériaux éminemment délayables dont il est bien difficile de s'expliquer le maintien en place.

C'est ainsi que le mont Valérien forme, aux portes de Paris, une petite butte de sable qui, suivant l'hypothèse, a été entourée par les tourbillonnements des courants. Si l'on fait attention à la largeur du flot qui remplissait alors l'immense vallée supposée remplie par l'eau, on restera bien étonné de la persistance d'un si frêle témoin.

On peut aller plus loin. Certains détails de la structure des collines se refusent également à l'hypothèse.

Par exemple, pour citer une localité bien connue, le coteau de Villejuif et de Thiais est couronné par les meulières de Brie Br

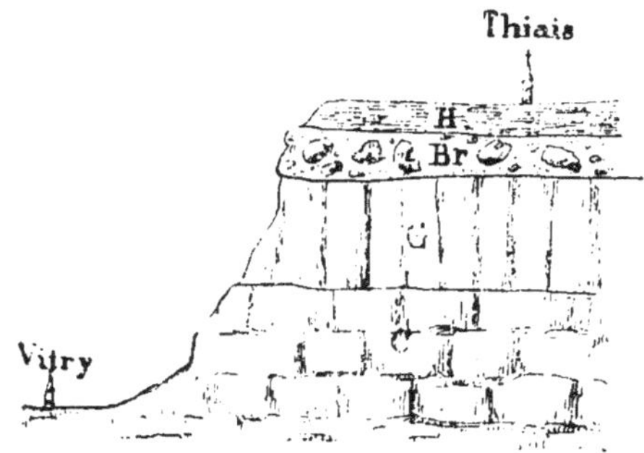

Fig. 14. — Coupe géologique du plateau de Thiais. C calcaire grossier, G gypse, Br meulières de la Brie, H marnes à huîtres.

(*fig.* 14). Il est naturel, dit-on, que le courant les ait respectées, vu leur dureté, et c'est même à leur présence que les marnes vertes sous-jacentes doivent d'être restées en place. Mais si on regarde de plus près, on constate que les meulières sont en réalité recouvertes par 30 à 50 centimètres de marnes à huîtres H ne présentant, malgré leur nature extrêmement délayable, aucune trace de remaniement. Il suffit d'un examen superficiel pour reconnaître qu'elles n'ont eu à subir aucun courant violent.

En second lieu, voyons ce qui se passe autour de nous dans les régions dont il s'agit d'expliquer l'érosion.

On reconnaît bientôt que la pluie, malgré son apparence si tranquille, exerce en réalité une action démolissante de première importance à laquelle dans beaucoup de cas est dû le relief du sol d'origine si différente, comme on l'a vu, dans les pays de montagnes. Pour s'en assurer, il suffit, par exemple, de comparer les régions où il pleut beaucoup à celles où il ne pleut jamais.

« Là où les pluies manquent, dit M. E. Reclus, le relief de la terre présente une singulière monotonie sur de vastes étendues. C'est à l'absence de pluie, à la sécheresse de l'atmosphère, que les Andes argentines doivent, sans doute, la singulière uniformité de leur relief; on n'y voit point de ces longues vallées, de ces ravins profonds, de ces larges cirques d'éboulement qui donnent un caractère si pittoresque à l'architecture des Pyrénées et des Alpes. Depuis l'époque où les eaux de la mer se sont retirées en entraînant à la base de ces montagnes du Nouveau-Monde les énormes amas de cailloux roulés que l'on y voit aujourd'hui, les neiges et les pluies ne sont pas encore tombées en assez grande abondance pour raviner les déclivités et les découper en vallées et en contre-forts. D'en bas, le rempart des monts présente l'aspect d'une muraille uniforme et noirâtre, au-dessus de laquelle se dressent çà et là quelques pics rayés de stries blanches. Le plateau, de 4,000 à 4,300 mètres de hauteur moyenne, sur lequel s'élèvent ces montagnes isolées, est, en maints endroits, presque parfaitement uni sur une largeur d'environ 80 kilomètres. A peine quelques collines basses rompent-elles, de distance en distance, la monotonie de la grande plaine. »

Dans certaines régions où il pleut beaucoup, on reconnaît aisément l'énergie géologique de la pluie.

Quelques volcans situés dans les régions des pluies torrentielles, comme ceux de l'île de Java, présentent un aspect particulier : leurs flancs sont déchirés par des tranchées profondes, véritables ravins, où l'on peut aller à cheval, mais où deux cavaliers de front ne sauraient passer. Près du sommet ces tranchées deviennent de moins en moins profondes, et elles convergent autour du cratère d'une façon souvent tout à fait irrégulière.

Les eaux sont la cause de ce phénomène; ce sont elles qui usent la montagne en descendant avec impétuosité le long de ses flancs; il arrive qu'à force de parcourir toujours les mêmes sillons, elles démollissent complétement les parois du cratère et ouvrent de larges abîmes. C'est ainsi que le cratère du Merbaba, dont le feu est éteint depuis des centaines d'années, offre une immense fissure, et que la montagne est sillonnée de ravins et de précipices.

Les pluies orageuses des pays tropicaux n'ont fait nulle part de révolutions plus profondes dans le sol que dans l'Amérique centrale, à San Salvador, ville florissante située au pied d'un grand volcan, qui s'élève à 27,000 mètres au-dessus de l'Océan. Au fond du cratère, qui a plus de 3,000 pieds de profondeur, se trouve un lac considérable. La ville est bâtie sur un sol composé entière-ment de sables, de cendres et de pierres ponces sortis du volcan. Or, les ruisseaux et les torrents qui descendent du sommet ont creusé dans ce sol friable de tels ravins, que les abords de la cité seraient d'une difficulté extrême, si dans quelques-uns de ces gouffres on n'avait pas pratiqué des passages, élevé des terrassements, construit des escaliers et même des parapets. Aussi, San Salvador est-il admirablement protégé en temps de guerre par ces fortifications naturelles.

C'est également dans une contrée volcanique, à la Réunion que s'est produit récemment un immense désartre causé précisément par l'action démolissante des pluies. Remarquons tout d'abord qu'on ne peut jeter les yeux sur une carte de la Réunion (*fig.* 15) sans rester frappé de la part énorme qui revient à la pluie dans la production du relief du sol.

Le 26 novembre 1875, entre 5 et 6 heures du soir, une partie du piton de Neiges et du Gros-Morne, montagnes dont l'altitude excède 3,000 mètres, s'écroula dans le cirque de Salazie (*fig.* 16), sur une longueur de 5 kilomètres, engloutissant le village du Grand-Sable, où se trouvaient 62 personnes. Les secours furent inutiles: on dut même renoncer à l'idée de rechercher les corps des vic-times; une superficie de plus de 120 hectares, bouleversée de fond en comble, se trouve, en effet, recouverte par des millions

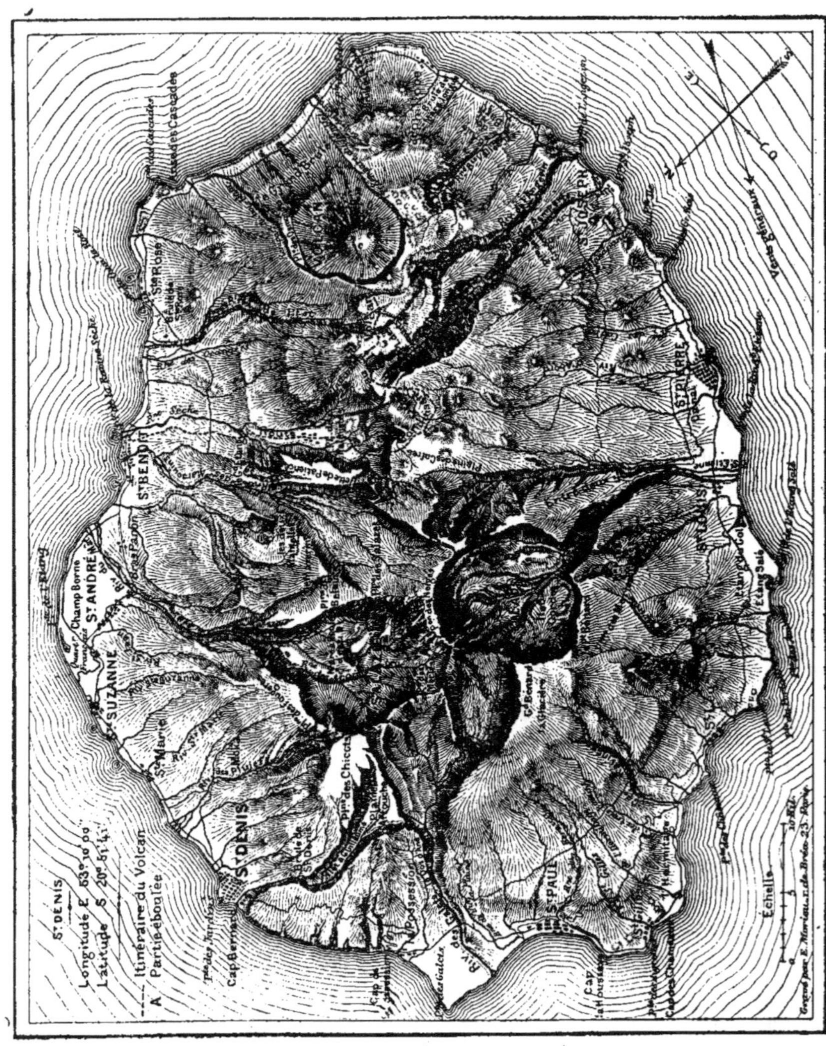

de mètres cubes de pierres et de terre amoncelées, qui forment
maintenant un manteau dont l'épaisseur varie entre 40 et

60 mètres. Des ravins profonds de plus de 100 mètres ont été

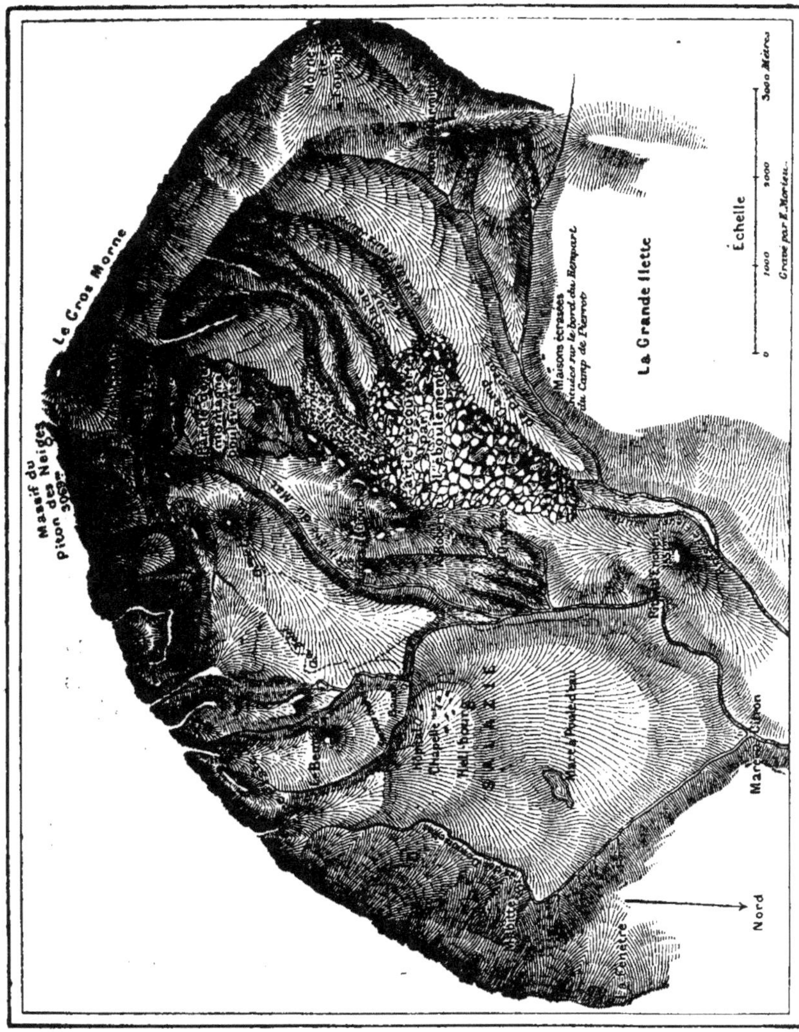

Fig. 16. — Carte montrant les effets de l'éboulement de Salazie (Réunion) survenu le 26 novembre 1875.

comblés, et les gorges du bras des Fleurs-Jaunes ont été fermées.

« Les habitants du cirque de Salazie sont terrifiés », dit M. Ch. Vélain (*), qui quelque temps auparavant s'était arrêté à la Réunion en revenant de Saint-Paul, « parce qu'ils s'imaginent qu'un bouleversement si considérable ne peut qu'être le résultat d'une commotion volcanique, d'une menace du volcan. Il n'en est heureusement rien : ce désastre que j'avais prévu est dû à un éboulement produit par la désagrégation de certaines des roches volcaniques de l'île sous l'influences des agents atmosphériques.

« L'île de la Réunion se divise orographiquement et géologiquement en deux parties très-distinctes : la première, à l'ouest, est actuellement masquée par trois grandes vallées d'effondrement, drainées par des torrents très-encaissés qui s'élargissent et se creusent de plus en plus ; le centre de ces trois dépressions, en forme de cirque, était primitivement occupé par un immense cratère, dont les derniers vestiges forment maintenant les points les plus élevés de l'île. Le piton des Neiges (3,069 mètres), formé de coulées de lave successives alternant avec des scories, était un de ces témoins, resté debout ; toute trace d'activité volcanique a cessé dans cette région. Les phénomènes volcaniques se sont déplacés de l'ouest à l'est et semblent maintenant s'être concentrés dans la deuxième partie à l'est où se trouve le volcan actuel (2,623 mètres).

« En traversant, pendant le mois de janvier 1875, la chaîne de Salazes, sous la conduite de M. Deramond, conducteur des ponts et chaussées, pour passer du cirque de Célaos dans celui de Salazie, nous avions été bloqués à Marlat par un ouragan, et j'avais été frappé des dégâts immenses que pouvaient causer, en un instant, les pluies torrentielles qui fondent sur ces remparts. J'avais vu là d'énormes failles dans lesquelles les eaux s'engouffraient et disparaissaient pour former, à certaines hauteurs, dans ces murailles à pic, de véritables éruptions boueuses. Il devenait évident que, les érosions se multipliant, certains massifs s'abattraient, provoquant des éboulements considérables, et j'avais

---

(*) Vélain. *Comptes rendus*, t. LXXXII, p. 147 et 618, 1876.

appelé l'attention sur certains villages qui, postés au bas des escarpements, me paraissaient particulièrement menacés.

« Les remparts à pic, qui forment comme les enclos des trois cirques d'effondrement de Célaos, de Salazie et de Mafatte, autrefois couverts de forêts, ont été, en grande partie, déboisés ou ravagés par des incendies; composés uniquement de coulées successives de basalte et de laves alternant avec des scories au travers desquelles les eaux pluviales s'infiltrent avec la plus grande facilité, ils se dégradent sans cesse par suite de la désagrégation rapide de certaines des roches qui entrent dans leur constitution. Certaines coulées de nature plus feldspathique et peu compactes se réduisent très-facilement en argile. Elles sont, en outre, creusées de vastes cavités dans lesquelles les eaux se recueillent et qui, remplies, forment comme des écluses de chasse, donnant lieu à ces éruptions de boue dont j'ai parlé plus haut; tout ce qui surmonte ces nappes boueuses glisse et s'effondre dans les vallées. C'est de cette façon qu'a dû se produire l'éboulement désastreux du 26 novembre.

« Le village de Célaos, dans le cirque de Célaos, me paraît dans une situation assez critique pour nécessiter des mesures de prudence, si l'on veut éviter un pareil désastre. Il m'a semblé, en effet, qu'une bonne partie du plateau sur lequel est établi le village, notamment l'église et les maisons qui surplombent le bras des Étangs, miné par des sources thermales abondantes et surtout par des eaux qui s'amoncellent au-dessus du village, devra céder prochainement. Ces eaux, en effet, qui deviennent considérables dans la saison des pluies, n'ayant pas d'écoulement direct, affouillent en dessous et s'écoulent à la partie supérieure d'une nappe de basalte fortement inclinée, sur laquelle le plateau viendra lui-même à glisser en grand, comme il en a déjà menacé, si l'on ne pratique pas une voie d'écoulement aux eaux qui se recueillent dans les îlots des Étangs. »

Le désastre de la Réunion est loin d'être isolé; il fait partie d'une longue série d'accidents analogues parmi lesquels on peut citer l'éboulement si connu du Rossberg survenu en 1806. Cette montagne, située, comme on sait, au nord du Righi, au centre de l'espace péninsulaire formé par les lacs de Zug, d'Egeri et de Lowerz, consiste en couches d'un conglomérat compact reposant sur des lits d'argile que délayent les eaux d'infiltration. A une époque inconnue, l'éboulis d'un contre-fort avait déjà écrasé le village de Rotten ; mais, en 1806, la catastrophe fut plus terrible encore. La saison qui venait de s'écouler avait été très-pluvieuse, et les strates d'argile s'étaient graduellement changées en une masse boueuse ; à la fin, les roches supérieures venant à manquer d'appui, commencèrent à glisser sur les pentes en soulevant les terres devant elles. Soudain la débâcle eut lieu. En un moment, l'énorme masse, avec ses forêts, ses prairies, ses hameaux, ses habitants, s'abattit dans la plaine ; les flammes produites par le frottement des roches entre-choquées s'élancèrent en gerbes de la montagne entr'ouverte ; l'eau des couches profondes, tout à coup transformée en vapeur, fit explosion et des quantités de pierres et de boue furent lancées comme par la bouche d'un volcan. Les charmantes campagnes de Goldau (la vallée d'Or) et quatre villages, qu'habitaient près de mille personnes, disparurent sous l'entassement de débris. Le lac de Lowerz fut comblé en partie et la vague furieuse, que l'éboulement lança contre les rivages, balaya toutes les maisons. La catastrophe s'était accomplie d'une manière si rapide que les oiseaux avaient été tués dans l'air. La partie de la montagne qui s'était éboulée n'avait pas moins de 4 kilomètres de long sur 320 mètres de largeur moyenne et 32 mètres d'épaisseur. C'est une masse de plus de 40 millions de mètres cubes.

L'exclusion que nous faisions tout à l'heure des régions montagneuses ne touche pas les petits coteaux de toutes les contrées de plaine. Nous verrons en effet que ces coteaux doivent surtout leur origine à la destruction des couches qui remplissaient antérieurement le sillon maintenant creusé des vallées. Or, beaucoup de coupes pratiquées au travers des coteaux montrent que les couches, horizontales dans la région moyenne, s'incline parfois très-fortement vers les vallées.

Ainsi aux portes même de Paris, dans le parc d'Issy, le long de la Seine on voit les couches de calcaire grossier plonger vers le bas Meudon, c'est-à-dire vers la Seine en reproduisant l'allure de certaines assises de la chaîne du Jura. Cependant la cause est tout autre ; ici pas trace de soulèvement. Au contraire c'est un affaissement progressif qui est l'origine du phénomène. L'argile plastique sous-jacente, entraînée lentement par les eaux souterraines, manque sous le calcaire qui descend peu à peu. Parfois le déplacement est très-lent, mais il peut aussi se produire d'une manière brusque et c'est un point sur lequel nous reviendrons dans un moment. Mais auparavant il faut remarquer que ce qui prouve bien que la vraie interprétation est celle que nous venons d'indiquer, c'est qu'il se produit des accidents identiques dans les carrières et dans les mines par suite de la disparition artificielle de certaines masses sur lesquelles les couches reposaient jusque-là.

Il n'est pas rare, en effet, que des affaissements lents se produisent au-dessous des galeries d'exploitation et donnent lieu à des inflexions de plus en plus accentuées des couches superposées.

Pour les carrières, nous pouvons citer la région sud de Paris où l'extraction en galeries de l'argile plastique amène à chaque instant des affaissements de ce genre.

Pour les mines, Lyell, a rendu classique un fait du même ordre observé aux houillères de Wallsend dans le pays de Newcastle. Il est certain, dit-il, que des couches susceptibles d'être pliées, peuvent lorsqu'il existe des degrés inégaux d'affaissement, se plisser plus ou moins et paraître tout à fait comme si la pression se fût exercée subitement par un effort latéral. Lorsqu'on exploite un lit de houille, on laisse par intervalles des piliers de combustible pour supporter le toit. Lorsque les étais deviennent trop faibles, ils sont pressés par le poids des roches susjacentes (qui nont pas moins de 192 mètres d'épaisseur) sur le schiste argileux qui est au-dessous et celui-ci par suite de cette compression cède et s'ouvre d'espace en espace. Il arrive ordinairement que le toit est composé de schiste argileux dur, ou quelquefois de grès, roches qui cèdent moins que les fondations, lesquelles consistent souvent en argile ; et même dans les endroits ou les sous-couches argileuses étaient d'abord consistantes, elles s'amollissent bientôt et passent à un état plastique dès qu'elles sont exposées au contact de l'air et de l'eau dans la mine. Le premier symptome de ce que les mineurs anglais appellent un *creep*, est une légère courbure qui apparaît sur le fond de chaque galerie. Dès ce moment le plancher, continuant à hausser, commence à s'ouvrir, en même temps qu'une fente longitudinale se produit; puis les bords de la rupture atteignent le toit; en dernier lieu les lits exhaussés ferment la galerie entière, et les bords de la rupture, le long de la crète, s'unissent de nouveau et présentent une surface plane au sommet. Sur ces entrefaites la houille des étais a éclaté et s'est fendue par pression. On remarque également qu'au dessous des *creeps* une couche inférieure appelée *houille métal* d'un mètre d'épaisseur s'est fendue aux points correspondants aux creeps; elle a haussé du même coup, en montrant ainsi que le mouvement ascensionnel occasionné par l'exploitation de la houille principale, s'est propagé à travers les 16 mètres de lits argileux dont l'épaisseur sépare les deux assises de houille. Le même déplacement s'est fait sentir vers le bas, à une profondeur de plus de 45 mètres à travers des lits argileux qui sont au-dessous de la houille métal; mais il devient de moins en moins prononcé et finit par être imperceptible.

M. Vézian cite de son côté un autre exemple des effets qui peuvent se manifester lorsque des masses plus ou moins plastiques sont soumisses dans certaines conditions à des pressions inégales (*). Lors de la construction du chemin de fer de Versailles, rive gauche, un remblai considérable avait été établi sur le prolongement du viaduc du val Fleury. A peine eut-on commencé à amonceler les terres qu'il se manifesta un mouvement extraordinaire dans le terrain environnant. Deux refoulements eurent pour conséquence le soulèvement du sol jusqu'à une hauteur de 8 à 10 mètres; la route fut interceptée et plusieurs maisons qui se trouvaient sur le sol exhaussé furent renversées. On reconnut que la cause de ce mouvement devait être attribuée à l'existence d'une couche argileuse mêlée de sable qui, détrempée par les pluies de l'année précédente, était devenue fluide, et avait été déplacée par la charge du remblai.

Eh bien ces effets, effondrement et soulèvements, qui se produisent ici par suite de causes artificielles, sont bien souvent réalisés aussi par le passage d'un cours d'eau souterrain entraînant peu à peu les éléments de quelque assise délayable.

(*) Vezian. *Prodrome de Géologie.*

On pourrait citer des exemples très-nombreux d'ondulation de couches qui reconnaissent cette cause et qui datent de nos jours.

Ainsi, très-récemment, à Vanves, les glaises délayées longtemps par les pluies ont, en glissant, déterminé un effondrement considérable et l'on ne peut méconnaître que, dans beaucoup de cas, la production ainsi déterminée de cavités souterraines ne donne lieu à des accidents topographiques plus au moins importants. C'est ce qui justifie cette opinion de M. Fournet : « Jusqu'à présent, dit-il (*), on a accordé assez peu d'attention aux effondrements que provoquent, çà et là, les actions dissolvantes et délayantes des eaux. Cependant, en étudiant pas à pas les phénomènes, je suis arrivé à voir que le rôle de ces eaux est infiniment plus important qu'on ne l'a supposé. Non-seulement il faut attribuer à ces agents occultes la formation des ouvertures coniques et béantes désignées dans nos provinces sous le nom de *gouffres*, de *gouilles*, de *gours*, de *pôts*, de *puits naturels*, de *bétoirs*, de *boittout*, d'*anselmoirs* et de *scialets*, mais encore il faut recourir à leur influence pour comprendre l'établissement de quelques lacs, les inflexions de diverses assises et même le creusé de plusieurs vallées. »

M. Fournet cite Lons-le-Saulnier comme une des localités les plus remarquables par les tassements qui s'y manifestent de temps en temps. Cette ville est établie sur un calcaire jurassique supporté par des marnes argileuses et une formation salifère. Un premier effondrement du sol a eu lieu dans cette ville en 1703 ; d'autres événements du même genre s'y sont produits en 1712, 1738, 1792, 1814, 1836 et 1848. On est naturellement porté à supposer, dit M. Fournet qu'une sorte de fleuve souterrain circule sous la ville et mine peu à peu les marnes. Ce qui donne d'ailleurs quelque appui à cette hypothèse c'est que, pendant l'affaissement de 1792, les eaux interceptées dans leur cours par la descente du sol, s'exhaussèrent en même temps au puits d'où l'on extrait l'eau salée qui alimente les salines de l'endroit. Il faut encore ajouter que, dans le même moment à peu de chose près, et dans une

---

(*) Fournet, *Mémoires de l'Académie des sciences de Lyon.*

commune de la basse plaine qui se trouve à trois lieues vers le

Fig. 17. — Les Pyramides des Fées, près de Saint-Gervais (Haute-Savoie),
d'après une photographie.

sud-ouest un moulin disparut comme par enchantement ; cette

corrélation autorise à croire que c'est dans le même canal que furent engloutis le moulin et quelques maisons de la ville. M. Deleschaux avait fait rebâtir une maison que l'affaissement de 1703 avait déjà ébranlée. Dans la nuit du 20 septembre 1792, on entendit de sourds craquements qui paraissaient venir des combles et ensuite s'approcher. Le lendemain, dès que le jour parut, la maîtresse de la maison ouvrit la fenêtre de sa chambre ; les vitres de cette fenêtre volèrent en éclats. A midi, on allait se mettre à table lorsqu'un fracas épouvantable se fit entendre et les carreaux des fenêtres se brisèrent en mille morceaux. Les habitants de la maison se précipitèrent dans la rue. A peine en avaient-ils franchi le seuil que l'affaissement se manifesta. Un instant après la maison entière était descendue dans l'abîme et se trouvait recouverte de 15 mètres d'eau. Le lendemain, la maison voisine, au midi, éprouva le même sort. Dès ce moment, l'effroi et la consternation se répandirent dans la ville et surtout dans le quartier menacé pour lequel on entrevoyait le sort de Pompéi et d'Herculanum. Tous les habitants de la rue des Dames enlevèrent leur mobilier. Le gouffre ouvrait de plus en plus sa gueule béante dont le diamètre était de 22 mètres; l'eau avait son niveau à $4^m.50$ au-dessous des pavés de la rue. Quand les tassements furent terminés, il fallut songer à combler ce vide. Toutes les communes voisines vinrent en aide et 15,711 voitures de matériaux furent jetées dans le précipice sans le combler.

Mais, si ces exemples donnent une haute idée de l'énergie géologique de la pluie et des eaux sauvages, il faut bien reconnaître qu'ils ne sont pas immédiatement applicables au creusement des vallées que nous avons surtout en vue, et à la dénudation superficielle des continents.

On peut en citer d'autres qui, moins actifs à première vue, conduisent néanmoins plus directement au but.

Les touristes qui passent à Saint-Gervais-les-Bains, dans le département de la Haute-Savoie, ne manquent pas d'aller visiter les curieux accidents naturels connus sous le nom de cheminées des Fées (*fig.* 17).

Du milieu des sapins qu'ils surpassent, surgissent de gigantesques pyramides de terre et de blocs amoncelés que couronne un

gros bloc de pierre, juché sur ce haut piédestal ; c'est ce gros
bloc qui a mis à l'abri de la pluie les terres placées au-dessous de
lui, tandis que celles qui ne sont pas abritées ont été entraînées.
Cette action s'est produite dans la grande masse de terrain glacier qui est arrivée par le col de la Forclaz.

De Charpentier, dans ses études sur les glaciers, signale le
même phénomène sous le nom de *pilastres erratiques*, dans
diverses localités du Valais. On conçoit aisément, dit-il (*), leur
mode de formation ; le bloc préserve des pluies les débris qui se
trouvent au-dessous de lui, tandis que ceux qui ne participent
pas à cet abri sont peu à peu disloqués et emportés par les eaux
du ciel. Mais néanmoins, les agents atmosphériques parviennent
aussi à ronger insensiblement ces colonnes et à les amincir, au
point que, ne pouvant plus supporter le bloc qui en forme le
chapiteau, elles finissent par s'écrouler. Il est rare d'en trouver
qui soient entièrement dégagées et isolées ; elles font ordinairement corps avec le massif de débris, c'est-à-dire qu'elles sont en
quelque sorte attachées dans toute leur hauteur à l'escarpement
que présente le dépôt, de manière qu'on peut les comparer aux
colonnes qui, dans un édifice, entrent dans les murs à la mode
des pilastres. Elles atteignent quelquefois une hauteur de 20 à
30 mètres sur 4 à 5 mètres de diamètre. Les *rouvines* de Villars et
d'Arveye, dans la vallée de la Grionne, offrent quelques-unes de
ces colonnes qui sont parfaitement dégagées. Mais ce sont les
environs d'Useigne, en face du village de Saint-Martin, dans la
vallée d'Héréno, qui présentent le mieux cet accident, lequel, du
reste, ne peut se rencontrer que lorsque les dépôts glaciers sont
composés principalement de menus débris légèrement agglutinés par un ciment provenant de la dissolution de matières calcaires, et lorsque les gros blocs ne s'y trouvent que disséminés
en petit nombre. Les *colonnes d'Useigne*, comme on les appelle
dans le pays, se trouvent précisément à l'endroit où le glacier de
Lénaret se joignait jadis à celui de Ferpècle.

Lorsque ces dépôts renferment beaucoup de fragments de

(*) De Charpentier. *Essai sur les glaciers et sur le terrain erratique du
bassin du Rhône*, 1841.

roches calcaires, la chaux carbonatée, qui se dissout par l'infiltration des eaux, donne lieu à un ciment assez abondant pour cimenter les débris et pour changer toute la masse en une espèce de brèche caverneuse assez solide pour résister remarquablement bien à l'action destructive des agents atmosphériques. Les dépôts glaciers de Stalden, de Sierre, de Chamoson, d'Ursière, de Lavey, etc., présentent fréquemment ces sortes de brèches.

Dans le Tyrol, à Ritton près de Botzen, sur le Finsterbach, le même phénomène se présente avec un plus grand développement encore. On voit dans cette localité des colonnes de limon durci, d'une hauteur de 6 à 30 mètres et ordinairement coiffées d'une pierre unique; elles ont été séparées par la pluie de la terrasse dont elles faisaient autrefois partie et se dressent aujourd'hui, à des niveaux différents, sur les pentes abruptes que limitent d'étroites vallées. Botzen est situé sur l'Eisach à 3,200 mètres au-dessus de la jonction de cette rivière avec l'Adige et à une élévation de 250 mètres au-dessus du niveau de la mer. C'est dans les vallées où les deux cours d'eaux tributaires de l'Eisach se réunissent à cette rivière, un peu avant d'arriver à Botzen, que l'on rencontre les groupes principaux de ces piliers. Ceux qui sont le plus près de la ville ou qui n'en sont éloignés, au nord-est, que d'environ 2,400 mètres se trouvent dans le ravin de Katzenbach, dont la hauteur au-dessus de Botzen est de 510 mètres; ce sont les plus remarquables par rapport à leur nombre, à leurs dimensions et à leur beauté. Les autres piliers se rencontrent dans le ravin de Finsterbach, près de Klobenstein, à la hauteur de 660 mètres au-dessus de Botzen et à 5,600 mètres au nord-est de cette ville et dans les petits ravins qui en dépendent. « Ces petits ravins, dit Lyell, offrent une répétition des traits caractéristiques des escarpements qui limitent la vallée principale, avec la seule différence que la distance, séparant les bancs opposés, est moindre et que les colonnes qui s'étendent du sommet jusqu'au pied de chaque terrasse où coule un petit ruisseau, sont moins développées et en plus petit nombre. La largeur de la vallée de Finsterbach varie de 180 à 210 mètres, et sa profondeur de 120 à 150 mètres. Les piliers se comptent par centaines et les falaises abruptes, d'où ils tirent leur origine, offrent une pente de 32 à

45 degrés. Les colonnes présentant ordinairement, à leur partie inférieure, plusieurs faces planes, au lieu d'avoir une forme conique, affectent une forme pyramidale. Elles consistent en un limon rouge non stratifié, avec cailloux roulés et morceaux angulaires de pierre, gros ou petits, qui sont irrégulièrement distribués dans toute la masse. Celle-ci en un mot, abstraction faite de sa forme, montre les mêmes caractères qu'une moraine, et quelques-uns des fragments de roche quelle renferme ont une ou plusieurs de leurs faces unies ou polies, sillonnées ou striées, de façon à indiquer clairement leur origine glacière. Les pierres ne sont pas rangées suivant leurs grands axes dans un même sens, comme on les verrait si elles avaient été déposées par une eau courante. La gangue du limon durci provient évidemment de la décomposition du porphyre rouge, qui constitue l'élément principal de cette contrée, et les pierres les plus grandes qui coiffent les piliers sont, en majeure partie, de la même roche. On trouve aussi disséminés, mais en petit nombre, dans le corps de la gangue rougeâtre, des blocs de quartz, d'un diamètre de $0^m,60$ à $0^m,90$, ainsi que des matières de transport composées d'une chloritoïde dure, qui est également étrangère aux pays environnants. Le Finsterbach, non content d'avoir coupé cette masse non stratifiée, a de plus creusé son lit sur une profondeur de plusieurs mètres, dans le porphyre sous-jacent, et même, en un point, dans un grès du trias inférieur qui se montre parfois dans cette région. Mais les détails suivants feront mieux comprendre la série des événements géologiques dont les preuves nous sont fournies, tant dans ce ravin que dans celui de Katzenbach. Nous voyons d'abord une vallée, qui s'est creusée dans une contrée presque entièrement composée de porphyre rouge. Cette première vallée a été ensuite remplie, dans sa partie inférieure, par des matériaux de moraine probablement laissés par un grand glacier qui aura gagné la partie supérieure de la vallée à la fin de l'époque glacière.

Enfin, la cavité a été creusée dans cette moraine par le Finsterbach, perpendiculairement à la surface du limon rouge. Ce limon qui, à l'état sec, est solide et très-dur se couvre de fentes verticales lorsqu'après avoir été mouillé par la pluie, il est séché par le soleil. Les portions de sa surface, qui se trouvent protégées par une pierre ou un bloc erratique contre l'action directe qu'exerce là pluie en tombant, se détachent peu à peu et se séparent de la masse qui constitue le sommet du ravin, et des colonnes commencent à se former. Si la coiffe de pierre est petite, elle ne tarde pas à tomber, et la colonne se termine en pointe; mais si cette pierre est large et d'un diamètre atteignant plusieurs centimètres et même quelques mètres, la colonne peut acquérir une grande hauteur, et quoique s'effilant de plus en plus à sa partie supérieure où ses côtés ont été le plus longtemps exposés à une pluie battante, supporte encore la masse surplombante qui a souvent l'air de ne tenir en équilibre que sur un seul point. On voit aujourd'hui dans le lit du torrent un grand nombre de blocs tombés qui coiffaient autrefois les piliers qui ont disparu. Les parties inférieures de quelques-unes de ces colonnes existent encore, parce que ces ruines ont emprunté de nouvelles coiffes de pierre aux blocs qui, ensevelis à l'origine dans les profondeurs de la moraine, ont été amenés à la surface par l'action de l'eau. Que le torrent, pendant la période nécessaire à la formation des piliers, vienne à s'élever de quelques mètres audessus de sa hauteur actuelle et il détruirait complétement les colonnes inférieures, dont il faut par conséquent attribuer l'origine à l'action pluviale, opérant sans le concours de l'érosion fluviatile.

En s'élevant à des hauteurs qui commandent l'entrée de la vallée et de la moraine, les terrasses latérales paraissent presque planes relativement aux falaises abruptes, car la pente de ces dernières varie de 32 à 45 degrés, tandis que les terrasses couvertes de riches pâturages et de terres arables, n'ont que de 10 à 16 degrés d'inclinaison. Çà et là on aperçoit un énorme caillou ou un bloc erratique anguleux, reposant sur la surface, dont la destinée probable, dans quelque temps, est de former la tête d'une colonne. Lyell a mesuré sur la rive gauche du Finsterbach, un peu au-dessous du pont, une de ces coiffes de pierre et il a constaté pour son diamètre une longueur de 3 mètres, en même temps qu'il relevait une hauteur de 18 mètres pour la colonne qui la supporte. Celle-ci paraît devoir son élévation supérieure aux larges dimensions de sa coiffe de pierre, qui a fait l'office d'un

toit pour protéger le limon durci contre la pluie et le soleil. Dans
le voisinage de cette volumineuse colonne, près de la crête de la
falaise, on a construit un appenti en bois pour empêcher que
la partie supérieure de la terrasse bordant le sommet du ravin
qui longe la route soit fractionnée en colonnes par l'action du
soleil et de la pluie. La nécessité de cet abri atteste la manière
de procéder de la dénudation et montre comment il est possible
d'arrêter ses progrès. Quelques-uns des piliers que l'on voit sur
le Katzenbach offrent un aspect élégant; ils sont parfaitement
arrondis et sillonnés dans le sens vertical ou cannelés. Les sillons
sont produits par des pierres renfermées dans la masse qui, par
leurs légères saillies à différentes hauteurs donnent lieu à des
effets inégaux de destruction. Dans certains cas, ces mêmes pierres
servent d'origine à de petits piliers latéraux qui produisent
comme des faisceaux de colonnes. Dans la vallée principale, aussi
bien que dans les vallées tributaires, les colonnes sont disposées
en rangées qui descendent du sommet de la terrasse au torrent,
mais entre ces rangées ou groupes parallèles, se trouvent des
espaces dépourvus de colonnes et garnis d'arbres, de sapins en
majeure partie, qui font aux piliers, vus de profil, un fond tout
à fait pittoresque. Ces places intermédiaires ont été probablement
occupées jadis par des colonnes que des inondations passagères
et accidentelles ont minées et fait disparaître.

Ces exemples rendent visibles, grâce à de véritables *témoins*,
l'œuvre de dénudation de la pluie. Mais cette œuvre s'exerce dans
une foule de régions où elle n'est pas signalée à l'œil par des résultats si remarquables. Pour le reconnaître, il faut faire attention que
les eaux qui ruissellent sur le sol à chaque averse arrachent des
particules pierreuses à la roche mouillée. La preuve en est dans
les *troubles* charriés par les ruisseaux, les rivières et les fleuves, et
engloutis par les océans.

Ici, le calcul permet d'apprécier avec précision le travail réalisé.
Ainsi les deux grands fleuves indiens, le Gange et le Brahmapoutre réunis, apportent à la mer plus d'un milliard de mètres
cubes de limon par an.

Et, à ce sujet, Lyell fait un calcul dont le résultat n'aurait pas
été facilement prévu. Il est démontré que la côte de Holderness,

en Angleterre, subit de la part de la mer une démolition de 2^m,25 par an. Sa hauteur, étant de 12 mètres et sa longueur de 58 kilomètres, le volume de matériaux arrachés par les vagues est annuellement de près de 1 500 000 mètres cubes.

Or il faut multiplier ce nombre par 780 pour obtenir la masse charriée d'une façon, pour ainsi dire, occulte par les deux cours d'eau asiatiques. Pour que la mer produisît le même effet, il faudrait qu'elle agît sur 44 800 kilomètres de côtes, c'est-à-dire sur 4 800 kilomètres de plus que la circonférence entière du globe.

Ce que nous venons de dire pour le Gange et le Brahmapoutre doit se répéter proportionnellement pour tous les autres fleuves. La Durance seule donne 11 millions de mètres cubes de troubles arrachés tous les ans au continent.

On conçoit, d'après ces exemples, qu'une action en apparence si faible détermine en réalité la sculpture incessante de toute la surface du globe. L'exercice en est si insensible qu'il n'apporte aucune perturbation dans le développement de la vie, et qu'il est compatible avec la persistance de la terre végétale, de telle sorte qu'il faut des témoins tout particulièrement évidents pour qu'on s'en aperçoive.

M^{ts} Bethysou

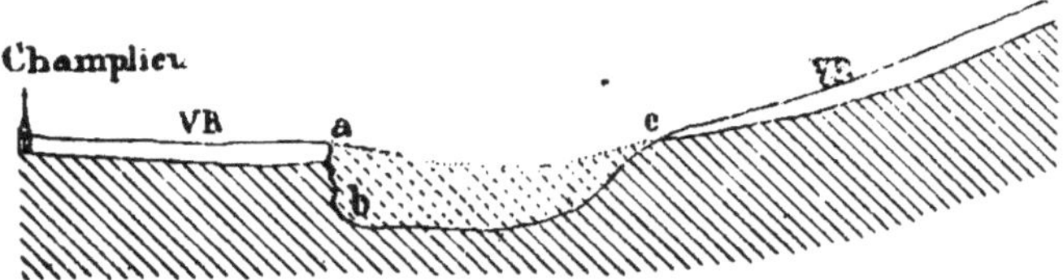

Fig. 18. — Dénudation exercée par les eaux sauvages des environs de Champlieu (Oise). V R ancienne voie romaine; *a*, *b*, *c* vide causé par la dénudation.

Un intéressant exemple, qui fait bien comprendre tous les autres, est fourni par la plaine de Champlieu, (*fig.* 18) dans le département de l'Oise (*).

(*) GRAVES, *Description géologique du département de l'Oise*, p. 307.

La voie romaine, de Soissons à Senlis, fournit en effet, dans cette plaine, une preuve remarquable de la destruction graduelle des falaises tertiaires. Cette chaussée, en sortant de la forêt de Compiègne, traverse la plaine de Champlieu, au milieu de laquelle elle s'élève encore de plusieurs mètres et la coupe très-obliquement au-dessus de Béthysy, Saint-Martin, la vallée d'Autonne, en descendant sur le bord droit par une pente douce pour remonter, après Saint-Martin, vers les monts Béthysois. Non-seulement, la voie a complétement disparu dans la pente, mais la chaussée venant de Champlieu aboutit aujourd'hui à un précipice au-dessus duquel domine le profil, coupé perpendiculairement, de son remblai.

C'est aux actions de ce genre qu'appartient la part maîtresse dans le creusement des vallées qui continuent à se corroder lentement sous nos yeux, pendant que les collines s'abaissent progressivement. Parmi les innombrables preuves qu'on en pourrait donner, il suffira de citer ici, comme des plus nettes, celles que fournit l'examen des terrains volcaniques de l'Auvergne.

Ainsi, le plateau de Prudelles, aux portes de Clermont-Ferrand, est fort instructif à cet égard. On sait qu'il domine la profonde gorge granitique de Villars. Au-dessous, est une route romaine dont l'antique pavé basaltique est encore entier (on l'a nommé le *chemin ferré*). Elle a été construite sur la surface de la coulée, de date relativement récente, qui descend du Pariou. Or, depuis que cette dernière s'est épanchée, un ravin a cependant été creusé sur la droite, à la profondeur de plus de 50 mètres. Il est évident que la gorge a été excavée en totalité depuis que le basalte de Prudelles a coulé sur la surface qu'il recouvre actuellement, et qui était alors nécessairement le point le plus bas des environs. On a donc, en cet endroit, la réunion très-instructive d'une coulée de lave plus ancienne et d'une autre plus récente qui témoignent de l'érosion graduelle des vallées du district par les causes encore agissantes.

A cette occasion, Poulett Scrope fait remarquer que la disposition particulière des prismes de basalte, si éminemment propre à protéger les masses qu'ils recouvrent contre l'action destructive des pluies et des gelées est, comme le montre l'observation, la cause qui a préservé, à travers toutes les régions basaltiques, un aussi grand nombre de collines isolées et coniques de roches volcaniques. « Je ne me souviens pas, ajoute le célèbre géologue (*), d'en avoir traversé une seule de cette nature, dans laquelle il soit difficile de saisir une telle structure ; et ce fait, joint lui-même à bien d'autres, que tout grand massif montagneux offre à l'œil et à l'intelligence du géologue, tend à l'amener à une conviction accablante, *que le total énorme de dénudation des portions émergées de la surface du globe a été effectuée par la puissance érosive des agents météoriques* depuis leur émergence de l'océan. »

C'est aussi par suite des dénudations superficielles que les montagnes diminuent peu à peu de hauteur. On constate, en effet, qu'elles sont d'autant moins élevées qu'elles sont plus anciennes, de façon qu'on pourrait apprendre, en quelque sorte, leur âge d'après leur altitude relative aussi bien qu'en étudiant l'âge géologique des couches dont elles se composent, comparé à l'âge des couches voisines non disloquées.

Ainsi, en Bretagne, le sol est seulement accidenté par de hautes collines, mais elles sont extrêmement anciennes. Au contraire, les Alpes, les Pyrénées, les Andes, qui sont de soulèvement très-récent, sont en même temps très-élevées.

En outre, les formes anguleuses des montagnes géologiquement peu anciennes sont remplacées par les profils arrondis des collines anciennes. « Aidés par la pesanteur qui tend incessamment à niveler la surface du sol, dit M. Élisée Reclus, les météores s'acharnent sans cesse à la destruction des montagnes ; ils y ouvrent des vallées et des gorges, ils y creusent des cols, ils en minent les sommets, soit par des écroulements brusques, soit d'ordinaire par une érosion lente et continue. Tôt ou tard, les Andes et l'Himalaya, ces puissantes arêtes continentales, deviendront de simples rangées de collines, comme tant d'autres chaînes plus anciennes qui furent aussi l'épine dorsale du monde. »

Parmi les localités les plus instructives à cet égard, il n'en est pas qui nous ait plus frappé que le littoral de la Manche, entre

---

(*) **Poulett Scrope**, *Géologie et volcans éteints du centre de la France*, p. 116.

le Tréport et l'embouchure de la Somme. Non-seulement, en effet, on y peut observer le résultat de l'érosion marine et de l'érosion météorique, mais on s'y trouve à même de comparer d'une façon singulièrement précise l'intensité relative de ces deux modes de dénudation.

En effet, quand, longeant le pied des falaises, on arrive du Tréport au bourg d'Ault, on voit tout à coup le paysage changer : sans transition, à la muraille crayeuse, succède une levée de galets. Ce n'est pas, qu'après Ault la crête des falaises cesse d'exister ; au contraire, sur son prolongement géométrique, la file des coteaux d'Onival, de Hautebut, de Brutelle, etc., qui se poursuit jusqu'à Saint-Valery, se présente comme le résultat de l'érosion exercée, par les agents atmosphériques, sur un escarpement vertical naguère identique à la falaise actuelle. En effet, l'étude géologique de la plaine triangulaire comprise entre ces hauteurs, la mer et la rive gauche de la Somme, y montre le produit d'une sédimentation très-récente, identique à celle qui se continue chaque jour sur le littoral, devant Cayeux par exemple. Au moment où cette sédimentation a commencé à refouler la mer, les collines d'aujourd'hui étaient donc taillées à pic et leurs formes adoucies résultent de l'usure quotidienne exercée sur leurs parties anguleuses par le ruissellement des eaux sauvages.

Le même phénomène d'arrondissement, s'exerçant sur des blocs isolés, les transforme parfois en masses arrondies, qu'on peut confondre, à première vue, avec des galets proprement dits ou avec des roches moutonnées. C'est ce que montre bien la figure ci-jointe (*fig.* 19).

Nous aurons à revenir sur un cas très-remarquable d'usure du même genre.

Il est des circonstances où les eaux sauvages exercent leur action dégradante sur les roches d'une façon spéciale, et donnent lieu à des cavités cylindroïdes très-intéressantes à étudier.

Dans le lit des torrents, sous les glaciers, sur le littoral de certaines mers, des blocs de pierre, pris par le courant, sont amenés à pirouetter sur place et usent le fond rocheux, d'une façon analogue à celle d'un vilebrequin.

C'est ainsi que se produisent les *marmites de géants*.

Les exemples les plus connus se présentent sur les côtes de la Scandinavie. Chaque cavité résulte du travail de creusement exécuté par une pierre reposant librement dans une anfractuosité de la roche où déferlent les vagues. L'anfractuosité se polit d'abord ; puis, en se creusant, se convertit progressivement en une espèce de puits dont les parois sont polies et comme rabotées par le frottement. A la longue, ces cavités, où la pierre graduellement arrondie, ne cesse d'osciller sur sa base ou de tournoyer sur elle-même avec les sables, acquièrent en profondeur

Fig. 19. — Blocs de roche granitique d'abord anguleux,
arrondis par l'action lente des intempéries.

et en largeur des dimensions de plusieurs mètres ; ce sont alors, d'après la tradition, les marmites où les géants d'autrefois préparaient leurs repas.

On trouve des marmites de géants sous les glaciers actuels et dans le lit des glaciers récemment disparus. C'est ainsi que dans ces dernières années on a annoncé au public l'ouverture d'une promenade située auprès de Lucerne et dont l'attrait principal réside dans la réunion, sur un étroit espace, de nombreuses marmites, plus ou moins régulièrement cylindriques, plus ou moins profondes, et contenant en général des *meules*, c'est-à-dire de grosses masses arrondies de roches très-dures (*fig.* 20).

La découverte en a été faite vers la fin de 1872, en déblayant un terrain, auprès du célèbre *Lion mourant* de Thornwaldsen, afin d'y installer les agrandissements d'un marchand de vins. On eut à peine débarrassé le sol des matériaux meubles qui l'encombraient, que, parvenus à la roche vierge, on rencontra la série d'excavations infundibuliformes qui nous occupent.

Quant au mode de formation de ces curieux accidents sous les glaciers, on n'arriverait sans doute pas à le découvrir si la nature ne se chargeait, à l'heure qu'il est, d'en produire de semblables sous nos yeux.

A la surface des glaciers actuels, on reconnaît, en effet, que toutes les fois que l'eau provenant de la fonte des neiges n'est pas absorbée en totalité par le glacier, elle imbibe les couches inférieures de nèvés, et, entraînée par la pente, finit par s'écouler à la surface de la glace en un grand nombre de petits filets qui se réunissent et donnent alors naissance à des ruisseaux plus ou moins volumineux.

Or, ces eaux usent et corrodent la glace, et y creusent des *sillons sinueux* parfois profonds, dans lesquels sont entraînés de menus débris de roches, des graviers et des galets, qui roulent en s'entre-choquant et finissent par s'user, s'arrondir et prendre les formes propres aux galets façonnés par les cours d'eau. A la suite de fontes extraordinaires, ces ruisseaux prennent quelquefois les proportions de véritables torrents. On les remarque principalement sur les parties des glaciers dépourvues de fentes, car il suffit qu'une crevasse s'ouvre et vienne traverser leur lit, pour en interrompre le cours.

C'est alors que se produit quelque chose d'analogue aux marmites que nous avons en vue. En effet, l'eau, en tombant dans une fracture de la glace, en corrode les bords et arrondit la paroi sur laquelle elle coule ; lorsque, plus tard, cette fracture se referme, le sillon demi-circulaire formé d'un côté se conserve, et en même temps, si l'ouverture est insuffisante pour débiter la totalité de l'eau, la paroi opposée se corrode à son tour, et la cavité dans laquelle les eaux continuent à s'engouffrer devient un trou plus ou moins cylindrique. Les trous de ce genre, connus des montagnards et des glacialistes sous les noms de *puits* et de *moulins*, s'enfoncent verticalement comme les parois des crevasses qui

Fig. 20. — Les marmites de géants du Jardin des glaciers, près de Lucerne,

leur ont donné naissance, et finissent par s'incliner comme elles.

Eh bien, ce qui se produit si aisément dans la glace, sous les yeux du premier touriste venu, se continue *sous le glacier*, aux dépens de la roche dure qui le supporte, mais pour l'observer, il faut pénétrer dans les grottes et dans les crevasses, souvent au prix de grands périls.

Les eaux que nous venons de voir se précipiter avec tant d'impétuosité dans les crevasses et dans les cavités de la glace, corrodent les roches qu'elles viennent frapper, en émoussant les aspérités et les arrondissant.

A l'aide du sable et des galets qu'elles entraînent avec elles et qu'elles projettent contre les roches, ou quelles font rouler à leur surface, elles creusent des canaux sinueux ou des cavités circulaires, exactes reproductions des marmites proprement dites. Ces cavités et ces canaux s'observent nen-seulement sur le fond, mais sur les parois verticales et plus ordinairement inclinées. Elles sont alors placées évidemment dans le sens de la plus grande pente du terrain, et dans des directions normales à celles des vallées; leurs dispositions, aussi bien que leurs formes, ne laissent aucun doute sur leur origine et sur leur mode de formation.

Cette conséquence étant admise, et il est impossible de la repousser, il en résulte que les marmites de Lucerne datent d'une époque où la région qui les présente était couverte de glaces. Le même fait est encore attesté par les autres caractères des roches dans le même pays.

C'est qu'en effet, comme nous l'avons vu déjà, les glaciers impriment aux roches sur lesquelles ils glissent une physionomie toute spéciale et y inscrivent des signes non équivoques de leur passage. L'un des plus saillants qui consiste dans le polissage des roches qui sont, suivant l'expression si heureuse de Saussure, *moutonnées*, parce que leur réunion, vue d'un peu loin, rappelle assez bien l'ensemble d'un troupeau de moutons, se retrouve à Lucerne. Au voisinage des marmites, toutes les roches sont parfaitement polies, au point qu'il faut faire attention, en y montant, de n'y pas glisser.

En regardant de plus près, on constate même que les roches

ne sont pas seulement polies; dans beaucoup de cas, elles sont couvertes de stries, c'est-à-dire de lignes fines qu'on dirait tracées avec un burin, et qui, réellement, ont été faites par des galets et des pierres enchassées dans la glace suivant le mécanisme décrit plus haut. On y trouve en outre de vraies moraines dans lesquelles abondent des galets qui, ayant servi à strier les roches, sont aussi striés eux-mêmes.

Ces caractères démontrent donc bien qu'on est en plein terrain glacier et que les marmites ont, en effet, la même origine que les cavités cylindroïdes des glaciers d'aujourd'hui.

D'ailleurs, ce n'est pas à Lucerne seulement qu'on peut en voir de ce genre. Dans une foule de régions, on constate que les glaciers ont agi sur des points qu'ils ont maintenant tout à fait abandonnés. C'est ainsi que sur les côtes de Scandinavie, les fjords si capricieux qui les dentellent apparaissent comme les lits d'anciens glaciers aujourd'hui fondus. Outre les roches polies et striées, on y trouve à profusion, comme nous le disions tout à l'heure, des marmites de géants, remarquables entre toutes par leurs énormes dimensions.

CHAPITRE V

ACTION DÉMOLISSANTE DES COURS D'EAU

Les cours d'eau constituent d'énergiques agents de dénudation. Cependant ils ne réalisent pas, par eux-mêmes, des effets comparables à ceux qui viennent de nous occuper et qui dérivent, comme on l'a vu, de forces pour ainsi dire occultes. Il est difficile de reconnaître leur influence à raison de la part qui revient aux causes précédentes dans la production des troubles qu'ils charrient. D'un autre côté, il arrive souvent qu'ils se bornent à de simples déplacements de matériaux qui ne quittent pas leur lit pour cela. En ce qui concerne ce deuxième point, nous aurons à revenir sur la fonction géologique des cours d'eau, quand nous nous occuperons de la sédimentation.

Ces réserves faites, il faut bien reconnaître pourtant que les rivières produisent par elles-mêmes, dans certains cas, des démolitions considérables. Un des exemples les plus nets est fourni par le recul des célèbres Chutes du Niagara.

On sait que le Niagara coule sur un plateau élevé, dans lequel le lac Erié forme une dépression. Le point où il sort de ce lac a près de 1600 mètres de largeur et un niveau de 100 mètres supérieur à celui du lac Ontario, qui se trouve distant de 48 kilomètres. « En sortant du lac Erié, sur les 25 premiers kilommètres de son cours, le Niagara est limité, dit Lyell, qui a fait de ce sujet une étude complète (*), par des bords qui sont presque de niveau avec le pays plat adjacent, comprenant à l'ouest le haut Canada, et à l'est l'État de New-York ; ils ne sont nulle part à plus de 9 à 12 mètres au-dessus de la surface générale de la contrée. Le fleuve, d'une largeur qui est parfois de 4 800 mètres, accidentellement entrecoupé d'îles basses et boisées, forme en les cotoyant un courant aux eaux claires, unies et tranquilles ; sa pente n'étant sur une étendue de plusieurs kilomètres que de 4^m,50, il ressemble, dans une partie de son cours, à un bras du lac Erié. Mais il ne tarde pas à changer complètement de caractère, et lorsqu'il approche des Rapides, il commence à courir en écumant sur un lit de calcaire rocheux et inégal et parcourt ainsi un espace de 1 600 mètres environ, jusqu'à ce qu'enfin arrivé aux Chutes, il se précipite perpendiculairement d'une hauteur de 50 mètres. Une île, située au bord même de la cataracte, divise le Niagara en deux nappes d'eau, la plus large a plus de 530 mètres de large et la plus petite n'en a que 180. Après s'être précipitée dans un bassin d'une profondeur considérable, l'eau s'engage, avec une grande rapidité, dans un canal étroit d'une forte pente sur une étendue de 11 kilomètres. Ce ravin n'offrant entre ses murs qu'une distance de 200 à 400 mètres, la largeur du fleuve sur ce point con-

---

(*) LYELL, *Voyages dans l'Amérique du Nord.*

traste d'une manière frappante avec celle qu'il a au-dessus. Cette
énorme tranchée, dont la profondeur est de 60 à 90 mètres, coupe
sur une étendue de 11 kilomètres le plateau déjà décrit qui se
termine brusquement, à Queenstown, en un escarpement ou longue
ligne de falaises intérieures faisant face au nord du côté du lac
Ontario. A la sortie de la gorge creusée dans cet escarpement, le
Niagara entre dans une plaine dont le niveau est, à si peu de chose
près, le même que celui du lac Ontario que les 11 kilomètres à
parcourir entre Queenstown et les bords de ce lac n'offrent qu'une
pente de 12 centimètres environ. Pendant longtemps on a cru généralement que le Niagara coulait, perdu dans une vallée peu profonde qui traversait tout le plateau à partir de la place actuelle
des Chutes jusqu'à l'escarpement appelé *hauteurs de Queenstown*,
où l'on supposait la cataracte à l'origine, et que le fleuve avait
lentement creusé son chemin en arrière, à travers les roches sur
une étendue de 11 kilomètres. Cette hypothèse se présente naturellement à l'esprit de l'observateur, à la vue de l'étroitesse
qu'offre la gorge au point où elle finit, et surtout son développement en remontant vers les Chutes, endroit au-dessus duquel le
fleuve se déplace comme nous l'avons vu. Les hauteurs, qui limitent le ravin, sont ordinairement perpendiculaires et sur plusieurs
points, minées d'un côté par le courant impétueux. Les roches
qui, aux Chutes, forment la partie supérieure du plateau consistent en un calcaire de 27 mètres d'épaisseur au-dessous duquel
se trouve un banc d'argile schisteuse, tendre, également épais, qui
est continuellement miné par l'action de l'écume s'élevant du
bassin dans lequel tombe cette énorme masse d'eau et que les
bouffées de vent lancent violemment contre la base du précipice.
Par suite de cette cause et de la force d'expansion de la gelée,
l'argile schisteuse se désagrége et tombe en poussière; des quartiers de roches suspendus surplombent de 12 mètres, et quand ils
ne sont plus soutenus, se détachent et tombent, de telle sorte que
les Chutes ne restent pas absolument stationnaires au même endroit, même pendant un demi-siècle. Les observations les plus re-
culées qui soient parvenues jusqu'à nous, constatent que la destruction de ces roches est très-fréquente et que, dans les années
1818 et 1828, la chute soudaines de fragments énormes détermina

un choc qui ébranla toute la contrée et produisit l'effet d'un tremblement de terre. Les voyageurs les plus anciens, Hennepin et Kalm, qui visitèrent les Chutes en 1678 et 1751, et en publièrent des vues, attestent qu'effectivement les roches n'ont cessé depuis ce temps d'éprouver des déperditions, et que même l'aspect de la cataracte a subi quelques légères variations. Il n'est donc pas de voyageur auquel la vue de ces Chutes n'inspire aussitôt l'idée d'une destruction constante et progressive, et comme d'un autre côté, la partie du bassin qui a été l'œuvre des cent cinquante dernières années ressemble précisément sous le rapport de la profondeur, de la largeur et du caractère, au reste de la gorge qui s'étend au-dessous sur une longueur de 11 kilomètres, il est tout naturel de conclure que le ravin entier a été creusé de la même manière, par suite de la rétrogradation de la cataracte. Il faut bien accorder, du moins, que le fleuve est à la hauteur de la tâche qui lui est assignée, pourvu qu'il ait un temps suffisant pour la remplir. Comme cette partie de la contrée est restée à l'état de désert jusque vers la fin du siècle dernier, il est impossible d'obtenir des données sérieuses pour estimer exactement dans quelle proportion la cataracte a rétrogradé. M. Bakewell en visitant les Chutes dans l'année de 1829, chercha le premier à établir, d'après les observations d'une personne qui avait habité le pays pendant quarante ans, et qui en avait été le premier colon, que, durant cet intervalle, la cataracte avait dû rétrograder annuellement de 1 mètre. Mais après les recherches les plus attentives qu'il m'ait été donné de faire, lors de ma visite de la localité, en 1841 et 1842, j'en suis venu à conclure qu'on se rapprocherait beaucoup plus de la vérité en adoptant la moyenne de 30 centimètres par année. Dans ce cas, il aurait fallu 35 000 ans pour que la cataracte rétrogradât, de l'escarpement de Queenstown au point où elle est aujourd'hui située, et ce résultat ne nous paraît nullement exagéré ni invraisemblable, quoiqu'on ne puisse affirmer que le mouvement de retraite se soit opéré d'une manière uniforme. Un examen de la structure géologique du district, telle qu'elle est mise à découvert par les murs du ravin, montre que les progrès de l'excavation doivent avoir varié à chaque pas en raison de la profondeur du précipice, de la dureté des matériaux constituant sa base et de la quantité de matière tombée que les eaux avaient à déblayer. Sur certains points, la rétrogradation doit avoir été beaucoup plus rapide qu'elle ne l'est aujourd'hui, quoique, considérée en général, elle ait été probablement plus lente, parce que la cataracte, lorsqu'elle commença à rebrousser chemin, ayant primitivement une hauteur double de celle qu'elle offre actuellement, avait à détruire et à éliminer une quantité de roches deux fois plus considérable. Des observations que je fis en 1841 et en 1842, résulte la preuve géologique de l'existence, aux temps passés, d'un ancien lit de rivière qui, sans aucun doute, indique pour moi le lit primitif dans lequel coulaient jadis les eaux des Chutes, dans la direction de Queenstown, à une hauteur de près de 90 mètres au-dessus du fond de la gorge actuelle. Les monuments géologiques dont je veux parler consistent en lambeaux de couches, formées de sable et de gravier d'une épaisseur de 12 mètres, et renfermant des coquilles fluviales des genres *Unio, Cyclas, Melania*, etc., conformes à celles qui habitent aujourd'hui les eaux du Niagara, au-dessus des Chutes. L'identité des espèces fossiles avec les espèces récentes n'est pas à mettre en doute, quoique les ossements des Mastodontes s'y trouvent associés dans l'île de Goat. Ces dépôts d'eau douce, que l'on rencontre sur plusieurs points le long des bords escarpés qui limitent le ravin, prouvent que, sur ces hauteurs, à 6$^{kilom.}$,500 des Chutes s'étendait anciennement une vallée haute et peu profonde, véritable prolongement ce celle qu'occupe actuellement le Niagara, dans la région élevée qui sépare la cataracte du lac Erié. Quelle que soit la théorie qu'on imagine pour expliquer le creusement du ravin qui s'étend en aval des Chutes, sur les 4800 mètres compris entre le gouffre (Whirlpool) et Queenstown, il faudra toujours supposer l'existence aux temps anciens d'une barrière consistant en roches dures et non en ces matériaux poreux et destructibles dont se composent, immédiatement au-dessus du gouffre, certaines formations de transport de ce district, barrière qui aurait servi à contenir les eaux, pendant l'accumulation des dépôts fluviatiles, de 12 mètres d'épaisseur, qui se trouvent à 75 mètres au-dessus du canal actuel du fleuve. Si cette preuve nous conduit à admettre que la cataracte s'est creusé une voie en rétrogradant de 6^{kilom},500, nous pouvons, sans beaucoup d'hésitation, rapporter à une cause analogue l'excavation des 4800 mètres restant au-dessous, car la forme des cavités se trouve entre les deux points exactement semblables. »

Plus récemment on a étudié avec beaucoup de détails les érosions qui, aux États-Unis, dans le Colorado, par exemple, ont donné lieu à ces gorges étroites connues sous le nom de cañon (*fig*. 21).

Le fait qu'un fleuve peut creuser, dans une roche de la plus grande compacité et de la plus grande résistance, une gorge analogue à celles qui viennent d'être décrites, fait comprendre aisément comment les couches plus meubles des terrains plus récents sont emportées par les cours d'eau les moins énergiques. Ce sujet doit d'autant plus fixer un moment notre attention qu'il va nous permettre de juger, d'une manière complète, de la valeur de la supposition rappelée p. 144, et d'après laquelle les vallées auraient été creusées, à l'époque quaternaire, par de gigantesques cours d'eau, sans analogues à la période actuelle.

Pour faire justice de cette hypothèse, si en désaccord avec tout ce que nous montre l'observation contemporaine, il faut d'abord reconnaître avec tout le monde que les rivières actuelles continuent l'œuvre des courants diluviens. Seulement pour les cataclysmistes c'est sur une échelle très-réduites. En admettant ceci pour un moment, car on verra que rien n'est moins fondé en réalité, il reste néanmoins très-instructif d'observer comment s'opèrent les phénomènes de sédimentation dans les cours d'eau, et de comparer ces produits actuels aux terrains diluviens eux-mêmes.

C'est ce que nous ferons dans un autre chapitre. Pour le moment, nous dirons seulement que l'histoire des déplacements des bancs de sable n'est en définitive qu'un cas particulier du remaniement des rives par l'eau des fleuves, et nous devons nous y arrêter, à cause des conséquences qui en résultent, pour expliquer beaucoup de faits concernant la géologie de l'époque quaternaire.

A *priori*, on peut concevoir qu'un cours d'eau tend à suivre une ligne droite pour se rendre à la mer. Mais, dans la pratique,

jamais cette condition n'est réalisée. Il est facile de reconnaître,
en effet, que fût-elle obtenue, le moindre accident suffirait à le

Fig. 21. — Le grand cañon creusé par le passage du Rio Colorado ;
vue prise à l'est de To-ro-weap.

détruire : les inégalités les plus faibles du fond et des berges
donnent lieu à des déviations qui, une fois produites, s'accentuent progressivement de plus en plus.

G'est ce que la figure ci-jointe fait bien voir, en montrant du même coup comment les méandres se dessinent (*fig.* 22).

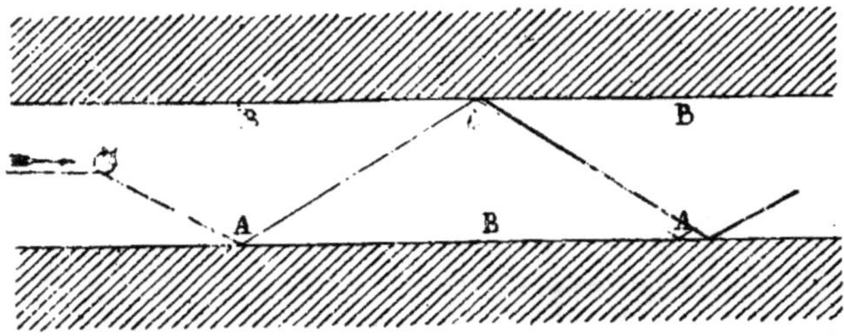

Fig. 22. — Schema montrant le mécanisme en vertu duquel les méandres des rivières se dessinent.

La flèche indique le sens du courant, on y voit comment le corps fixe M détermine l'inflexion en A des filets liquides. Ceux-ci, battant la berge, s'y réfléchissent et vont successivement choquer des points A équidistant, dont la substance est entraînée par la force de l'eau. Dans leur intervalle les points B, relativement calmes, reçoivent les troubles formés par les points A, et la ligne brisée A, A, A représente le thalweg du lit sinueux qui tend à se former et à s'accentuer de plus en plus.

La Seine, dans sa portion voisine de Paris, tant en dessus qu'au dessous de cette ville, offre un excellent exemple de méandres fluviatiles, et l'intérêt qui réside pour nous dans leur étude vient surtout de la preuve qu'elle fournit que, par suite du déplacement progressif des anses, un simple filet d'eau remanie en réalité une bande de cailloux d'une largeur bien plus considérable que la sienne (*).

On ne saurait trop insister sur ce point qui, d'observation contemporaine, jette le plus grand jour sur l'origine et le mode de dépôt d'une foule de terrains de transport.

D'ailleurs, les progrès de l'accentuation des anses conduit peu à peu la rivière à circonscrire des presqu'îles dont l'isthme va

____

(*) Stanislas Meunier. *Géologie des environs de Paris*, p. 440.

constamment en se rétrécissant. Le seul exemple de la boucle de la Marne à Saint-Maur, suffit pour faire comprendre ce dont il s'agit; mais on pourrait en citer beaucoup d'autres empruntés aux rivières de toutes les contrées du globe.

Enfin, la corrosion de l'isthme étant complète, il ne tarde pas à se produire une *fausse rivière*, pour employer l'expression en usage sur les rives du Mississipi, où le phénomène a atteint son maximum. On peut le revoir, à des degrés divers, le long de la plupart des rivières, et la Seine en offre un exemple à Noyen.

Une fois les choses en cet état, il est clair que les troubles charriés par la rivière tendront à se précipiter à l'endroit même où se greffe la boucle, et peu à peu des marécages progressivement desséchés sépareront un étang annulaire du courant principal.

C'est justement ce qui s'est développé si largement sur les deux rives du Mississipi. Rien n'est plus instructif au point de vue de la formation des terrains de transport des vallées, qui affectent comme on l'a vu la disposition de larges bandes plus ou moins ramifiées.

Pour en prendre un exemple très-voisin de nous, il est permis de conclure de l'observation locale que le mont Valérien représente une ancienne presqu'île et sa haute vallée du sud-ouest une *fausse rivière* des plus caractésisées, quoique l'eau l'ait complétement abandonnée à cause du soulèvement qu'elle a subi et de la perméabilité des roches qui en constituent le fond.

Répétons que la conclusion la plus importante des études précédentes, consiste dans la démonstration qu'elles fournissent, de ce fait qu'un fleuve, même étroit, arrive au bout d'un temps suffisant à remanier tout le sol qui constitue le fond de la vallée, et à lui imprimer des caractères tels qu'on serait conduit, par un examen superficiel, à y voir la trace du passage d'un cours d'eau extrêmement large.

En terminant ce sujet, il importe de remarquer que la dénudation n'est pas propre, comme on l'a dit quelquefois, à la prétendue limite des périodes géologiques, mais qu'elle constitue un phénomène continu.

CHAPITRE VI

DÉNUDATION CHIMIQUE

A côté des démolitions purement mécaniques qui viennent de nous occuper, il se produit une destruction toute différente de certaines roches et qui, elle aussi, joue un rôle considérable dans .e grand phénomène de la dénudation.

De toutes parts, les eaux météoriques agissent *chimiquement* sur des roches variées.

Les roches calcaires sont, tout spécialement, attaquées dans ce cas, et l'on sait le rôle que joue alors l'acide carbonique dissous dans les eaux de la pluie. Les assises de carbonate de chaux sont soumises à une sorte de dissection qui donne lieu, dans certains cas, à ce que les carriers désignent du nom si caractéristique de *bancs pourris*. Pour l'apparence, la roche est encore normale, mais elle se pulvérise au moindre contact.

La *fig.* 23 montre l'aspect que prennent parfois les escarpements de calcaire sous l'influence des eaux météoriques chargées d'acide carbonique : les couches successives inégalement stables à cause de leur cohésion inégale, apparaissent avec des reliefs divers, et l'ensemble offre quelque ressemblance, à première vue, avec les surfaces rabotées et canelées par le phénomène glaciaire.

On pourrait s'étonner que cette action ne se produisît pas sur une plus grande échelle, et que tant de couches calcaires ne soient point altérées. Le fait s'explique précisément par l'action des couches les plus voisines de la surface du sol qui privent immédiatement les eaux d'infiltration de leur excèsd'acide carbonique et les rendent dès lors incapables de toute dissolution ultérieure.

La réalité de cette explication est rendue manifeste par l'examen de ce qui a lieu sur la tranche d'un escarpement ouvert dans une roche calcaire suffisamment poreuse. On reconnaît que toutes les fissures sont remplies d'une sorte de farine blanche constituée par du carbonate de chaux niviforme de précipitation chimique. Cette substance provient des couches supérieures attaquées par les eaux de pluies, et abandonnée quand la solution de bicarbonate de chaux arrivée au contact de l'air a pu prendre son **excès d'acide** carbonique. Il résulte de là que le sol est imprégné,

Fig. 23. — Aspect d'escarpements calcaires soumis à l'action dissolvante des pluies chargées d'acide carbonique.

dans certain cas, d'une solution de bicarbonate qui, en se décomposant, là où l'acide carbonique peut lui être enlevé, fournit aux **masses** sous jacentes la matière d'une cimentation de plus en **plus énergique.**

Cette solution arrivant dans les cavitées souterraines, désignées

Fig. 24. — Vue d'une caverne où les infiltrations calcaires donnent lieu à la formation de stalactites et de stalagmites

sous le nom de cavernes, donne lieu au dépôt des stalactites et
des stalagmites (*fig.* 24). Nous aurons d'ailleurs à revenir sur ces

productions, quand nous étudierons prochainement, à propos de la sédimentation, le dépôt des calcaires concrétionnés.

Il est des cas, où la dissolution du calcaire donne lieu à des cavités cylindriques verticales, que l'on a parfois confondues avec les marmites de géant à cause d'une analogie de forme et qui, d'origine bien différente comme on voit, sont désignées généralement sous le nom de *puits naturels*.

Beaucoup moins frappants que les marmites, ils paraissent jouer un rôle géologique beaucoup plus important, et sur lequel nous aurons à revenir à propos de la sédimentation. Le seul point qui doivent nous occuper ici, est ce qui concerne leur mode de forage, parce qu'il résulte d'un procédé spécial de dénudation.

Il y a longtemps que les puits naturels sont l'objet de l'étude des géologues, et on a imaginé, pour rendre compte de leur formation, des hypothèses très-nombreuses.

Nous avons eu l'occasion de les examiner surtout dans les diverses assises des terrains tertiaires et particulièrement dans le calcaire grossier, les sables moyens, le travertin de Saint-Ouen et le gypse.

Nous avons surtout étudié les puits naturels du calcaire grossier à Ivry près Paris, entre Valmondois et l'Isle Adam, entre Poissy et Triel (*fig.* 25), etc. Ce sont des cavités cylindriques très-profondes dont il arrive de ne pas trouver le fond et dont l'intérieur est rempli de gravier mélangés de sable et d'argile rouge. On remarque toujours que la paroi calcaire est profondément corrodée et comme pourrie; d'un autre côté, les puits sont intérieurement doublés d'une enveloppe continue d'argile fine et de couleur rouge très-foncée qui constitue une espèce de salbande. Dans le fond des puits profonds, cette argile existe seule. Souvent les puits se continuent dans la profondeur sous forme de conduits diversement contournés et parfois fort étroits. Dans ces cas, il n'est pas rare d'y trouver l'argile si absolument pure qu'elle rappelle la lithomarge proprement dite.

Il est beaucoup plus rare de voir des puits naturels au travers des couches sableuses que dans les strates calcaires et cela peut provenir de leur structure même qui ne conserve pas la trace du forage et qui, d'autre part, peut ne pas fournir un guide à la direction suivie par les agents de corrosion.

Fig. 25. — Puits naturels traversant les couches du calcaire grossier entre Poissy et Triel.
(Dessin de M. Albert Tissandier, d'après nature.)

Toutefois, nous avons été assez heureux pour en observer un exemple des plus remarquables dans les sables moyens de Fleurines, département de l'Oise (*). On le rencontre au lieu dit *Les Frièges*. Il consiste en une colonne cylindrique de 6 mètres environ de diamètre qui, d'une manière très-imposante, s'élève depuis le fond de la carrière jusqu'à la surface du sol au travers de toute l'assise du sable exploité. On dirait la tour ruinée d'un ancien château fort (*fig.* 26). Le travail des ouvriers l'avait, pa-

Fig, 26. — Tour naturelle de Fleurines.

raît-il, absolument isolée plusieurs mois auparavant, mais quand je la vis, des remblais en cachaient un côté. Toutefois, il était facile d'en observer les caractères les plus saillants.

La masse principale de la colonne est constituée par des blocs de grosseur variée jetés sans ordre les uns sur les autres, et parmi lesquels on distingue surtout du calcaire à grains fins et du grès quartzeux plus ou moins friable. Entre ces blocs se montrent des filets d'argile souvent très-compacte et rappelant alors les lithomarges. On observe aussi des incrustations variées dont les plus

---

(*) STANISLAS MEUNIER, *Comptes rendus*, t. LXXXIII, p. 164, 1876.

apparentes sont des encroûtements d'oxyde de fer brun qui revêtent plusieurs morceaux de grès d'une enveloppe résistante. Diverses régions d'un noir profond sont imprégnées d'oxyde de manganèse et il est à noter que ces deux métaux si analogues, fer et manganèse, très-abondants l'un et l'autre, semblent se repousser mutuellement; ce n'est que sur des points exceptionnels qu'on les rencontre ensemble.

Mais, le fait le plus remarquable présenté par la colonne de Fleurines est l'enveloppe qui la sépare nettement, avec une forme quasi-géométrique de la masse de sable où elle est noyée. Cette enveloppe, d'une grande élégance, consiste en grès botryoïde variant, suivant les points, du blanc pur au gris foncé et dont les sphéroïdes, gros souvent, comme du chènevis, atteignent et dépassent parfois les dimensions d'un œuf de pigeon. Son ensemble donne l'idée d'un vaste ruissellement le long de ce curieux monument naturel.

Dans beaucoup de localités, le travertin de Saint-Ouen est traversé par des puits naturels dont l'allure et les caractères sont analogues à ceux présentés dans le calcaire grossier.

Nous signalerons seulement ici les puits intéressants des environs de Varreddes près de Meaux (Seine et Marne) qui sont diversement ramifiés et, qui avec un diamètre moyen de 15 centimètres, sont remplis d'une argile rouge remarquablement pure et compacte.

Le mode de forage des puits naturels a été l'objet d'hypothèses contradictoires. Certains géologues, tels que **MM.** Melleville et Leblanc, ont voulu y voir des canaux d'éjection ayant émis successivement les éléments des terrains superposés et qui plus tard sont devenus absorbants comme ils le sont aujourd'hui. Cependant, telle n'est pas la manière de voir de tous les savants qui ont étudié les accidents qui nous occupent. D'Archiac, de Sénarmont, et beaucoup d'observateurs anglais, admettent au contraire que les puits ont été creusés par les eaux ruisselant à la surface.

Nous avons pensé que l'observation pure et simple n'est pas suffisante pour résoudre un problème de cette nature et que la forme même des cavités, tout irrégulière qu'elle soit, doit dépendre en partie du sens suivant lequel a eu lieu l'attaque de la roche calcaire.

Dans des expériences variées (*), des blocs de calcaire furent soumis à l'action de l'eau acidulée à divers degrés de concentration et arrivant sous des pressions inégales, tantôt par dessus et tantôt par dessous. Des puits furent toujours creusés ainsi, mais de formes essentiellement différentes selon le cas et se rapportant à deux types principaux tellement nets, qu'on reconnaît à la première vue s'ils ont été forés par un jet ascendant ou par un jet descendant. Dans le premier cas, on obtient une cavité conoïde dont la pointe est dirigée en haut et qui conserve cette forme lors même que la perforation des blocs a été complète. Avec un jet descendant, au contraire, la cavité est grossièrement cylindrique et présente dans ses irrégularités les analogies les plus intimes avec les cavités naturelles.

En présence de ces résultats, il ne paraît pas possible d'hésiter plus longtemps et de penser encore que les puits aient été creusés par des eaux geysériennes.

Nous rappellerons d'ailleurs qu'on a la preuve que le forage a été progressif et lent. Dans le diluvium superposé si souvent au calcaire perforé, les lits de cailloux, horizontaux avant le forage, sont maintenant plus ou moins inclinés suivant l'axe des puits. Cette disposition ne peut s'expliquer, évidemment, par un forage rapide, qui aurait fait disparaître toute la régularité du dépôt.

Cette conséquence s'applique au travertin de Saint-Ouen et au gypse exactement comme au calcaire grossier. Pour ce qui est du puits naturel signalé à Fleurines dans les sables moyens, il faut remarquer que son mode de formation, quoique rentrant dans le mécanisme général, a cependant exigé certaines conditions particulières.

Tout d'abord, on peut reconnaître que la colonne est plus ancienne que le relief actuel de la contrée et qu'elle date d'une époque où le sable moyen, aujourd'hui à fleur de sol était recouvert, comme il l'est encore dans la butte voisine de Saint-Chris-

---

(*) Stanislas Meunier, *Comptes rendus*, t. LXXX, p. 797.—1875.

tophe par des couches de calcaire de Saint-Ouen. C'est en effet à cette formation qu'appartiennent les blocs calcaires contenus dans la tour naturelle de Frièges, car on peut y observer les *limnea longiscata*, *planorbis rotundatus*, etc.

Cela posé, nous devons admettre que les eaux superficielles ont exercé sur le travertin inférieur une action corrosive analogue à celle qui nous occupait tout à l'heure. Le carbonate de chaux dissous était entraîné au travers des sables souŝ-jacents, et c'est à sa précipitation qu'il faut attribuer la production des grès en grappes d'un si remarquable effet. Il se forma donc un cylindre creux de grès dont le diamètre alla toujours en grandissant, au fur et à mesure de la corrosion supérieure. En même temps, les blocs calcaires et gréseux venant d'en haut pénétraient plus profondément dans le puits et contribuaient à sa solidité toujours menacée par la poussée des sables. L'absence de grès concrétionné à l'intérieur du cylindre s'explique aussi aisément en remarquant que c'est exclusivement par la paroi en contact avec le sable poreux que l'acide carbonique contenu dans l'eau pouvait se dégager; dans l'intérieur, circulaient toujours des eaux capables de dissoudre le calcaire et les grès, formés d'abord, étaient désagrégés puis entraînés sous forme de sable.

Le gypse, par un mécanisme plus simple encore que le calcaire, parce que l'intervention de l'acide carbonique n'est pas nécessaire, donne lieu à des résultats analogues. On sait en effet que les sources qui sortent des terrains gypseux sont chargées de sulfate de chaux. On les désigne sous les noms d'*eaux séléniteuses* et elles déposent du plâtre par simple évaporation. Il est très-intéressant d'examiner dans les fissures des assises gypseuses le travail de dissection auquel se livrent les eaux d'infiltration. Nous avons, à Pantin, à Noisy-le-Sec et ailleurs, recueilli des échantillons ainsi ciselés en dentelles. En même temps se produisent des véritables stalactites dont l'aspect est le même que celui des stalactites calcaires et dont le mode de production est certainement de nature à éclairer l'origine des couches d'albâtre du genre de celles qu'on exploite à Thorigny, dans le département de Seine-et-Marne.

On pourrait répéter les mêmes faits pour toutes les roches so-

lubles dans l'eau. Le sel gemme, par ce simple mécanisme, donne
naissance à certaines sources salées où les mineurs ont bien des
fois trouvé, mieux que par des trous de sonde, l'indice certain de
la présence souterraine d'amas de chlorure de sodium.

Parfois l'action chimique développée par la pluie est plus profonde.

Ainsi, plusieurs variétés de sulfures s'oxydent.

La pyrite de fer passe à l'état de sous-sulfate de peroxyde de
fer ou apatélite facilement entraîné par les eaux. On a un exemple
de ce fait à la porte même de Paris, dans les carrières d'argile
plastique où les parois verticales de la couche exploitée se recouvrent d'efflorescences jaune citron parfaitement reconnaissables
et visibles de fort loin. Les eaux de pluie qui s'amassent dans les
dépressions du sol offrent une saveur styptique très-prononcée
et donnent du sulfate de fer par simple évaporation.

Chose curieuse, cette oxydation de la pyrite est activée par la
présence des matières charbonneuses, et c'est ce que l'on constate
par exemple dans les exploitations de lignites de l'Oise ou de
l'Aisne, désignées sous le nom de *cendrières*. Ces lignites pyriteux
abandonnés en tas au contact de l'air et lessivés, fournissent en
effet, la matière première de la fabrication de l'alun et du sulfate
de fer.

Associée à la houille, la pyrite par son oxydation donne parfois
lieu à la combustion du charbon. C'est uniquement à cette cause
qu'on attribue certains embrassements de houillères comme
celles du Brulé, près de Saint-Étienne, par exemple.

« Le sol à la surface, dit M. Simonin (*), est stérile, calciné ;
des vapeurs chaudes s'en échappent, la fleur du soufre, des produits de diverses natures, de l'alun, du sel ammoniac s'y déposent : on dirait un coin des villes maudites consumées jadis par
les feux de la terre et du ciel. On cite en France d'autres houillères embrasées, par exemple celles de Decazeville dans l'Aveyron
et de Commentry dans l'Allier. Les habitants ont même longtemps maintenu ces feux pour exploiter les sels alumineux qui
se dégagent de la houille et se déposent à la surface du sol en

---

(*) SIMONIN, *La Vie souterraine*, p. 169.

efflorescences blanchâtres. Dans le bassin de Sarrebruck, dans celui de Silésie, il existe également des houillères depuis très-longtemps en feu. En Belgique, entre Namur et Charleroi, au lieu dit Fralizolle, l'incendie est allumé depuis nombre d'années. On aperçoit, à travers les fissures de la surface, le feu qui brûle souterrainement. Autour de ces soupiraux le soufre se dépose en traînées d'un jaune citron; des gaz acides se dégagent : c'est comme un Vésuve en miniature. En Angleterre, dans le Staffordshire, les incendies de houillères ont produit, comme à Saint-Étienne, des effets d'altération surprenant sur le terrain encaissant la houille. Les grès ont été vitrifiés, des bancs d'argile plastique durcis, changés presque en porcelaine; lés roches cuites par le feu, dilatées, ont été par le retrait découpées en prismes comme les orgues basaltiques. Aux environs de Dudley il y avait autrefois une houillère incendiée. Dans les jardins, la neige fondait dès quelle touchait terre. On faisait trois récoltes par an ; on cultivait même les plantes tropicales; on jouissait, comme dans l'île de Calypso, d'un printemps éternel. »

Au point de vue qui nous occupe, il faut remarquer aussi que la disparition par combustion de couches entières de houille doit déterminer la production de cavités souterraines comparables à celles que nous avons vu les eaux produire, et capables de déterminer, comme elles, des éboulements et des affaissements plus ou moins considérables du sol.

L'air humide et l'eau chargée d'acide carbonique ne limitent pas leur action aux roches facilement attaquables des terrains stratifiés. Beaucoup de masses cristallines primitives ou éruptives subissent aussi leur influence, et parfois même sur une échelle qu'on n'aurait pas prévu.

Le granite, malgré sa réputation d'incorruptibilité, réputation souvent méritée d'ailleurs, est quelquefois attaqué rapidement par la pluie et par l'air simplement humide. Nous avons remarqué un bel exemple de cette variation dans la résistance de blocs granitiques d'apparence semblable dans l'intérieur même des salles du château du mont Saint-Michel. A côté de pierres restées absolument intactes on en voit d'autres qui sont profondément corrodées, et cela de la manière la plus irrégulière.

M. Becquerel a publié, sur l'attaque du granite par les agents atmosphérique, un très-intéressant travail (*). Ayant observé, sur la face nord de la cathédrale de Limoges, que la partie décomposée du granite avait de 7 à 9 millimètres d'épaisseur, et que, dans une carrière où l'on suppose que les pierres ont été prises, la couche altérée a $1^m,62$, il en a conclu que le granite de la carrière avait commencé à s'altérer depuis 7,500 ans. Comme cette observation du savant académicien a été reproduite dans plusieurs ouvrages, d'Archiac a fait remarquer à son égard : 1° que dans l'exemple cité, la décomposition du granite varie d'une pierre à l'autre, suivant le grain de la roche. Ainsi le granite à grain fin est à peine altéré, tandis que celui dont les éléments sont plus gros est décomposé jusqu'à la profondeur de 6 à 7 millimètres; 2° que ces différences se remarquent non-seulement entre les pierres d'une même assise, mais encore lorsque l'on considère ces assises en allant de bas en haut; à mesure qu'on s'élève, l'altération est de plus en plus faible, et à 10 ou 12 mètres au-dessus du sol elle est presque nulle, ou bien l'on n'aperçoit qu'un très-petit nombre de pierres attaquées; 3° que le granite taillé et formant une muraille ne se trouve pas dans les mêmes conditions que celui qui constitue une roche à la surface du sol. Les faces taillées et plus ou moins polies sont moins susceptibles de s'altérer, toutes choses égales d'ailleurs. En outre, quatre ou cinq de ces faces, suivant que la pierre est aux angles ou dans le plein du mur, sont à l'abri des causes d'altération, et celles qui sont placées verticalement et en dehors se sèchent rapidement lorsqu'elles sont mouillées. La roche en place, au contraire, dont la surface inégale et rugueuse est couverte de gazon ou d'un commencement de détritus, est presque constamment soumise à l'action de l'humidité qui y séjourne et de l'eau qui, s'infiltrant dans les fissures, y doit favoriser les altérations et les désagrégations d'une manière beaucoup plus énergique.

Dans des remarques sur l'influence de l'atmosphère sur les

(*) Becquerel, *Bull. de la soc. des sc. nat.*, 20 déc. 1833, janv. 1835, n° 1, p. 4.

roches, d'Archiac rappelle que Alex. Brongniart (*), ne considéra
point d'abord le kaolin comme une espèce minérale, à cause des
variations que l'on observe dans sa composition; qu'ensuite il
distingua les kaolins qu'il appelle normaux, tels que ceux qui
entrent comme partie plastique et infusible dans les porcelaines
de Sèvres, de Limoges, de Saxe, de Bohême, de Vienne, etc., et
qui résultent de la décomposition des granites et des pegmatites.
Cette dernière roche est celle qui donne les meilleures argiles à
porcelaine. Les véritables roches kaoliniques, disait Brongniart,
se trouvent à la place même où les roches cristallines dont elles
proviennent se sont solidifiées. Le plus ordinairement, ce sont les
pegmatites, le gneiss, les granites, les eurites compactes ou
schistoïdes, les diorites et les porphyres, c'est-à-dire toujours des
roches feldspathiques.

Le savant auteur signalait encore les irrégularités des veines
ou lits sinueux et interrompus de kaolin qui se présente aussi
sous forme de nodules, d'ellipsoïdes ou de sphéroïdes. Les couleurs sont vives et variées de brun, de rouge, de rosâtre, de
jaune, de vert foncé ou clair, alternances qui ont fait penser que
l'on pourrait peut-être y trouver les éléments d'une pile dont la
formation du kaolin serait le résultat. Cette hypothèse recevrait,
en effet, quelque probabilité de la présence de roches ferrugineuses dans toutes les exploitations de ce genre.

Après avoir étudié les circonstances qui accompagnent le passage des roches à l'état de kaolin, J. Fournet (**) a établi que ce
dernier état résulte de deux causes qui paraissent être indépen-
dantes : l'une chimique et l'autre purement mécanique; celle-ci se
manifestant par une désagrégation intime qui précède toujours
l'autre. Cette désagrégation commence en général par le côté libre
de la roche, procède de dehors en dedans, et se propage sans in-

---

(*) BRONGNIART, *Premier mémoire sur les kaolins* (*Arch. du Mus. d'hist. naturelle*, vol. I, p. 243, 1839. — *Bull. de la Soc. géol.*, vol. X, p. 56). — MALA-
GUTI et Alex. BRONGNIART, *Second mémoire sur les kaolins*, *ibid.*

(**) FOURNET, *Mémoire sur la décomposition des roches d'origine ignée et leur
conversion en kaolin* (*Ann. de Chim. et de Phys.*, vol. LV, p. 217, 1834),

terruption jusqu'à une grande profondeur, ce qui d'ailleurs a lieu dans les roches pyroxéniques comme dans les roches feldspathiques. Cette première action mécanique serait suivie d'une action chimique de nature variable suivant les corps en présence, mais due particulièrement à l'acide carbonique contenu dans l'eau ou dans l'air, et qui réagirait sur les silicates en déplaçant leur élément électro-négatif et en s'emparant de préférence des bases les plus solubles et les plus fortes.

Ebelmen a repris la question sous un point de vue plus général, dans ses *Recherches sur les produits de la décomposition des espèces minérales de la famille des silicates* (*). En comparant dans leur ensemble la composition chimique des roches ignées et celles des terrains stratifiés, on voit que, dans les premières, toutes les bases se trouvent au même état de combinaison, tandis que dans les formations sédimentaires on retrouve à la vérité les mêmes éléments ; mais les groupements sont beaucoup plus simples, et le mode de combinaison, au lieu d'être uniforme pour toutes les bases, est essentiellement variable d'une base à l'autre, suivant l'énergie des affinités de chacune d'elles.

Après avoir indiqué l'état et les combinaisons de la silice, de la chaux, de la magnésie, du fer et du manganèse dans les dépôts aqueux, l'auteur fait voir que ces derniers renferment, tous les éléments des roches ignées, et, de plus, des acides qui n'existaient dans celles-ci qu'en faible proportion. « Or, dit-il, si les terrains de sédiment avait été produits par une simple désagrégation des roches d'origine ignée, il est évident qu'on retrouverait dans les roches arénacées, les argiles par exemple, les mêmes éléments que dans les premières, dans les mêmes proportions et dans le même état de combinaison. Or, les argiles sont de véritables combinaisons, en proportions variables, de silice, d'alumine et d'eau, et elles possèdent des qualités physiques et chimiques fort différentes de celles qui appartiennent aux silicates des roches ignées. Nous sommes donc en droit d'en conclure que la

---

(*) Ebelmen, *Ann. des mines*, 4ᵉ série, vol. VII, p. ?, 1845. — *Comptes rendus*, t. XX, p. 1415, 1845.

destruction de celles-ci a été accompagnée, dans la plupart des cas, de la décomposition des minéraux qui les constituaient.

Ebelmen examinant les minéraux et les roches dans leurs altérations ; puis cherchant quelles sont les modifications qu'ils ont subies dans leurs éléments constituants, depuis l'état parfait jusqu'à une entière décomposition des silicates par les agents atmosphériques, arrive à reconnaître :

1° Que dans la décomposition des silicates contenant de la chaux, de la magnésie, des protoxydes de fer et de manganèse sans alumine, on trouve constamment que la silice, la chaux et la magnésie sont éliminées et tendent à disparaître complétement par le fait de la décomposition. Mais tantôt le fer et le manganèse restent dans le résidu à un état d'oxydation supérieur au protoxyde (bisilicate de manganèse, bustamite), tantôt ils disparaissent comme les autres bases (péridot, augite du basalte d'Auvergne).

2° Que dans la décomposition des silicates contenant de l'alumine et des alcalis avec ou sans autres bases, l'expérience prouve que l'alumine se rencontre dans le produit de la décomposition, en retenant une portion de la silice et en fixant une certaine quantité d'eau, et que les autres bases sont entraînées avec une grande partie de la silice. Le produit final de la décomposition se rapproche de plus en plus d'un silicate d'alumine hydraté. Ce principe comprend, comme cas particulier, la décomposition du feldspath et sa transformation en kaolin.

Berthier, Forchhammer, Alex. Brongniart et Malaguti, expliquaient la décomposition du feldspath par le dédoublement de la molécule, en silicate alcalin entraîné par l'eau et en silicate d'alumine demeurant comme résidu. La soustraction de la silice avait été considérée comme la conséquence de la présence de l'alcali ; mais Ebelmen fit voir que les silicates sans alcali pouvaient perdre leur silice aussi facilement, et plus complétement même que les feldspaths ; aussi attribue-t-il l'entraînement de la silice à sa solubilité, à l'état naissant, dans l'eau pure ou chargée d'acide carbonique. Il démontre ensuite les diverses circonstances du phénomène, et prouve que, quant à l'alumine, qui n'est soluble, ni dans l'eau pure, ni dans l'eau chargée d'acide carbonique, elle forme le résidu insoluble de la décomposition, en retenant une certaine quantité de silice pour constituer une argile.

Passant aux actions chimiques auxquelles on peut attribuer la décomposition des silicates, il rappelle l'opinion de Fournet, que nous venons de mentionner, et pense qu'en effet l'acide carbonique et l'oxygène peuvent produire la décomposition des silicates, ainsi que les matières organiques, etc. Or, de ces actions il doit résulter des sels solubles que les eaux entraîneront dans le réservoir commun, et il se formera des carbonates terreux, des argiles et des grès, de composition infiniment variée quant à la proportion des éléments qui les constituent.

Enfin, l'auteur termine par l'examen des relations qui existent entre les altérations des silicates et la composition de l'air atmosphérique, ainsi que par celui des causes générales qui tendent à modifier cette composition. A cette occasion nous devons rappeler ce que nous disions page 91, relativement à l'alimentation d'acide carbonique que l'air reçoit des profondeurs infrà-granitiques. C'est un élément dont n'ont pas tenu compte nos prédécesseurs et qui modifie beaucoup, suivant nous, l'opinion qu'il convient de se faire des changements de composition que l'atmosphère a pu subir durant les périodes géologiques.

Le granit, malgré la première apparence, est une roche fort altérable. Par exemple, elle ne peut être portée à la température rouge sans être par ce seul fait réduite en poudre. J'ai fait à cet égard un certain nombre d'expériences qui ne laissent aucun doute et qui offrent une conséquence intéressante. Elles montrent en effet que, par le seul fait de son enfouissement à une profondeur suffisante, le granit se désagrége et dès lors devient bien plus apte à subir l'action dissolvante des divers réactifs circulant dans les régions souterraines.

Aussi, est-ce à des réactions de ce genre qu'il faut sans nul doute attribuer l'origine des sables granitiques, dits éruptifs, qu'on trouve dans des localités diverses, à Montainville, par exemple, et qui nous occuperons d'une manière spéciale quand nous étudierons prochainement les différents mécanismes mis en œuvre par la sédimentation.

DEUXIÈME PARTIE

La considération des causes actuelles est tellement applicable à l'étude des phénomènes de sédimentation, que c'est véritablement d'instinct qu'on les a invoquées à ce sujet dès le début des recherches géologiques.

Pour comprendre tout le secours que la doctrine des causes actuelles apporte à ce grand chapitre de la science, il faut, sans décrire ici complétement les caractères des terrains stratifiés, se rappeler que ceux-ci sont loin d'appartenir au même type.

Nous y distinguons, au contraire, trois catégories très-nettes quoique reliées entre elles par de nombreux intermédiaires, savoir : les terrains de transport; les terrains mixtes ou d'estuaires ; les terrains de sédiment proprement dits. Ces noms sont extrêmement défectueux. Cela vient de ce que les catégories auxquelles ils s'appliquent sont très-mal définies. En réalité, il y a de vrais terrains de transport dans toutes ces catégories. Beaucoup de couches de sédiment proprement dit sont, par exemple, le produit de charriages exécutés par des courants sous-marins, et ne diffèrent que par la substitution de l'Océan à l'atmosphère des courants appelés rivières qui déposent les graviers diluviens. Cependant, les subdivisions qui viennent d'être indiquées sont de nature à faciliter nos études.

CHAPITRE Ier

TERRAINS DE TRANSPORT

Le nom même de *Terrains de transport* implique déjà la notion de leur origine. Or, cette notion résulte entièrement de l'observation contemporaine.

En les étudiant, on reconnaît bientôt qu'ils ne présentent pas partout les mêmes caractères, et il en résulte qu'ils n'ont et ne reconnaissent pas dans tous les cas le même mode de fomation.

C'est sous des formes très-variées que ces terrains s'offrent à nous. La plus facilement observable, dans les pays que nous habitons, est celle qui porte le nom de *diluvium*. Il est indispensable d'en rappeler brièvement les principaux caractères.

§ 1. — Terrains diluviens.

Les terrains diluviens sont, avant tout, des dépôts continentaux. Ils sont caractérisés par leur disposition en longues traînées où, si l'on veut, en amas peu larges, peu épais et fort allongés. Ils occupent en général des dépressions du sol analogues à première vue à nos vallées et celles-ci, elles-mêmes, à droite et à gauche du cours d'eau qui en occupe le thalweg.

Minéralogiquement, ces terrains sont constitués par les matériaux les plus variés, brisés et arrondis. On arrive d'ordinaire à reconnaître que ces matériaux ont la même composition que les roches encore en place dans la portion haute des vallées où on les trouve. Ainsi, le diluvium de Paris, qui a été spécialement étudié, fournit des éléments identiques à ceux que donnerait le broyage des roches riveraines de la Seine, depuis la Brie jusqu'en Bourgogne.

Voici la liste de ces roches :

Pegmatite.
Granit porphyroïde.
 — à gros grains.
 — à grains fins.
Gneiss.
Porphyre quartzifère.
Eurite.
Porphyre feldspathique noir.
Leptynite grenatifère.
Arkose des frontières du Morvan.
Silex pyromaque de la craie.
Silex en plaquettes du calcaire grossier.
Ménilite du travertin de Saint-Ouen.
Silex nectique du même terrain.
Silex et meulière de Brie.
Meulière de Beauce.
Quartz et calcaire cristallisés des caillasses.
Grès verdâtre avec coquilles des sables moyens.

Grès d'un rouge vineux.
Grès jaunâtres et blancs de Fontainebleau.
Plaquettes de grès ferrugineux d'un brun très-foncé (peut-être de la même formation).
Aragonite.
Calcaire très-blanc saccharoïde.
Fragments divers provenant (de la craie, de l'argile plastique. / des poudingues de l'argile plastique. / du calcaire grossier supérieur, moyen et supérieur.
Magnésite du calcaire de Saint-Ouen.
Gypse.
Marnes vertes.
Célestine du même terrain.
Fossiles enlevés à des terrains divers.
Peroxyde de manganèse dont le gisement d'origine n'a pu être précisé.

Outre les gros matériaux qui viennent d'être mentionnés et qui, parfois cimentés entre eux, constituent alors des poudingues et des conglomérats plus ou moins développés, ces terrains de transport comprennent des dépôts beaucoup moins grossiers et parfois tout à fait fins (*fig.* 27). Ce sont des sables et des limons souvent fossilifères et qui tantôt alternent avec les couches à gros éléments et tantôt constituent des formations séparées, beaucoup plus étalées que les premières. Considérées seules, ces formations ne se distinguent pas des terrains sédimentaires proprement dit, à fossiles d'eau douce, mais leur liaison évidente avec les traînées de transport ne permet pas de les en séparer. Il est d'autant plus indispensable de les considérer ici, que le fait de cette liaison est, comme on verra, de nature à rendre compte des particularités des terrains de transport les mieux caractérisés.

Comme exemple des formations de ce genre nous ne pouvons rien choisir de meilleur que les épais dépôts entaillés à la jonction de l'Arve et du Rhône aux portes même de la ville de Genève.

Cinq photographies représentant des sections de la terrasse

lacustre d'alluvion sur une partie de laquelle a été bâtie la ville de Genève ont été présentées à l'Académie, il y a peu de temps de la part de M. Colladon.

La vue de la terrasse (*fig.* 28) fait immédiatement reconnaître deux dispositions bien différentes, dans les dépôts de graviers et de sable superposés qui la constituent. A la partie inférieure, le gravier est en couches obliques, inclinées à l'horizon sous‌des angles de 32 à 35°, qui se terminent brusquement, vers leur partie supérieure, à un même niveau. Ces couches obliques sont recouvertes par un autre dépôt de gravier en nappes horizontales.

Les dépôts à couches obliques ne sont autres qu'un ancien delta, qui était sans doute celui de la rivière d'Arve.

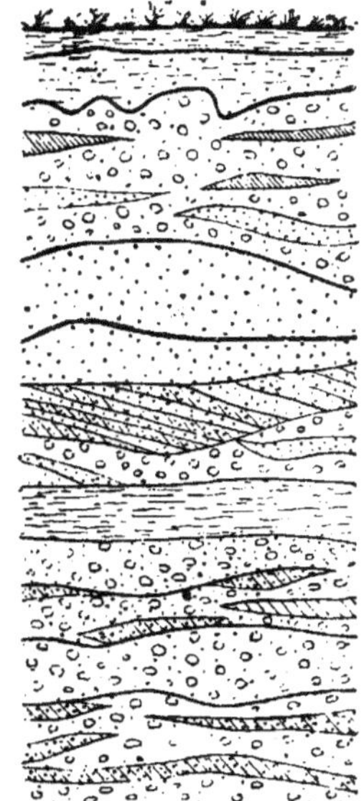

Fig 27. — Coupe du diluvium gris parisien montrant des alternances nombreuses de couches de galets grossiers avec des lits de sables plus ou moins fins.

D'après les faits exposés par M. Colladon, le niveau du lac correspondait à cette époque au plan horizontal qui coupe les couches inclinées à leur partie supérieure; ce plan est élevé de 28 à 29 mètres au-dessus du niveau moyen du lac : telle est donc la quantité dont le niveau a varié depuis l'époque dont il s'agit.

M. Maxime Hélène a consacré à ce sujet une étude à laquelle nous empruntons quelques passages :

Les deltas du Rhône dans le lac de Genève, du Rhin dans le lac de Constance, de l'Aar dans le lac de Brienz, du Tessin dans le lac Majeur, de l'Adda dans le lac de Côme, etc., ont été étudiés minutieusement. Entre autres observations curieuses sur la structure, l'inclinaison et la puissance des strates déposées dans la suite des siècles, on a pu relever, le plus souvent par le recul des villes du littoral, l'accroissement du delta dans un temps donné. Le village de Port-Valais (*Portus Valesiæ* des Romains), autrefois sur le bord de l'eau, à l'extrémité supérieure du lac de

Fig. 28. — Coupe du delta préhistorique de l'Arve.

Genève, est aujourd'hui à 2 kilomètres et demi dans les terres : l'espace intermédiaire a été comblé par l'alluvion en huit siècles.

La proportion moyenne de l'avancement du Pô sur l'Adriatique est d'environ 70 mètres par année. Adria, port du temps d'Auguste, est aujourd'hui à 8 lieues du rivages. Ravenne, jadis baignée par les flots, est à 7 kilomètres de la mer. Le comblement des ports des côtes méridionales de l'Asie mineure, décrits par Strabon, les villes mortes du golfe de Lyon, sont de frappants exemples de l'envahissement des eaux par les deltas.

Ces traces irrécusables de l'action destructive et créatrice à la fois des rivières revêtent un cachet de grandeur plus majestueuse encore, lorsque quittant le champ si étroit ouvert à nos observations par les vestiges récents, nous nous trouvons en présence des colossales formations déposées dans les temps préhistoriques. Depuis ces dates lointaines, qui ne peuvent être évaluées que très-approximativement, la configuration des contrées soumises à nos investigations à été profondément troublée. Le lit d'un torrent s'est parfois éloigné graduellement de plusieurs kilomètres, et le niveau du lac, dans lequel son delta était primitivement immergé, a baissé d'une quantité relativement considérable. A une très-grande distance des rivages actuels du lac supérieur, souvent 12 ou 15 mètres au-dessus du niveau moyen des eaux, on trouve des lignes parallèles de cailloux et de sables étagées, suivant l'expression de Lyell, comme les gradins d'un amphithéâtre. La plupart des villes du littoral du lac Léman, Thonon, Saint-Gingolph, le Bouveret, Vevey, sont bâties sur d'anciennes terrasses lacustres. Genève repose tout entière sur les puissantes assises du delta préhistorique que l'Arve a arraché au massif du Mont-Blanc.

Le mode de dépôt des deltas sous-lacustres est parfaitement connu. Les sédiments fluviatiles, sables ou graviers de grosseur moyenne, s'accumulent en strates superposées, comme les feuillets d'un livre toujours ouvert dont on tournerait périodiquement les pages. Les nouvelles couches du delta du Rhône, à son entrée dans le lac de Genève, s'étendent chaque année sur un gigantesque plan incliné de plus de 3 kilomètres de longueur. La profondeur du lac à la naissance du delta, entre Vevey et Saint-Gingolph, étant de 180 mètres, les strates peuvent être considérées comme sensiblement horizontales. Une coupe du dépôt, pendant les huit derniers siècles qui ont suffit pour reculer Port-Valais à 8 kilomètres du rivage, donnerait donc une série considérable de couches légèrement inclinées, s'étendant sur une longueur de 3 200 mètres, et dont l'épaisseur serait de 180 à 270 mètres. Un delta préhistorique, beaucoup plus important, semblablement stratifié, occupe les 8 ou 10 kilomètres qui séparent Port-Valais de la tête primitive du lac. Les torrents qui se déversent dans le lac de Genève, sur toute sa ceinture sont loin de former des deltas comparables à celui du Rhône. Les couches stratifiées du petit torrent de Ripaille n'ont que 800 mètres de longueur, et leur inclinaison est quatre fois plus grande environ que celle du delta du Rhône. La pente moyenne du delta de l'Aar, dans le lac de Brienz est de 30°. A 1 100 mètres, le fond est horizontal.

Supposons que le niveau actuel des lacs baisse subitement. Tous les deltas récents émergent, formant autant de terrasses lacustres, absolument identiques, quant à leur stratification et au mode de répartition de leurs sédiments, aux terrasses préhistoriques dont elles ne sont que la continuation lente. Au-dessus de l'arête de déversement du delta, recouvrant les strates déjà émergées, nous rencontrerons un dépôt composé en majeure partie de gros graviers ou de galets, disposés par couches à très-peu près horizontales. L'arête inférieure de ce dépôt sous-jacent correspondra au niveau récemment abandonné par le lac.

M. Colladon qui, dans ses récentes observations sur le delta préhistorique de l'Arve, a retrouvé constamment ce dépôt horizontal superposé aux strates inclinées, explique ainsi sa formation : avant de se jeter dans une mer ou dans un lac, les forts affluents ralentissent en général d'une manière notable la vitesse de leur cours. Leur lit primitif s'élargit ou se subdivise en plusieurs bras à l'embouchure. Un delta, immergé à une faible profondeur, s'interpose entre le grand courant principal et les dernières arêtes de déversement, l'eau dormante du lac pénètre dans les bouches élargies du fleuve et ralentit la vitesse de l'eau affluente. Comme conséquence naturelle de ce ralentissement de vitesse, les galets entraînés se déposent sur le delta avant d'arriver dans les parties plus profondes du lac, et forment, au niveau moyen des eaux, des couches à peu près horizontales, mélangées quelquefois de gravier, ou même de quelque lambeaux sablonceux qui s'y sont intercalés entre les couches de galets.

Si donc, nous rencontrons sur le bord d'un lac, une terrasse voisine d'un fleuve ou d'un torrent, composée de couches régulièrement stratifiées, renfermant des matériaux analogues à ceux que charie encore l'affluent voisin, et si ces strates sont surmontées d'une couche horizontale de galets ayant tous les caractères d'une alluvion contemporaine de ces strates sous-jacentes, nous serons en droit de conclure que cette terrasse est bien un ancien delta, émergé postérieurement à sa formation. A une époque antérieure à cette séparation, le niveau moyen du lac coïncidait à fort peu près avec le dépôt horizontal supérieur.

En 1870 déjà, M. Colladon avait publié un premier Mémoire sur la terrasse lacustre, dite des *Tranchées*, sur l'angle nord-ouest de laquelle Genève a été primitivement construite. De récents et importants remaniements de terrains, exécutés en vue de l'aménagement des quartiers neufs de la ville, permirent au savant professeur d'étendre ses observations sur une superficie d'environ 350 000 mètres carrés, et sur une profondeur qui, en certains points, atteignit 14 mètres.

Les strates du delta, inclinées dans une direction azimutale constante, nord ou nord-nord-ouest, qui est celle de la plus courte distance de la terrasse au lac, sont, comme nous le disions tout à l'heure, adossées parallèlement les unes aux autres, sous un angle de 32 à 35°. Ces couches inclinées se terminent brusquement à un même niveau supérieure contre un toit épais de 2 à 3 mètres, composé de gros galets stratifiés en couches à peu près horizontales, tandis que les galets de moindre volume renfermés dans les strates sous-jacentes sont couchés suivant l'inclinaison du delta.

Un nivellement exact, rattaché à la plate-forme de l'observatoire bâti sur le côté nord de la terrasse, a démontré que la base de ce toit de galets correspond à un plan horizontal élevé de 28 à 29 mètres au-dessus du niveau moyen actuel du lac.

Les galets et les sables siliceux qui composent ce delta préhistorique étant, en outre, analogues à ceux chariés actuellement par le torrent de l'Arve, qui coule aujourd'hui à 800 mètres du bord ouest de la terrasse, on est donc en droit de conclure, comme l'a fait **M**. Colladon, que la terrasse des tranchées est un ancien apport de la rivière d'Arve dans un ancien lac Léman, dont l'altitude surpassait d'environ 30 mètres le niveau actuel des eaux.

L'origine des terrains diluviens, comme celui de la Seine, a préoccupé les géologues et on a conçu des suppositions variées pour s'en rendre compte. L'une des plus accréditées est celle qui fait intervenir le jeu subit de très-grands courants, charriant brusquement de gigantesques masses· de roches dont le diluvium actuel ne représente qu'un très-faible résidu.

Nous avons vu comment M. Belgrand, qui s'était constitué l'avocat de cette manière de voir en expose les différents aspects, et nous avons montré déjà, par des obsersations tirées des phénomènes de dénudation, qu'elle est loin d'être acceptable sans réserve. Ce qui concerne la sédimentation opérée par les cours d'eau achèvera de convaincre le lecteur que la théorie cataclysmienne, déjà bannie de tous les autres chapitres de la géologie, doit être également écarté de celui-ci.

Voyons donc ce qui se passe dans le lit même d'une rivière où les matériaux solides, charriés sous forme de troubles, représentent, comme nous l'avons vu, un si énorme volume.

La plus grande partie de ces matériaux arrive à l'Océan et tend souvent à s'accumuler à l'embouchure des rivières. Cependant, une certaine quantité se dépose dans le lit même des cours d'eau et donne lieu à la production d'îles.

Il suffit d'un léger obstacle pour déterminer le commencement d'une île, et cela par le simple retard des eaux limoneuses. Supposons, en effet, un pareil obstacle, un pieu enfoncé dans le sable par exemple; il est certain qu'au dessous de ce pieu (par rapport au sens du courant) existera une zone relativement calme. Or, la puissance de charriage des filets d'eau dépend avant tout de leur vitesse, donc des débris limoneux entraînés facilement jusqu'au pieu seront, après lui, abandonnés à la pesanteur et accumulés au fond. Une fois l'œuvre commencée, elle se continue d'elle-même et de plus en plus vite, l'influence de l'obstacle augmentant avec son volume.

De même, une île une fois formée devient la cause déterminante de formation d'une autre île au-dessous d'elle, et c'est pourquoi dans les rivières les îles ont une telle tendance à se présenter en séries, en chapelets. Pour n'en citer qu'un seul exemple, nous rappellerons comment dans Paris même, les trois îles Louviers, Saint-Louis et de la Cité, cette dernière même suivie d'un petit îlot, correspondant au terre-plein actuel du Pont-Neuf, réalisent cette disposition générale.

Il faut remarquer aussi, que les îles et les bancs de sables des rivières ne sont point fixes. Ils tendent réellement à se déplacer suivant le cours de l'eau : la portion d'amont constamment battue par le courant se démolit sans cesse au profit de l'extrémité d'aval qui s'accroît.

On ne peut citer de faits plus intéressants à cet égard que ceux qui concernent les bancs de sables aurifères des rivières, car leurs allures ont été suivies dans les moindres détails. Ceux du Rhin, par exemple, ont amené M. Daubrée à des résultats fort intéressants. « L'or, dit-il (*), ne se rencontre dans le lit du Rhin, ni en petits grains, ni en pépites ; il est formé de paillettes trèsminces à contours arrondis, dont le diamètre n'excède pas un millimètre et est souvent beaucoup moindre ; elles sont ordinairement plus grandes entre Bâle et Brisach que dans le cours inférieur. La surface de ces paillettes, examinée au microscope, présente une multitude de petites aspérités assez régulières, dont la disposition peut se comparer à celle d'une peau de chagrin. Quand par suite des érosions journalières du fleuve, l'or est transporté par l'eau avec le gravier dans lequel il est disséminé, il va se concentrer particulièrement dans certaines situations qu'il importe de savoir reconnaître *à priori*. Voici, à cet égard, les règles principales dont j'ai reconnu la généralité au moyen d'essais directs : les bancs nommés *Goldgründe* auxquels l'orpailleur doit particulièrement s'adresser, sont ceux formés à quelque distance à l'aval d'une rive ou d'une île de gravier corrodée par le courant ; ces bancs résultent par conséquent d'un transport de gravier, tantôt sur quelques mètres seulement, tantôt sur 1 000

(*) **Daubrée.** *Description géologique et minéralogique du Bas-Rhin*, p. 310.

ou 1 500 mètres de distance. C'est dans une zone étroite qui termine des bancs vers l'amont, et que pour abréger on peut appeler leur *tête*, que se trouvent particulièrement accumulées les paillettes presque toujours au milieu du gros caillou ; toutefois, cette richesse exceptionnelle ne s'étend qu'à une faible profondeur qui ne dépasse guère 15 centimètres, comme le savent généralement les orpailleurs. »

Ce fait se rattache à ceci, que dans le lit des fleuves où ils sont charriés les matériaux minéraux subissent un *triage* dont le premier effet est d'amener la production des couches de diverses grosseurs que nous signalions précédemment dans les formations anciennes. Un courant rapide charriant des graviers plus ou moins gros, les abandonne si sa vitesse est ralentie par un obstacle, et ne transporte plus que du limon qui se stratifie dans les points tout à fait tranquilles. C'est là que vivent de préférence les coquilles et que se conservent les tests tombés au fond de l'eau, broyés au contraire s'ils sont mélangés de cailloux en mouvement. L'examen du triage qui s'effectue dans le lit des fleuves actuels explique toutes les particularités de détails des alluvions aurifères maintenant exploitées loin de tout cours d'eau. La *fig.* 29 qui donne la coupe d'un pareil dépôt pourrait être prise pour la représentation d'un banc aurifère du Rhin par exemple.

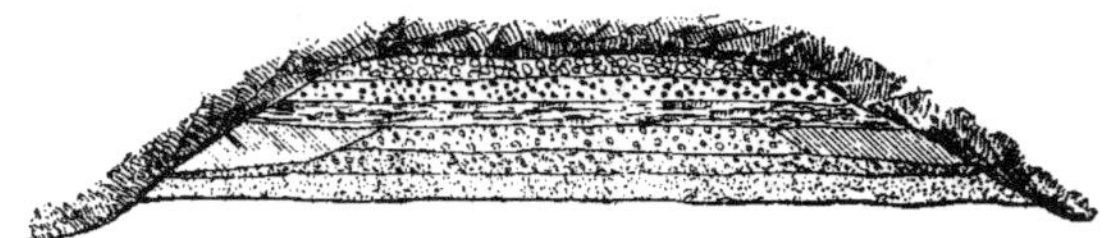

Fig. 29. — Coupe transversale d'un dépôt aurifère ancien dont la disposition est identique à celle des alluvions contemporaines du Rhin.

Le triage des limons fins se réalise surtout quand le fleuve, à la faveur d'une inondation, sort de son lit habituel, et il y a dans le fait du *colmatage* de quoi expliquer l'origine et le mode de formation de beaucoup de dépôts fluviatiles des terrains anciens. Nombre de limons quaternaires et sans doute en particulier diverses variété du lœss sont dans ce cas. Il est donc indispensable de rappeler ici d'un mot en quoi consiste le colmatage dont nous avons déjà indiqué l'importance en traitant de la dénudation.

Nous savons déjà comment la Durance, par exemple, charrie chaque année 11 millions de mètres cubes de limon. Or M. Hervé Mangon a reconnu que cette quantité de matière correspond à une couche de terre de 1 centimètre d'épaisseur répartie sur 110,000 hectares. Quand à la composition de cette vase, elle renferme plus d'azote que 100,000 tonnes de guano et plus de carbone que 49,000 hectares de forêts; azote et carbone dansle meilleur état de combinaisan au point de vue agricole. On conçoit, d'après ces chiffres, les efforts tentés pour arrêter au passage cette manne bienfaisante et la répandre sur les campagnes, grâce à des procédés qui ne font qu'imiter en définitive l'allure des fleuves à inondations périodiques dont le Nil est le type le plus parfait.

§ 2. — Terrain glaciaire.

Parmi les terrains de transport, on distingue facilement du premier coup ceux qu'on désigne plus spécialement sous le nom de terrains erratiques. Nous croyons devoir en emprunter presque textuellement la description au mémoire devenu classique dans lequel De Charpentier en a fait le premier ressortir les caractères (*).

On donne le nom de *terrain erratique* à des fragments de roches que l'on rencontre à des distances quelconques des montagnes d'où ils ont été détachés.

Les *blocs erratiques* sont les fragments de gros volume.

Le *gravier*, le *sable*, le *limon erratique*, forment les menus débris.

Et le terrain erratique est l'ensemble de ces fragments sans égard à leur volume ni à leur nombre.

(*) **De Charpentier.** *Essai sur les glaciers et sur le terrain erratique du bassin du Rhône*, 1841. 1 vol. in-4 avec planches et cartes.

Les débris qui constituent le terrain erratique ne diminuent pas de volume à proportion de l'éloignement où on les trouve des montagnes d'où ils ont été détachés; tandis que les débris des terrains, transportés par les eaux, augmentent de volume à mesure que l'on s'approche du lieu de leur origine.

Beaucoup de fragments erratiques, bien que transportés fort loin, ont néanmoins conservés la surface raboteuse, ainsi que les arêtes et les angles vifs et tranchants. Les débris transportés par les eaux ont la surface lisse, et leur forme est généralement arrondie. Lorsqu'on en trouve d'anguleux, ce qui n'arrive pas souvent, les parties saillantes en sont toujours émoussées.

Les dépôts erratiques sont rarement stratifiés, tandis que les terrains transportés par les eaux le sont presque toujours. D'ailleurs, les dépôts erratiques, lors même qu'ils sont stratifiés, se distinguent toujours des autres dépôts de transport par le nombre de fragments angulaires et bien conservés qu'ils renferment.

Les débris qui constituent le terrain erratique de la plus grande partie de la Suisse occidentale, proviennent de roches qui se trouvent toutes en place dans la grande vallée du Rhône et dans les vallées latérales. Ainsi, l'on reconnaît parmi ces débris, les gneiss et les schistes talqueux et amphiboliques qui bordent le glacier du Rhône; les granits talqueux verdâtres de la vallée de Binnen; les schistes micacés avec grenat des environs du Simplon; les emphotides ou gabbros de la vallée de Saas; les serpentines et les gneiss à gros cristaux de feldspath des vallées de Saint-Nicolas et d'Hérens; les schistes chloriteux de la vallée de Bagne et de celle du Saint-Bernard; les granits à gros cristaux de feldspath de la vallée de Ferret; les grauwackes et les psammites rouges de la montagne de Foully; les poudingues de Vallorsine; les gneiss de Catogne et de la montagne des Follaterres; les calcaires des environs de Saint-Maurice et de Bex, etc.

Le terrain erratique de chaque grande vállée de la Suisse, présente toujours la collection complète de toutes les roches qui constituent les montagnes de cette vallée et de celles qui y aboutissent. Il en est de même des moraines et des débris de roches éparpillées sur les lits des glaciers. Ils présentent, les uns et les autres, également la collection de toutes les roches des montagnes qui bordent le glacier.

La forme des fragments erratiques, dépendant principalement de la structure de la roche, n'offre rien de constant. Ainsi, les roches schisteuses, comme les micaschistes, les stéaschistes, les gneiss, les calcaires micacés, etc., se présentent ordinairement en fragments prismatiques aplatis. Les roches non stratifiées ou disposées par strates fort épaises, comme les granits, les euphotides, les serpentines, les poudingues, etc., offrent des formes cubiques ou polyédriques.

Parmi ces fragments, les uns ont les angles emportés, les arêtes écornées et émoussées, et la surface plus ou moins frottée : les autres, au contraire, ont les angles et les arêtes parfaitement conservés, à peine y remarque-t-on quelque écornure ; leur surface, également intacte, offre encore les aspérités de la cassure fraîche.

Les fragments arrondis et usés par frottement, sont généralement plus nombreux que les autres.

Beaucoup de blocs erratiques rencontrés à une distance souvent considérable de leurs montagnes, sont en excellent état de conservation : c'est qu'ils sont tombés sur le dos du glacier et y sont restés tout le temps de leur voyage. Lorsqu'ils y ont été exposés, c'est-à-dire lorsqu'ils ont été préservés du contact d'autres débris, ils ont pu faire des soixantaines de lieues sans éprouver aucune dégradation. On conçoit seulement que, plus un bloc sur un glacier se trouve loin des bords, c'est-à-dire rapproché du milieu, plus il aura de chances de rester longtemps sur la glace et de faire un grand trajet avant d'atteindre l'un des bords, ce qui explique pourquoi les gros blocs sont généralement mieux conservés : dans les éboulements, ce sont eux qui tombent le plus loin dans le glacier.

Les roches dures et peu fissurées, comme les granits, les gneiss, les poudingues etc., fournissent généralement des blocs les plus volumineux, et les roches tendres et fendillées, comme par exemple, les schistes argileux, marneux et talqueux, les calcaires, les serpentines, etc., se trouvent pour l'ordinaire en fragments plus petits. Les roches qui ont fourni les blocs les plus gros sont le granit talqueux de la vallée de Binnen, le granit de la vallée de Ferret, le gneiss de la montagne de Foully et de celle de Catogne. Les gros blocs calcaires ne sont que des cas exceptionnels.

Les dépôts de débris erratiques se présentent sous différentes formes. Il y a les dépôts éparpillés, les dépôts accumulés, les dépôts stratifiés.

Les dépôts éparpillés sont ceux que l'on rencontre le plus fréquemment. Les fragments, plus ou moins espacés, sont ordinairement couverts de terre et de végétation, et ne sont pas toujours faciles à reconnaître. Cependant lorsque de gros blocs se trouvent parmi ces débris, ils se présentent fréquemment à nu plus ou moins dégagés de terre. Quand les débris éparpillés sont recouverts de diluvium, ce qui arrive souvent, on ne peut les reconnaître qu'à la conservation des angles et des arêtes, et surtout à leur volume hors de proportion avec celui des matériaux dans lesquels ils sont ensevelis.

Les dépôts éparpillés correspondent aux débris que les glaciers laissent épars sur la portion de leur lit qu'ils ont abandonnée par suite de leur fonte.

Dans la seconde forme de dépôts, les accumulations offrent exactement la même configuration et les mêmes accidents que les moraines, c'est-à-dire qu'elles se présentent sous une forme allongée, semblable à celle d'une digue ou qu'elles constituent des monticules coniques et isolés.

Lorsque les dépôts accumulés se trouvent sur un terrain en pente, ils forment alors des bandes ou des écharpes longeant le flanc de la montagne qui les supporte.

Enfin, on trouve aussi de ces débris entassés de manière à former des monticules isolés. On ne saurait toujours reconnaître si ces cônes sont les restes d'un dépôt jadis plus considérable, mais disloqué et dégradé plus tard par les torrents, ou bien s'il a eu cette forme dès le commencement. Dans ce dernier cas, on pourrait les comparer aux dépôts formés par les moraines superficielles qui, lorsqu'elles atteignent le pied du glacier sans s'être préalablement élargies, déposent les matériaux sur un seul point.

Dans l'intérieur des dépôts accumulés, c'est toujours un mélange confus de blocs de toutes les dimensions, entassés les uns sur les autres sans ordre quelconque, les gros et les menus se rencontrant aussi bien dans la partie supérieure du dépôt que dans l'inférieure.

La surface de ces amas est ordinairement couverte de terre ; çà et là les gros blocs font saillie.

Les dépôts accumulés sont très-fréquents et d'un volume considérable sur le flanc des montagnes qui bordent le lac Léman au Sud.

La troisième forme sous laquelle le terrain erratique se présente, est celle où les matériaux sont disposés par strates ou couches. Ces couches sont ordinairement courtes et épaisses. Le grand nombre de fragments anguleux et bien conservés que l'on trouve dans ces sortes de dépôts est ce qui les distingue essentiellement des dépôts diluviens et alluviens, lesquels n'en renferment que peu ou point.

Les strates sont tantôt horizontales, tantôt inclinées parallèlement à la pente du sol sur lequel elles se trouvent. Cependant un dépôt de ce genre situé dans les environs des bains de Lavey, et connu dans la contrée sous le nom de *Sez de terre*, fait exception à la règle, car ses couches s'inclinent sous un angle de 40° contre le flanc de la montagne qui les supporte.

Les dépôts stratifiés se rencontrent à l'entrée de la plupart des petites vallées qui aboutissent à la vallée du Rhône.

L'étude des glaciers dont nous avons déjà constaté l'énergie démolissante, a conduit à l'observation de la formation contemporaine du terrain erratique depuis lors désigné aussi sous le nom de *Terrain glaciaire*. On doit les premières observations dans ce sens à de Charpentier qui fut mis sur la voie par un simple montagnard, nommé J. P. Perraudin, du hameau de Lourtier, dans la vallée de Bagnes. « Revenant, en 1815, des beaux glaciers du fond de cette vallée, et désirant me rendre le lendemain par la montagne de Mille, au grand Saint-Bernard, dit de Charpentier, je passai la nuit dans sa chaumière. La conversation durant la soirée roula sur les particularités de sa contrée et principalement sur les glaciers qu'il avait beaucoup parcourus et qu'il connaissait fort bien. J. P. Perraudin me dit : « Les glaciers de nos mon-

« tagnes ont eu jadis une bien plus grande extension qu'aujour-
« d'hui. Toute notre vallée, jusqu'à une grande hauteur au-dessus
« de la Drance (rivière de la vallée) a été occupée par un vaste
« glacier qui se prolongeait jusqu'à Martigny, comme le prouvent
« les blocs de roches qu'on trouve dans les environs de cette ville,
« et qui sont trop gros pour que l'eau eût pu les y amener. »
Quoique le brave Perraudin ne fît aller son glacier que jusqu'à
Martigny, probablement parce que lui-même n'avait peut-être
guère été plus loin, et quoique je fusse bien de son avis relativement à l'impossibilité du transport des blocs erratiques par le
moyen de l'eau, je trouvais néanmoins son hypothèse si extraordinaire, si extravagante même, que je ne jugeai pas qu'elle valût
la peine d'être méditée et prise en considération (*). J'avais
presque oublié cette conversation, lorsqu'au printemps de 1829,
M. Venetz vint me dire aussi que ses observations le portaient à

(*) J'ai rencontré encore dans d'autres parties de la Suisse des montagnards qu
croient également à une plus grande extension des glaciers dans les temps anciens
et qui leur attribuent aussi le transport des blocs erratiques. Lorsqu'en 1834 je passai par la vallée du Hasli et par celle de Sungern, pour assister à Lucerne à la réunion de la Société helvétique des sciences naturelles, je joignis sur la route du
Brunig un bûcheron de Mévringen. Je liai conversation avec lui, et nous fîmes un
bout de chemin ensemble. Me voyant examiner un gros bloc de granit du Grimsel
qui gisait au bord du sentier, il me dit : « Il y a beaucoup de ces pierres par ici,
« mais elles viennent de loin ; elles viennent toutes du Grimsel, car c'est du *geisber-
ger* (nom du granit en allemand suisse), et les montages des environs n'en sont pas. »
Sur ma question comment il croyait que ces pierres avaient pu arriver jusqu'ici, il
me répondit sans hésiter : « Le glacier de Grimsel les a amenées et déposées des
« deux côtés de la vallée, car ce glacier s'est étendu jadis jusqu'à la ville de Berne.
« En effet, continua-t-il, l'eau n'aurait pu les déposer à une si grande hauteur au-
« dessus du sol de la vallée sans combler les lacs » (ceux de Brienz et de Thun).
Ce brave homme ne se doutait certes guère que je portais dans ma poche un mémoire en faveur de son hypothèse, destiné à être lu à la Société helvétique des
sciences naturelles. Et grand fut son étonnement lorsqu'il vit le plaisir que me cau-
sait son explication géologique et lorsqu'il reçut de quoi boire au souvenir de l'ancien glacier du Grimsel et à la conservation des blocs du Brunig. J'ai trouvé également dans la vallée de Ferret, et M. de Guimps, dans les environs d'Yverdun, des
paysans qui attribuent le transport des blocs erratiques à des glaciers. Enfin, M. Brard
rapporte (*Dictionnaire des sciences naturelles*, t. XIX, p. 16) que le nommé Marie Deville, de la vallée de Chamounix, attribuait également aux glaciers le transport
des blocs de protogine que l'on trouve sur quelques éminences de cette vallée, et les
sillons parallèles qu'on y observe sur des roches schisteuses. (*Note de Charpentier*

croire que non-seulement la vallée d'Entremonts, mais que tout le Valais avait été jadis occupé par un glacier qui s'était étendu jusqu'au Jura, et qui avait été la cause du transport des débris erratiques. J'avais trouvé extraordinaire et invraisemblable la supposition d'un glacier s'étendant du fond de la vallée de Bagnes jusqu'à Martigny, mais je trouvais réellement folle et extravagante l'idée d'un glacier de plus de 60 lieues de longueur, occupant non-seulement le Valais, mais recouvrant même tout l'espace entre les Alpes et le Jura, et entre Genève et Soleure. Au premier abord cette hypothèse me parut être en opposition manifeste avec tous les principes de physique et de géologie, et entièrement contraire à tous les faits qui prouvent l'ancienne élévation de température. Comment concevoir en effet qu'un glacier eût pu couvrir une contrée qui doit avoir joui jadis d'un climat propre à faire prospérer des palmiers, comme le prouvent les empreintes de *Chamærops* qu'on trouve dans les couches supérieures de la molasse de la basse Suisse? Pour convaincre mon ami de l'erreur où il semblait être tombé, je m'appliquai à étudier d'une manière spéciale le terrain erratique et toutes les circonstances qui l'accompagnent. Mais cette étude me conduisit à un résultat tout opposé à celui auquel je m'étais attendu. En effet, loin de me fournir des arguments contre l'hypothèse des glaciers, je reconnus clairement qu'elle explique de la manière la plus satisfaisante le terrain erratique jusque dans ses moindres détails et tous les phénomènes qui s'y rattachent. Néanmoins je restai dans le doute jusqu'au moment où je crus être parvenu à concilier l'existence de ces glaciers monstres avec les faits qui prouvent l'ancienne élévation de la température. Croyant avoir trouvé la solution de ce problème, je rédigeai un mémoire sous le titre de *Notice sur la cause probable du transport des blocs erratiques de la Suisse*. J'en fis lecture à la Société helvétique des sciences naturelles, réunie à Lucerne en juillet 1834, et il fut inséré en 1835 dans le huitième volume des *Annales des mines*. Malgré l'extrême imperfection de ce petit travail, j'atteignis cependant le but que je m'étais proposé, de réveiller et d'attirer de nouveau l'attention des géologues sur un phénomène qu'ils semblaient avoir abandonné entièrement depuis quelques années,

et pourtant c'est sans contredit le phénomène le plus remarquable
qui soit arrivé depuis la grande révolution qui a changé la surface
du globe. C'est ce mémoire qui a engagé M. Agassiz à étudier les
glaciers et le terrain erratique (*voy*. sa lettre lue à la séance de
l'Institut du 2 octobre 1837, et insérée dans le n° 2907 du feuille-
ton du *Temps*). Il y a peu de jours que mon savant ami, M. Studer,
m'a communiqué un extrait d'une analyse des éléments géologi·
ques de M. Lyell, insérée dans la *Revue d'Edimbourg*, juillet 1838.
Il y est dit que déjà, en 1815, le célèbre Playfair avait attribué
aux glaciers le transport des débris erratiques. Le génie de
Gœthe a également reconnu que ce même agent doit être la
cause de ce transport. J'ignore quand ce grand homme a conçu
cette pensée; elle ne se trouve pas dans la première édition de
Wilhelm Meisters Wanderjahre de l'année 1821, mais bien dans la
dernière, soignée par Goëthe lui-même en 1829. »

Les matériaux dont se composent les moraines superficielles
finissent par atteindre l'escarpement terminant le glacier. Ils
tombent au pied de cet escarpement et, par leur accumulation,
amènent la formation de la moraine terminale ou frontale.

Si le glacier est stationnaire, la moraine terminale le sera également et croîtra en dimension. S'il avance, il poussera devant
lui sa moraine terminale. S'il recule, son mouvement de retrait
pourra être effectué par saccades, et chacune de ses stations sera
marquées par la formation d'une moraine. D'autres fois, ce
mouvement de retrait aura lieu d'une manière continue; dans ce
cas, le sol qu'il aura délaissé, au lieu de présenter une série de
moraines, sera uniformément jonché de blocs dits erratiques, de
graviers et de cailloux striés. Il déterminera un terrain glaciaire
éparpillé, se distinguant par de nombreux caractères des alluvions proprement dites.

Dans les divers cas qui viennent d'être indiqués, les moraines
latérales donneront origine à une traînée de blocs disposés, à
différents niveaux, de chaque côté de la vallée que renfermait le
glacier disparu. Les blocs erratiques n'ont aucun angle émoussé
ils atteignent quelquefois des dimensions telles, que leur transport par l'eau n'est pas admissible. Les cailloux sont striés, souvent imparfaitement arrondis ; ils ont conservé quelque chose de

leurs anciennes facettes. Tous ces matériaux sont disposés sans ordres ; souvent les moins denses et les moins volumineux sont au-dessous; chaque bloc erratique repose sur une couche de limon, de sable et de gravier. Enfin, le sol qui supporte les débris porte les traces de polissage et du striage par les glaciers.

C'est d'une manière analogue que les glaciers marins et les banquises ont permis d'expliquer la formation des longues traînées de blocs erratiques venant du nord. On sait que l'Europe centrale en est couverte. Aux environs de Berlin, on fait avec facilité une collection des fossiles siluriens de l'île de Gothland et de roches variées, telles que la zircosyenite venant de Suède. Le mécanisme de ce transport peut être étudié sur le front des glaciers actuels qui débouchent dans la mer, comme on en rencontre en si grand nombre vers les régions polaires (*fig.* 30). Il s'en détache fréquemment des iles de glace (*fig.* 31) d'une épaisseur considérable et d'une longueur de plusieurs lieues qui sont poussées à la mer par les vents qui soufflent sur les côtes ou par les courants qui y abordent. Dans leur sein, sont renfermés de nombreux fragments de pierre qui, se détachant des falaises en surplomb, sont tombés sur la surface de la glace, aux diverses périodes de sa formation. Les bancs flottants sont ordinairement couronnés au début par des surfaces plates, mais leurs portions inférieures sont sujettes à se fondre dans les latitudes où l'Océan, à une profondeur modérée se trouve ordinairement plus chaud qu'à la surface de l'eau et que l'air en dessus.

D'où il résulte, que leur centre de gravité se déplaçant continuellement, ces masses chavirent sans cesse et prennent ainsi les formes les plus irrégulières. « Dans un voyage de découvertes fait en 1839 aux régions antarctiques, on a vu, dit Lyell, par 61 degrés de latitude sud, une masse angulaire de roche d'une couleur très-foncée, enchassée dans un champ de glace flottant au milieu de l'Océan. La partie visible de cette roche avait 3^m,60 environ de hauteur sur 1^m,50 et 1^m,80 de large; mais la teinte rembrunie de la glace environnante indiquait qu'une bien plus grande portion de la pierre était cachée sous l'eau. Ce champ de glaces, l'un de ceux qui furent observés en grand nombre le

même jour avait de 75 à 90 mètres de hauteur et ne se trouvait
pas à moins de 2,240 kilomètres de toute terre bien connue. Il
est très-peu probable, dit Darwin dans sa notice sur ce phénomène, que l'on découvre jamais aucune terre à 160 kilomètres de
ce point, et l'on doit se rappeler que le bloc erratique était

Fig. 30. — Glacier du Spitzberg aboutissant à la mer à laquelle il abandonne les îles
de glace ou *Iceberg* qui transportent au loin les fragments pierreux de ses moraines.

encore très-solidement fixé dans la glace, ce qui ferait croire qu'il
dut parcourir plusieurs lieues de plus avant de tomber au fond
de la mer. Dans son voyage au pôle antarctique, fait dans les
années 1841, 1842 et 1843, le capitaine sir James Ross vit une
multitude de ces champs de glaces transportant, dans les hautes

latitudes méridionales, des pierres et des roches de divers grosseurs ainsi que du limon gelé. Son compagnon, le docteur J. Hooker, m'informe qu'il en vint à conclure que la majeure partie de ces glaces flottantes renferment des pierres dans leur sein, quoiqu'on ne puisse ordinairement les voir à cause de la neige qui les recouvre. »

La conclusion de ces faits, dont nous pourrions allonger beaucoup l'énumération, est que si l'on pouvait dessécher les océans on trouverait sur leur fond de longues traînées de blocs irra-

Fig. 31. — Île de glace flottante transportant des blocs de roches.
qui reproduisent par leur chute au fond de la mer un véritable terrain erratique.

diants des pôles et reproduisant dans toutes leurs particularités les traînées erratiques des temps quaternaires.

Il est au fond de l'Océan des points où l'accumulation de ces matériaux polaires se fait de préférence. C'est là où la glace est amenée à fondre plus rapidement. La jonction de gulfstream, par exemple, avec les courants venant du pôle est un de ces points, et le résultat est le banc de Terre-Neuve dont l'origine est ainsi reconnue d'une manière directe.

§ 3. — Les alluvions verticales.

Quand on étudie les terrains sédimentaires, on est invinciblement conduit à rattacher aux formations de transport des dépôts qui ne rentrent pas dans les catégories précédentes et qui offrent des caractères spéciaux. Dans ces derniers temps, nous en avons fait une étude spéciale dont la conclusion est qu'on doit les considérer comme de véritables *Alluvions verticales* (*). Ce sont des sables et des limons amenés à la surface du sol par des courants d'eau venant de la profondeur et réalisant, à la direction près, qui est perpendiculaire avec la leur, les mêmes effets que les nappes d'eau superficielles.

Plusieurs années d'étude dans des régions variées nous ont amené à cette conséquence que les alluvions verticales, en général méconnues, jouent pourtant dans l'économie du globe un rôle qu'on ne saurait négliger. Leur examen nous révèle des actions non étudiées jusqu'ici et rend compte de l'origine de certains éléments lithologiques de divers terrains dont on a cru pouvoir expliquer la présence par des hypothèses en désaccord complet avec l'observation journalière.

Nous avons vu déjà que la surface du sol est en communication avec les régions sous-jacentes par des conduits de diverses sortes. Les uns, dont nous n'avons plus à parler, et parmi lesquels se signalent les volcans, aboutissent à des profondeurs si grandes qu'ils vomissent des matières en fusion ignée. Les autres sont, ou ont été, le siége de circulations aqueuses qui transportent parfois divers matériaux soit de l'extérieur à l'intérieur ou de haut en bas (puits absorbants), soit dans le sens inverse (sources jaillissantes), soit même, pour des parts inégales dans les deux directions à la fois ou alternativement.

L'homme peut creuser des conduits analogues permettant

(*) Stanislas Meunier. *Bulletin de la Société impériale des Naturalistes de Moscou*, 1875.

d'apprécier le rôle des accidents naturels qui vont nous occuper. Les puits artésiens parfois fort profonds deviennent le siége d'un véritable alluvionnement vertical des plus intéressants à notre point de vue. Les puits artésiens de Grenelle et de Passy, dans Paris même, amènent au jour, au travers de toute l'épaisseur du terrain de craie, des sables verts, provenant du *gault*, distant de 500 mètres de la surface. Ces sables arrivés à l'extérieur, sont entraînés dans les conduits horizontaux et vont se stratifier à la manière des matériaux détrititiques superficiels ordinaires.

Parmi les conduits naturels qui donnent lieu à des phénomènes de ce genre, et que nous allons étudier, on peut distinguer deux groupes tout à fait principaux. Ce sont les failles et les puits naturels qui nous ont, les uns et les autres, précédemment occupés.

Il a été reconnu plus haut que le forage des puits naturels s'est fait de haut en bas et que ces cavités contiennent beaucoup de matériaux provenant de la surface. Cependant, certains éléments du remplissage ont une origine différente, et il convient d'autant plus de l'indiquer que l'on verra que les matériaux dont il nous reste à parler prennent rang parmi les alluvions verticales.

Ainsi, l'argile rouge contenue dans les puits du calcaire grossier se trouve être identique à elle-même dans une foule de localités très-distantes les unes des autres. Elle est aussi, comme on l'a vu, de plus en plus pure à mesure qu'on l'étudie dans des régions plus profondes de façon que certaines ramifications étroites fournissent une vraie lithomarge comparable à celle des filons. Dans les puits de Varreddes qui traversent le travertin de Saint-Ouen, les faits sont absolument les mêmes et l'argile rouge interposée entre les blocs de la tour naturelle de Frièges est encore pareille.

Nous avons analysé diverses variétés de ces argiles et les résultats, qui ne peuvent trouver place ici, nous ont montré la plus étroite analogie de ces substances avec les argiles nettement geysériennes qui accompagnent les minerais de fer en grains où les phosphorites tertiaires.

Cette argile rouge ne se trouve pas seulement d'ailleurs dans les puits naturels mais elle colore aussi l'assise de diluvium qui les surmonte et qui, connue sous le nom de *Diluvium rouge*, recouvre comme d'un manteau une partie de l'Europe.

La question est de savoir d'où provient cette argile rouge et à cet égard encore les opinions sont très-partagées. Un de nos archéologues les plus distingués M. Reboux, se basant sur des faits observés par lui en Norwège et en Suède pense que le limon qui nous occupe a été déposé par une neige, tombant à l'époque glaciaire, pendant des milliers d'années au bout desquelles elle s'est fondue en donnant lieu à des torrents d'eau auxquels on attribuerait peut être en partie le creusement de nos vallées. Malgré l'autorité justement acquise aux opinions de M. Reboux, et porté que nous sommes à penser qu'on a bien exagéré le rôle de la neige et de la glace à l'époque quarternaire, au moins dans nos environs nous émettrons le vœu que l'opinion qui vient d'être indiquée soit appuyée sur des fait plus précis et plus complets. Il faudrait par exemple, indiquer où la neige a pu se charger d'un limon si abondant et si constamment semblable à lui-même.

Nous avons déjà dit, que, si on examine la manière dont l'argile rouge est distribuée dans les puits naturels, on reconnaît bientôt que, bien qu'elle teigne toute la masse, elle est très-inégalement répartie dans les diverses régions de celle-ci. Elle forme comme une sorte de doublure de tous les puits. Dans le fond des puits parfois elle existe seule et l'on vient de voir qu'elle se retrouve dans les canaux d'ascension de diverses substances émises certainement de la profondeur et qu'elle est la gangue ordinaire des minerais de fer en grains de la Champagne et de la Franche-Comté. On la retrouve dans le Quercy avec les phosphorites si recherchées pour l'agriculture et qui résultent évidemment de concrétions fontigéniques. Enfin, pour borner nos exemples, elle figure au premier rang parmi les matières rejetées au dehors par les puits naturels du Val de Delémont en Suisse, si bien étudiés par M. Gressly.

Dans cette manière de voir, l'argile rouge de nos environs serait sortie par les puits pour venir teindre le diluvium, primitivement gris, qu'elle caractérise maintenant. Les eaux qui la charriaient sous forme d'alluvion verticale et qui, dans tant de régions ont déposé des substances d'origine chimique, pouvaient d'ailleurs jouir de propriétés dissolvantes par lesquelles s'expliquerait l'absence des fossiles dans le diluvium rouge, alors qu'on les retrouve avec tant d'abondance dans les assises du même âge mais non rubéfiées.

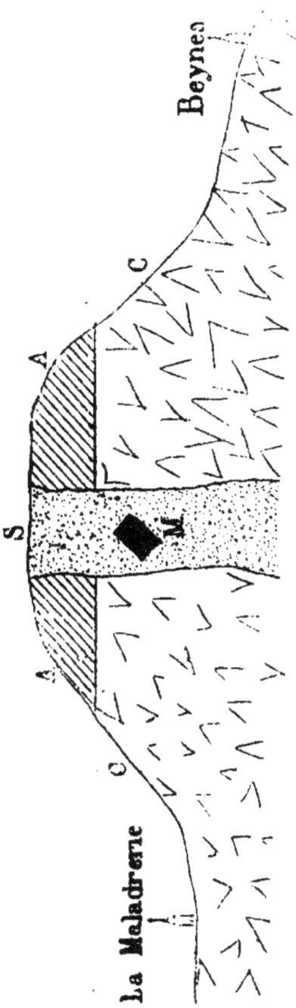

Quant à la région où les eaux ascendantes ont été arracher la substance argileuse, c'est ce qu'il est impossible de préciser et l'on peut penser qu'elle résulte du mélange d'éléments fournis par des couches diverses. Ce qui le montre, c'est le mélange avec elle de sable provenant de la dissolution même du calcaire grossier, toujours impur et quartzifère. C'est un point sur lequel nous aurons à revenir et il faut retenir surtout de ce qui précède que les puits naturels ont, dans beaucoup de cas, livré passage à de vraies alluvions verticales.

Parmi les failles qui ont également livré passage à des alluvions verticales il faut citer celle de la Maladrerie de Montainville que nous avons déjà citée à propos de la dénudation (*fig.* 32). On se rappelle que dans ce point, la faille est ouverte au travers de la craie à *Micraster cor anguinum* C, et de l'argile plastique A, qui lui est immédiatement superposée. Son épaisseur est de plusieurs mètres et le sable qui la remplit offre à l'examen lithologique des grains de nature très-variée (*).

Fig. 32. — Coupe de la colline de la Maladrerie montrant la disposition du sable éruptif s au travers des couches de la craie C et de l'argile plastique A. M bloc de meulière.

(*) STANISLAS MEUNIER, *Comptes rendus de l'Académie des sciences*, t. LXXXI p. 164, 1875.

Soumis au lavage il abandonne un limon très-fin, micacé et de nature kaolinique. Il est absolument infusible au chalumeau et cuit en restant blanc. Le lavage en question s'est parfois réalisé spontanément dans la nature et, dans certaines portions du filon, c'est le limon qui remplit toute la faille. Le limon donne souvent par les acides une très-légère effervescence; elle est due sans doute à du calcaire provenant d'infiltration.

Le gravier extrait par la lévigation a été soumis à un triage qui a fourni un très-grand nombre d'espèces de grains dont nous ne mentionnerons ici que les principales.

Ce qui abonde surtout c'est le quartz. Il se présente à plusieurs états. Des cristaux souvent très-nets se montrent quelquefois, nous en conservons où la pyramide à six faces est à peine émoussée. Beaucoup de grains laissent voir aussi des vestiges de cristallisation. Les grains les plus fréquents, sans comparaison, consistent en quartz hyalin, mais absolument dépourvu de forme cristalline et renfermant très-ordinairement des bulles de gaz et de liquides comme le quartz ordinaire des granits. — D'autres grains sont laiteux comme le quartz de filons si fréquents au travers des roches cristallines. Ça et là se montrent des grains vivement colorés en jaunâtre, en rougeâtre ou en noirâtre. Parmi eux, il en est qui semblent consister en silex, au moins d'après leur cassure et leur inaction sur la lumière polarisée. Enfin certains échantillons de nature quartzeuse paraissent être formés de grès, de quarzites et de meulières, de couleurs et de structures variées.

A côté du quartz ce qui domine c'est le feldspath. Le feldspath inaltéré est toutefois extrêmement rare. On le reconnaît surtout à son clivage et à sa friabilité, car par son éclat et sa couleur il se rapproche beaucoup du quartz laiteux mentionné tout à l'heure. Plusieurs petits grains sont constitués par du feldspath grenu comme les leptynites ou par du pétrosilex agathoïde.

Mais c'est sous la forme de fragments crayeux à peine jaunâtres que le feldspath se montre surtout. Il est alors identique à certaines variétés qu'on peut recueillir à Chanteloube par exemple et qui forment un passage entre l'orthose intacte et le kaolin proprement dit. Cette matière est encore fusible mais son aspect est déjà terreux; on y retrouve les clivages de l'orthose qui sont même devenus beaucoup plus faciles qu'avant l'altération. La présence simultanée dans le sable granitique du feldspath intact, du kaolin et de ce minéral intermédiaire paraît très-digne d'attention. Elle peut éclairer à la fois le mode de formation du kaolin et le régime des eaux qui s'élevaient dans les failles.

Nous aurons énuméré les parties les plus facilement déterminables du sable en question, quand nous aurons signalé des débris de corps organisés silicifiés. Ils sont extrêmement rares mais parfaitement caractérisés. Nous avons isolé spécialement des fragments de polypiers dont l'âge pourra sans doute être déterminé.

Comme nous l'avons déjà dit, nous passons sous silence un grand nombre de substances représentées par trop peu de matière pour pouvoir être complétement étudiées; mais ce qui précède suffit pour montrer combien est complexe la nature du sable de la Maladrerie. Cette complexité tient évidemment aux causes multiples d'où il résulte. Avant tout, le granit constituant le soubassement de nos terrains stratifiés a été attaqué par des eaux sans doute chaudes et peut être chargées de principes salins ou acides. La kaolinisation du feldspath, opérée vraisemblablement par les eaux ou par les agents externes, postérieurement à l'ascension du sable n'a pas été complète et c'est pour cela que le kaolin est accompagné de feldspath seulement crayeux et même intact.

A cet égard nous dirons que des expériences nombreuses, exécutées au laboratoire de géologie du Muséum de Paris nous ont fait voir que la transformation du granit le plus compacte en arène tout à fait friable peut être obtenue de la manière la plus simple par l'application sur la roche de la chaleur rouge. Un appareil spécial nous a permis d'étudier l'action simultanée de cette température, de l'acide carbonique et de la vapeur d'eau sur des fragments granitiques. Après plusieurs heures nous n'avons pas constaté d'action décomposante sensible sur le feldspath.

Quoi qu'il en soit, dans la faille de la Maladrerie, l'eau jaillissante a entraîné les matériaux granitiques au travers d'une épaisse succession de couches stratifiées dont les éléments insolubles entrèrent en mélange avec les minéraux cristallins. Les silex surtout et les grès ont présenté des conditions favorables. Enfin on vient de dire que quelques coquilles silicifiées ont exceptionnellement échappé aux causes de démolition si nombreuses dans le courant sableux.

Nous avons mentionné, p. 109, comme jetant du jour sur la dénudation subie par le point où on l'observe, un fragment de meulière recueilli au milieu même de la masse sableuse. Il convient d'ajouter que ce même fragment (M, *fig.* 32) a fourni des données quant au régime de l'eau qui a charrié dans la faille les matériaux minéraux qui viennent d'être examinés (*). On se rappelle que cette meulière est vacuolaire. Or, dans les parties centrales du bloc, les vacuoles sont à peu près vides et traversées par des lamelles de silex. Vers la périphérie les vacuoles se présentent tout autrement; elles sont en effet remplies d'un sable très-fin, brillant, sec et rude au toucher. Ce sable sur lequel j'appelle l'attention d'une manière spéciale est insoluble dans les acides et dans les lessives alcalines. L'acide fluorhydrique l'attaque et il se dissout dans la potasse fondue. On n'y reconnaît que de la silice. Au microscope, il apparaît comme exclusivement formé de cristaux de quartz, absolument réguliers, bipyramidés, n'offrant que très-rarement une tendance au groupement; il faut les avoir vus pour se faire une idée de la perfection de ces cristaux, bien différents de tous ceux que fournissent les couches parisiennes. Il suffit de comparer le sable qui nous occupe à celui que fournissent les caillasses et qui est considéré comme formé de quartz cristallisé, pour voir combien les conditions étaient, dans la Maladrerie, plus favorables à la cristallisation. J'ai examiné le quartz des caillasses recueilli à Puteaux, à Issy, à Nanterre, au Moulin de Jaignes (Seine-et-Marne), etc.; dans tous les cas, les grains sont évidemment cristallisés et très-actifs sur la lumière polarisée; mais aucun n'est tout à fait entier et l'immense majorité présente les formes fragmentaires les plus irrégulières. A la Maladrerie au contraire, non-seulement les cristaux sont parfait, mais leurs dimensions sont très-voisines les unes des autres. Les plus petits ont, en longueur, $0^{mm},0165$ et en diamètre $0^{mm},0099$; les plus gros $0^{mm},0561$ de

---

(*) STANISLAS MEUNIER, *Comptes rendus de l'Académie des sciences*, t. LXXXIII, p. 576, 1876.

longueur et $0^{mm},0297$ de diamètre. Le plus grand nombre est voisin de la moyenne entre ces extrêmes; les dimensions qui paraissent revenir le plus souvent sont : longueur $0^{mm},0264$, diamètre $0^{mm},0137$. Un trait caractéristique de ces cristaux est de présenter vers leur centre de figure un amas de matière étrangère noirâtre très-peu abondante et qui paraît avoir été refoulée comme par une sorte de liquation lorsque la substance quartzeuse cristallisait; disposition analogue à celle des chiastolithes. Une matière noirâtre analogue à celle des cristaux, mais beaucoup plus abondante, se présente dans la masse même de la meulière, où l'on remarque, comme dans divers autres silex, que les vacuoles sont souvent encadrées de couches successives plus ou moins épurées contrastant avec la matière moins choisie qui se trouve plus loin.

Comme on voit, l'état minéralogique de la meulière qui vient d'être décrite montre nettement les actions développées dans l'intérieur du filon lors de l'ascension de l'alluvion verticale. La présence de la croûte pseudoscoriacée ét surtout celle des cristaux de quartz dans les vacuoles, affirment une véritable influence métamorphique éprouvée par la pierre siliceuse. Les cristaux indiquent même davantage, étant tout à fait comparables à ceux que M. Daubrée a obtenus dans les tubes où il avait soumis du verre à la corrosion de l'eau surchauffée.

Ce qui précède suffit pour faire voir que les alluvions verticales sont loin de constituer des exceptions dans la série des espèces stratigraphiques. Nous allons montrer qu'elles ont à diverses époques joué un rôle considérable.

Tout d'abord, il convient de se demander à quel moment de l'histoire du globe remonte l'ouverture des puits et des failles qui leur ont livré passage.

Il y en a de l'époque actuelle : nous avons déjà cité les forages artificiels comme celui de Grenelle; toutes les eaux jaillissantes et beaucoup de sources amènent au jour de vraies alluvions verticales. Pour la faille de Vernon et de Mantes, il paraît bien établi que son ouverture date de l'époque où se déposaient les meulières supérieures et l'on peut croire, d'après ce que nous avons exposé, que la sortie des sables a pu se faire pendant un temps prolongé.

15

Les puits naturels offrent cette circonstance, qui paraît constante, de venir déboucher dans les couches actuellement les plus superficielles, ce qui résulte de leur mode même de forage que nous avons vu avoir eu lieu de haut en bas. En Angleterre ils s'ouvrent *sous* le pliocène ; en France *sous* le diluvium : mais ils sont postérieurs à ces terrains puisque ceux-ci ont pénétré lentement, au fur et à mesure du forage dans leur cavité sans cesse plus profonde.

Toutefois divers faits, qu'il faut résumer maintenant, montrent que les alluvions verticales ont contribué à l'édification de certaines couches quaternaires et même de certaines couches tertiaires non remaniées. Le phénomène que nous étudions est donc bien plus ancien qu'il ne paraît à première vue.

L'apport dans le diluvium de l'argile qui le teint si fréquemment en rouge nous a déjà occupé, et l'on a vu comment, de ce chef, les alluvions verticales émises par les puits naturels ont contribué à l'édification de couches quaternaires. Les failles paraissent avoir agi d'une manière analogue, comme nous allons le montrer.

Beaucoup de géologues pensent que des actions d'une énergie exceptionnelle sont nécessaires pour expliquer le mode de formation des dépôts diluviens. D'autres, au contraire, cherchent à prouver que l'existence des gigantesques courants qui, suivant les premiers, caractériseraient l'époque quaternaire, n'est aucunement démontrée et croient reconnaître que les causes actuellement agissantes sont capables de donner lieu aux mêmes effets. Un grand nombre d'observations nous conduisent à nous ranger à cette dernière opinion, et sans développer ici tous les détails de la question, nous dirons notre manière de voir sur le soi-disant diluvium des plateaux qu'on observe sur tant de hauteur, autour de Paris.

Ce diluvium, extrèmement complexe renferme des éléments dont l'origine est très-diverse. Nous n'avons en vue en ce moment que ceux dont la nature est évidemment granitique et qui consistent spécialement en quartz et en feldspath.

On a généralement cherché à en expliquer la présence par la supposition de grands courants apportant sur les coteaux le produit de la désagrégation des roches des massifs granitiques les moins éloignés. Or, on imagine ce que devraient être de semblables torrents pour charrier ces grains pierreux à de pareilles hauteurs à des centaines de kilomètres de distance.

C'est en présence de cette difficulté que la pensée nous est venue de comparer les grains granitiques en question à ceux que contiennent les alluvions verticales telles qu'on en a décrit précédemment à la Maladrerie. On arrive ainsi à en reconnaître l'identité complète, et dès lors il est évident qu'on doit renoncer à l'hypothèse non justifiée de grands courants horizontaux pour admettre l'origine profonde des matériaux en question.

Un des repères les plus nettement caractérisés de la géologie parisienne consiste dans la couche glauconienne plus ou moins mince qui forme comme le soubassement du calcaire grossier. Malgré son épaisseur parfois très-faible, on le retrouve avec le même aspect sur une très-vaste surface. Cependant, si l'on compare entre eux des échantillons provenant des diverses localités où la couche a été mise à découvert, on ne tarde pas à reconnaître à côté de caractères constants, des différences notables. L'étude des uns et des autres peut conduire, surtout en ce qui concerne les alluvions verticales, à des conséquences intéressantes. Nous avons examiné surtout des échantillons recueillis par nous-même à Vaugirard, à Sèvres, à Cordeville (près l'Isle-Adam), à Montainville, à Chaumont en Vexin, à Trolly-Breuil dans la forêt de Compiègne, à Vauxbuin près de Soissons, etc. Passant sous silence les résultats fournis par les trois premières localités et par la dernière, parce qu'ils font double emploi avec ceux qui vont être exposés, nous rapporterons successivement ce qui résulte de l'examen lithologique du sable à glauconie des autres points énumérés.

La couche se présente à Montainville, au-dessus de l'argile plastique qui la sépare du calcaire pisolithique et est surmontée par le calcaire grossier inférieur. On y recueille au moins trente espèces de fossiles dont le plus caractérisque est le *Cardita planicosta* (Lamk.). Parmi les fragments lithoïdes qui constituent le sable, les plus apparents sont des silex, atteignant parfois le volume du poing et identiques par leur forme arrondie, avec les galets de la plage de Dieppe, par exemple. En les brisant on reconnaît que les uns sont uniformément noirâtres, tandis que d'autres sont zonaires, reproduisant les deux variétés principales de silex de la craie supérieure. Ceci mérite d'autant plus d'être noté, que celle-ci n'est nulle part en place dans le voisinage immédiat de Montainville. Cette localité est établie sur le calcaire pisolitique, reposant sans intermédiaire sur la craie à *Micraster cor anguinum*. Beaucoup de ces silex présentent l'altération farineuse superficielle, et l'on trouve à côté d'eux un très-grand nombre de petits cailloux de même nature mais devenus entièrement friables. Ceux-ci contrastent par leur forme avec des fragments anguleux quoique polis sur toutes leurs surfaces et qui n'ont subi aucune altération : vu leur opacité complète, même sur les arêtes les plus minces, on doit les considérer comme étant de nature jaspique. A côté de ces matériaux siliceux, il faut citer des fragments peu nombreux d'un calcaire à grains grossiers coloré par la limonite et dont l'âge géologique n'a pu être déterminé, et nous passons sous silence un certain nombre de grains jusqu'ici indéterminés. Mais ce qu'il importe de signaler, c'est la présence de très-nombreux grains de quartz hyalin, limpides ou laiteux, contenant des intrusions de gaz ou de liquides, comme on en observe si fréquemment dans le quartz des granits. Son origine granitique est affirmée encore par son abondance qui écarte l'idée qu'il puisse dériver des géodes cristallines si souvent contenues dans les silex de la craie. Qu'on examine le sable actuel de la plage de Dieppe, et l'on verra combien le quartz hyalin est rare. D'ailleurs, et ceci achève la démonstration, le cristal de roche de Montainville est mélangé d'une forte proportion de grains analogues plus ou moins fibreux et tout imprégnés de matière verte, épidote, clinochlore ou autre, comme on en observe dans les roches schisto-cristallines. Pour le dire en passant, c'est peut-être à une altération spéciale de cette matière verte, qu'il faut rapporter l'origine même de la glauconie proprement dite, laquelle, dans le sable que nous étudions, constitue une foule de grains d'un vert sombre passant au noir.

En résumé le sable à glauconie de Montainville résulte du mélange de fragments granitiques avec des matières fournies par les assises supérieures du terrain crétacé.

A Chaumont en Vexin et au Vivray, la composition de la couche à glauconie n'est pas exactement la même qu'à Montainville. D'abord, cette couche y est plus épaisse et sépare le calcaire grossier des sables dits à *têtes de chat* (à cause des concrétions tuberculeuses qu'ils contiennent). Les grains anguleux et polis signalés plus haut apparaissent encore, mais ils sont passés à un état voisin de l'argile, ce qui confirme d'ailleurs leur rapprochement avec le jaspe. Le quarz de granit est extrêmement abondant et, comme pour bien témoigner de son origine primitive, il est accompagné de quelques rares grains de feldspath orthose. J'en conserve un petit échantillon n'ayant subi aucune altération et montrant un clivage extrêmement brillant. On revoit encore le quartz plus ou moins fibreux et pénétré des silicates verts, rappelant les roches schisto-cristallines; les grains glauconieux sont très-nombreux. Mais nous avons à signaler des roches non mentionnées précédemment.

Tout d'abord un grès quartzeux violacé dont les caractères se retrouvent dans le grès à inocérames de Frécambault près Saint-Florentin, dans le département de l'Yonne. Ce dernier appartient à l'étage du gault qui paraît bien, comme d'autres faits vont nous le montrer tout à l'heure, avoir fourni des éléments à la couche qui, autour de Paris, préludait au dépôt du calcaire grossier. Le calcaire est représenté dans le sable de Chaumont par trois variétés de fragments bien distinctes. Les uns sont de la craie blanche, reconnaissable au microscope et à tous ses caractères. D'autres, qui sont gris et friables, rappellent les couches de craie chloritée de Beauvais, de Bellesme et du cap La Hève. Il en est enfin qu'on ne pourrait distinguer d'une roche arénacée du mont Aimé (Marne), dépendant du calcaire pisolithique.

Le sable de Chaumont en Vexin offre donc à l'examen lithologique des fragments granitiques mélangés à des grains paraissant provenir du calcaire pisolithique, de la craie blanche, de la craie chloritée et du gault, c'est-à-dire des principales assises du terrain crétacé.

A Trolly-Breuil, près de Cuisse Lamotte, dans la forêt de Compiègne, se trouvent des matériaux lithoïdes très-variés en tête desquels se remarquent encore les diverses variétés de quartz granitique. La plupart des grains quartzeux sont laiteux avec des bulles liquides ou gazeuses; mais il y en a de limpides et dans le nombre de rosés; certains d'entre eux sont imprégnés de la matière verte déjà signalée. Le silex est représenté par des fragments anguleux noirâtres, très-nets, mais moins abondants que les fragments de jaspe. Ceux-ci, de nuances variées, se présentent souvent avec des caractères d'autant plus remarquables qu'ils sont les mêmes, malgré la distance, dans la couche correspondante de Sèvres : c'est-à-dire avec une teinte rosée ou violâtre très-spéciale et une structure caverneuse un peu meuliériforme. Je ne mentionne pas tous les grains que l'on peut isoler du sable de Trolly-Breuil, mais je citerai certains grains brunâtres, polis, fragiles et peu durs, que l'essai chimique fait reconnaître comme riches en phosphates de chaux. La présence, dans des couches voisines, de nombreuses dents de squales pourrait faire croire qu'il s'agit là de débris analogues, mais l'examen de la structure suffit pour mettre en garde contre cette assimilation inexacte et tout porte à rapprocher les grains phosphatés de Trolly, des rognons de phosphorite du gault. On se rangera d'autant plus volontiers, je pense, à cette opinion qu'il est facile de s'assurer que la couche de Trolly-Breuil ressemble intimement dans son ensemble au grès glauconifère avec quartz et silex de l'étage du gault que l'on rencontre par exemple à Novion (Ardennes).

Le sable à glauconie de la forêt de Compiègne admet donc en mélange des débris granitiques et des matériaux provenant des assises inférieures du terrain crétacé.

C'est à un horizon un peu plus ancien que se rencontrent, aux environs de Montereau et dans beaucoup d'autres localités, des sables subordonnés à l'argile plastique et contenant en abondance le quartz granitique. Le kaolin y est abondant et la liaison de ce dernier avec l'argile plastique proprement dite paraît de nature à éclairer la vraie origine encore douteuse de celle-ci. On y observe une proportion très-notable de silex pyromaque, provenant de la craie et finement broyé.

Ce qui conduit d'une manière irrésistible à regarder ce sable comme se rattachant aux alluvions verticales, c'est son analogie avec le sable de Thiverval dont la composition lithologique de même que la liaison avec le sable déjà décrit de la Maladrerie rendent l'origine incontestable.

Le gisement géologique du sable de Thiverval est fort inté- . ressant, à plus d'un titre. Il repose sur la craie à *Micraster cor anguinum* et supporte une sorte de conglomérat crayeux très-remarquable. Plus haut viennent successivement la glauconie supérieure très-fossilifère et diverses couches de calcaire grossier inférieur. Sa puissance est de plus de trois mètres et sa constitution lithologique assez compliquée. Traité par les acides il donne lieu à une effervescence sensible due au mélange d'un limon crayeux plus ou moins abondant suivant les points. Le lavage en sépare du kaolin très-pur et absolument identique à celui de la Maladrerie décrit plus haut. Le gravier qui reste après la séparation du kaolin contient du quartz de granite, incolore, blanc laiteux, rose ou jaunâtre, pourvu de bulles et très-abondant. Le feldspath plus ou moins altéré s'y montre à chaque instant. La masse est toute remplie de très-petits éclats de silex pyromaque noir, provenant de la craie et donnant à la roche arénacée, souvent agglutinée en grès, un aspect tout spécial. Nous y avons reconnu aussi des grains noirs absolument opaques sur les bords minces et qui paraissent devoir être rapprochés du jaspe.

Les faits qui viennent d'être exposés rapidement paraissent susceptibles d'une interprétation très-simple. On a vu qu'on peut toujours distinguer dans les sables décrits ci-dessus des matériaux dérivant de formations stratifiées plus anciennes et de matériaux provenant du granit.

Ces derniers semblent à première vue avoir été portés où on les observe par des courants horizontaux comparable, à l'époque éocène, à ceux que beaucoup de géologues admettent pendant la période dite diluvienne. Cependant, nous comprenons bien mieux qu'il représente le produit d'éruptions artésiennes analogues à celles qui, bien plus récemment, ont amené au jour les sables kaoliniques de la Maladrerie. La forme des grains de quartz est la même dans les deux cas et le feldspath lui-même se montre dans le sable éruptif proprement dit. Quant au kaolin, il a été mélangé aux argiles et aux limons voisins, roches qui, d'après les études récentes, sont toutes chargées de kaolin.

Quant aux matériaux d'origine stratifiée contenus dans les sables tertiaires et spécialement dans les sables glauconieux, leur disposition aussi bien que leur nature semble être caractéristique. L'aspect premier de la couche répond à ce qu'on appelle le *facies littoral*, mais la forme générale est plutôt celle d'un fond de mer tout entier. Pour concilier ces deux conditions d'apparence contradictoire il suffit de se transporter sur le rivage actuel de la mer, dans un point où la dénudation s'exerce avec activité. Le littoral sud de l'Angleterre, par exemple, fournit à un moment donné un cordon de galets qui s'accumulent au pied de la falaise. Mais, par suite des progrès rapides de la mer sur la terre ferme, ce cordon se comporte comme s'il pénétrait progressivement dans le bassin marin ; relié d'une manière intime aux galets dont la formation a suivi la sienne, il est devenu l'un des éléments d'une nappe caillouteuse.

Nul doute, surtout après les faits exposés plus haut, page 125 et suivantes, qu'une pareille nappe ne s'étende sur tout le fond de la Manche, cumulant l'aspect littoral et la forme pélagique que nous venons de reconnaître dans la couche à glauconie. D'ailleurs, dès qu'un point de la nappe de galets se trouve suffisamment éloigné de la côte, par suite de la retraite de celle-ci, pour que les mouvements de la vague ne s'y fassent plus sentir, un sédiment fin peut s'y déposer entre les silex et les mollusques à test délicat peuvent s'y établir. C'est exactement de même qu'à Montainville, on extrait avec surprise une foule de coquilles fragiles, d'une couche remplie de grosses pierres arrondies. Notre remarque nous parait devoir s'appliquer aussi, pour le dire en passant, au mode de formation du poudingue de Nemours, si intimement lié au travertin de Château-Landon et dont l'origine a fourni la matière de si nombreuses discussions. D'un autre côté, les variations que nous avons constatées suivant les localités dans la nature des grains constitutifs des sables à glauconie, résultent à la fois de deux causes distinctes.

La première, dont nous avons observé les effets dans la faille de la Maladrerie, est la contribution fournie par les couches stratifiées aux alluvions verticales dont le courant les traverse de bas en haut. La seconde réside dans la variation des falaises qui bordaient la mer tertiaire aux points considérés.

A ce dernier égard, on reconnaît en effet que sur nos côtes, dans les conditions ordinaires et à part ce qui concerne les limons les plus fins, les éléments des sables marins dérivent en général de la falaise la plus voisine. Un fait particulièrement significatif dans le sujet qui nous occupe concerne le sable actuel de la plage de Dieppe que nous avons spécialement étudié. Malgré la proximité des falaises granitiques du département de la Manche, on n'y recueille des débris de roches cristallines que d'une manière tout à fait exceptionnelle; et c'est même une raison de plus pour ne pas croire à l'origine superficielle du quartz et du feldspath dont nous parlions tout à l'heure dans les formations tertiaires.

De telle façon qu'il paraît résulter, des études lithologiques qui viennent d'être résumées, des notions relatives :

Les unes, à la constitution profonde des points sur lesquels sont recueillis les sables, admettant des éléments d'origine artésienne ;

Les autres à la situation et à la composition des falaises détruites par dénudation à l'époque tertiaire.

L'importance de ce sujet nous engage à ajouter que des études récentes nous ont conduit à ranger les sables diamantifères de l'Afrique australe parmi les alluvions verticales. Ces sables se présentent, en effet, dans de véritables puits naturels de très-grandes dimensions, et désignés dans le pays sous le nom anglais de *pans*.

Ayant eu entre les mains de nombreux échantillons provenant de la célèbre mine sèche de Du Toit's Pan, nous en avons fait l'objet d'un mémoire qui a été lu à l'Académie des sciences (*). Nous avons même été assez heureux pour que MM. les professeurs Daubrée et Des Cloizeaux, voulussent bien faire de ce tra-

---

(*) STANISLAS MEUNIER. *Comptes rendus*, t. LXXXIV, p. 250, 1877.

vail l'objet d'un Rapport (*) auquel nous emprunterons quelques observations :

« D'après la nature des substances associées au diamant et d'après la manière dont cet ensemble est enclavé dans les roches encaissantes, M. Dunn a conclu, dit le Rapport, que le diamant a été apporté de bas en haut enchâssé dans une roche éruptive. Si, à la surface du sol, on ne rencontre aucun vestige de cratère, c'est que, ajoute l'auteur, des érosions considérables se sont produites dans cette partie de l'Afrique depuis l'époque où les schistes ont été ainsi traversés par des roches ignées.

« Plusieurs géologues, parmi lesquels M. David Forbes, de très-regrettable mémoire, et M. le professeur Ramsay, ont adopté cette manière de voir.

« De son côté, dans un mémoire étendu et très-intérssant, sur le territoire de Grigualand-West, M. George Stow a fait connaître la constitution du pays adjacent à la région des puits à diamants ou « Pans », bien que la roche remplissant ces puits diffère tout à fait des dolérites qui forment comme on le sait, de très-nombreux filons et nappes éruptives dans cette partie de l'Afrique ; cette roche diamantifère paraît à M. Stow, de même qu'à M. Dunn, avoir été apportée de bas en haut. M. Stow, signale en outre, ce fait intéressant qu'il a exprimé sur une carte, que les pans sont, pour le plus grand nombre, distribués suivant une ligne à peu près droite, dirigée du nord-est au sud-ouest et sur une longueur d'environ 250 kilomètres.

« Comme document exact et particulièrement digne d'inrérêt, sur les roches diamantifères du sud de l'Afrique, il importe de rappeler l'étude qui en a été faite par M. le professeur Story-Maskelyne et le docteur Flight. »

Vient ensuite, dans cet important Rapport, l'analyse du Mémoire dont nous allons rendre compte :

Soumis au triage, les sables ont fourni, outre un limon fin, environ quatre-vingt variétés de grains distincts et étudiés successivement. Parmi ces grains, les uns sont des fragments de ro-

---

(*) Daubrée et Des Cloizeaux, *Comptes rendus*, t. LXXXIV, p. 1124, 1877.

ches diverses et les autres des minéraux proprement dits, parfois très-bien cristallisés. On peut, dans certain cas, reconnaître la roche d'où proviennent ceux-ci, divers fragments les montrant en association ; mais le plus souvent ils sont tout à fait isolés.

Ce qui domine, ce sont les débris d'une roche noirâtre, bréchoïde, douce au toucher, parfois friable et sur la nature de laquelle il semble qu'on ne soit pas arrivé avant nous à une solution satisfaisante. C'est avant tout, un silicate magnésien hydraté, renfermant un peu d'alumine comme il arrive à plusieurs variétés serpentineuses, surtout après diverses altérations. Les minéralogistes anglais voient dans cette matière le produit dérivé de roches fort différentes. M. Maskelyne (*) par exemple, est porté à penser que la roche qui nous occupe résulte d'un minéral augitique dont une partie de la chaux et de la silice aurait été séparée. M. Forbes (**) y voit un balsate, altéré selon le mécanisme décrit par M. Zirkel, qui a montré comment le péridot peut parfois passer à l'état serpentineux.

Mais comment admettre une si forte décomposition exercée sur ces corps quand d'autres minéraux plus attaquables, qui seront énumérés plus loin, sont restés intacts?

Au contraire, nous avons été frappé de l'étroite analogie de la roche de Du Toit's Pan avec les brèches serpentineuses altérées de beaucoup de région. Elle offre par exemple une ressemblance extrême avec la brèche de même composition des environs de Fiesole en Toscane et présente comme elle, un ciment de nature calcaire. Elle est comparable aussi à la brèche serpentineuse tendre et friable, en partie décomposée et passant à l'état terreux qui forme des amas presque verticaux du milieu des serpentines de Monte Catini.

D'autres faits appuient également notre manière de voir. Ainsi, on trouve dans le sable diamantifère des fragments plus gros que les autres et qui ont été (sans doute pour cela) moins altérés. L'un deux est très-franchement une serpentine, fort analogue à une

---

(*) STORY MASKELYNE.
(**) FORBES.

serpentine de Sainte-Sabine dans les Vosges. Des fissures le traversent, où se sont réunies des incrustations ocreuses.

Comme autre exemple, je citerai un fragment noirâtre grenatifère qui ressemble tout à fait, avec un peu moins de dureté, à la serpentine grenatique de Zœblitz en Saxe. Il n'y a pas à supposer d'ailleurs que cet échantillon représente simplement des grenats empâtés accidentellement dans un limon serpentineux, car la roche très-compacte qui le constitue est identique aux fragments même de la brèche citée en commençant. Sa structure au microscope, est entièrement cristallisée.

Enfin, plusieurs échantillons offrent des noyaux d'un rouge vif enveloppés de matière verte qui sont identiques à ceux qu'on pourrait détacher de la brèche serpentineuse qui se présente entre Sestri di Ponente et Voltri, dans les montagnes de Savone à Gènes.

Tous ces faits paraissent conduire à cette opinion, que la masse principale des sables de Du Toit's Pan consiste en fragments serpentineux altérés.

Les minéralogistes anglais admettent la présence de l'euphotide dans les sables diamantifères et vont jusqu'à supposer que cette roche constitue la matrice même du diamant. Cependant je n'ai rien rencontré qui puisse être considéré comme une euphotide même très-altérée. La vaalite seule, dont nous parlerons plus bas, pourrait à la rigueur être regardée comme de la dialage métalloïde en partie décomposée. Mais cette opinion, qui cependant ne paraîtrait pas inadmissible, est loin d'être celle des savants d'outre-Manche.

Les roches à base de grenat paraissent avoir contribué très-activement à la production du sable diamantifère. Déjà nous avons mentionné une serpentine grenatique, mais c'est d'une autre source qui semblent dériver les nombreux grenats qu'on rencontre à l'état isolé.

La roche à laquelle nous faisons allusion est constituée par l'association du grenat avec la sahlite et un minéral blanc d'apparence feldspathique ; j'ajouterai en passant qu'un petit échantillon que je conserve contient, en outre, un minéral dont les nuances et l'éclat sont comparables à ceux du diamant, mais que je n'ai pu examiner d'une façon complète. C'est bien une roche normale et non un produit de trituration cimenté : un simple coup d'œil suffit pour s'en assurer. D'ailleurs l'association du grenat à la sahlite apparaît dans d'autres circonstances et il a été possible d'isoler d'une part, une sahlite contenant un gros grenat, autour duquel le premier minéral a parfaitement cristallisé et d'autre part, à l'inverse, un grenat qui renferme un très-joli petit cristal de sahlite.

La quantité de grenat et de sahlite est telle que certainement la roche d'où il dérive est importante et mériterait un nom particulier. Nous allons voir, en outre que la sahlite reconnaît un second gisement tout différent.

Parmi les grenats isolés on peut distinguer deux variétés principales : les almandins, souvent d'un beau rose, sont généralement à l'état fragmentaire ; d'autres grenats plus ou moins arrondis très-foncés et presque opaques, offrent une structure laminaire qui complète leur ressemblance avec le grenat galitzin des États-Unis.

Il faut mentionner une roche composée de grenats altérés, reliés par une matière argiloïde représentant évidemment un résidu de décomposition. Peut-être cette masse se rapprochait-elle des éclogites à l'origine.

La sahlite offre elle-même plusieurs variétés. A côté du type le plus net, reconnaissable au vif éclat de ses clivages et à sa belle couleur, se montrent des fragments presque opaques et d'un vert d'eau très-clair, que des transitions insensibles permettent de rapporter à la même espèce.

Nous avons dit que la sahlite ne dérive pas seulement des roches grenatiques. Elle entre en effet dans la constitution d'une roche spéciale où elle est associée à l'ilménite.

Une roche pyroxénique fait aussi partie des mêmes sables. Elle consiste dans l'association de la bronzite verte et brune à une substance de nature feldspathique. L'intérêt principal de cette roche consiste dans la lumière qu'elle jette sur l'origine de très-nombreux cristaux de bronzite qui remplissent le sable. Ils appartiennent à deux variétés caractérisées par leur couleur qui peut être d'un vert émeraude ou d'un brun plus ou moins foncé.

Les roches granitiques sont représentées par des échantillons peu nombreux. En tête doivent être mentionnés des grains de quartz brillant identiques au quartz de granit ordinaire.

Le feldspath, dont M. Maskelyne cite l'abscence dans les échantillons qu'il a examiné, s'est présenté plusieurs fois dans le cours de nos recherches. J'en conserve trois échantillons fort nets qui présentent les caractères des pegmatites, renfermant un peu de quartz et de mica magnésien.

On rencontre quelques fragments de vrai talcschiste. La nature de cette roche est d'autant moins douteuse quelle constitue en beaucoup de points le sol de la région diamantifère.

A la suite de ces diverses roches cristallisées mentionnons quelques-uns des minéraux trouvés à l'état isolé et dont la gangue primitive ne peut pas être déterminée sûrement. En première ligne des diamants, viennent ces remarquables *Diamants du Cap* qui ont la désagréable propriété de faire parfois explosion d'eux-mêmes, ce qui est d'autant plus regrettable que ce sont les plus beaux et les plus gros qui sont le plus sujet à cette infirmité. D'ordinaire la rupture se déclare dans le cours de la première semaine; mais trois mois après l'extraction il y a encore possibilité qu'elle se produise.

Viennent ensuite, parmi les minéraux des sables à diamants, les zircons, fort analogues à ceux du Brésil, mais en grains arrondis; l'amphibole trémolite; l'asbete; la vaalite, minéral fort abondant en grandes lamelles bronzées et verdâtres et dont la composition est celle des vermiculites: les zéolithes; la calcite; le craie, et des concrétions calcaires cylindroïdes dues sans doute à des infiltrations; l'opale; l'agate; le jaspe rouge; la pyrite de fer; etc.

L'analyse minéralogique qui vient d'être résumée paraît conduire, quant à l'origine et au mode de formation des sables diamantifères, à une opinion très-différente de celle qui a été jusqu'ici mise en avant.

Les géologues sont d'accord, comme on l'a vu, pour leur donner une origine profonde : la disposition des sables, en amas verticaux au travers de toute la masse des terrains encaissants n'autorise guère une hypothèse différente. Seulement tous les auteurs que nous avons consultés rattachent leur sortie à des phénomènes volcaniques et les présentent comme le résidu de l'altération sur place de roches pyrogènes émises à la manière des laves. C'est ainsi que M. Maskelyne arrive à la supposition que nous avons mentionnée.

Mais il ne paraît pas qu'on puisse adopter une pareille hypothèse, si l'on se rapporte à la liste qui vient d'être donnée des éléments constitutifs des sables. En laissant de côté les minéraux proprement dits, qu'on peut toujours supposer avoir été engendrés dans la masse par des procédés métamorphiques, il reste un certain nombre de roches complexes qui n'ont pu se produire avec des caractères si divers dans des conditions identiques pour toutes. La serpentine, la grenatite à sahlite, la pegmatite, le talcschiste, etc., en fragments distincts, si bien caractérisés, ne sauraient s'être formés ainsi d'un seul coup à l'état de mélange sous l'action des mêmes causes. Il faut, de toute nécessité, que chacune de ces roches ait été arrachée à un gisement spécial, puis charriée jusqu'au point où le mélange actuel a eu lieu.

Or, admettre d'un côté l'origine profonde des sables à diamants et, d'autre part, y reconnaître le produit d'un transport, c'est les ranger dans la même catégorie que les sables granitiques intercalés en amas verticaux au travers des terrains stratifiés, c'est-à-dire les comprendre parmi les alluvions verticales dont ils représentent un des types les mieux caractérisés.

Ajoutons que le rôle des alluvions verticales se manifeste dans une foule d'autres régions, parmi lesquelles nous nous bornerons ici à citer le midi de la France et spécialement les départements de la Drôme et des Hautes-Pyrénées. Pour le premier on peut se reporter à la description donnée dès 1835 par M. Scipion Gras de la formation tertiaire à laquelle il donne le nom de *premier terrain d'eau douce* (*). « Ce terrain, dit-il, frappe surtout par une indé-

---

(*) **Scipion Gras.** *Statistique minéralogique du département de la Drôme, etc.*, p. 118 et suivantes. Grenoble, 1835.

pendance complète des autres roches tertiaires; son étendue est quelquefois si petite qu'on serait tenté de le considérer comme un accident géologique; souvent isolé et non recouvert, il se trouve indifféremment dans la plaine ou dans le sein des montagnes, à des niveaux très-variables... « Le peu d'étendue de ces sables argileux, continue l'auteur, sables qui ne couvrent en quelque sorte que des points, en comparaison des autres terrains; leur variation de niveau, leur pureté extraordinaire, la difficulté de concevoir qu'ils aient pu être amenés de loin lorsqu'ils occupent le fond de vallées étroites, fermées de tous côtés par de hautes montagnes calcaires; enfin leur pénétration dans le terrain de la craie dont ils semblent quelquefois n'être qu'une continuation, m'ont souvent ramené à cette idée qu'ils étaient sortis du sein de la terre à l'endroit même ou près de l'endroit où on les observe aujourd'hui. » Toutefois on peut croire d'après divers passages de l'excellent livre que nous citons, que M. Gras, attribue à ces dépôts plutôt une origine chimique qu'une origine purement erratique; et c'est pour cela qu'il accorde aux sources jaillissantes le caractère de *sources siliceuses* dont elles n'ont pas eu besoin pour charrier des alluvions verticales.

Pour le département des Hautes-Pyrénées, j'ai principalement en vue une roche très-intéressante que j'ai soumise à une analyse lithologique complète. Cette roche qui constitue, sur la rive droite de l'Adour, en face du pont de Montgaillard, de vrais *filons* irréguliers, recoupe sous plusieurs angles et dans plusieurs directions des couches d'argile et de marne bigarrées sur lesquelles repose un calcaire d'âge crétacé. C'est une brèche très-compliquée où l'on reconnaît à première vue, à l'état de fragments très-distincts quoique fortement cimentés entre eux, du granit, de l'harmophanite, du calcaire compact, du talcschiste, du phyllade etc. Cette brèche anomale, si singulière, dont la collection géologique du Muséum conserve des échantillons sous le signe 8. X. 260, est pour nous l'un des plus beaux types d'alluvion verticale que l'on puisse voir.

Le mode de production des alluvions verticales est, comme nous l'avons vu, éclairé par ce qui se passe dans les canaux d'ascension des eaux artésiennes. Mais les causes actuelles naturelles ne sont pas moins éloquentes et nous ne pouvons en citer un meilleur exemple que ce que présentent, sur le Mississipi, les îles de boues ou *Mud lumps.*

Le premier témoignage qui concerne les îles de boue du Mississipi est celui des ingénieurs français qui, dès l'origine de la colonisation de la Louisiane, examinèrent l'entrée du fleuve avec un soin vraiment admirable. Voici ce qu'on lit dans le procès-verbal dressé à l'île de la Balise, en 1726, par une Commission ayant pour objet d'examiner l'embouchure du fleuve, sonder les passes et connaître la solidité et l'étendue du terrain de cette station : « Nous avons pareillement remarqué, disent les Commissaires, que dans ladite île, il y a cinq sources qui jettent de l'eau salée sur les terrains *même les plus élevés.* Il y en a une auprès de la chapelle, qui est la plus considérable, où une perche de 18 à 20 pieds entre aisément, laquelle bouillonne en plein jour et jette un sel tout autour. Les autres n'ont aucune profondeur; à peine peut-on y faire entrer un bois d'un pied de long; mais nous croyons que toutes ces sources ne peuvent point détruire la solidité du terrain qui est bon et ferme par lui-même, étant joint à celui qui l'environne et qui dessèche presque à toutes les marées. Nous observons qu'il y avait ci-devant d'autres sources égales à celles ci-dessus qui ont été bouchées, et qu'il pourra en être de même de celles-ci. »

Ainsi le phénomène des sources boueuses, qui sont la plupart ou salées ou saumâtres, se trouve constaté dès 1726 et en même temps très-bien caractérisé, puisqu'on remarqué que ces sources jetaient leur eau sur le terrain même le plus élevé de la Balise. Quant à leurs dépôts, pour s'en faire une juste idée, il faut en remarquer d'abord la forme indiquée sur un double dessin fait par le capitaine Andrew Talcott, en 1836, et publié dans sa belle carte des bouches du Mississipi. On y voit deux mud-lumps s'élevant, l'un de 7 pieds et l'autre de 14 pieds au-dessus du niveau de la mer. L'un et l'autre sont en voie de destruction; mais il suffit de les regarder pour être convaincu que leur formation diffère essentiellement des atterrissements superficiels, lesquels restent toujours à fleur d'eau ou ne dominent que de quelques pouces le niveau du golfe.

La description de quelques-unes de ces îles nous initiera maintenant à leur genre de formation. L'une d'elles, que le professeur Forshey nomma *artésienne* à cause de ses sources, avait fait son apparition en 1832.

« Or, disait-il en 1850, elle a très-bien maintenu sa forme et ses dimensions jusqu'à présent. Sa longueur est d'environ 600 pieds, et le maximum de sa hauteur actuelle de 7 pieds 4 pouces. Non loin de sa pointe orientale est une source salée qui constitue le principal caractère de cette île et en explique la formation. Quand on s'en approche, on aperçoit un cône de 3 à 4 pieds de hauteur sur 50 de base, et du sommet duquel s'échappe continuellement une boue couleur de plomb, à laquelle se mêlent de temps à autre des émissions de gaz. La boue coule lentement sur les pentes du cône, jusqu'à ce que son eau s'évapore et qu'elle même se fixe et s'ajoute aux dépôts dont le cône va toujours s'accroissant. Cet accroissement continue jusqu'à ce que la source atteigne environ 7 pieds au-dessus des eaux environnantes ; elle s'arrête alors ; mais c'est pour aller faire irruption sur une place moins élevée où elle recommence le même genre de travail. La surface de l'île porte les traces de plusieurs *tumuli* semblables. Dans un sondage de la source fait avec un pont de bois improvisé, le plomb atteignit 25 pieds. Pareils sondages atteignirent ailleurs 26 mètres ; mais l'épaisseur de la boue y retint le plomb qui se perdit par la rupture de la ligne.

« Quant à l'eau, qui est très-salée et sans mélange d'autre goût, elle dépose son sel par évaporation, et l'île entière brille de cristaux de sel ainsi déposés sur son argile. »

Cette description indique déjà le rôle des sources de boue dans la formation des îles, et montre en même temps que ces dernières peuvent acquérir une superficie de plusieurs acres. La plupart des *mud-lumps* sont bien loin toutefois d'arriver à une pareille étendue, mais les plus petits n'en sont que plus intéressants à étudier, puisqu'on les voit à l'origine même de leur formation. Trois de ceux-ci se trouvent rapprochés dans *Blind-bay*, à un mille environ de la station des bateaux remorqueurs établie sur la Passe-à-Loutre.

Voici dans quelles conditions M. Thomassy les a trouvées en juin 1850 (*) :

Le premier des *mud-lumps* lui offrit une île de 20 à 25 pieds de diamètre, parfaitement circulaire et conique. Le sommet s'en élevait de 2 à 3 pieds au-dessus des eaux environnantes, et l'eau salée qui en coulait grosse comme le doigt, n'étant que de la boue liquide, continuait à accroître de ses dépôts le monticule qu'elle avait déjà formé. La salure de cette source marquait 3 degrés, tandis que celle de l'eau environnante n'était que de 0°,80. Une couronne d'herbe luxuriante couvrait et la base et le sommet de cette île, dont la partie intermédiaire était chauve et dépouillée de toute végétation par l'excès du sel. Le second *mud-lump* dépassait 4 pieds de hauteur sur un diamètre de 15 à 20 pieds. La source qui l'avait formé était également boueuse, mais plus salée; elle accusait au salomètre 3°,40, tandis que la pleine mer, en dehors de l'influence du Mississipi, avait donnée 3°,65. Quant aux eaux environnantes, leur salure accusait seulement 0°,90; d'où résultait que cette source avait aussi peu de rapport avec les eaux du littoral qu'elle semblait en avoir avec celles de la pleine mer. Cet accroissement de salure, par rapport au premier *mud-lump*, expliqua à l'auteur la présence du *salicornia*, ou plante à soude, qui croissait dans la section centrale du second monticule.

Le troisième qu'il examina était d'une forme et d'une dimension moindres que celles des précédents. La végétation dont il était entièrement recouvert pouvait faire croire tout d'abord qu'il n'y avait point de sources ; mais, entre les herbes vertes, on ne tardait pas à découvrir une source extrêmement fraîche : à 24°. quand les eaux environnantes en accusaient 27°.50 et l'air ambiant 26°,50. Cette eau était un peu saumâtre, comme celle des puits de la Nouvelle-Orléans, dont on ne sert que faute de meilleure boisson, ou seulement pour rafraîchir celle que l'on veut boire.

Ces trois îles naissantes, de même forme et de même origine, se distinguaient enfin par les bulles d'air ou de gaz hydrogène

---

(*) **RAYMOND**. *Essai sur l'hydrologie.*

qui sortaient avec leurs diverses eaux boueuses, ce qui donnait à celles-ci une apparence d'ébullition. Dans une fiole remplie à la première de ces sources, la boue se déposa entièrement en huit ou dix heures, formant alors plus d'un cinquième de volume total. Quant au gaz, il offrait d'abord une couche d'à peine un quart de ligne d'épaisseur ; mais, par des agitations successives de la fiole qui restait scellée, il décupla de volume, et le retour de l'eau à la limpidité s'opérait chaque fois plus rapidement. Ce gaz, à la sortie des sources, représentait parfaitement l'effet de l'air que l'eau, précipitée dans un conduit souterrain, y aurait entraîné avec elle. Il en sortait par soubressauts avec les boues liquides. Celles-ci frappèrent encore M. Thomassy par une absence complète de matières végétales, ce qui contribuait à donner à leurs dépôts l'adhérence qui les caractérise au milieu des terrains délayables et incohérents déposés par le fleuve.

« Le principe qui doit expliquer ces faits, dit l'auteur, est celui de la presse hydraulique dont les effets sont prodigieux et capables, comme on le sait, de faire éclater des portions de montagnes et de produire de terribles avalanches. De tels effets donnent une idée de la force de soulèvement exercée par des nappes souterraines, dont la colonne alimentaire serait, par exemple, auprès des Natchez, c'est-à-dire haute de 86 pieds, ou bien aux confluents, soit de l'Ohio, soit du Missouri, ce qui lui donnerait une élévation de 300 ou 400 pieds. Cette colonne alimentaire, ne fût-elle qu'un simple filet d'eau, ne perdrait rien de sa puissance, à moins qu'elle ne rencontrât une fissure ; auquel cas elle se produirait en source boueuse ; mais si, au lieu de fissure, elle trouve un bas-fond disloqué et qu'elle presse, je suppose contre un radeau, ce radeau se soulève comme ferait un vaste piston dont la hauteur et la durée de soulèvement est alors proportionnée à sa propre surface.

« De là ces îles des bouches du Mississipi ayant parfois une superficie d'un ou plusieurs acres et qui mettent des années entières à s'élever au-dessus des flots. Des fuites pourtant s'opèrent dans cette émergence et, à chaque fuite, correspond précisément une source avec son monticule boueux. L'île, décrite par le professeur Forshey, a plusieurs de ces *tumuli* et on les retrouve dans la plupart des soulèvements du même genre. Ainsi, tout se passe bien comme s'il y avait réellement la pression hydraulique dont nous parlons. Cette pression a d'ailleurs un terme et les fuites, au lieu de se réaliser de bas en haut, peuvent se faire latéralement, ou bien la colonne d'eau peut s'échapper au fond du golfe. Alors, plus de pression par en bas et l'île de s'abaisser, de se disloquer; puis les courants du fleuve et de fortes marées la rongent ou la font disparaître. »

Mais la boue, d'où vient-elle? à quelle formation a-t-elle été enlevée? Ce problème n'est pas sans intérêt. Le poser, d'ailleurs, c'est le résoudre; car pourrait-elle venir d'autre part que des mêmes conduits absorbants où s'engouffrent tant de masses d'eau du Mississipi. Toute autre supposition ne serait pas soutenable du moment que cette observation a été prouvée jusqu'à l'évidence.

Les dépôts de boues souterraines, si nombreux aux bouches du fleuve, proviennent donc de lui-même au moyen de ses branches cachées, dont il ne faut pas tenir un moindre compte que de ses embranchements apparents. Les *mud-lumps* font ainsi partie intégrante de ses alluvions; et bien que d'une formation très-distincte des sédiments de la surface, ils n'en doivent pas moins figurer dans le calcul des atterrissements du Mississipi.

Si un doute restait à cet égard, il disparaîtrait devant le fait que ces îles singulières surgissent surtout durant les hautes eaux, Cette coïncidence permanente indique nécessairement des relations de cause à effet, et démontre une fois encore l'influence des fonctions absorbantes du Mississipi sur la production des *mud-lumps*. Ce n'est point tout : un fait qui rentre dans le même ordre d'idées et n'est pas moins certain, c'est que les barres de ce fleuve empirent toujours durant les crues, c'est-à-dire au moment où les barres de tous les autres fleuves s'améliorent. Le Mississipi serait-il donc régi par des lois exceptionnelles? Cela peut être; mais, ce qui est plus sûr, c'est qu'il agit conformément à ses propres lois; aussi, durant les hautes eaux, ses passes ne manquent-elles jamais d'être soulevées et bouleversées en aval quand les colonnes alimentaires des *mud-lumps* s'élèvent de toutes parts en amont. Cette corrélation est constante, et elle ne saurait s'expli-

quer autrement que par la constance même des communications
souterraines entre les bouches du fleuve et son lit supérieur.

§ 4. — Terrains de transport aérien.

Nous n'avons pas encore énuméré toutes les variétés de terrains
de transport. Il en est en effet qui ne s'accomodent pas des diverses modes de formations indiquées ci-desus.

Ainsi, on donne le nom de lœss, déjà porté par des limons qui
nous ont occupé précédemment à des dépôts, de même composition minéralogique mais occupant des situations très-différentes.
A Meudon par exemple, pour citer un point dont l'étude est particulièrement commode, on constate des placages de lœss à
160 mètres, c'est-à-dire bien au-dessus de tous les points que la
Seine a jamais pu baigner. Dailleurs il n'est pas question de rattacher ces placages à l'exercice de l'alluvionnement vertical.

La *fig.* 33 indique grossièrement la situation de ce lœss, et

Fig. 33. — Disposition d'un placage d'origine atmosphérique de Lœss A, sur le flanc
d'un coteau composé de couches stratifiées diverses (de 1 à 6).

l'on voit comment il s'étend indistinctement, en stratification
tout à fait discordante, sur les assises des sables supérieurs (2),
des marnes vertes (3) et du calcaire grossier (4). Il est évident
que le dépôt de ce limon est postérieur à l'acquisition par la surface du sol de son modelé actuel; d'un autre côté, aucune action
aqueuse ne pourrait amener une formation pareille.

Le fait est loin d'être isolé et c'est ainsi que M. Raulin a décrit en Crête, un limon rouge qui, au plus hautes altitudes, recouvre les assises horizontales du marbre blanc.

Or ces diverses singularités semblent devoir être expliquées de la manière la plus complète par l'observation contemporaine de l'œuvre géologique des vents. Il faut à cet égard donner une place à part aux intéressantes observations faites au Mexique par M. Virlet-d'Aoust (*).

On y observe en effet, un terrain qui consiste en une masse argileuse et quelquefois argilo-marneuse, généralement jaunâtre, qui, non-seulement enveloppe complétement certaines montagnes isolées et plus particulièrement quelques volcans, mais encore constitue les flancs et la base de plusieurs chaînes de montagnes telles que celles du Papocatepelt et du Cetlatepelt ou d'Orizaba. Ce terrain s'observe sur les flancs de ce géant des montagnes mexicaines jusqu'à la limite de la végétation arborescente, qui s'élève elle-même dans cette région jusqu'à la hauteur de 3,800 mètres au-dessus du niveau de la mer; il y atteint souvent, surtout vers les bases, 60, 80 et jusqu'à 100 mètres de puissance.

Ce dépôt d'une composition assez homogène renferme cependant tous les blocs et fragments détachés et roulés des montagnes qu'il recouvre ; en sorte que, sur certains points, il semble ne constituer que le ciment d'un conglomérat formé de débris de roches sous-jacentes ; et comme il est en partie de formation très-moderne, puisqu'il continue à se déposer de nos jours. il présente généralement peu de consistance. C'est en un mot, un terrain assez meuble ; aussi quand les pluies torrentielles de cette région tropicale viennent à s'y précipiter, elles y forment en très-peu de temps des *Barrancas*, sorte de coupures extrêmement profondes où les grands arbres de la surface, à mesure qu'ils sont entraînés par les éboulements, vont s'engloutir avec les terres qui les accompagnent. et que le torrent rapporte bientôt ensuite sous forme d'alluvions dans la plaine.

M. Virlet-d'Aoust, avait d'abord pensé tout naturellement que ce terrain était, comme celui de la plaine, formé par les alluvions fluviales résultant de la désagrégation séculaire des roches qui

---

(*) Virlet-d'Aoust. *Bulletin de la société de géologie,* 2ᵉ série, t. XIII.

constituent les montagnes qu'elles recouvrent. Mais bientôt ce géologue s'aperçut que ce mode de formation ne pouvait rendre compte de l'espèce de calotte qui enveloppe entièrement les sommets isolés de la plaine. Quant à supposer qu'il aurait pu être soulevé en même temps que les chaînes elles-mêmes, cela n'est pas davantage admissible, puisqu'on y trouve parfois les débris de poteries et de bois carbonisés qui annoncent une origine, en partie au moins postérieure à l'existence de l'homme.

Enfin, en examinant la configuration de cette région du Mexique, on reconnaît qu'aucune des montagnes qui l'entourent, si l'on en excepte le *Nevada de Toluca*, autre volcan présentant à peu près la même série de faits géologiques, n'atteint la hauteur de la limite de la végétation arborescente, qui est en même temps celle du terrain qui nous occupe ; en sorte qu'il n'est pas admissible qu'il puisse jamais avoir été formé aux dépens de leurs débris. D'où proviennent donc les éléments qui les composent ?

« Telle est, dit M. Virlet-d'Aoust, la question que je m'étais posée bien des fois, lorsqu'en réfléchissant à l'un des phénomènes météoriques les plus curieux, que je crois particulier au grand plateau mexicain, *Mesa d'Anahuac*, du moins je n'ai eu l'occasion de l'examiner que là, j'ai cru en trouver l'explication toute naturelle. Ce phénomène qui m'avait vivement frappé lors de mon arrivée au Mexique est celui des trombes de poussières, désignées sous le nom de *remolinas de polvo*, ou tourbillons de poussière, que l'on voit très-fréquemment se former à la fois sur un très-grand nombre de points des plaines. Ces trombes (*fig.* 34) enlèvent la poussière qui les recouvre, laquelle tourbillone et s'élève en spirale, avec une grande activité, sous forme de colonnes très-minces jusqu'à des hauteurs considérables que je n'estime pas à moins de 500 à 600 mètres en moyenne, bientôt ces trombes se résolvent d'un côté, pendant qu'il en survient d'autres sur d'autres points : mais la poussière ainsi enlevée au sol reste en partie en suspension dans l'atmosphère et quelquefois en assez grande abondance pour que celle-ci en soit un peu obscurcie et prenne une teinte jaunâtre. »

Si l'on ajoute à ces faits que, dans les régions très-montagneuses, surtout quand les montagnes présentent des crêtes chargées

de glaces et de neiges perpétuelles, comme celles de la partie du
Mexique qui nous occupe, il existe, comme sur les rivages de la

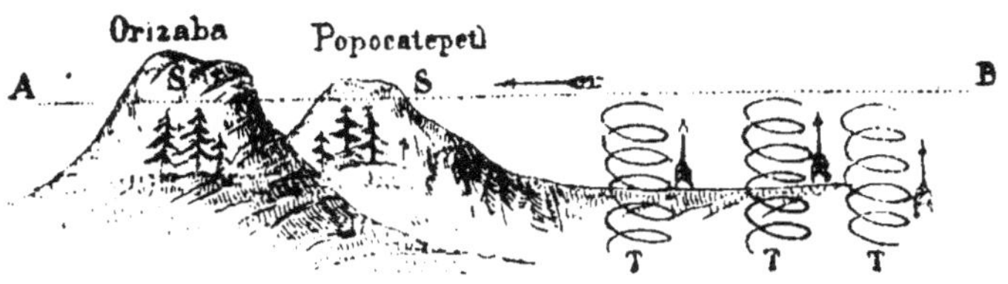

Fig. 34. — Schema montrant le mécanisme en vertu duquel se produit le terrain météorique sur le flanc des montagnes mexicaines). TTT tourbillons aériens qui élèvent
le sable jusqu au niveau AB où règnent les vents indiqués par la flèche. SS arbres qui
brisent le vent, déterminant la chute de la poussière.

mer, des courants d'air intermittents qui se chargent de transporter dans un sens ou dans un autre, et jusque dans les régions
les plus hautes, la poussière enlevée à la plaine, on concevra facilement que partout où cette poussière rencontrera une végétation arborescente, elle devra être arrêtée et fixée au sol; tandis
que celle qui se dépose sur les pentes dénudées, où rien ne peut
la retenir, est bientôt rendue aux vallées, où elle est de nouveau
entraînée par les eaux pluviales. On concevra donc facilement
aussi, d'après ces faits, qu'un transport aérien semblable et souvent répété doit arriver à constituer encore assez rapidement un
sol ou à accroître beaucoup celui qui existait déjà, quand il reçoit le concours d'une forte végétation.

Remarquons d'ailleurs que si au Mexique le phénomène des
trombes continue à rendre la formation des terrains aériens plus
rapides, ailleurs l'action de certains vents régnants ne doit pas
moins concourir à la formation de dépôts analogues, et il est
très-probable que beaucoup de ces dépôts, considérés jusqu'ici
comme le résultat des seules eaux pluviales, seront rangés parmi
les formations aériennes, ou tout au moins devront être considérés comme ayant une origine mixte, c'est-à-dire, comme dus
au concours simultané d'alluvions pluviales et aériennes.

Nous sommes très-disposé, pour notre part, à ranger le lœss
parmi les formations dont il s'agit. Et il faut bien faire voir à
cette occasion, par l'énumération de plusieurs faits bien constatés,

que les chutes de poussière atmosphériques sont en effet très-fréquentes et très-abondantes.

Dans un travail sur le Bannu, district du Penjab, dans l'Indoustan, Thoburn décrit la manière dont sont soulevés les nuages de poussière (*). D'après lui, le Marwal, lac desséché, est aujourd'hui une vaste plaine dénuée d'arbres et couverte de sables onduleux. Cotoyée par des couches d'une argile molle et visqueuse, sillonnée par des cours d'eau profondément encaissés, ayant à sa surface du gravier alternant avec des prairies, elle offre çà et là des pierres arrondies que le peuple appelle *pierres d'enfer* à cause de leur teinte noire et fuligineuse due probablement au contact du sable et de la boue. Vue en automne ou par un temps de sécheresse, la plaine de Marwal ressemble à un désert, triste et lugubre patrie des vents mugissants ; dans les mois brûlants de l'été sa surface est balayée par les vents furieux qui soulèvent des nuages de poussière. Mais à la fin du printemps, quand le sol a été humecté par les pluies, on dirait une mer de céréales verdoyantes et tachetée par intervalles de lignes et d'îlots d'une teinte plus foncée.

C'est un spectacle grand et solennel que le commencement d'un orage de poussière dans une journée d'été pour l'observateur placé sur une des collines qui s'élèvent en amphithéâtre autour de la plaine de Marwal. D'abord apparaît un point noir au bout de l'horizon; il s'allonge rapidement et ne tarde pas à s'étendre de l'est à l'ouest; c'est alors une puissante et terrible muraille, épaisse de 1 000 pieds et longue de 30 milles (48 kilomètres). Elle s'approche de plus en plus avec un bruit étourdissant. Tantôt une aile est poussée en avant, tantôt l'autre, mais la masse s'avance de plus en plus. Elle est précédée par une nuée d'oiseaux de proie, milans, aigles et vautours. Les villages situés au bas de la colline d'où l'on observe ce phénomène, disparaissent les uns après les autres sous les nuages de poussière. Encore quelques minutes et le sommet du Shekhbudin, qui se baignait, un instant auparavant dans les rayons du soleil, ou dormait sous la chaleur accablante

---

(*) Thoburn, *Bull. de la Société de géol. de France*, 2ᵉ série, t. XV.

d'une journée de juin, est enveloppé de nuages jaunes, qui fuient
et s'éloignent rapidement. Un moment suffit pour faire disparaître
ce spectacle grandiose : il ne reste qu'une poussière étouffante,
désordonnée, affluant et refluant dans toutes les directions, pénétrant dans toutes les fissures. Hors des demeures, on ne peut
voir que des ténèbres palpables ; on n'entend que le sifflement du
vent ; mais dans l'intérieur des maisons, on allume des lampes
et au bout d'un quart d'heure l'orage qui a exercé ses ravages sur
les flancs des coteaux s'apaise et se calme peu à peu.

Dans nos climats, les choses ont moins de régularité, mais tout
autant de réalité. Les tourbillons continus sont simplement remplacés par des vents divers ou par des trombes accidentelles. Les
innombrables pluies de poussière en sont la preuve ; et nous devons
en citer quelques-unes.

Des pluies de poussière, d'après Ehrenberg (*), ont été signalées entre l'Afrique et l'Amérique, dans les parages des îles
Canaries, des Açores et du Cap-Vert, pendant les années 1460,
1555, 1558, 1579, 1606, 1627, 1668, 1719, 1810 (deux fois), 1815,
1816, 1817, 1821, 1822 (quatre fois), 1825, 1826, 1830, 1833 (deux
fois), 1834 (deux fois), 1835, 1837, 1838 (trois fois), 1839 et 1840
(deux fois). On comptait, en 1849, trois cent quarante faits bien
constaté de chutes de poussière.

En 1803, il tomba une poussière rouge à Udine ; en 1813, en
Calabre ; en 1830, à Malte ; en 1846, à Gênes et à Lyon ; en 1847,
dans le Pusterthal et en Galicie. La couleur, la forme, la composition organique étaient les mêmes que celles des poussières provenant de la mer Ténébreuse.

Parmi les formes organiques trouvées dans ces poussières toutes
ne provenaient pas d'Afrique ; il y en avait qui étaient originaires
de l'Amérique méridionale, particulièrement de la Guyane, où
les frères Schamburgk trouvèrent les similaires à l'état de vie.

Darwin évalua, en 1847, à 1 600 milles du Sud au Nord, et à
800 milles de l'Est à l'Ouest les régions de l'air où soufflent habituellement les vents chargés de ces poussières entre l'Afrique et
l'Amérique.

(*) EHRENBERG. *Comptes rendus de l'Académie des sciences de Berlin.*

La masse de poussière tombée à Lyon en 1846, sur une étendue de 400 milles carrés, fut jugée égale en poids à 7 200 quintaux.

En 1849, Ehrenberg, eut à s'occuper d'une pluie couleur d'encre, tombée en Irlande et remplie d'animaux vivants; d'une pluie de sang tombée près de Sens, en France. En 1850, il analysa des échantillons d'une pluie de poussière tombée, en 1849, près de Charkow et de Pultawa, en Russie; d'une pluie fuligineuse tombée près de Detmold, en février 1850; d'une pluie rouge tombée, le 17 février 1850, sur le mont Saint-Gothard, en Suisse, dans un moment où il ne soufflait aucun vent.

On trouve dans les chroniques la mention de pluies de sang tombées, l'an 330, en Angleterre; 451 et 517, en Italie; 1542, à Constantinople; 1567, en Brabant (cette dernière était, en apparence, du sang noir), et à Leipzig; 1570, à Donauworth, en Bavière; 1596, à Drossin, dans la Nouvelle-Marche; 1618, en France; 1620, en Pologne; 1623, dans le canton de Grisons (Suisse), en Wurtemberg, et près de Halberstadt; 1640, près de Saalfeld; 1642, près de Stuttgardt, ainsi que près d'Altzheim (Palatinat); 1643, près de Stade et Hambourg; 1645, près de Dublin; 1648, près de Rotembourg (Bade); 1653, près de Paole, en Angleterre; 1664, près de Klegenfurth, en Carinthie; 1695, près de Tucherband; 1698, près de Stennewitz; 1849, en Angleterre.

On peut y ajouter les dates suivantes : 786, en Silésie, une pluie brûlante, rouge et noire; 1005, gouttes de sang (en apparence) sur les vêtements en Allemagne; 1226, neige rouge en Syrie; 1653, grêle rouge près de Berlin; 1661, neige rouge près de Güstrow, dans le Mecklenbourg; 1849, à Ludhiana (Indoustan), poussière jaune tombée durant un ouragan.

Une pluie de poussière est tombée le 25 mars 1850 à Ningpo, en Chine. Il est d'ailleurs avéré qu'il tombe fréquemment en Chine des pluies de poussière jaune.

Ainsi en 1850, il y eut deux chutes de poussières grises à Ningpo, en Chine, et le Dr Macgowan, établi à Ningpo, écrivit à ce propos que, d'après les auteurs chinois, il était tombé l'an 1154 av. J.-C., pendant dix jours consécutifs, une pluie de terre dans la province de Honan. Voici tirés d'une seconde lettre du même auteur de curieux documents à ce sujet : « Le phénomène de la chute des sables a souvent été observé sur une grande étendue de terrain dans les plaines de la Chine. Il est même tellement fréquent qu'il n'étonne pas plus les Chinois que les autres phénomènes atmosphériques ordinaires. Il est vraisemblable qu'il ne se passe pas d'année sans qu'on observe ces sortes de pluie, quoique la plupart du temps, elles soient si peu considérables qu'elles échappent généralement au vulgaire. Une fois sur trois années, elles sont très-fortes; mais rarement il tombe du sable en aussi grande abondance que dans la dernière pluie. Ce phénomène a été observé trois fois cette année (1850) dans l'intervalle de cinq semaines. La dernière et la plus forte chute a eu lieu le 26 mars et a duré quatre jours sans interruption, mais avec des intensités différentes. Le vent a soufflé du N. O. au N. E. et a passé d'un calme presque complet à une brise assez fraîche. La hauteur du baromètre s'est maintenue entre 29,40 et 30 pouces (un peu plus bas qu'avant et après la pluie). Le thermomètre est monté de 36° à 81° F. Il y avait six semaines qu'il n'était tombé une goutte de pluie, et l'état hygrométrique de l'atmosphère était extrêmement sec. Aucun nuage, aucune nébulosité ou brouillard ne troublait la transparence du ciel; cependant, on apercevait faiblement le soleil ou la lune. L'astre du jour apparaissait comme à travers un verre enfumé, et le ciel entier avait un aspect poudreux; parfois son uniformité disparaissait, comme s'il y eût eu entre le spectateur et le soleil un jet d'eau provenant des mouvements en tourbillons d'un minéral impalpable. Le sable a pénétré jusque dans les appartetements et les meubles fermés, et les objets mobiliers qu'on avait essuyés le matin en étaient recouverts à midi d'une couche assez épaisse pour qu'on pût écrire dessus. Dans les rues, le sable était fort incommode; il s'introduisait dans les yeux, le nez, la bouche, entre les dents. Les personnes malades des yeux ont eu un redoublement de leur mal et un nombre considérable de nouveaux cas se sont déclarés à la suite; si ces tempêtes de sable étaient plus fréquentes, les maladies des yeux deviendraient générales et endémiques. Le phénomène régnait de même à la hauteur de la tour de Ningpo et sur les montagnes peu élevées dans le voisinage de la ville. D'où provient cette poussière? L'opinion des Chinois à ce sujet nous paraît correcte. Ils prétendent qu'elle vient de Péking, du désert de Gobi, etc. Si l'on suppose que les steppes de la Mongolie sont les sources de ces sables, il faut qu'ils soient enlevés en quantités effrayantes pour couvrir tous les ans de si grandes surfaces de terrain... Les Chinois, observateurs exacts depuis la plus haute antiquité pour tout ce qui concerne l'agriculture, sont tous d'accord que les pluies de sable annoncent une année d'une fertilité singulière. Il est vrai qu'ils considèrent la poussière comme la seule cause de la bonne récolte; mais ils entendent aussi que celle-ci est chaque fois la conséquence de sa chute... Ces chutes remarquables de poussière remplacent les parties entraînées et ameublissent le terrain que les pluies et les inondations appauvrissent... Il n'y a pas de doute qu'une grande portion des vases de la mer Jaune provient de cette source, et il est possible que le sable ait une influence favorable sur le sol. »

L'an 83 avant notre ère il tomba en Chine une pluie de terre jaune qui, pendant vingt-quatre heures, obscurcit le ciel. L'an 502 après J.-C., il tomba, sous forme de neige, une poussière jaune. L'an 630, une pluie de sable jaune; *idem* en 900, en 1000 et en 1572. La chute fréquente de poussière jaune est même considérée en Chine comme un symptôme de fertilité et d'abondance. M. Macgowan croit d'ailleurs qu'il doit tomber habituellement en Chine une masse énorme de poussière.

Les 14 et 20 novembre 1855, il tomba dans le canton de Zurich, en Suisse, une pluie qui ressemblait à du vin rouge.

Le 1er mai 1856, il tomba à Shanghaï, en Chine, une pluie qui assombrit le jour et qui se trouva être composée du duvet de la semence du peuplier.

En 1858, il tomba, sur un navire américain dans le grand Océan, une pluie composée de parcelles de fer.

Les 28 et 31 décembre 1860 et 1er janvier 1861 tomba à Sienne, en Italie, une pluie rouge.

Le 27 mars 1862, un ouragan fondit sur Lyon et les alentours. Il tomba, avec une averse, une poussière rouge-canelle mélangée de formes organiques microscopiques, dont quarante-trois ont été reconnues.

En février 1862, Haidinger, recueillit des échantillons d'une neige rouge tombée à Bœckstein et sur les montagnes voisines de Salzbourg. On en trouva aussi à Gastein, à Rauris, à Mitterberg, etc. M. le professeur Wedl y reconnut du mica, du quartz, de l'argile, de la chaux carbonatée, de l'oxyde de fer, des corpuscules jaune-brun collés ensemble, des fragments de diatomacées et des aiguilles minces cunéiformes. M. Wattmann y découvrit, en outre, du feldspath, des silicates insolubles, etc. On a calculé que, sur une étendue de 100 milles carrés, il a dû tomber, dans cette occasion, 243 quintaux de poussière rouge mêlée à de la neige. Les endroits où l'on recueillit les échantillons sont élevés de 7 500 pieds viennois au-dessus du niveau de la mer.

Le sloop de guerre américain *Jamestown* se trouvant dans l'Océan atlantique à la hauteur de Sierra-Leone, au mois de février 1856, eut à traverser un nuage de poussière rouge en se rendant de Saint-Paul de Loanda à Porto-Praya. Lorsque, au bout de 6 jours, le navire fut arrivé sous un ciel plus serein, les voiles, les câbles, les planchers, etc., étaient recouverts d'une poussière rouge, que l'on put enlever sans peine. Elle avait la couleur de la cannelle. Il serait bien à désirer que les navigateurs qui traversent la zone torride, entre l'Afrique et l'Amérique, recueillissent en grande quantité de cette poussière, pour qu'on pût la soumettre à l'analyse chimique.

Le 31 mars 1847, le vent du midi fit tomber à Saint-Jacob, dans le val Defferegger (Tyrol), une neige rouge-tuile ; c'était entre 10 et 11 heures du matin. Une grande partie du pays fut couverte de cette masse colorante. M. Œllacher, pharmacien à Inspruck, s'en procura une certaine quantité et y trouva de la silice, de l'acide carbonique, de la chaux, de l'oxyde de fer, de l'alun, du natron et des débris de laine végétale.

Le 26 mars 1869, M. Jules Schmidt, directeur de l'Observatoire d'Athènes, écrivait : « Avant-hier, d'après M. F. Calverty, anglais, une pluie de poussière est tombée à Tchanak-Kalessi, sur les bords de l'Hellespont. Le 10 mars 1860, le siroco avait fait tomber sur toute la Grèce une poussière très-fine, de couleur jaune et en partie cannelle. elle n'avait certainement pas une origine végétale. Ce qu'on prit, le 13 avril 1868, pour une pluie de soufre, tombée à Athènes, n'était que de la poussière florale du pin. » Le 24 mars, il est tombé une pluie de poussière en Carniole, près de Weixelstein et Stembrück, ainsi qu'à Lesina en Dalmatie. Cette dernière pluie était la même que celle de Tchanak-Kalessi. Selon M. Calvert, on eût dit que c'était une pluie de boue. Il en tomba, ajoute-t-il, 15 tonnes par mille carré. Le 25 mars 1869, il tomba encore un peu de la même poussière à Tchanak-Kalessi : « Pendant un long séjour que j'ai fait dans l'île de Malte, continue M. Calvert, j'ai remarqué que le siroco apportait d'Afrique une poussière rouge ; celle de Malte est blanche. Je ferai observer, à ce propos, que la pluie de Tchanak-Kalessi fut apportée par des vents du nord chauds. »

Voici, d'autre part, ce qu'on écrit d'Aschersleben sur ce dernier phénomène : « Notre ville et une partie de notre contrée ont eu leur part de la poussière atmosphérique. Les personnes sur qui tomba ce qu'elles prirent d'abord pour de la neige, éprouvèrent une sensation pareille à celle que causeraient des grains de sable entrant dans les yeux et dans les narines. Il fallut employer des efforts plus qu'ordinaires pour nettoyer les vitres chargées de cette neige brune. »

On écrivait de Remagen, sous la date du 1ᵉʳ janvier 1860 : « Nous aussi nous avons reçu notre part de la neige brune tombée le 21 décembre, dans toute la plaine, depuis le château de Reineck, jusqu'au delà de l'Unkelstein. »

A Akans, la neige tombée le 21 décembre n'était pas brune comme à Gutersloh, Peckeloh, Soest et Aschersleben, mais noirâtre.

Le *Reporter* croit que cette poussière était identique avec la poussière soulevée par le vent de la surface des champs voisins d'Ahaus.

L'*Elberfelder Kreisblatt* (feuille du cercle de l'Elberfeld), n° 2, 1860, publie une correspondance de Soest, dans laquelle il était dit : que la ville avait été couverte d'une neige couleur de canelle pilée. Cette neige était si fine, qu'elle pénétrait dans l'intérieur des maisons.

Ces exemples que l'on pourrait multiplier beaucoup font voir que les chutes de poussière sont un phénomène extrêmement fréquent. Des études microscopiques montrent en outre par les débris organisés qu'elles renferment qu'elles sont parfois composées d'éléments venant de distances considérables ce qui ajoute singulièrement à l'intérêt géologique du phénomène.

Ainsi dans des échantillons de neige rouge tombée dans le canton des Grisons, près du passage Bernardin, le 4 février 1851, Ehrenberg trouva des formes américaines, le *Desmiogonium guyanense?* et l'*Himantidium papilis*.

Dans une pluie de poussière, tombée en 1834 sur les confins de la Russie et de la Chine, M. Weissen, de Saint-Pétersbourg, ne trouva pas de formes sibériennes, mais seulement des formes exotiques.

En 1862, on recueillit une poussière qui était tombée sur un navire allemand, capitaine Gutkese, d'Oldenbourg, par 24° à 25° de latitude nord et 35° à 36° de longitude à l'ouest du méridien de Greenwich. Cette poussière renfermait, d'après Ehrenberg, cinquante formes organiques et quatre formes inorganiques. De ces cinquante-quatre formes, il n'y en avait qu'une d'inconnue : le *Lithostylidium diotis*, parcelle d'herbe siliceuse; toutes ces formes organiques sont d'origine terrestre; aucune ne provient de la mer. Vingt et une formes d'infusoires à écailles siliceuses peuvent, à la rigueur, vivre et se reproduire dans l'air; quant aux vingt-sept formes non siliceuses, ce ne sont que des débris d'organismes morts.

Ehrenberg a examiné les échantillons de la pluie du 26 mars 1869, et y a trouvé trente-huit formes d'organisme vivants. Il y avait, en outre, du sable ferrugineux. Quant aux formes organiques vivantes, on y voyait prédominer la *Gallionella granulata* et la *decussata*, la *Fragillaria striolata* et les *Discopliœ*, mêlées de *Phytolithaires*. La *Rosalia* et la *Spongia cincinata*, sont des formes marines, les autres étaient d'eau douce.

En résumant toutes les analyses zoologiques publiées par Ehrenberg, on a trouvé dans les échantillons de poussières : *Cryptomonas, Discoplea atlantica, Eunotia amphioxys, Gallionella procera, Gallionella tenerrima, Sphærella nivalis, Gallionella granulata, Lithostylidium lœve, Lithostylidium rude, Gallionella crenata, Gallionella tœniata, Discoplea atmosphœrica, Pinnularia borealis,*

Amphidiscus truncatus, *Lithostylidium crenulatum*, *Gallionella distans*, *Lithostylidium biconcavum*, *Clepsammidium conicum*.

Mais, malgré cette nombreuse série de résultats importants, il n'est pas contestable que l'effet des trombes ou des vents irréguliers ne soit pas comparable pour le volume, à celui auquel donne lieu la chute constante et insensible de la poussière charriée par l'air.

Au premier abord, il peut sembler que ce mécanisme ne saurait rien édifier, géologiquement parlant, parceque ce que fait un courant d'air un autre le détruit. Cependant, si on examine les choses avec plus d'attention, on voit qu'il n'en est point ainsi. La direction des vents prédominants dans chaque région détermine, en effet, une accumulation dans certains points.

En outre, les points relativement humides s'enrichissent aux dépends des localités sèches, en retenant la poussière que le vent leur apporte.

Ajoutons que, pour donner à la sédimentation atmosphérique toute l'importance qu'elle mérite, il faut remarquer que les dépôts aériens ne consistent pas seulement en poussières très-fines élevées dans les airs et transportées à de grandes distances de leur lieu d'origine. De grandes longueurs de côtes, dans toutes les parties du monde, montrent en activité le phénomène de la formation et du déplacement des dunes qui, tout entier, rentre dans le sujet qui nous occupe maintenant.

Des dunes occupent une grande surface sur les côtes des Pays-Bas, de la Vendée, de la Gascogne, du désert de Sahara, de la Patagonie, etc. Le long de la Manche, dès le bourg d'Ault, où cessent les falaises de craie, on voit les dunes commencer immédiatement et elles s'étendent sans interruption jusqu'à la pointe septentrionale du Jutland.

« Quand on parcourt les prairies de la Hollande, dit Élie de Beaumont (*), et que la vue n'est pas fermée par les arbres, on ne peut cependant pas voir la mer, ni même la mâture des vaisseaux qui y voguent, à cause de l'élévation des dunes qui bornent

---

(*) Élie de Beaumont. *Géologie pratique*

la vue. Des promenades de La Haye et des remparts de Harlem on voit l'horizon bordé par la ligne des dunes. Ici les dunes constituent une zone fort large : quand on ne connaît pas les sentiers qui serpentent au milieu du labyrinthe de leurs monticules, on peut s'y perdre de manière à errer un jour entier. »

On sait que le vent est l'artisan des dunes. Lorsqu'une plage sablonneuse est faiblement inclinée, le sable dont elle se compose se dessèche sous l'influence de la chaleur solaire, chaque fois que la mer se retire. Il est ensuite entraîné par le vent qui souffle du large, et c'est en s'accumulant sur divers points qu'il donne origine aux monticules appelés *dunes*. Si le vent souffle autant du côté de la mer que du côté de la terre, ces dunes occupent toujours la même étendue; ce qu'elles gagnent un jour elles le perdent le lendemain. Mais si le vent dominant vient de la mer, les dunes croissent indéfiniment, sinon en élévation, du moins quant à l'espace qu'elles recouvrent. Elles forment des collines ambulantes qui s'avancent progressivement dans l'intérieur des terres. C'est ainsi qu'aux environs de Saint-Pol-de-Léon, en Basse-Bretagne, il y a sur les bords de la mer un canton qui, avant 1666, était habité et qui, cinquante ans après, était recouvert de sable jusqu'à une hauteur de 20 pieds ; dans le pays submergé, on voyait encore quelques points du clocher et quelques cheminées sortant de cette mer de sable. Le mouvement de progression des dunes avait été de 537 mètres par an. Les dunes de la Gascogne ont également recouvert des villages dont les noms sont mentionnés dans les titres du moyen âge et dont il n'existe plus que le souvenir. Elles s'avancent souvent de 23 mètres par an, et si leur progression était toujours la même, elles arriveraient à Bordeaux dans 2000 ans.

Nous n'avons pas à rappeler comment on est parvenu par des plantations à arrêter le mouvement de progression des dunes : mais il est très-intéressant de noter que parfois ces collines mouvantes sont arrêtées dans leur marche par un phénomène naturel; c'est ce que démontre le fait suivant :

Sur les côtes des Bermudes, les dunes se produisent sur une grande échelle, et les collines de sable impalpable en voie de formation n'ont pas moins de 40 à 50 pieds de hauteur. Elles envahissent et stérilisent une contrée jadis fertile, mais fixées et cimentées par l'action des eaux souterraines qui les incrustent de calcaire, elles protégent l'intérieur des terres aussi efficacement que pourrait le faire une digue artificielle. Dans ce cas, comme on voit, la nature agit automatiquement de manière à faire obstacle elle-même à un fléau naturel.

Il est aussi un grand nombre de dépôts, stratifiés à première vue de la manière ordinaire qui se présentent, à la suite d'un examen plus attentif, comme dus à des actions particulières.

Le sable de Rilly par exemple, célèbre par les discutions auxquelles, son âge a donné lieu, se distingue aisément des couches stratifiées ordinaires.

Dans beaucoup de localités, comme à Auvers, les sables tertiaires moyens ont un faciès qui les différencie également des dépôts ordinaires pour les rapprocher à première vue des dépôts de transport. Les fossiles très-nombreux y sont roulés et l'on remarque que la plupart des couches sont constituées par des lits inclinés, analogues à ceux que nous avons étudiés précédemment.

Les sables de Fontainebleau apparaissent au moins, dans leur partie supérieure, comme caractérisés d'une manière analogue. Nous avons nous mêmes relevé à Cernay-la-Ville, auprès de Rambouillet, une coupe qui nous paraît fort instructive à cet égard (*).

Sous une couche de $0^m,50$ environ de terre végétale, supportée par $3^m,50$ de meulières supérieures noyées dans l'argile qui les accompagne toujours, se présente un calcaire marneux blanc remarquable par les innombrables test de limnées qu'il renferme. C'est là par exemple qu'on trouve l'intéressant *L. condita* de Deshayes.

Ce calcaire, dont l'épaisseur ne dépasse guère $0^m,25$ repose sur $0^m,10$ de marnes blanches sans fossile qui le séparent d'un lit très-épais et peut être exploitable, de lignite très-noir compacte et bien combustible, quoique assez argileux.

(*) STANISLAS MEUNIER. *Comptes rendus*, t. LXXXV, p. 1240.

On sait que, présisément à ce niveau se présente, à la côte Saint-Martin d'Étampes, une double couche ligniteuse remarquable par l'abondance et la belle conservation des *Potamides Lamarckii* qu'on y rencontre, mais le combustible est bien loin d'offrir la même pureté et la même épaisseur qu'à Cernay.

Dans cette dernière localité comme à Étampes, le lignite couronne l'ensemble des sables de Fontainebleau dont la puissance n'est pas connue, mais il présente ici cette particularité, d'être séparé du sable blanc par une couche d'une sorte de grès friable, dont le ciment est à la fois ligniteux et ferrugineux. La composition de cette dernière couche et sa situation, par rapport au sable pur et au lignite, paraît significative. L'analyse que j'en ai exécutée a fournie, en effet, les mêmes résultats que l'analyse de certaines variétés d'alios des Landes et tout spécialement d'un échantillon que le Muséum a reçu en 1863, de M. Chambreland et qui provient de Coulouz, commune de Lugos (Gironde).

Comme on sait, l'alios est remarquable par sa richesse en une substance organique noire facile à séparer par un simple lavage à l'eau (*) et dont M. Cloëz a donné la composition (**). Cette substance oxhydrocarbonnée se retrouve dans le grès ferrugineux de Cernay; aussi ne paraît-on pas devoir hésiter à y reconnaître un véritable alios miocène dont l'allure permet de reconstituer les phases par lesquelles a passé le point où il s'est produit.

Le sable de Fontainebleau est à Cernay comme dans beaucoup d'autres localités, dépourvu des caractères les plus nets des terrains sédimentaires : on n'y voit pas de stratification évidente, et les fossiles y font absolument défaut. L'idée que dans beaucoup de cas, il représente comme le sable de Rilly et comme une partie des sables moyens une dune ancienne, s'offre d'elle même à l'esprit ; mais la probabilité fait place à la certitude quand on constate dans la masse de sable les caractères distinctifs des dunes véritables et des landes auxquelles elles donnent lieu c'est-à-dire le lignite et surtout l'alios.

(*) Chevreul, *Comptes rendus*, t. LIX, p. 64.
(**) Cloëz, *Comptes rendus*, t. LIX, p. 38.

Dans un mémoire remarquable, M. Faye (*) a décrit, en 1870, la manière d'être de l'alios des landes de Gascogne et il a émis à cette occasion une ingénieuse théorie quant au mode de formation de cette substance. Je crois que la plupart des conditions signalées par ce savant, dans le terrain récent, se retrouvent dans les couches plus anciennes des environs de Rambouillet. Ici comme là, on saisit pour ainsi dire sur le fait, les réactions par lesquelles les végétaux réalisent la production du minerai de fer des marais comme l'a démontré M. Daubrée (**).

Jusqu'ici il n'a pas été possible de trouver dans le lignite de Cernay, d'empreintes permettant de déterminer les plantes dont il dérive ; peut-être est-ce une raison pour y voir une ancienne tourbe provenant de végétaux cellulaires comme les algues et cela le rapprocherait des tourbières subordonnées aux dunes du Danemark et si bien étudiées par M. Forchhammer (***).

En résumé, il paraît évident, que dans la localité qui nous occupe, le passage de la formation marine de Fontainebleau à la formation lacustre de la Beauce a été ménagée par une formation atmosphérique identique à celle de nos dunes et qui a été le théatre de phénomènes rigoureusement semblables à ceux qui se développent aujourd'hui sur le littoral de l'Océan.

L'interprétation de la coupe de Cernay, au point de vue des causes actuelles, conduit donc dans ce cas particulier comme dans bien d'autres, à substituer l'opinion d'une modification très-lente du régime géologique à l'hypothèse jadis si en faveur d'un brusque cataclysme.

Ajoutons que le fait même du déplacement des dunes contribue à donner à ces formations atmosphériques des caractères analogues à ceux des dépôts formés au sein des eaux.

(*) FAYE, *Comptes rendus*, t. LXXI, p. 245.
(**) DAUBRÉE, *Comptes rendus*, t. XX, p. 1775.
(***) FORCHHAMMER, *Neues Jarhbuche*, p. 38, 1841.

§ 5. — Remarque sur le creusement des vallées.

C'est seulement après les notions précédemment acquises sur la dénudation et la manière d'être des diverses sortes de terrains de transport que nous pouvons, revenant à la question posée **page 144**, traiter dans son ensemble le problème du creusement des **vallées** dans les pays de plaine. Après ce qui a été dit, il suffira ici de peu de mots.

Les vallées de rivières sont, avant tout, le résultat de fractures. Les failles qui accompagnent la Seine, dans les diverses parties **de son cours**, en sont une preuve entre autres. Cela posé, on peut **admettre** que le fleuve, à l'époque quaternaire, n'était ni beaucoup **plus** volumineux ni beaucoup 'plus rapide qu'à présent. Grâce à la puissante collaboration d'un temps indéterminé, il a élargi sa vallée dont les flancs offrent symétriquement à droite et à gauche la même série de couches identiques de part et d'autre (*fig.* 35).

En second lieu, nous avons vu comment une rivière, ne pouvant couler en ligne droite, dessine d'abord et accentue ensuite de plus en plus des méandres compliqués. L'action des rivières sur leur berges est une corrosion incessante de certains points toujours déplacés qui se démolissent au profit d'autres points. Chaque concavité se creuse peu à peu; chaque convexité se renfle et toute la rivière se meut d'un mouvement d'ensemble.

Ce mouvement pourrait être comparé à celui d'une corde tendue, mais non fixée sur le sol, et qui recevrait des impulsions transversales à l'une de ses extrémités : on sait que les ondulations se transportent dans ce cas d'un bout à l'autre de la corde, de façon que celle-ci frotte successivement sur tous les points du sol compris dans une bande limitée par les tangentes à ses plus grande inflexions. C'est de la même façon que la rivière remanie successivement tous les points de la plaine où elle est renfermée. Supposons, dans notre petite expérience, le sol remplacé par une planche peinte en blanc et la corde enduite d'une substance noire traçante : toute la partie frottée sera colorée en noir exactement comme tout le fond de la vallée est recouvert de diluvium, sorte d'enduit minéral du cordon liquide. Les deux phénomènes sont l'un rapide, l'autre lent, mais ils se produisent de même.

Fig. 35. — Vallée creusée par un cours d'eau au travers d'un épais terrain stratifié. Correspondance des couches de part et d'autre de la vallée.

Ce simple fait d'observation donne donc de quoi expliquer le dépôt du gravier sur une surface beaucoup plus grande que celle couverte simultanément par les eaux.

Il est vrai que le gravier est disposé sur les flancs de la vallée en *terrasses* dont le niveau est très-supérieur à celui qu'atteint le cours d'eau dans ses plus fortes crues; mais pour expliquer ce fait, il suffit de remarquer que la surface du sol n'est pas immobile. Depuis l'époque où le sable de Fontainebleau se déposait dans la mer, le sol de nos environs s'est élevé d'une quantité très-considérable, dépassant 170 mètres, qui est la cote des sables supérieurs. Pour la vallée de la Seine, les géologues ont reconnu avec M. Belgrand que le sol s'est soulevé de 50 à 60 mètres depuis le commencement de la période quaternaire. Or, ce soulèvement, qui se continue peut-être encore, a été certainement très-lent.

Supposons seulement qu'il ait persisté après le dépôt des premières alluvions de la Seine. Il en résulterait que lorsque celle-ci, par suite de ses divagations, serait revenue vers un point où précédemment elle aurait déposé ses alluvions, le niveau du sol ayant changé, les anciens dépôts n'auraient pu être de nouveau submergés; la rivière alors s'est borné à les attaquer par la base, comme précédemment elle faisait des coteaux eux-mêmes et la limite des terrasses est comme la tangente des divagations de cette nouvelle période. L'équidistance des terrasses indiquerait une sorte de périodicité dans ces divagations successives.

C'est de même à des soulèvements lents qu'il faut attribuer, suivant nous, l'abandon de certaines vallées maintenant à sec, et cependant couvertes à l'orgine par des cours d'eau. La Marne passait sans doute autrefois par la vallée d'Ourcq et à un certain moment la Seine devait entourer le Mont-Valérien. Un semblable témoin ne saurait, quoi qu'on en ait dit, s'accommoder des causes violentes auxquelles on attribue souvent sa séparation des coteaux voisins.

Il resterait à faire comprendre comment dans cette supposition, le transport des gros blocs renfermés dans le diluvium a pu avoir lieu. Or, remarquons que sous l'action de la rivière minant ses anciens dépôts, un fragment de granit, par exemple, éboulé sur le sable et venant du sommet du Morvan, est précipité un peu plus bas et descend par conséquent selon la pente de la vallée quoique d'une quantité excessivement faible. Cela fait et

sous l'influence de tassements dus aux trépidations que produit
la rivière elle-même, les grains de sable fin s'insinuent peu à
peu sous les gros qui sont soulevés et prêts par conséquent à
subir de nouveaux éboulements. C'est par un mécanisme du
même genre que, pour choisir un exemple vulgaire, on fait apparaître dans un sucrier les gros morceaux de sucre, au-dessus
des petits en secouant un peu le vase d'une certaine façon. Dans
la nature, la double action qne nous venons d'indiquer peut
vraisemblablement, en se continuant suffisamment longtemps,
rendre compte du transport des blocs à longue distance.

Mais il ne semble pas, à première vue, qu'on puisse de cette
façon rendre compte de l'arrondissement et du poli pris par les
blocs désignés, toujours d'après leur caractère externe, sous le
noms de *galets*.

A ce dernier point de vue, nous avons fait aussi des observations qui nous paraissent concluantes (*).

Il s'agit de pierres figurées ici (*fig.* 36) qu'on peut recueillir en
abondance dans diverses localités de nos environs, par exemple,
à Septmonts (Aisne) et beaucoup mieux encore à Coye (Oise). A
première vue, il semble qu'il n'y ait rien là de remarquable : car
ce sont simplement des blocs arrondis de calcaire grossier, tout
pétri de nummulites.

Mais voici où l'intérêt commence :

Les galets, qu'ils soient d'eau douce ou marine, ont acquis leur
forme à la suite de leur frottement mutuel, et leur poli reconnaît
la même cause que celui des billes à jouer. Or, ici l'idée de tout
frottement de ce genre doit être écartée, puisque chaque galet
porte en saillie un très-grand nombre de nummulites que toute
friction aurait fait disparaître et qui, subsistant, auraient préservé le calcaire voisin contre toute friction.

D'où cette conséquence que des pierres peuvent prendre l'aspect de galets ordinaires sans avoir été, comme eux, roulés par
un courant. Les nummulites, n'ayant aucune action dans le phénomène, et leur présence servant seulement ici à le rendre évi-

---

(*) Stanislas Meunier, *La Nature*, 5ᵉ année, n° 203, p. 330.

dent, il en résulte que les galets parfaitement ronds et lisses, de roches sans fossiles, peuvent avoir été produits sans frottement.

Avant de montrer l'application que nous pouvons faire de ce résultat incontestable à la question diluvienne, voyons comment à Coye, comme à Septmonts, se sont produites les pierres qui nous occupent. On les trouve noyées dans la terre végétale, et c'est en labourant qu'on les amène à la surface du sol. Les champs cultivés s'étendent d'ailleurs aux pieds d'escarpements de calcaire nummulitique et, sur les flancs du rocher, comme sur les

Fig. 36. — Pseudogalets de calcaire numulitique de Coye. (Oise).

galets, les nummulites font saillie. En brisant la roche, on retrouve les mêmes fossiles à l'intérieur, et il est évident que leur saillie est due simplement à ce qu'ils sont moins solubles que la pierre qui les empâte dans les eaux météoriques, de façon que toutes les nummulites libres dont la terre végétale est remplie ont originairement fait partie du calcaire.

Chaque galet est donc, comme on voit, le résidu de la dissolution en voie d'accomplissement d'un bloc calcaire, d'abord anguleux soumis à l'action corrosive des eaux superficielles. Cette corrosion s'exerce bien plus activement sur les angles et sur les arrêtes que sur les surfaces, et c'est ainsi que toutes les aspérités disparaissent et que le cube se fait sphère.

Si les pierres de Coye sont exceptionnellement instructives, elles ne font cependant, en définitive, que montrer avec plus de netteté un fait dont nous sommes témoins de tous côtés : et nous avons eu l'occasion de rencontrer à Villeneuve-Saint-Georges des blocs de grès quartzeux que les intempéries ont à la fois arrondis et recouverts d'une enveloppe polie et presque smalloïdes (*).

Évidemment ces faits s'appliquent immédiatement aux soi-disant galets de granit qui font partie, dans Paris même, du diluvium de la Seine. Leur présence constitue jusqu'ici l'argument le plus fort en faveur de l'hypothèse du creusement de la vallée que nous habitons par le gigantesque courant du prétendu fleuve quaternaire qui aurait couvert simultanément tous les points où se trouvent des accumulations de matériaux détritiques.

On voit que, grâce à la lumière projetée par les faits qui viennent d'être indiqués, cette signification doit être singulièrement modifiée.

En résumé, nous pensons que la considération des grands courants diluviens, lesquels sont un des embarras de la géologie, n'est d'aucune utilité réelle dans l'explication du mécanisme par lequel nos vallées se sont creusées. Il est impossible qu'une pareille simplification ne soit pas regardée comme un progrès.

(*) Stanislas Meunier, *Comptes rendus*, t. LXXV, p. 890, 1872.

CHAPITRE II

TERRAINS MIXTES OU D'ESTUAIRES

Quand on étudie les terrains stratifiés, il arrive très-fréquem-quemment de se trouver en présence de couches dont les caractères sont essentiellement ambigus, dont par exemple la faune, c'est-à-dire l'ensemble des débris fossiles animaux, se répartit entre des espèces marines et des espèces d'eau douce ou même terrestres.

Les exemples abondent de pareils terrains et nous rappellerons entre autres ici la manière dont se présente la formation éocène dite des lignites du Soissonnais : ce cas nous dispensera d'en citer d'autres.

Ce terrain se compose comme on sait d'alternances fort nombreuses de sables, d'argiles et de couches ligniteuses souvent pétries de fossiles dont les caractères annoncent un régime tout spécial. En effet, parmi les coquilles que renferment les bancs supérieurs des lignites, les unes sont essentiellement littorales et marines (*Ostræa bellovacina*, Lam., *O. angusta*, Desh., *O. Sparnacensis*, id., *Pectunculus terebratularis*, Lam.), et n'ont pu se multiplier ainsi que sous les eaux peu profondes d'un rivage ; les autres sont des coquilles de grands fleuves ou d'embouchure (*Melania inquinata*, Defr., *Melanopsis buccinoidea*, Fer., *Neritina globulus*, Defr., *Cerithium turbinatum*, id., *C. variabile*, id., *Cyrena antiqua*, Fer., *C. cuneiformis*, id.) et dont la plupart des analogues comme genres ne vivent plus aujourd'hui que sous une latitude plus chaude que celle du nord de la France ; enfin, il y en a qui sont exclusivement d'eau douce (*Paludina lenta*, Sow.), lymnées, planorbes, physes, cyclades.

Or, ces conditions si complexes à la fois au point de vue de la variété petrographique et du contraste paléontologique des diverses couches, se retrouvent exactement dans les formations qui s'édifient de nos jours au point où les cours d'eau se jettent dans la mer.

Sous leur forme la plus plus pure, ces formations constituent ce que l'on appelle les *Deltas*. Ils se produisent le plus ordinairement dans les mers fermées, les courants réguliers des grands océans s'opposent à leur établissement.

Parmi les régions les plus remarquables pour la rapidité avec laquelle les fleuves y édifient des deltas, nous appellerons d'abord l'attention sur la partie septentrionale de l'Adriatique, le Pô, l'Adige, la Bachiglione, la Brenta, le Marsenego, le Silé, la Diane, la Livenza, le Tagliamento, toutes ces rivières et torrents, conformément à la remarque de l'ingénieur Parfait, dans son mémoire lu l'an VIII, à l'Institut, ont leurs embouchures sur un développement qui n'a pas 200 kilomètres de longueur, et presque toutes, prenant leur source à très-peu de distance, dans les montagnes de la Carniole, du Frioul et du Tyrol, où elles coulent sur une pente extrêmement rapide, sont sujettes à des inondations fréquentes, ravagent le pays qu'elles arrosent, et précipitent leurs débris dans la mer. La lisière de terre comprise entre le pied des montagnes et la mer, dans tout le pourtour des lagunes, résulte de dépôts anciens qui se prolongent sans cesse. Les fleuves ont établi leurs cours naturel avec mille sinuosités dans ces terres d'alluvion. L'art y a réuni quelques canaux factices et les campagnes qui restent entre les eaux courantes, couvertes elles-mêmes d'eaux dormantes et marécageuses, ne produisent que des joncs, des roseaux, des insectes et des miasmes pestilentiels.

Mais la nature a fondé au milieu des eaux un barrage naturel, qui établit une limite entre les atterrissements formés par les tempêtes de la mer et ceux qui résultent des dépôts fluviatiles. Il en résulte une digue, qui s'étend aujourd'hui depuis les embouchures de l'Adige et de la Brenta jusqu'à celle de la Piave. L'espace renfermé en arrière de cette digue est tranquille au milieu des orages. C'est un vaste marais, qui peut avoir 1 000 à 1 200 kilomètres carrés de surface ; sa figure est à peu près celle d'un triangle isocèle qui aurait 70 à 80 kilomètres de base, sur 30 ou 40 de hauteur ; il est rempli d'îles, de bancs, de bas-fonds, parmi lesquels il s'est formé, par l'action même des eaux, ou par la main des hommes, quelques canaux plus profonds qui servent à la navigation, voilà ce que l'on appelle les lagunes. Les îles les plus considérables sont habitées : Venise seule en occupe plusieurs.

Cette ville est bâtie sur pilotis enfoncés dans des terrains très-peu consistant. Elle est éloignée de la terre ferme de 5 kilomètres environ, et presque autant de la mer proprement dite. On nomme lidi ou lidos le barrage naturel qui sépare les lagunes de la pleine mer, en formant cinq ouvertures, qui donnent passage au flux et au reflux, et constituent autant de ports, à savoir ceux de *Guesolo*, *Tre Porti*, *Lido*, *Malamocco* et *Chioggia*.

Les marées sont très-sensibles dans le golfe de Venise ; on a vu quelquefois l'eau se répandre sur la place Saint-Marc au point d'y porter bateau.

La mer, par les cinq ouvertures sus-nommées, entre pendant six heures dans les lagunes et en sort pendant six heures, et ce mouvement alternatif continuel, en influant sur la disposition que les courants divers ont prise spontanément et sur celle des alluvions qu'ils ont déposés, a été cause que la lagune entière se trouve depuis longtemps partagée en cinq lagunes presque distinctes, dont chacune communique avec la mer par un port ; qu'il n'y a de communications entre elles que par de petits canaux factices, et que leurs eaux ne se touchent qu'un moment à la pleine mer, pour être ensuite séparées entièrement, comme dans des bassins absolument isolés.

Le fond s'élève continuellement dans les intervalles des canaux ; et déjà certaines parties ne conservent que quelques petites lagunes.

Venise même sera un jour réunie au continent par un sol d'alluvions qui formera une prairie continue. Le remblai s'opère rapidement, malgré les travaux qu'on y oppose. Dès à présent, d'après Élie de Beaumont, l'existence des lagunes de Venise peut être considérée comme artificielle.

Le cours de la Brenta a été changé par les Vénitiens ; ses eaux, qui charriaient des montagnes de sable dans le bras de Fusina, ont été dirigées dans un canal qui va se décharger en dehors de la lagune.

La Piave et le Silé ont été détournés de la même manière ;

dans la lagune, on n'a laissé que de petites rivières sans importance.

Depuis longtemps, Ravenne a subi le sort que Venise ne se résigne pas encore à accepter. Strabon nous dit que les maisons s'y élevaient au milieu des lagunes qui l'entouraient, et qu'elle était située sur plusieurs îles communiquant entre elles par des ponts et des bateaux. Sous Auguste, c'était un port militaire, se partageant la flotte avec Misène. Pline parle de Ravenne comme d'une ville littorale : aujourd'hui elle est à 7,000 mètres de la mer. Ce sont les alluvions du *Po di Priniaro*, de la *Fassa augusta*, du *Santerno*, du *Semo*, du *Lamone* et du *Reus*, qui ont produit ce changement.

La ville de Comacchio, située dans une lagune, lutte comme Venise contre l'envahissement des atterrissements fluviatiles, à cause de la richesse que lui procure la pêche ; grâce à ses efforts, aucun bras de ce Pô si redouté n'y pénètre aujourd'hui. Les lagunes qui existaient autrefois entre Venise et Comacchio ont disparu totalement. Dans cette partie du littoral, les atterrissements du Pô et de l'Adige étaient si considérables qu'on n'a pas même essayé de les combattre.

Nous venons de voir Ravenne à 7,000 mètres de la mer ; voici maintenant *Adria*, jadis *Hatria*, et alors sur le rivage primitif, aujourd'hui à 25,000 mètres de la mer.

Au sud d'Hatria, en suivant le rivage, on trouvait un rameau de l'Athésis (l'Adige et les *fosses philistines*), dont la trace répond à celle que pourrait avoir le Mincio et le Tartaro réunis, si le Pô coulait encore au sud de Ferrare ; puis venait le *Delta Venetum*, qui paraît avoir occupé la place où se trouve la lagune de Comacchio.

Au nord de la ville, se trouvait l'embouchure principale de l'Athésis, puis l'*Æstuarium altini*, mer intérieure séparée de l'Adriatique par une ligne d'îlots, et au milieu de laquelle se trouvait un archipel, appelé *Rialtum :* c'est là qu'est Venise maintenant. L'*Æstuarium altini* est la lagune, et les îlots ont été réunis par une digue.

Au commencement du XIIe siècle, le Pô coulait au sud de Ferrare ; c'est alors que ses grandes eaux, passant au travers des

digues qui les soutenaient du côté de leur rive gauche, près de
la petite ville de Ficaroli, située à 19,000 mètres du nord-ouest
de Ferrare, se répandirent dans la partie septentrionale du territoire de Ferrare et dans la Polésine de Rovigo, et coulèrent dans
les deux canaux de Mayarno et de Toi. Mais ces deux canaux
devenus insuffisants, il s'en creusa de nouveaux; et, au commencement du xviie siècle, la bouche principale, appelée *Sfocco di
Tramontana*, se trouva très-rapprochée de l'Adige ; mais ce voisinage effraya les Vénitiens qui creusèrent, en 1604 le nouveau lit,
appelé *Taglio di Porto-Viro*.

Or, à cette époque, en quatre siècle, depuis le moment où le
Pô avait changé de direction, ses atterrissements avaient éloigné
Adria de 18,500 mètres du rivage, ce qui donnait une marche
d'alluvions de 25 mètres par an. Entre les deux bouches, celle
du canal Mayarno et celle du canal Toi, se trouvait une anse
ou partie du rivage moins avancé ; elle fut bientôt comblée et
les deux promontoires formés par les deux premières bouches
se réunirent en un seul, dont la pointe actuelle se trouve aujourd'hui à 32,000 ou 33,000 mètres d'Adria. En deux siècles,
les bouches du Pô avaient gagné environ 14,800 mètres sur la
mer.

Le Pô et l'Adige n'ont pas toujours versé directement leurs
eaux dans la mer; c'est en coulant dans les lagunes qu'ils sont
arrivés à les combler, ainsi que l'eût fait la Brenta sans les Vénitiens.

C'était sans doute une lagune qui faisait d'Adria un port de
mer. Parfait est entièrement de cet avis.

Il est à remarquer que le Pô est la ligne primitive du littoral :
cette ligne, composée de matières terreuses et de sable que la
mer rejette, reste parfaitement immobile ; elle tendait plutôt à
céder aux efforts de l'Adriatique et, pour empêcher sa destruction, des travaux aussi furent nécessaires. C'est à partir du
xiie siècle que le Pô et l'Adige ont commencé à verser leurs alluvions en dehors des lagunes.

Mais, comme le remarque Élie de Beaumont, l'empiètement
direct d'un delta sur la mer est beaucoup plus rare qu'on ne le
pense généralement.

Quant au comblement des lagunes, c'est un phénomène dont les effets paraissent considérables sur la carte, parce que la profondeur de l'eau y étant très-petite, il suffit de très-peu de terre pour les changer en prairies; les dépôts sont très-minces et la masse de terre nécessaire pour produire ces effets, très-sensible à la surface, est en elle-même peu considérable.

Plus près de nous, aux Bouches-du-Rhône, d'importants accroissements du continent peuvent être constatés. Le delta du Rhône, dont la partie centrale s'appelle la Camargue, offre une surface totale de 130 000 hectares; il est célèbre par la fertilité de ses terres. Les données historiques constatent que de toute antiquité cette région a été le théâtre de modifications considérables. Ainsi qu'Élie de Beaumont le rappelle (*), le grand Rhône actuel se divise, à son arrivée dans la mer, en plusieurs branches, dont l'une finira sans doute par prédominer. Elles sont séparées par des îles basses formées de sable, couvertes en partie de végétation et auxquelles on donne le nom de *teys*. On distingue le *tey de Bericle*, le *tey de la Bigne*, le *tey de Gloria*. Pour la formation de ces teys, le Rhône s'est avancé d'une lieue dans l'espace de cent ans; car la tour de Saint-Louis se trouvait, en 1737, à 2 kilomètres de la mer, et elle en était, en 1843, à 7 kilomètres. Ainsi, la barre du Rhône a reculé en un siècle de 5 kilomètres, ce qui ferait en moyenne 50 mètres par an si la marche des atterrissements pouvait être uniforme, depuis un siècle, près de l'embouchure actuelle qui, d'origine artificielle comme celle du Pô, ne remonte qu'au commencement de ce siècle. En 1706, dans le but de dessaler les étangs, on creusa le *canal de Lônes* qui fut, en 1711, envahi par le fleuve. En 1722, à la suite de quelques autres travaux, le courant s'y établit définitivement et les barques de mer sur lest commencèrent à y passer. Elles y passèrent à pleine charge en 1724 et, dès 1725, la ville d'Arles se plaignit du mauvais état de la nouvelle embouchure où s'étaient formés des *teys* d'une très-vaste étendue. L'ingénieur Fabre écrivait, en 1796 : « Il y a environ quatre-vingt-cinq ans (c'est-à-dire vers 1711), le fleuve abandonna

---

(*) ELIE DE BEAUMONT. *Géologie pratique*. p. 394.

son ancien lit appelé *Bras de fer* pour se jeter dans le canal de Lônes où il s'est maintenu jusqu'à aujourd'hui. A cette époque, on construisit, à son embouchure même, la tour de Saint-Louis. Or, depuis lors, cette embouchure s'est avancée dans la mer jusqu'à environ 3000 toises (5847 mètres) au delà de cette tour qui peut constamment servir de terme de comparaison pour connaître les progrès des atterrissements sur cette plage (*). Un allongement de 5847 mètres en quatre-vingt-cinq ans donne, comme le remarque Élie de Beaumont, une moyenne annuelle de 68^m,78. qui surpasse, en effet, celle de 50 mètres trouvée pour un siècle entier compté à partir de 1737 et qui se rapproche singulièrement de celle de 70 mètres que Prony a calculé pour le Pô pendant les deux derniers siècles. Si l'on avait des données exactes pour une époque plus courte encore comptée à partir de 1711, on trouverait probablement un allongement encore plus rapide. L'allongement de l'ancien lit du Rhône a été très-rapide aussi dans les années qui ont précédé celle où le fleuve l'a délaissé, car la tour de Saint-Genies, bâtie en 1656, sur les bords du Rhône, à 12 kilomètres à l'ouest de l'emplacement de la tour de Saint-Louis se trouve elle-même à 5 kilomètres de la plage. Mais un pareil accroissement n'a lieu généralement qu'en un point à la fois : ce point se déplace et aussitôt que le cours du Rhône se fixe dans une nouvelle passe, la mer commence à ronger l'embouchure abandonnée. M. Peyret-Lallier évalue les atterrissements annuels du fleuve, déduction faite des terrains dévorés par la mer, à 20 hectares. Si ce taux n'avait jamais varié, le delta du Rhône. dont la surface est, comme nous l'avons dit. de 130 000 hectares. aurait été formé en 6500 ans.

L'Humber, jadis *Abus*, rivière d'Angleterre formée par la réunion de l'Ouse et du Trent sur la côte orientale, entre les comtés d'York et de Lincoln se jette, après un cours de 60 kilomètres dans la mer du Nord, où son embouchure n'a pas moins de 10 kilomètres de large. Dans ce vaste estuaire, avant d'entrer dans l'Océan, l'Humber dépose une partie du limon dont ses

---

(*) **Fabre.** *Essai sur la théorie des torrents et des rivières.*

eaux sont chargées. De ce limon est née et s'accroît sans cesse une île, l'île Sank (*Sank-Island*). Vrai sous Charles II, quand on le lui donna, son nom qui veut dire *île submergée* ne l'est plus aujourd'hui. Il est probable qu'elle était nouvelle alors; on en peut juger ainsi d'après les progrès qu'elle a fait depuis. Il y a cent trente ans, Sank-Island comprenait 1,500 acres de terre qu'une colonie de fermiers faisait valoir. Juste au bout de la première moitié de ce laps de temps, vers 1,800, l'île avait doublé et 3,000 acres y étaient en culture. Ensuite, le mouvement s'accélérant, elle doubla de nouveau, fit même plus en un temps d'un tiers moins long que le précédent, car, en 1854, le cadastre de l'île ayant été dressé on lui trouva une superficie de 6,605 acres produisant 275,000 francs. Sank-Island compte aujourd'hui quatorze fermes, a une école, un presbytère, deux églises et ne semble point au terme de ses accroissements.

La Basse-Égypte, qui est entièrement l'œuvre du Nil, s'avance d'un mètre environ par an dans la mer. Si l'on suppose que cet accroissement a toujours été le même, on reconnaît que l'énorme surface de 22,000 kil. carré, que représente tout le Delta date maintenant de 74,000 ans, pendant lesquels le régime du fleuve se serait maintenu constamment le même. D'après ces données, le Nil envahirait la mer d'une manière beaucoup moins marquée que le Pô ; mais il produit ce phénomène depuis beaucoup plus longtemps, double différence qui s'explique d'elle-même par l'absence de digue et de tout travail humain, dont l'influence sur le fleuve italien est à la fois si facile à comprendre et si anciennement constatée. Il faut ajouter que les alluvions du Nil se produisent le long du cours du fleuve et tendent à envahir les lacs, comme le fait voir la *fig.* 37.

C'est par le même procédé que le Mississipi se construit dans la mer, et jusqu'à 100 kilomètres au large des canaux ramifiés dont l'ensemble constitue un véritable delta de dimension gigantesque. Mesuré en ligne droite depuis son sommet jusqu'à *Balize*, qui est à l'embouchure du fleuve, il a une longueur de 320 kilomètres, égale à celle du delta du Gange. Sa largeur à la base est très-considérable ; les marécages qui le composent ou qui s'y rattachent s'étendent de l'embouchure de la rivière Sabine à l'extrémité orientale du lac Borgne, ou lac Ciega, sur une distance de 500 kilomètres environ. En s'arrêtant du côté de l'ouest, à l'extrémité occidentale de l'*Anse aux huîtres*, cette base serait encore de 300 kilomètres ; et en se restreignant à l'espace compris entre les bras du fleuve, c'est-à-dire au delta proprement dit, on trouve encore que depuis son origine jusqu'à l'embouchure de l'Atchafalaya, il y a en ligne droite environ 190 kilomètres et que, de cette embouchure aux rivages orientaux du delta, la distance est à peu près la même, d'où il résulte qu'il forme dans son ensemble un triangle d'une surface un peu supérieure à celle du triangle occupé par le delta du Nil dans le rapport de 4 à 3 à peu près.

Le Mississipi, dont la bouche est le siége des phénomènes remarquables que nous ont déjà présenté les *îles de boues*, édifie des digues qui s'avancent avec une prodigieuse rapidité. Ces digues commencent sur la rive droite à l'île de Grande-Terre qui ferme la baie de Barataria et sur la rive gauche à la Baie-Noire, par laquelle s'avance vers l'intérieur la baie de la Chandeleur. Elles n'ont pas respectivement moins de 75 kilomètres, et on assure qu'elles ont doublé dans l'espace d'un siècle.

Les coupes géologiques que l'on a pu pratiquer au travers de ces terrains d'édification actuelle, en ont révélé la structure qui

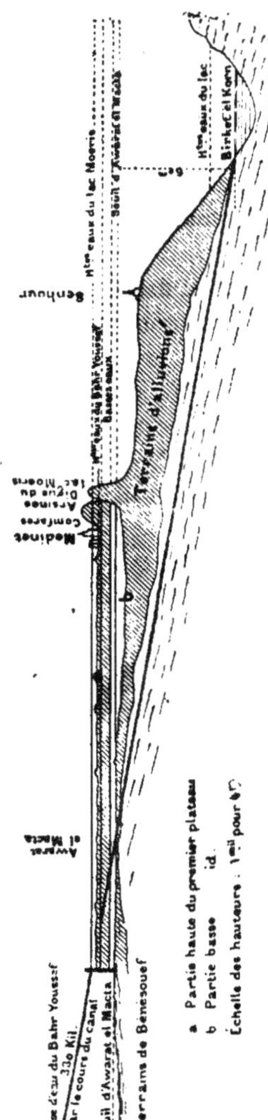

Fig. 37. — Disposition générale des Alluvions du Nil.

est identique à celle des formations anciennes qui nous occupaient au début de ce chapitre. Le mélange des atterrissements fluviatiles aux apports marins caractérisés les uns et les autres par la nature des corps organisés qui y sont enfouis, y est rigoureusement le même et l'identité est encore conservée si on examine ce qui se passe à l'embouchure des fleuves qui, sans avoir de deltas proprement dits, présentent de simples estuaires où le mélange de leurs troubles avec les sédiments marins est encore beaucoup plus intime.

Il faut ajouter ici, mais sans y insister, que les deltas ne sont qu'une des formes de tout un système d'atterrissement que l'on

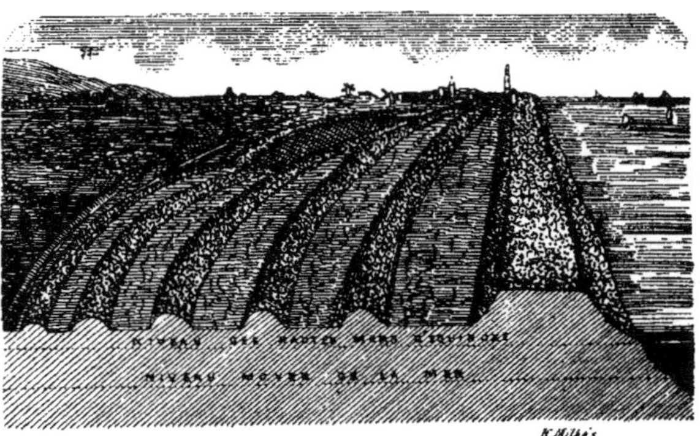

Fig. 38 — Disposition des cordons successifs de galets le long de la **Manche**, entre le Hourdel et Ault (Somme).

désigne sous le nom d'*appareil littoral*. Il comprend, en outre, des langues de sables, parallèles à la côte et qui, sous le nom de *cordons littoraux*, séparent de la mer des étangs salés dont on peut citer de beaux exemples sur les côtes de Provence et dans une foule d'autres régions du globe. On peut rattacher aussi au même ordre de phénomène des îles qui résultent de l'accumulation de sables en certains points sous l'influence de courants marins qui, se contrariant réciproquement, perdent dans leur lutte la vitesse nécessaire à la suspension des troubles qu'ils chariaient.

Nous avons fait nous même à cet égard des observations à l'embouchure de la Somme, entre les bourgs du Hourdel et d'Ault.

Déjà nous avons eu à signaler plus haut cette intéressante région qui se présente comme un triangle resserré entre la mer, les collines qui courent d'Ault à Saint-Valery et la rive gauche de la Somme. Elle est remarquable par les caractères de netteté de l'appareil littoral qui s'y est développé. Les galets fournis par les falaises crétacées des environs du Tréport constituent une série de cordons parallèles à la mer qui se succèdent avec une régularité extrême sur une largeur variable et qui dépasse plusieurs centaines de mètres (*fig.* 38).

Fig. 39. — Plage récemment soulevée, offrant les traces d'exhaussements successifs.
(Sicile.)

La formation successive de ces cordons amène le recul progressif de la Manche, et tout le triangle représente une conquête récente de la terre ferme sur la mer. Cette conquête, due en grande partie à la lutte des courants marins contre le courant de la Somme, se distinguent aisément de celles qui nous ont occupé déjà, parce que le continent les réalise à l'aide d'un soulèvement. La *fig.* 39, qui est relative à ce dernier cas, comparée à celle qui vient d'être donnée, ne laisse aucune incertitude sur la différence profonde des deux phénomènes.

CHAPITRE III

A part les terrains de transport et les terrains d'estuaires dont il vient d'être parlé, l'écorce terrestre admet dans sa constitution et même pour la plus large part, les formations stratifiées proprement dites. On sait qu'elles sont caractérisées avant tout par la disposition en couches superposées qu'on peut observer dans la première carrière venue. Déjà nous avons précédemment rencontré des terrains en couches, mais le caractère de stratification est ici à son maximum.

Le raisonnement seul n'aurait jamais fait connaître la cause de cette disposition si générale, et si on est complétement édifié à son égard, c'est qu'elle se reproduit encore à chaque instant sous nos yeux dans tous les cas ou une matière insoluble, jusque là tenue en suspension, se dépose au fond de l'eau.

Bien que ces terrains soient de beaucoup les plus volumineux, cependant ce que nous avons dit précédemment des dépôts de transport nous permettra d'aller très-vite à leur égard. Ils offrent en effet un grand nombre des caractères déjà signalés dans les chapitres précédents et les mêmes causes doivent ici être invoquées.

Si l'on examine les caractères de forme des dépôts actuels de la mer on constate que malgré la première apparence ils ne sont pas absolument horizontaux. Quand on chemine, par exemple, sur la grande grève du mont Saint-Michel, si analogue à un pays de plaine où la neige viendrait de tomber, on est porté à penser que la surface de cette vaste région est rigoureusement parallèle à celle de la mer qui semble lui faire suite. Mais des mesures, même peu précises, suffisent pour montrer à l'instant qu'il n'en est pas ainsi et que la pente vers la mer est loin d'être négligeable.

On accepte comme moyenne que, sur les rives de l'Océan, la couche de formation actuelle offre une surface supérieure qui plonge de 8° environ vers la haute mer.

Il résulte de cette disposition que l'ensemble du sédiment a grossièrement, et abstraction faite de la courbure de la surface terrestre, la forme lenticulaire; sa plus grande épaisseur correspond au milieu du bassin marin et sa terminaison à la côte a lieu en biseau. Or, c'est justement la même forme lenticulaire qu'on retrouve dans les assises géologiques. On peut s'en convaincre aisément d'un coup d'œil par certains dépôts très-localisés et qui offrent les choses en petit, comme le gypse des environs de Paris ou le sel gemme de la Lorraine. On arrive à la même constatation pour les couches les plus étendues telles que la formation crayeuse, par exemple, par l'emploi de méthodes un peu plus compliquées.

Au point de vue comparatif où nous sommes placé, rien n'est plus utile que d'examiner les traits généraux des régions reconnues pour être des fonds de mer récemment mis à sec. C'est la meilleure manière de remédier à l'impossibilité où nous sommes d'aller étudier les profondeurs de l'Océan actuel. Quant au procédé en vertu duquel le dessèchement s'est opéré, on se rappelle que les faits d'observation contemporaine nous ont prouvé qu'il consiste en un soulèvement très-lent des régions littorales de diverses mers.

Le Sahara proprement dit, c'est-à-dire considéré dans sa partie méridionale, se présente comme un fond de mer desséché à une époque relativement peu ancienne (*); il suffira d'en rappeler ici les traits les plus généraux. C'est un plateau peu élevé, couvert de sables mouvants, parsemé de quelques collines rocailleuses et de quelques vallons où l'eau rassemblée nourrit des arbrisseaux épineux, des fougères et de l'herbe. Les collines de sables, souvent transportées par le vent, sont rangées en lignes semblables aux flots d'une mer. A Teghaza et en quelques autres endroits, et ce fait est bien significatif, un sel gemme, plus blanc que le plus beau marbre, s'étend en vastes couches sous un banc de roche dû sans doute au sable agglutiné par un ciment calcaire.

Les Pampas de l'Amérique du Sud ressemblent beaucoup à cette région, sauf en ce qui concerne la végétation, différente à cause de la différence de climat.

(*) Il est indispensable cependant de faire remarquer que divers géologues se refusent à voir dans le Sahara un fond de mer récemment soulevé.

Si la disposition en couches parallèles et horizontales dont nous venons de parler est la plus ordinaire pour les terrains stratifiés, il faut reconnaître que l'on observe souvent des couches dans des situations fort différentes.

A cet égard, il nous faut distinguer, pour les écarter, celles qui se présentent dans les pays montagneux ou hachés de failles.

Nous n'avons pas à y revenir après les détails que nous avons donnés à l'occasion des phénomènes auxquels leur situation est due. Mais même en restant dans les pays plats, loin des chaînes, nous avons à chaque instant l'occasion de trouver des couches qui sont très-loin de l'horizontale.

Nous n'en pouvons mentionner de meilleur exemple que celui qui nous a déjà arrêté dans un autre ouvrage (*) et qui concerne le gypse pasisien. Dans Paris même, on rencontre en effet des couches véritablement plissées. Telle couche de gypse, comme celles qu'on a recoupées lors du percement de la rue de Puébla, par exemple, présente les mêmes contournements que les roches des parties hautes des Alpes et des Pyrénées. Faut-il recourir toutefois pour les couches parisiennes aux explications dynamiques si convenables pour les pays de montagnes?

Quoique des géologues de la plus grande valeur se rangent à cette opinion, elle peut paraître peu vraisemblable. Constant Prévost et, avec lui, M. de Wegmann, M. Rozet, etc., sont d'un avis différent. Ils admettent que des érosions avaient ondulé le support de gypse qui, en se déposant a moulé toutes les inégalités du sol.

Ce qui donne beaucoup de poids à cette conclusion, c'est que l'expérience la confirme. Voici comment M. de Wegmann opère (**). Dans un bassin d'environ 15 mètres cubes ($2^m,50$ de profondeur), servant à l'arrosement d'un pré et alimenté par un ruisseau d'eau vive. M. de Wegmann, après avoir mis ce bassin à sec en détournant momentanément le cours d'eau, fit placer au fond une couche épaisse de plâtre divisée en compartiments mobiles et préalablement moulée de telle sorte que ce fond factice

---

(*) STANISLAS MEUNIER. *Géologie des environs de Paris*, p. 135.
(**) DE WEGMANN, *Bulletin de la Société géologique*, 2ᵉ série. t. IV, p. 353.

representât en petit les inégalités du sol sous-marin dans ses dépressions et ses protubérances. Les pentes toutefois n'excédaient pas 40°. On ramena alors le ruisseau dans le bassin et, quand celui-ci fut à demi rempli, on mêla successivement à l'eau courante, d'abord du sable fin, puis du charbon en poudre, puis de nouveau sable et de nouveau charbon, alternant cette opération plusieurs fois et laissant à chacun de ces charriages le temps nécessaire pour se déposer tranquillement avant de charger le ruisseau d'un nouveau transport de matières. Entre chaque dépôt et pour ne pas troubler les précédents, le bassin était à demi-vidé au moyen d'un siphon effilé. Après que cette opération eut été répétée cinq ou six fois, le réservoir fut mis à sec, les compartiments de plâtre furent asséchés et disjoints, et l'on put s'assurer que des couches alternantes, parfaitement distinctes l'une de l'autre par la nature des matériaux et leur couleur, s'étaient régulièrement moulées sur le fond ondulé du bassin.

De ces faits, M. de Wegmann arrive à conclure, par analogie : « 1° que des couches sédimentaires, lacustres et marines, ont pu se superposer sur des plans inclinés toutes les fois que la pente n'excédait pas 40°, cette pente étant, comme on sait, l'inclinaison maximum qu'affectent les éboulis de montagne et, en général, toutes les matières mobiles, le blé, par exemple, quand elles s'accumulent en tombant sur une surface plane ; 2° qu'il pourrait, par conséquent, n'être pas toujours nécessaire de recourir à des soulèvements ou affaissements violents, à des plissements, à des refoulements du sol, conséquence d'une action souterraine postérieure pour expliquer l'inclinaison de certaines couches s'appuyant sur d'autres en stratification discordante, ces couches inclinées ayant pu se mouler paisiblement au sein des eaux sur les premières boursouflures du sol résultant de la solidité intumescente de l'écorce terrestre dont elles reproduiraient ainsi le relief ; 3° enfin, qu'on pourrait déduire de ce mode de sédimentation par couches inclinées la contemporanéité de faunes placées à des niveaux différents. »

M. de Wegmann ajoute en terminant, qu'on pourrait même distinguer par le degré d'inclinaison des couches, celles qui se sont déposées sur des plans déjà inclinés de celles qui, bien que légèrement inclinées d'elles-mêmes, ne s'en seraient pas moins déposées sur un fond horizontal. Celles-ci seraient naturellement celles qui affectent une pente peu sensible, attendu que leur déclivité n'est la suite que de la différence de la pesanteur spécifique, ou du plus ou moins d'abondance des matières déposées, à mesure que le dépôt s'éloigne du point où les affluents transporteurs débouchaient dans le bassin où la précipitation s'effectuait. M. de Wegmann appuie cette considértaion sur un fait qu'il tient du premier ministre de France au Texas, avant l'annexion de cette province à la grande Confédération américaine. La mer, devant Galvestone, dépose en effet sur un fond dont la pente légère affecte une régularité si constante, qu'elle sert aux marins de moyen d'estime pour calculer, à plusieurs lieues au large, l'éloignement où ils sont du rivage. En jetant, en effet, la sonde sur deux points, à une distance déterminée l'un de l'autre, on voit que le rapport de cette distance à la différence des deux lignes de sonde représente la tangente de l'angle à la côte, et que cet angle, une fois connu, donne au moyen d'un second triangle rectangle, la distance du navire au rivage.

Ici donc se forme sous nos yeux, par l'action lente et incessante des causes ordinaires, un vaste plateau sous-marin légèrement incliné, dont l'émersion future, si elle a lieu, présentera un jour les feuillets ou les couches comme les témoins muets d'une sédimentation paisible et régulière.

<hr>

CHAPITRE IV

ÉTAT D'AGGLUTINATION DES COUCHES DE SÉDIMENTATION MÉCANIQUE

Les roches meubles sont loin de représenter l'épaisseur entière des terrains stratifiés. Le plus grand nombre des assises sont au contraire plus ou moins cohérentes et souvent très-dures. Voyons ce qui, dans les faits contemporains, peut rendre compte de cette solidification.

Quand une vase se dépose au fond de l'eau et qu'elle peut ensuite se dessécher, il arrive fréquemment qu'elle prend une consistance. On n'en peut citer de meilleure exemple que celui qui
se présente dans les cuves où on laisse se dessécher le mélange
de craie et d'argile qui, par la cuisson, donne le ciment romain
artificiel. De larges crevasses sont déterminées en sens divers par
le retrait et il se délimite ainsi des blocs irréguliers qui deviennent très-cohérents par la simple dessiccation. Chaque fois qu'un

Fig. 40. — Échantillon de grès permien montrant, à la fois, l'empreinte des pas du *Cheirotherium* et des bourrelets polygonaux dus au retrait que la vase sous-jacente a subi de
la part du soleil avant le dépôt du sable maintenant agglutiné.

cours d'eau débordé rentre dans son lit il laisse de même une
couche de limon qui se rétracte en écailles souvent très-cohé-
rentes et qui se courbent sous l'action du soleil d'une manière
particulière. On sait comment on retrouve dans les terrains les
plus anciens tels que les grès des Vosges des accidents identiquement semblables. La *fig.* 40 en est un exemple tout à fait clas-

sique à cause des empreintes de cheirotherium qu'on y voit. Ce qui doit en ce moment fixer notre attention, c'est l'existence de bourrelets polygonaux dont le mécanisme de formation rentre exactement dans les phénomènes qui nous occupent. On reconnaît en effet qu'avant le dépôt de sable, maintenant cimenté en grès, la surface du sol où errait le gros batracien consistait en une argile qui, desséchée sous l'action du soleil, s'est crevassée comme les limons dont nous venons de parler. Le sable, amené par le vent, a rempli les crevasses, puis il s'est cimenté, et ce qu'il nous a conservé c'est à la fois une sorte d'échantillon du soleil fossile de l'époque permienne et un témoignage de la cohésion que l'argile avait prise par dessication.

On remarque que la solidification des limons n'a lieu par dessiccation que s'ils contiennent une proportion suffisante d'argile. Le limon feldspathique résultant par exemple de la trituration des granits, tombe en poudre quand il se dessèche. Il en est de même d'une boue de calcaire pur et plus encore d'un sable quartzeux quelle que soit sa finesse.

On doit faire attention que la pression si favorable au développement de la cohérence peut lui devenir contraire si elle est poussée au delà de certaines limites. Elle détermine des fendillements et même la pulvérisation complète des dépôts pourvu que ceux-ci, quand ils la subissent, soient absolument desséchés. Il serait très-intéressant de faire dans cette direction des expériences très-simples à imaginer et dont le résultat éclairerait sans doute les conditions qui ont accompagné et suivi le dépôt des diverses couches superposées.

Dans certains cas, la solidification est déterminée par la pression supportée par un sédiment. La pression ne se borne pas toujours à développer de la cohérence et elle donne lieu quelquefois à une structure particulière, mais c'est par simple pression qu'on prépare, par exemple, les pains de craie lavée dits blanc d'Espagne, et c'est aussi de même, sous l'action des masses déposées à leur suite, que la plupart des bancs de nature argileuse ou calcaire se sont durcis. Toutefois à cet égard, on trouve des différences qu'il n'est pas toujours facile d'expliquer. Par exemple, à Chaumont en Vexin, on rencontre des assises de calcaire friable coquillier entre des bancs de même nature mais très-compactes. Nous avons observé le même fait à Romery (Ardennes) et ailleurs.

La cohérence augmentant dans une certaine limite avec la pression elle-même, on conçoit que les terrains les plus anciens qui ont eu à supporter le poids de plus en plus grand des couches superposées soient en général, et toutes choses égales, plus compactes et plus denses que les terrains plus récents. Ce fait de constatation facile peut même être regardé comme une confirmation du rôle de la pression. Mais, outre qu'il présente des exceptions il ne faut pas oublier que rarement la pression a agi seule et qu'il est le plus souvent impossible de préciser la part qui lui revient dans le phénomène.

Il arrive fort souvent que la solidification d'un sédiment, meuble à l'origine, résulte de l'arrivée d'un ciment. C'est ce que l'observation de tous les jours met parfaitement en évidence.

Le cas le plus simple est celui où la matière elle-même étant un peu soluble dans l'eau, arrive par précipitation postérieure à se concentrer entre les particules du limon pour les souder ensemble : c'est ce qui a lieu tout spécialement par le calcaire déposé à l'état de sable sur les rives des mers chaudes.

Dans la mer des Antilles par exemple, les flots sont à 32° et déposent en abondance par évaporation le calcaire qu'il dissolvent. Celui-ci cimente le sable des grèves et donne lieu rapidement à des roches aussi dures que nos meilleures pierres de constuction.

Sur les côtes de l'Ascension, Darwin a trouvé un de ces calcaires dont la densité, égale à 2.63, est analogue à celle du marbre de Carrare.

En plusieurs endroits de la Côte Ferme, on exploite activement des carrières de ces pierres marines pour les constructions et les excavations sont promptement remplies par de nouveaux matériaux. Les nègres donnent à ces roches qui semblent renaître d'elles-mêmes, le nom de *Maçonne bon Dieu*.

Sur les rives de la mer Rouge, les blocs de roche apportés par les torrents sont en quelques semaines, compris dans un solide conglomérat.

Le calcaire de précipitation qui cimente ces roches de formation actuelle empâte en même temps tous les objets que le sable peut contenir et entre autres des armes, des ustensiles et même des os humains.

On connaît le célébre squelette de Caraïbe exposé au British Muséum et figuré partout, qui fut pris d'abord pour celui d'un homme fossile. La constatation de son origine récente fournit même une arme aux adversaires de l'ancienneté de l'homme et retarda par conséquent l'admission, dans la science, d'une des découvertes les plus intéressantes.

Dans les mers moins chaudes, le même phénomène se reproduit encore quelquefois, bien que sur une échelle moins grande. Par exemple sur les côtes septentrionales de la Sicile, les eaux à 18° déposent entre les galets du littoral, un ciment calcaire qui les convertit en poudingues. On peut en voir de très-beaux échantillons au Muséum.

Sur la côte française elle-même de la Méditerrannée, des faits analogues se développent : des calcaires coquilliers et sableux de cimentation actuelle peuvent être recueillis dans maintes localités et le Muséum de Montpellier conserve une pièce de canon recouverte d'incrustation calcaire.

Enfin, de plus en plus rare vers le Nord, le phénomène a lieu encore dans l'Atlantique, à Royan et même dans la mer du Nord, à Elseneur, où des pierres contiennent d'anciennes monnaies danoises.

A côté du mode de cimentation par précipitation d'une partie même de la roche en voie de formation il faut en citer un autre qui consiste dans l'arrivée d'un ciment au milieu d'un dépôt incohérent de composition différente. Il est extrêmement fréquent à l'époque actuelle et s'est développé sur la plus grande échelle pendant toute la durée des âges géologiques. La plupart des sources minérales s'épanchant dans les couches, donnent lieu à de pareilles cimentations qui peuvent aussi être dues à l'arrivée d'eaux simplement limoneuses.

Les grès sont dans ce cas. L'examen le plus sommaire y fait immédiatement reconnaître des grains sableux et un ciment plus ou moins complexe.

Qu'on traite par exemple la mollasse suisse par un acide, on dissout du carbonate de chaux qui jouait le rôle de ciment et l'on recueille du sable quartzeux au fond du vase.

Quant au mécanisme de la cimentation, il est rendu évident par deux genres d'études, savoir : l'observation du gisement des grès en place et la reproduction expérimentale ou artificielle des diverses variétés de grès.

Pour ce qui est du gisement on constate que le grès est noyé dans un sable identique à celui qu'on reproduit par l'expérience de dissolution qui vient d'être indiqué.

Que le grès soit réellement postérieur au sable qui le contient voilà ce que tous les faits concordent à prouver.

D'abord la forme des nodules ne saurait souvent s'expliquer autrement.

Les entassements si pittoresques parfois des blocs de grès sur les flancs des côteaux de beaucoup de régions (*fig.* 41), peuvent être

Fig. 41. — Blocs de grès entassés sur les flancs d'un coteau où ils apparaissent à la suite de l'enlèvement, par les eaux sauvages, du sable au milieu duquel ils étaient originairement noyés. (Environs d'Étampes).

considérés comme une conséquence même du mode de formation des nodules à divers niveaux dans les sables. Ceux-ci étant entraînés par les eaux à la faveur de conditions spéciales, les blocs descendent peu à peu les uns sur les autres dans des situations quelconques qui peuvent être bizarres.

On voit souvent au travers des nodules de grès se continuer des accidents de structure des couches de sable : variation de grosseur des grains, présence de lits de galets, etc.

La présence de coquilles à l'état d'empreinte de même nature dans le grès est encore un argument dans le même sens. On voit que ces coquilles sont les mêmes que celles du sable et qu'elles s'y trouvent rigoureusement dans la même situation.

Il y a plus : il n'est pas rare, au milieu du sable absolument azoïque, de rencontrer des couches de grès pétris d'empreintes de mollusques. C'est par exemple ce que nous avons récemment observé augrès du parc de Montsouris, dans des assises dépendant des sables dits de Beauchamp; on l'observe aussi à Romainville pour les grès supérieurs. Or ce fait s'explique très-aisément en admettant que le sable, originairement coquillier, a été imprégné ensuite de liquides capable, de dissoudre le calcaire des coquilles. Celles de ces coquilles qui étaient empâtées dans le grès n'ont pas résisté elles-mêmes à cette corrosion, mais la cohérence du milieu où elles se trouvaient nous a du moins conservé leurs formes et par conséquent un témoignage de leur existence. Cet exemple montre comment la cimentation des grès a pu fournir des informations importantes à la géologie.

Nous verrons par la suite que ce ne sont pas là les seules.

Un deuxième ensemble de faits conduisant à reconnaître que les grès sont postérieurs aux sables qui les contiennent, est fourni par des expériences très-simples dont il est naturel de donner ici un bref résumé.

On sait que le grès de Fontainebleau constitue, au milieu des sables quartzeux, des nodules de formes variées, séparés d'une manière brusque de la substance arénacée qui les enveloppe. On admet depuis longtemps, et avec juste raison, que ces nodules sont dus à la réunion des molécules de sables cimentées par du carbonate de chaux.

Lorsqu'on examine avec attention les nodules dont le volume atteint parfois des proportions considérables, on reconnaît qu'ils se rapportent à deux grands types, reliés, comme il arrive toujours, par de nombreux intermédiaires. Les uns offrent une structure feuilletée ou stratiforme très-nette : ce sont les plus nombreux et aussi les plus volumineux. Chaque couche dont ils sont formés se sépare de la voisine avec une facilité souvent très-grande et s'en distingue par un autre degré de cohésion. Quelques-unes de ces couches, quoique offrant à la vue un aspect identique à celui des plus dures, se réduisent néanmoins en sable au moindre contact et font à peine effervescence avec les acides : ce dernier fait indique que le ciment calcaire n'y existe qu'en très-faible proportion, ce sont en quelque sorte des ébauches de couches. Il ne faut qu'une attention superficielle pour observer que ces couches friables existent en général à la périphérie des nodules, et, comme on ne peut concevoir qu'elles aient laissé passer à travers leurs pores la matière incrustante sans s'en charger, il faut reconnaître que dans les nodules qui nous occupent, les couches intérieures sont plus anciennes que celles qui ont une position plus superficielle. Il est bon de noter ce fait qui indique, comme on le verra tout à l'heure, certaines conditions de la formation des nodules de grès.

Disons en passant que ces notions ne s'appliquent qu'aux nodules encore en place au milieu des sables, car ceux qui sont restés exposés à l'air pendant un certain temps ont nécessairement, sous l'influence des pluies et des frottements qu'ils ont subis, perdu leurs parties friables.

La forme des nodules dont il s'agit est essentiellement variable. Elle a pour caractère constant d'être arrondie. Souvent elle s'approche de celle d'ellipsoïdes groupés en nombre plus ou moins considérable. Sur une cassure suffisamment étendue, par exemple sur toute la section d'une carrière établie dans un nodule, on voit un système de couches sensiblement parallèles correspondre à chacun des ellipsoïdes composants, et en outre des couches générales, plus ou moins étendues, par dessus plusieurs ellipsoïdes à la fois. Un nodule un peu gros se compose donc en général d'une série de nodules d'âges différents.

On observe souvent, entre les couches dont je viens de parler, des cavités ou poches remplies de sable non agglutiné. Ces poches, qu'on peut comparer aux couches peu cimentées dont il a été question plus haut, ont ordinairement une forme allongée dans le sens horizontal et une épaisseur assez faible. Leur forme générale est celle d'un polyèdre à faces courbes et à angles vifs dont les arêtes sont représentées par l'intersection des couches voisines.

A côté des nodules feuilletés, on en trouve d'autre qui en diffèrent beaucoup sous le rapport de la structure. Ceux-ci ont une structure botryoïde des plus nettes. Ils sont formés de sphères plus ou moins parfaites soudées entre elles, de manière à former des chapelets et des grappes quelquefois très-volumineux. Les grains sphériques qui les constituent ne présentent pas, au moins ordinairement, une structure stratifiée que l'on puisse distinguer. Leur surface extérieure est recouverte de petits fragments siliceux qui la pralinent et qui sont à peine adhérents. La cohésion de ces boules est très-variable. Elle arrive dans certains cas à être excessivement faible, ce qui indique comme pour les précédents, une très-faible proportion de ciment calcaire. On remarque souvent que les masses botryoïdes forment la partie inférieure des nodules feuilletés et leur sont intimement unis. Dans ces nouveaux nodules, on ne trouve pas de poches de sable incohérent analogues à celles qui ont été précédemment citées. Mais les interstices que laissent entre elles les sphérules de grès sont entièrement remplis de sable dépourvu de ciment, de telle façon qu'à cette seconde sorte de nodules correspond une seconde sorte de poches. Celles-ci n'ont pas de forme générale déterminée.

L'altération des blocs de grès sous l'influence des agents atmosphériques représente une sorte d'anatomie de ces blocs qui permet d'en observer la structure. Sous l'action des causes de destruction dont il s'agit, la surface primitivement lisse du grès se creuse de sillons étroits indiquant les lignes de moindre cohésion. On voit ainsi se dessiner des feuillets nombreux sur des blocs qui paraissent dénués de toute structure stratiforme; et il arrive que des masses d'apparence homogène décèlent, avec le temps, leur organisation sphéroïdale. Ces masses, en effet, par suite de leur destruction se recouvrent d'un très-grand nombre de petits mamelons ellipsoïdaux et de grosseur sensiblement uniforme. Dans quelques cas, ces mamelons étant très-serrés, leur contact se fait suivant des polyèdres réguliers, et le bloc de grès semble recouvert d'un réseau polygonal fort remarquable.

On arrive facilement, après cette rapide étude des nodules du grès de Fontainebleau, à se faire une idée de leur mode de formation. D'abord, comme nous l'avons déjà dit, il suffit de jeter un coup d'œil sur une carrière de grès pour être convaincu que la pierre est postérieure au sable qui l'entoure; la position des masses pierreuses au milieu même de la matière arénacée, et surtout l'existence dans un certain nombre de nodules des poches remplies de sable en fournissent la preuve.

En second lieu, il est évident que les nodules de grès sont dus à l'arrivée dans la masse incohérente de filets d'eau chargés de la matière incrustante, c'est-à-dire de carbonate de chaux; du moins n'imagine-t-on pas facilement un autre mode de formation. On peut même préciser davantage dans beaucoup de cas et affirmer que les eaux incrustantes sont arrivées par la partie supérieure pour s'écouler de haut en bas. En effet, il n'est pas rare que l'observation des nodules conduise à constater que l'infiltration n'a pu avoir lieu dans un autre sens. Voici comment : j'ai dit qu'il arrive souvent que des masses botryoïdes existent à la partie inférieure des nodules feuilletés; or, on observe que les sphéroïdes qui composent les masses sont souvent terminées en pointe, et quelquefois même se continuent à travers le sable en une sorte de stalactite généralement peu prolongée. Mais dans quelles conditions spéciales a eu lieu l'incrustation? L'observation directe ne suffisant pas pour répondre à cette question, j'ai eu recours à l'expérience (*).

La méthode que j'ai employée a consisté à faire arriver dans du sable quartzeux très-fin des solutions aqueuses plus ou moins concentrées de sels convenablement choisis; j'ai fait principalement usage de chlorure de calcium et de silicate de potasse. On conçoit que j'aie rejeté le carbonate de chaux dont la faible solubilité, même dans l'eau chargée d'acide carbonique, rend l'emploi très-peu commode.

Lors donc que l'on fait arriver dans du sable quartzeux la dissolution concentrée d'un sel bien choisi, et qu'on abandonne le tout à la dessication, on obtient en général une masse dure plus ou moins mamelonnée plongée au milieu d'un excès de

---

(*) STANISLAS MEUNIER. *Presse scientifique des deux Mondes*, t. II de 1866.

sable incohérent. Sous ce rapport, le résultat de l'expérience a quelque analogie avec les productions naturelles, mais cette analogie ne se poursuit dans aucun détail de structure. La masse dure n'est pas nettement séparée du sable environnant ; au contraire, du sable de moins en moins cimenté établit entre les deux termes extrêmes une série de transitions. Si l'on coupe le nodule artificiel, on n'y observe rien qui ressemble à des couches superposées ; il ne renferme jamais de poches pleines de sable ; enfin, de quelque manière que l'on s'y prenne, il ne présente pas de parties vraiment botryoïdes.

On pourrait espérer un résultat meilleur en faisant arriver sur le sable des solutions salines, non plus froides, comme celles employées précédemment, mais plus ou moins chauffées, ce qui conduisait à faire intervenir les eaux thermales dans la formation des nodules de grès. Mais, bien que j'ai varié les conditions de concentration de la liqueur, la durée de l'expérience et de proportion relative du liquide et du sable, je ne suis jamais arrivé par cette méthode qu'à reproduire les résultats déjà fournis par la première série d'expériences.

J'ai alors songé à renverser les conditions dans lesquelles je m'étais placé jusque là, c'est-à-dire que j'ai fait arriver les solutions salines froides sur le sable préalablement chauffé. Dès lors, les résultats ont présenté tous les caractères des grès naturels. Je citerai quelques-unes de mes expériences : du sable blanc étant chauffé à 150 ou 200 degrés dans un bain de sable ordinaire, on y projette, au moyen d'un tube effilé, une petite quantité d'eau pure. Dès que cette eau est versée, on cherche dans la masse arénacée au moyen d'une lame métallique, et l'on extrait un nodule tout à fait distinct du sable qui l'entoure, doué d'une certaine cohésion et offrant une surface mamelonnée. Par le fait seul de sa dessication, ce nodule retombe en poussière, aucun ciment n'ayant été introduit dans la masse. L'eau pure ayant été remplacée par une dissolution assez concentrée de chlorure de calcium, le nodule put être complétement desséché sans perdre sa forme, et il fut alors beaucoup plus commode d'étudier ses caractères. Il avait une forme légèrement mamelonnée et une dureté tout à fait comparable à celle du grès ordinaire. Sa structure était homogène, comme il était facile de le prévoir, puisqu'il avait été formé d'un seul jet. Mais je ne rencontrai aucune difficulté à obtenir des nodules feuilletés. Pour cela, je produisis un nodule semblable au précédent; puis, sans le déterrer, je fis, après sa dessication, arriver dans le sable, à l'endroit même où le nodule était enfoui, une nouvelle quantité de liquide incrustant. Celui-ci s'étendit sur le nodule pour former une couche plus ou moins distincte de la masse première, suivant que les degrés de concentration des liquides incrustants employés étaient plus ou moins différents. Jamais cette couche n'a enveloppé totalement le nodule primitif : la partie inférieure de celui-ci est restée à la surface. C'est d'ailleurs ce que l'on observe quelquefois dans la nature quand les nodules sont convenablement coupés.

Il est clair qu'en faisant arriver successivement de nouvelles liqueurs incrustantes on peut faire de nouvelles couches presque indéfiniment.

On est, par cette expérience, mis sur la voie de l'explication d'un fait signalé au commencement de cette note, c'est que souvent les couches supérieures des nodules sont les plus friables. Si, en effet, on prépare un nodule feuilleté en ayant soin de prendre pour chaque feuillet une solution saline moins concentrée que pour le feuillet précédent, les couches supérieures arrivent bientôt à n'avoir qu'une très-faible cohésion. Il résulte de cette expérience, que le fait observé pourrait s'expliquer par un appauvrissement progressif des eaux incrustantes. Les nodules artificiels ont souvent présenté, comme les masses naturelles, les poches pleines de sable qui ont été précédemment signalées. Des résultats pareils ont été obtenus en remplaçant le chlorure de calcium par le silicate de potasse, et l'on aurait évidemment pu faire varier beaucoup la nature de la substance incrustante sans produire de changement dans les nodules.

Après avoir ainsi produit de véritable grès à ciment de chlorure de calcium ou de silicate de potasse, je voulus en préparer qui, pour le ciment lui-même, reproduisît le minéral naturel; ici de grandes difficultés se présentèrent à cause du peu de solubilité du carbonate de chaux. Il aurait fallu laisser l'expérience en train pendant un temps très-prolongé, et, dans ce cas, je suis certain qu'on eût obtenu un succès complet : les résultats que j'ai atteints en quelques heures en sont pour moi la preuve évidente, mais le peu de ciment, ainsi introduit dans la masse, lui laissait une friabilité incompatible avec une étude complète.

Je suis arrivé, par la méthode qui vient d'être exposée, à préparer, outre les grès feuilletés des masses présentant une structure parfaitement botryoïde. Pour cela, le tube effilé, employé ci-dessus et qui débite d'une manière plus ou moins continue le liquide agglutinatif pendant un temps plus ou moins prolongé, a été remplacé par une petite pipette qui laisse échapper le liquide en gouttes séparées dont chacune tombe dans un endroit particulier. Chacune de ces gouttes détermine la formation d'une sphère à surface pralinée, et si ces sphères sont suffisamment rapprochées, elles se soudent sous les formes de chapelets ou de grappes tout à fait semblables à celles du grès naturel. Entre les spéroïdes ainsi soudés, existe un excès de sable parfaitement incohérent et dans lequel on ne trouve que de traces de la matière saline employée comme ciment.

Je crois qu'il serait difficile d'obtenir une plus complète conformité entre les résultats de l'expérience et les minéraux qu'il s'agissait de reproduire. Un seul pas resterait à faire, qui serait d'obtenir des grès à ciment calcaire. Mais l'expérience, qui réussirait à coup sûr, ne vaut pas certainement la peine d'être tentée après celle dont je viens de rendre compte. Il est absolument hors de doute qu'on obtiendra, avec la solution aqueuse de carbonate de chaux, des nodules qu'il sera impossible de distinguer de ceux qu'on rencontre dans la nature. Il n'en faut d'autre preuve que le fait suivant de production contemporaine observé aux Bermudes par M. Wyville Thomson, durant la mémorable expédition de *Challenger*. Il s'agit d'un dépôt formé d'un sable très-fin provenant de débris de coraux triturés par les vagues. Ces grains de matière arénacée ont été accumulés par les vents et fixés sur place par un ciment que l'eau apporte lentement, constamment. Dans quelques siècles, la roche aura été consolidée, et les géologues de l'avenir, s'ils ont perdu le souvenir de l'observation de M. Wyville Thomson, pourront émettre à son sujet les théories les plus extravagantes. Ce qui accroîtra peut-être leur embarras, c'est que les dunes ainsi formées sont parsemées de troncs de cèdres que le vent a tronqués et qui ne tarderont vraisemblablement pas à se fossiliser (*fig.* 42).

Fig. 42. — Formation contemporaine de grès quartzeux à ciment calcaire : plage de sable des Bermudes en voie de consolidation par l'action d'eaux calcaires et contenant des débris de troncs d'arbres.

Nous avons dit que le ciment des grès est souvent calcaire. Il peut être assez abondant pour avoir conservé, malgré son mélange avec les grains inertes du sable, une puissance remarquable de cristallisation.

C'est ce qui explique la production des grès dits *cristallisés* dont la formation se continue de nos jours dans des conditions favorables. M. Delesse ayant analysé quatre petits rhomboèdres inverses pesant ensemble 3^{gr},84 y a trouvé :

$$
\begin{array}{lr}
\text{Sable.} & 57 \\
\text{Calcaire.} & 43 \\
\hline
& 100
\end{array}
$$

Certains échantillons ne renferment même que 37 p. 100 de calcaire qui a suffi cependant à imprimer au mélange le caractère de sa cristallisation la plus parfaite.

Le ciment des grès peut être siliceux, et, dans ce cas, ayant la même composition que le sable qu'il aglutine, il arrive parfois à en faire disparaître absolument tous les grains, de façon que, pour l'aspect, la roche passe à l'état homogène. C'est ce que montrent les *grès lustrés* qu'on observe à des niveaux minéralogiques très-différents et dont la nature arénacée ne peut être découverte que par leur relation de gisement avec des couches plus grenues ou par l'examen microscopique dans la lumière polarisée.

D'autres grès sont à ciment ferrugineux et se reconnaissent à leurs nuances ocracées jaunes ou rouges. Quant à la manière dont le ciment a pénétré dans le sable, il paraît éclairé d'une façon remarquablement nette par le fait suivant d'observation récente. On avait disposé au Muséum, pendant le siége de Paris, un tas de sable quartzeux destiné à combattre le feu dans le cas où quelque obus incendiaire serait tombé dans la galerie de Géologie. Ce tas de sable avait été fait au pied d'une banquette de pierre qui, près du péristyle supporte un volumineux échantillon de pyrite de fer provenant du Portugal (*fig.* 43). La pluie attaque très-énergiquement cette pyrite, et la pierre calcaire de son piédestal est profondément corrodée par l'acide sulfurique qu'elle engendre. Or, les eaux de lavage de cet échantillon s'écoulant dans le sable y déposèrent bientôt de l'oxyde de fer en telle quantité qu'il en résulta un véritable bloc de grès offrant sur les divers points toutes les cohésions, depuis l'agglutination à peine commencée jusqu'à la dureté la plus grande.

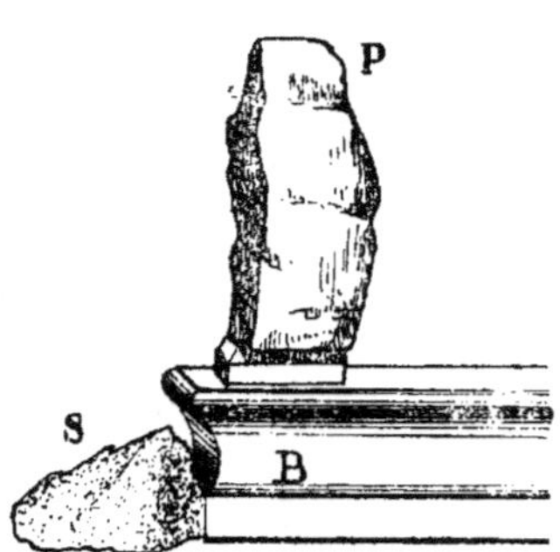

Fig. 43. — Formation contemporaine de grès quartzeux à ciment ferrugineux. P bloc de pyrite de fer. B banquette de pierre qui le supporte. S tas de sable qui reçoit les infiltrations ferrugineuses et qui est cimenté par elles.

Je recueillis alors un échantillon de ce grès contemporain comme un témoignage éloquent du procédé mis en usage par la nature pour donner naissance à des grès ferrugineux.

La pyrite elle-même, non altérée, constitue le ciment de divers grès quartzeux, et l'on assiste, pour ainsi dire, à leur formation, comme on le verra dans une autre partie de ce travail où seront exposés les faits relatifs à la production actuelle des sulfures métalliques. Comme exemple très-intéressant de grès pyriteux, nous mentionnerons ceux que l'on recueille fréquemment au sein de l'argile plastique de Vanves, près des fortications de Paris. Un examen superficiel suffit pour reconnaître que cette pyrite est entièrement cristalline; elle occupe parfois plus d'espace que le sable, et l'on a toutes les transitions entre le sable à peine cimenté par le sulfure de fer et les nodules de pyrite, complétement dépourvus de quartz. Cette variété de pyrite s'oxyde à l'air avec une grande rapidité. Il faut remarquer que les mêmes procédés de cimentation que nous venons de voir en œuvre dans la production des grès proprement dits donnent lieu aussi à d'autres roches clastiques, comme les arkoses, les brèches et poudingues calcaires, les pépérinos, etc. Nous n'avons pas à nous y arrêter ici.

Les faits précédents conduisent à reconnaître que les roches de sédiment sont, après leur dépôt, le siége de divers mouvements moléculaires dont les effets sont nombreux. Il est important de nous y arrêter un moment.

Quand on exploite une roche calcaire, on y rencontre fréquemment des fissures remplies de cristaux de calcite ou de cavernes, plus ou moins grandes, garnies de stalactites et de stalagmites de la même substance. Les mêmes faits se reproduisent pour les gypses, les oxydes de fer et de manganèse, de sel gemme, etc.

Que ces accidents soient postérieurs à la roche qui les contient, c'est ce qui résulte de la première vue. Quant au mécanisme, en vertu duquel cette production se développe, l'observation actuelle le dévoile complétement, et nous n'avons pas à y revenir, puisque cet ensemble de faits nous a déjà préoccupé quand nous traitions de la dénudation chimique.

Mais il faut ajouter que le travail intestin, dont beaucoup de roches nous présentent les effets, peut donner lieu à des accidents tout différents. Il s'agit maintenant, en effet, de la formation des *rognons*, si fréquents dans les terrains stratifiés.

On sait qu'on donne ce nom à des masses arrondies plus ou moins tuberculeuses, dont la nature tranche le plus souvent avec celle de la roche au milieu de laquelle ils apparaissent tout à coup. On en connaît de calcaires, de ferrugineux, de pyriteux, de siliceux, etc., etc.

Pour nous rendre compte de leur origine, fixons notre attention sur ceux qui sont constitués par du calcaire. Il s'en produit, en effet, sous nos yeux, et les causes actuelles sont par conséquent toutes puissantes à leur égard. Ces rognons calcaires sont très-abondamment répandus dans les formations stratifiées de tous les âges.

Pour ne pas remonter plus haut dans la série géologique, nous mentionnerons d'abord ceux que l'on rencontre dans certaines couches du lias et qui, depuis si longtemps, ont fixé l'attention sous le nom de *jeux de la nature* (*lusus naturæ*); on les appelle souvent *septaria*. Ce sont des ovoïdes plus ou moins réguliers, remarquables avant tout par un réseau polygonal saillant disposé de façon à rappeler grossièrement la structure d'un gâteau d'abeille. Quand on scie les septaria suivant leur plus grande surface, on reconnaît qu'ils consistent en polyèdres de calcaire compact reliés entre eux par du calcaire cristallin qui compose les cloisons déjà mentionnées. Il suffit d'un coup d'œil pour reconnaître que le nodule a subi un retrait et que la chaux carbonatée est venue cristalliser dans les fissures par un mécanisme identique à celui qui donne naissance aux veines blanches de tant de marbres.

Dans le terrain oxfordien, on connaît un niveau caractérisé par l'abondance de noyaux on rognons calcaires, dans lesquels il n'est pas rare de rencontrer les empreintes très-bien conservées de fossiles divers. Ces nodules sont connus dans l'est de la France et spécialement en Franche-Comté sous le nom de *chailles*.

Le terrain tertiaire en offre à divers niveaux. Les *caillasses*, superposées au calcaire grossier, sont très-riches en rognons de marnolite, c'est-à-dire de calcaire marneux, et ces rognons présentent des accidents de retraits extrêmement intéressants.

Dans les marnes vertes supérieures au gypse de diverses localités et par exemple d'Antony, près de Sceaux, on recueille en abondance des rognons parfois très-gros d'un calcaire très-dur, un peu siliceux. Enfin, les calcaires de Beauce, de la côte Saint-Martin d'Étampes, offrent également des nodules à retraits avec cristallisation.

Si nous arrivons aux terrains quaternaires, nous verrons les nodules continuer à se produire, et c'est ainsi que les lœss d'une foules de régions renferme en abondance des marnolites cloisonnées que l'on ne saurait distinguer, par aucun caractère, des productions analogues que nous venons de citer dans les caillasses.

Eh bien, l'origine et le mode de formation des rognons calcaires sont rendus évidents par les observations faites par Fournel sur le lœss. « Les agents atmosphériques, dit-il, l'eau, l'acide carbonique, s'accordent entre eux pour opérer le déplacement du carbonate calcaire disséminé dans la terre, et même pour l'extraire des cailloux calcaires siliceux qu'ils laissent à l'état d'éponges friables. De son côté, le calcaire déplacé va se déposer ailleurs sous la forme incohérente de farine minérale, ou bien sous celle de rognons tuberculeux connus en Alsace sous les noms de *kupfstein* et de *lehm-kindchen* (enfants du lœss). Il se concentre quelquefois dans les racines qu'il pétrifie et dont il conserve grossièrement la forme lors même que le ligneux a disparu. De là les *ostéocolles* des anciens minéralogistes. La matière dissoute forme non-seulement les tubercules et les concrétions dont il vient d'être fait mention, mais encore des bancs entiers du lehm se trouvent solidifiés, convertis en pierre de taille. Enfin ces mêmes carbonates consolident les graviers en forme de béton, tel qu'on en voit souvent dans les conglomérats tertiaires du Lyonnais. Les bancs de lehm solidifiés présentent quelquefois la texture oolithique, ce qui démontre que l'oolithe n'est pas nécessairement le résultat d'une précipitation accompagnée d'un ballotage occasionné par les eaux. Les phénomènes du lehm lyonnais font ressortir de la manière la plus nette, la tendance du calcaire à se concréter, de manière à constituer ces sphéroïdes au milieu même du repos le plus parfait, si toutefois on peut appliquer le mot à une masse dans laquelle la nature met sans cesse en jeu l'action des affinités pour effectuer ses arrangements moléculaires d'une manière ou d'une autre, suivant les circonstances. » Nous ferons néanmoins remarquer sur ce dernier point que la structure oolithique ne consiste pas seulement dans la composition globulaire de la masse étudiée ; elle suppose que chaque sphérule est constituée par des couches successives superposées. Un lithologiste reconnaîtra aisément les globules du lœss ou ceux des grès de Fontainebleau et d'ailleurs, des oolithes proprement dites. Nous aurons du reste prochainement à revenir sur ces dernières.

A un mouvement moléculaire se rattache évidemment la production des rognons autres que ceux de nature calcaire. Les silex de la craie, du calcaire grossier ou du gypse, par exemple, se présentent comme le résultat de la concentration en certains points d'une gelée siliceuse primitivement répartie dans toute la masse d'une manière homogène. La présence des fossiles empâtés, totalement ou partiellement, dans ces silex en est une preuve irréfutable et qui nous suffit à cause des détails plus précis que nous ont donné les rognons calcaires. La situation de ces rognons siliceux qui les empâtent est elle-même fort éloquente ; on sait qu'elle est réglée par la stratification de façon que parfois celle-ci est rendue sensible surtout par l'observation des lits de silex. Il faut remarquer que les coquilles empâtées dans la silice sont le plus souvent restées calcaires.

Pour les rognons d'opale ménilite des marnes de Saint-Ouen et du gypse, la formation lente est rendue particulièrement évidente par la structure intime de ces rognons. Dans des expériences spéciales, je me suis attaché à suivre cette structure dans tous ses détails. Au microscope, et surtout sous l'influence d'actions mécaniques et sous celle de la chaleur, l'identité de forme des opales et des marnes est rendue manifeste. C'est comme une *silicification* de la marne identique à la silicification de tant de débris végétaux qui deviennent fossiles.

On n'aurait qu'à se répéter au sujet de l'origine des rognons pyriteux, si fréquents dans les terrains argileux et crayeux, si, dans ce cas, la force de cristallisation n'était manifestement venue ajouter ses effets à ceux de la capillarité. On sait, en effet, que les rognons de pyrite, si souvent regardés, à tort, comme d'origine brontéenne ou même météoritique, présentent des cristaux de pyrite blanche irradiant autour d'un centre ou autour d'un axe.

Même conclusion pour les rognons strontianiens, si recherchés par les artificiers comme matière première propre à la fabrication des feux rouges. Ici cependant il faut constater que la séparation qui s'est faite de la strontiane ainsi concentrée dans des rognons noyés dans une roche si analogue, mais qui n'en contient pas, est digne de fixer l'attention. Elle montre l'une des mille manières par lesquelles se réalisent les triages naturels, toujours détruits par les démolitions de roches.

Enfin, nous mentionnerons les rognons de sidérose ou fer carbonaté des houillères si souvent riches en empreintes organiques. Ces rognons, dont l'histoire reproduirait celle des rognons précédents, offrent un intérêt spécial en fournissant comme on sait l'un des meilleurs minerais de fer que l'on connaisse et dont la valeur est encore augmentée par son association avec la houille qui permet de le traiter avec le minimum de transport.

La possibilité d'un mouvement de concentration de certaines molécules vers des centres déterminés au milieu même d'une masse compacte est démontrée directement aussi par une intéressante expérience due à M. Seguin aîné. « Si, dit-il (1), on délaye de l'argile avec une dissolution de sel, que l'on fasse un mélange aussi épais que l'on voudra et que l'on abandonne à lui-même, au bout d'un certain temps et lorsque le mélange sera durci, on trouvera dans l'intérieur de la masse des parties de sel cristallisées qui ont déplacé l'argile, tandis que les parties salines ont traversé la masse déjà à l'état solide pour venir se réunir sur certains points et y former des couches régulières ».

(*) **Marc Seguin**, *Corrélation des forces physiques*, p. 309, 1856.

CHAPITRE V

Les observations précédentes nous ont amené insensiblement à étudier un nouveau sujet : la nature chimique des couches de sédiment et les causes des différences qu'elles offrent entre elles à ce point de vue.

On va voir que la considération des causes actuelles est encore ici très-instructive.

Considérons d'abord une couche de sable quartzeux pur comme on en rencontre si souvent à tous les niveaux géologiques et recherchons comment elle a pu se produire. La question est rendue très-facile par l'identité que nous avons déjà signalée entre une pareille couche et certains sédiments actuels. Il s'agit donc de voir comment, à l'heure présente, se déposent des sables quartzeux.

Or, le sable étant avant tout un produit de démolition, il est certain que toute falaise déjà constituée par du sable donnera du sable par le fait de sa démolition sous l'influence des flots de la mer. Mais si l'on veut bien examiner les choses de près, on constatera que les cas où des dépôts de sable pur se produisent sont beaucoup plus nombreux que les cas où des falaises de sable pur sont démolies. Pour ne citer qu'un seul exemple, rappelons que les falaises crayeuses de Dieppe et du Havre donnent lieu à la production d'énormes accumulations de sable quartzeux.

C'est qu'un phénomène très-important, et sur lequel on n'a généralement pas assez insisté, se développe sur une échelle immense sur tous les points où un sable est soumis au mouvement des eaux. Il s'agit du triage qui prend naissance parmi les divers éléments du sable considéré.

Si l'on examine à Dieppe ce qui arrive du sédiment crayeux arraché à la falaise, on constate la production de ce triage dans toute sa netteté. L'eau, autour de chaque bloc devient laiteuse et les troubles qu'elle transporte, soulevés par les courants marins sont entraînés loin des côtes. Pendant ce temps les silex restent sur le littoral. Violemment choqués les uns contre les autres, ils se concassent mutuellement et se pulvérisent peu à peu. Suivant sa grosseur chaque grain devient transportable par un filet d'eau d'une vitesse donnée et c'est pour cela que, perpendiculairement à la côte, on constate cette succession de zones sableuses de plus en plus fine, à mesure qu'on s'avance vers la haute mer.

Si la roche démolie est de composition plus complexe, le triage peut devenir plus net encore à cause de sa complication plus grande. Une falaise de granit, comme on en voit sur tant de points de la Bretagne, se résout en ses trois éléments. Le feldspath, très-clivable, se transforme en un limon si fin qu'il lui faut des semaines pour se séparer entièrement de l'eau avec laquelle on l'agite; aussi peut-il être emporté fort loin et ne se stratifie-t-il que dans les régions les plus profondes des bassins marins. Le mica, grâce à sa forme lamellaire, est transporté facilement à des distances considérables, mais dans l'eau peu agitée il se dépose vite et se sépare ainsi complétement du feldspath. Le quartz enfin se concasse à peu près comme le silex de la craie et reste le long du littoral à l'état de sable plus ou moins fin.

Les minéraux accidentels que le granit et les roches cristallines renferment si souvent sont triés de la même manière, et c'est ainsi que se forment sous nos yeux des gisements parfois exploitables de fer titané, de cassitérite ou minerai d'étain, etc. A ces différentes couches, distinctes entre elles, la falaise granitique ajoute encore celles qui sont formées de débris granitiques non réduits à leurs éléments et qui se classent d'après leur grosseur, comme les silex que nous citions précédemment.

Nous avons déjà dû aborder ce sujet quand nous traitions des phénomènes de dénudation, mais c'est ici qu'il faut remarquer que les triages qui nous occupent ne font évidemment que reproduire ceux auxquels des formations géologiques nombreuses doivent leur constitution simple.

Les argilolithes du terrain permien et du trias se présentent comme des limons feldspathiques.

Beaucoup de sables quartzeux sont certainement d'origine granitique. Le sable de Fontainebleau entre autres est dans ce cas, ainsi que le prouve la présence fréquente de paillettes de mica, concentrées à certains niveaux au point de faire espérer à des ignorants la découverte de minerais d'or ou d'argent.

Le sable quartzeux de Rilly, qui nous a déjà arrêté à cause de son analogie avec les dunes actuelles, se présente comme dérivant par triage de certaines roches crétacées. C'est en effet ce qui résulte de diverses expériences où j'ai pu préparer du vrai sable de Rilly artificiel en séparant les uns des autres les éléments constituants d'une marne à poissons du Mont Aimé (Marne), qui appartient à l'époque du calcaire pisolithique. Nul doute que le dépôt de Rilly et de Dormans ne résulte de la destruction d'une falaise ainsi constituée, dont les débris calcaires auront été entraînés par les eaux du lac éocène pendant que les grains quartzeux s'accumulaient tout seuls dans ces localités.

C'est aussi aux roches crétacées qu'il faut attribuer l'origine par triage des galets, des poudingues et des sables de l'argile plastique (*). Déjà, à propos de la dénudation, nous avons vu comment les poudingues de Nemours ne sont autre chose que les correspondants exacts, pour l'époque éocène, des sables siliceux actuels des côtes de Normandie ; nous n'avons pas à y revenir.

Comme complément à ces sables et résultant comme eux du lavage de la craie, il paraît bien qu'on doit citer la formation si singulière que les géologues désignent tantôt sous le nom de *terrain superficiel de la craie* et tantôt sous celui *d'argile à silex*. M. Dollfus, en effet, nous apprend que M. Ogier attaquant la craie blanche par un acide très-faible a obtenu un résidu dont les caractères sont ceux du curieux dépôt en question (**). L'acide carbonique de l'air réalise lentement, dans la nature, la même dissolution que l'acide employé dans le laboratoire a permis d'obtenir très-vite, mais l'effet a été le même.

De notre côté, nous avons acquis la conviction que les sables

---

(*) Il s'agit ici exclusivement des sables *siliceux*. On trouve aussi dans l'argile plastique des sables quartzeux qu'il convient de ranger parmi les alluvions verticales comme le prouve entre autres une coupe relevée par nous en 1877 auprès de Montereau, et qui fait nettement voir le conduit de sortie de ces sables.

(**) G. DOLLFUS. *Annales de la Société géologique du Nord*, t. IV, p. 19, 1876 .

tertiaires moyens, dits aussi sables de Beauchamp, doivent leur origine, au moins pour une bonne part, à la démolition de certaines couches du calcaire grossier. En effet, celles-ci soumises à la lévigation, ou mieux encore, pour aller plus vite, à l'action dissolvante d'un acide, abandonnent un résidu sableux qui a tous les caractères du sable dont il s'agit. On sait que ce sable diffère par des caractères très-nets des autres formations tertiaires analogues telles que le sable de Rilly qui est plus cristallin et le sable de Fontainebleau qui est souvent micacé. Le résultat de l'expérience est donc des plus concluants.

Il est impossible, en présence de ces faits et de beaucoup d'autres que nous pourrions citer à leur suite, de ne pas remarquer que cette séparation par triage des éléments d'un limon complexe est la contre-partie exacte du mélange que tend à réaliser le charriage, par les fleuves et les courants marins, de matériaux arrachés aux points les plus divers.

C'est un exemple de plus des cercles harmoniques qu'on retrouve de toutes parts dans la nature et qui maintiennent en permanence l'état d'équilibre que nous constatons entre les diverses parties de l'univers.

Toutes les roches, dont nous venons de nous occuper, sont d'origine mécanique, et leurs éléments arrachés à des masses plus anciennes sont simplement réunis en certains points par le jeu de courants aqueux.

Or, il s'en faut de beaucoup que toutes les couches doivent à ces seules causes leur composition actuelle.

Dans maintes localités, par exemple, on voit des eaux absolument limpides donner, avec le temps, naissance à des dépôts pierreux de plus en plus épais. Ainsi, à Meudon, il se produit tous les jours un véritable travertin tout pétri de végétaux et comparable de tous les points aux roches analogues des périodes géologiques. Les eaux d'Arcueil produisent, dans leurs conduites, des dépôts rubanés d'une véritable albâtre. Mais il est des localités où le phénomène se présente sur une échelle beaucoup plus considérable.

Les sources de Sainte-Allyre, à Clermont-Ferrand, et celles de San-Filippo, près de Rome, sont devenues justement célèbres.

Ces dernières ont pu, dans un espace de vingt années, remplacer un étang par une couche de travertin de 9 mètres d'épaisseur, et, dans le voisinage, on voit des strates entières de la même roche ayant une puissance de plus de 100 mètres. Les sources de Hammam-Meskoutine, dans la province de Constantine, sont aussi très-remarquables par les grandes dimensions de leurs dépôts (*). Leurs eaux, dont la température est de 95 degrés centigrades et desquelles s'élève toujours une haute colonne de vapeurs, se forcent elles-mêmes à changer fréquemment d'issue à cause des couches puissantes de travertin qu'elles étalent graduellement sur le sol. La plupart des dépôts, d'une blancheur éblouissante, rayés çà et là de couleurs vives, sont des strates mamelonnées ; d'autres concrétions, s'accumulant peu à peu autour d'un orifice, ont pris la forme de cônes et, semblables à de petits volcans munis d'un cratère, se dressent à 10 mètres de hauteur ; enfin, des masses de travertin s'allongent en une sorte de muraille sur le ruisseau qui les sépare. Un de ces murs, interrompu de distance en distance par des éboulis sur lesquels croissent de grands arbres, n'a pas moins de 1,500 mètres de longueur, 20 mètres de hauteur et de 10 à 15 mètres de largeur moyenne. Néanmoins, dit M. Élisée Reclus à qui nous empruntons l'exposé de ces faits, ces eaux thermales de l'Algérie le cèdent en grandeur et en beauté aux sources de l'antique cité ionienne d'Hieropolis (ville sainte) qui coulent aujourd'hui sur le plateau solitaire appelé Panbouk-Kelessi (château du coton) à cause de l'aspect cotonneux des masses blanches de travertin qui le composent. Quand on arrive de Smyrne, on aperçoit de loin comme une immense cataracte de 100 mètres de haut et de 4 kilomètres de large ! ce sont des murailles que l'eau a graduellement construites, colonne par colonne, assise par assise, en s'épanchant des bords du plateau et en ruisselant sur les pentes. Çà et là de vraies cascades brillent au soleil, et leurs nappes étincelantes éclairent la blancheur même des parois de marbre. A mesure que l'on s'élève sur les escarpements, les masses déposées et sculptées par les eaux se révèlent

---

(*) Grellois. *Les Dépôts calcaires de Hammam Meskoutine.*

dans leur étrange beauté; on dirait des colonnades, des groupes
de figures, de rudes bas-reliefs que le ciseau n'a pas encore complétement dégagés de leurs robes de pierre. Au milieu de tous
ces dépôts calcaires, façonnés par les cascades dans la succession
des âges, s'ouvrent une multitude de coupes et de vasques aux
bords cannelés et frangés de stalactites; une eau pure emplit ces
gracieux réservoirs dont quelques-uns sont nuancés de jaune ou
veinés de rouge, de brun, de violet comme la jaspe ou l'agate.
Plus haut se succèdent deux gradins du plateau qui portaient
l'antique édifice thermal et la nécropole d'Hiéropolis. Là, des
masses blanchâtres recouvrent les pierres tombales et remplissent
les conduites. Le sol est coupé en divers sens par d'anciens lits
du ruisseau que s'est graduellement barré la route à lui-même
en déposant des concrétions. Au-dessus de l'un des plus larges
canaux désséchés se développe la magnifique travée d'un pont
naturel semblable à une voûte d'albâtre et ruisselant d'innombrables stalactites (*). »

Comme on le voit, dans les cas de ce genre, on surprend la nature sur le fait dans l'édification des couches calcaires d'origine
chimique, et on peut étudier ainsi tous les détails de leur structure. L'un des plus intéressants concerne la présence de parties sphéroïdales connues, suivant leur grosseur, sous les noms
de pisolithes et d'oolithes. Cette structure est si fréquente que
toute une grande partie de l'énorme épaisseur des terrains jurassiques porte le nom de formation oolithique, et qu'on la retrouve
en outre à des niveaux très-variés. Elle n'est pas exclusivement
propre au calcaire, l'oxyde de fer et quelques autres substances
l'offrent aussi. Mais c'est là qu'elle est de beaucoup la plus développée. Si l'on coupe une oolithe suivant un grand cercle, on reconnaît qu'elle se compose d'une succession de couches concentriques disposées autour d'un petit noyau dont la nature est variable. C'est, d'une manière générale, un petit caillou qui n'a pas
agi autrement que comme support.

Or, l'origine de cette disposition est rendue facilement sensible

---

(*) DE TCHIHATCHEF. *Le Bosphore et Constantinople.*

par l'observation de ce qui se passe actuellement dans le bassin de nombre de sources incrustantes, telles que celles de Tivoli, de San-Felippo, de Carlsbad, etc. On constate dans ces localités que le carbonate de chaux, charrié par les eaux, se dépose sur les petits corps ballotés au milieu du liquide; mais ce dépôt cesse dès que les corps qui servent de centre d'attraction à la matière pétrogénique sont trop volumineux pour se maintenir dans le liquide où s'opère leur formation.

Par suite du mouvement auquel obéit une pisolithe pendant qu'elle est dans l'eau, le carbonate de chaux se répartit uniformément à sa surface. Ce mouvement est favorisé soit par l'agitation de l'eau, soit par les bulles d'acide carbonique qui s'accumulant autour de la pisolithe, finissent par fonctionner comme allége. Elles soulèvent les pisolithes jusqu'à la surface de l'eau, puis les laissent retomber en se dégageant dans l'atmosphère. D'autres bulles les soulèvent de nouveau pour les abandonner encore. Ce phénomène se répète jusqu'à ce que chaque pisolithe soit trop pesante pour être entraînée. On conçoit que le moment où une pisolithe, ayant atteint son volume maximum, ne peut plus se mouvoir, soit le même pour les autres : ainsi s'explique l'uniformité des pisolithes formées au sein des mêmes eaux et des oolithes accumulées dans une même couche.

« J'ai observé aux environs de Barcelone, dit M. Vézian (*), les fissures par où sont arrivées les eaux pétrogéniques qui, dans ce pays, ont déterminé la formation du tuf et du travertin. Elles sont remplies d'un albâtre calcaire poreux, renfermant des pisolithes de la grosseur d'un pois ou d'une noisette. La structure de ces pisolithes est à la fois concentrique et rayonnée. Dans quelques cas, cette double structure se prolonge autour des pisolithes et s'efface insensiblement dans le calcaire poreux qui les contient. Le plus souvent, entre le calcaire poreux et le pisolithe, on observe deux couches très-minces de calcaire compact : l'une adhérente au calcaire poreux, l'autre accompagnant le pisolithe lorsqu'on le détache de sa gangue. Au centre de chacun de ces

---

(*) Vézian. *Prodrome de géologie*. t. I. p. 501.

corps sphériques, on aperçoit un petit fragment enlevé aux parois entre lesquelles coulaient les eaux incrustantes. Cette parcelle constitue le nucléus, je dirai presque le germe de la pisolithe. Trop légère pour résister au mouvement du liquide lorsque celui-ci s'échappait à travers les fissures, elle était tenue en suspension, et soumise à un mouvement de rotation pendant lequel des couches concentriques de carbonate de chaux se déposaient autour d'elle. Le corps sphérique une fois formé descendait au fond de la fissure où il s'était produit; d'autres l'avait précédé ou le suivaient dans cette fissure. Leur volume était en rapport, soit avec la force d'ascension de l'eau pétrogénique, soit avec l'intensité du dégagement de l'acide carbonique. Le calcaire poreux renferme aussi des détritus semblables à ceux qui ont servi de noyau à chaque pisolithe, mais leur volume plus considérable ne leur a pas permis de se déplacer et de se revêtir de couches calcaires. »

Il faut ajouter que ces conditions ne sont pas les seules où des pisolithes se produisent. Outre que nous en rencontrerons plus loin qui paraissent être d'origine organique et représenter le produit de la fossilisation de certains œufs d'insectes, il en est qui résultent du ballotement imprimé à des sédiments par les flots de la mer et c'est ce que montre le voisinage des îles madréporiques, ou atolls.

L'origine d'un très-grand nombre de dépôts siliceux paraît devoir être également expliqué par l'observation contemporaine.

Certaines sources actuelles, en effet, déposent de la silice, et les caractères généraux du dépôt qu'elles produisent sont les mêmes que pour celui des sources calcarifères.

La principale différence réside dans la température des eaux. Elle s'explique aisément, puisque la silice n'est pas soluble à froid. Les sources chaudes siliceuses sont désignées sous le nom de Geysers. On en connaît dans plusieurs localités telles que l'Islande, les Açores, la Nouvelle-Zélande et l'Amérique du Nord.

Les plus anciennement cités, ceux de l'Islande, ont été trop souvent décrits pour que nous y insistions longuement. On sait que le grand Geyser jaillit d'un vaste bassin situé au sommet d'un monticule circulaire formé d'incrustations siliceuses que dépose l'écume des eaux. Ce bassin a 17 mètres dans un sens et

12^m,50 dans l'autre. Au centre se trouve un conduit dont la profondeur, mesurée verticalement, est de 23^m,40; il a de 2^m,40 à 3 mètres de diamètre, mais il s'élargit graduellement à mesure que l'on s'élève dans le bassin. L'intérieur de ce bassin est blanchâtre et tapissé d'une croûte siliceuse parfaitement unie. Il en est de même de deux petits canaux qui se trouvent sur les côtés du monticule, au bas duquel l'eau s'échappe quand le bassin est rempli jusqu'au bord. Le bassin circulaire est quelquefois vide, mais ordinairement il est rempli d'une eau admirablement limpide, en ébullition. Pendant l'ascension de l'eau bouillante dans le conduit, et surtout quand l'ébulition est très-forte et que l'eau s'élance en jets, un bruit souterrain, analogue à celui d'une lointaine décharge d'artillerie, se fait entendre et la terre est légèrement ébranlée. Le bruit augmente ensuite, et la commotion devient de plus en plus violente, jusqu'à ce qu'enfin une colonne d'eau jaillisse, avec de fortes explosions, à la hauteur de 30 à 60 mètres. Quand ce jaillissement de l'eau a duré quelque temps, comme dans une fontaine artificielle et que de grande masses de vapeur sont dégagées, le conduit se trouve vide et une colonne de vapeur d'eau, s'élançant avec une force extraordinaire et avec un bruit analogue à celui du tonnerre termine l'éruption.

Les sources chaudes du Val de Furnas, dans l'île Saint-Michel aux Açores, sortent de roches volcaniques et précipitent d'énormes quantités de concrétions siliceuses. Autour du bassin circulaire de 6 à 9 mètres de diamètre de la plus grande source, on voit des alternances d'une variété grossière de concrétion mélangée d'argile, renfermant des herbes, des fougères et des roseaux à différents degrés de pétrification. Dans quelques cas, l'alumine, qui est également déposée par des sources chaudes, constitue le principal minéralisateur. Des tiges de fougères, semblables à celles qui croissent aujourd'hui dans l'île conservent, quoique complétement pétrifiées, le même aspect qu'elles avaient en pleine végétation, excepté que leur couleur est devenue d'un gris de cendre. Des fragments de bois et une couche entière de 90 centimètres à 1^m,50 d'épaisseur, composée de roseaux, actuellement très-communs dans l'île, ont été ainsi complétement minéralisés. La variété la plus abondante des concrétions siliceuses se présente en couches de 6 à 12 millimètres d'épaisseur, souvent accumulées les unes sur les autres jusqu'à la hauteur de 30 centimètres et au-dessus. Elles sont parallèles et s'étendent, pour la plupart, horizontalement sur une étendue de plusieurs mètres. Cette concrétion, véritable *geysérite*, est souvent d'un très-bel éclat demi-opalin (*).

En Nouvelle-Zélande, les vrais geysers sont aussi nombreux et aussi remarquables qu'en Islande. On les rencontre par milliers dans l'île septentrionale, formant trois ligne parallèles suivant la direction N—36°—E. Dans une vallée nommée Orakeikorako, et baignée par la rivière Waikato, M. le Dr Hochstetter a compté 76 points d'éruption à la fois en activité, parmi lesquels un grand nombre forment des fontaines intermittentes, comme les geysers, avec éruptions d'eau périodique. Ces sources chaudes présentent absolument les mêmes phénomènes qu'en Islande, et les incrustations qu'elles déposent de la même manière sont également siliceuses. Les sources intermittentes, appelées *Puias* par les naturels, et qui donnent, à certaines époques, des éruptions d'eau régulières comme les geysers, forment une classe tout à à fait distincte de celle des *Ngawhas*, ou sources permanentes, dont la surface reste à l'état de repos ou à celui d'ébullition uniforme. Suivant M. le Dr Hochstetter, ces deux sortes de sources doivent leur origine à l'eau qui pénètre à travers la surface et tombe dans les entrailles de la terre où elle est chauffée par les foyers volcaniques.

Mais c'est dans l'Amérique du nord que le phénomène qui nous occupe se présente sur la plus vaste échelle.

Le bassin de Yellowstone, aux États-Unis, est un vaste cratère composé de milliers de crevasses et de fissures, par lesquelles s'échappent, en quantité considérable, les produits volcaniques. Des centaines de cônes existent autour de ces issues.

Les sources chaudes et les geysers de cette région sont les derniers actes de cette période d'agitation, commencée à l'époque

---

(*) Dr WEBSTER, *On the springs of Furnas* dans *Edimburgh Philosophical journal*, t. VI, p. 306.

tertiaire. Maintenant encore des tremblements de terre se joignent à ces manifestations de chaleur intérieure.

Fig. 44. — Source chaude de Yellow-Stone, États-Unis.

Plusieurs des sources que l'on peut appeler sources à pulsation, sont dans un état permanent de violente ébullition. Elles forment un petit cratère en entonnoir, avec un rebord circulaire variant de quelques pouces à plusieurs pieds de diamètre (*fig. 44*). Quelques-unes de ces cheminées, en forme d'entonnoir, s'étendent de plusieurs pieds dans le lac, et le dépôt de la source chaude se voit à 50 yards à travers la claire profondeur des eaux. On voit apparaître à la surface de l'eau, dans plusieurs endroits, des bulles qui décèlent la présence d'une source dans les régions inférieures.

Sur les points est et nord-est du lac, se trouvent un certain nombre de groupes de sources actives ou taries. Sur les côtés de la montagne, à une hauteur élevée, se trouvent deux plaques très-étendues de dépôts siliceux, qui, vues à distance, semblent un immense banc de neige. Les montagnards les nomment les bassins de soufre. Le grand bassin double situé sur le bras sud-est a été couvert autrefois de sources chaudes, quoique à présent il ne s'y trouve pas d'eau à une température plus élevée que celle des sources ordinaires. Une grande quantité de soufre est mêlée à la silice; c'est là la cause du nom donné à cet endroit.

A Steamboat-Point, il y a deux fissures qui rendent un bruit intermittent comme celui d'une machine à vapeur à haute pression. A chaque pulsation, des colonnes de vapeur sont lancées à une hauteur de 100 pieds et plus : des centaines de petites crevasses bouillonnantes sont disséminées à l'entour, des sources presque taries ou complétement desséchées se voient tout le long du rivage et à une certaine hauteur sur le pied des montagnes, à 1 ou 2 milles de distance.

L'un des coteaux les plus remarquables que l'on aperçoit des bords du lac se nomme *Sulphur mountain;* il est situé à proximité des montagnes au nord du lac. Le sommet de ce dépôt s'élève à 600 pieds au-dessus du lac ; c'est le reste d'un des groupes les plus intéressants des sources de cet endroit; il y a maintenant beaucoup d'orifices d'où s'échappe la vapeur, et qui sont revêtus d'une couche brillante de soufre. Le dépôt a de 50 à 150 pieds d'épaisseur, et quand il n'est pas mêlé de soufre, il est aussi blanc que la neige.

Au pied de la montagne, près des bords de l'anse de Pélican, il y a quelques sources qui sortent de terre avec une chaleur de

150 à 180 degrés ; ce grand groupe peut être considéré comme éteint.

Fig. 45. — Cratère des geysers de Fire-Hole.

En traversant le point de partage entre les terres drainées par le Yellowstone et celles dont les eaux s'écoulent dans le Madison, on rencontre les sources de l'embranchement nommé *East Fork*. Presque à chaque mille se trouve un groupe de sources desséchées ou à peu près. Il y en a fort peu qui contiennent de l'eau à présent, mais la vapeur s'en échappe par des centaines d'issues. La branche est du Madison est presque entièrement alimentée par des eaux provenant des sources chaudes, et sa température est constamment de 60 à 80°. La végétation est splendide sur ses bords.

En avançant dans la vallée vers la jonction de East Fork avec le Madison, les sources se montrent plus abondantes ; enfin dans le grand bassin du Firehole, on peut voir les geysers les plus puissants (*fig*. 45).

La vallée entière, formant une surface de 3 milles de large, est couverte d'une croûte de silice blanche comme la neige. Des colonnes de vapeur, dominant les arbres, indiquent la place des sources. Les bassins varient en diamètre de quelques pouces à 100 pieds. Quelques-uns ont des bords presque circulaires, avec des orifices en entonnoir et sont remplis jusqu'au bord d'une eau si transparente que l'on peut voir à travers cette eau jusqu'à une profondeur de 40 pieds.

Toutes ces sources sont à différents degrés d'activité ou de dessèchement. Quelques-unes sont de vrais geysers, ayant des périodes régulières d'activité ; elles vomissent des colonnes d'eau de 2 à 6 pieds de diamètre à la hauteur de 15 à 30 pieds.

Certaines de ces sources se construisent des citernes très-belles au point de vue architectural. Il y en a une dont le bassin a 150 pieds de diamètre. Près du centre est le rebord de la source qui a environ 25 pieds de diamètre. Les dépôts siliceux produits par les eaux descendent sur une surface de plusieurs centaines de pieds en formant des degrés demi-circulaires innombrables d'un quart de pouce à 2 pouces de hauteur et admirablement ciselés. D'autres bassins ont leurs bords découpés élégamment et recouverts jusqu'à 10 et 20 pieds à l'intérieur de tubercules de silice semblables à des perles. Quelquefois ces perles de silice se trouvent rapprochées comme dans un massif de corail ou dans une tête de chonfleur.

La silice domine dans le dépôt du bassin du Firehole, et il y a très-peu de chaux. Le soufre se trouve en très-petite quantité

Fig. 46. — Sources boueuses de la région des geysers des États-Unis.

dans le bassin inférieur, quoique deux ou trois sources en aient leur orifice revêtu.

A une petite distance de ces geysers est un groupe remarquable de sources boueuses. L'une d'elles a un bassin de 50 pieds de diamètre qui est couvert de bouffées de vapeur comme un immense chaudron de poudding épais (*fig. 46*).

On trouve ces sources boueuses à tous les degrés de consistance, depuis l'eau trouble jusqu'à la boue épaisse et compacte à travers laquelle le gaz se force un chemin avec bruit. L'eau d'abord claire, se trouble et s'épaissit de plus en plus jusqu'à ce que la chaleur disparaisse. Ces sources ont été des geysers ou des sources bouillantes très-actives, ainsi que le démontre le caractère de leurs bassins. A présent leur température est réduite à 150° et 180° F. Quand la température est descendue à 160°, l'oxyde de fer est déposé. La partie intérieure du bassin est revêtue d'un dépôt couleur de rouille.

On trouve fréquemment, autour des sources, des bois incrustés de silice. Les pins qui sont très-abondants dans cet endroit, tombent quelquefois en travers du bassin d'un geyser ou d'une source bouillante; ils restent en contact avec l'eau contenant de la silice en solution, et deviennent bientôt comme de la pulpe de papier. Quand la source se dessèche, le bois resté dans le bassin est complétement incrusté de silice.

C'est à 10 milles sur la rivière Firehole, qu'on rencontre le bassin supérieur des geysers, où se trouvent les plus grands de ces jets d'eau naturels. L'un d'eux s'élance jusqu'à 200 pieds. Le phénomène est annoncé par un bruit sourd semblable à un tonnerre lointain et par l'ébranlement du sol. L'eau jaillit pendant environ 15 minutes, puis diminue graduellement de quantité et finit par s'abaisser dans le cratère à 2 pieds environ, en même temps que la température se réduit à 150° F. Le geyser de « la Grotte » et celui du « Château » sont particulièrement remarquables. Ce dernier au cratère de 40 pieds de haut, et dont la base a environ 150 à 200 pieds de diamètre.

Les sources siliceuses chaudes rendent compte d'une foule de faits géologiques et leur rôle est si grand qu'on a donné le nom de *geysériennes* à tout un groupe de formations des plus importantes.

En tête se placent les meulières si développées dans les terrains tertiaires et qu'on retrouve exactement les mêmes à d'autres niveaux. « En comparant les dépôts siliceux de l'Islande, encore en pleine activité, avec ceux des meulières, nous arrivons, dit M. Robert, en procédant du connu à l'inconnu, à pouvoir dire que les terrains neptuniens se sont sans doute formés de la même manière que celles des terrains volcaniques. » Les bassins des sources thermales où l'eau est tranquille et que par ce fait on appelle, en idiome islandais, *langars* (bains) pour les distinguer des *hvers*, prononcez *querz* (chaudrons), où elle est toujours en ébullition, nous fournissent surtout une indication précieuse. Là nous aurons la preuve que la silice gélatiniforme ne peut prendre cét état de gelée qu'à l'aide d'une température élevée. Aussi, le grand geyser dépose à une température qui excède 100° et peut aller à 124°, les productions suivantes :

1° D'abord une concrétion siliceuse blanchâtre, friable, avec empreintes de graminées, de prèles et de cypéracées, plantes vivant encore près de là, dans des terrains tourbeux arrosés par le Beina qui reçoit toutes les eaux des geysers.

2° Un peu plus loin, au-dessus et au-dessous d'une concrétion en chou-fleur, une concrétion siliceuse calcédonieuse plus ou moins feuilletée, ayant une singulière analogie avec nos meulières.

3° On trouve aussi dans les mêmes localités voisines de l'Hécla, mais non en place, une autre concrétion siliceuse, fibreuse, demi-dure, offrant une ressemblance assez grande avec le silex nectique de Saint-Ouen. Ici on serait tenté de la prendre pour une pierre ponce.

4° Ces concrétions siliceuses, qui ressemblent si bien à nos meulières, gisent comme elles dans une argile bolaire de diverses couleurs, ordinairement rougeâtre, gris rougeâtre, jaune blanchâtre, bleu tendre et lie de vin. »

Disons cependant que l'assimilation des meulières aux geysérites soulève une difficulté qui paraît considérable (*), Elle consiste

---

(*) Voir pour plus de détails : STANISLAS MEUNIER, *Géologie des environs de Paris*, p. 302.

dans l'ignorance où nous sommes du procédé suivant lequel les geysérites, qui sont fortement hydratées, ont pu perdre leur eau pour passer à l'état de meulières qui sont parfaitement anhydres. Il faut à cet égard signaler d'une manière spéciale un très-remarquable travail de M. le professeur Friedel sur la déshydratation spontanée des silex.

Nous avons vu tout à l'heure, d'une manière incidente, que les sources siliceuses chaudes des Açores déposent une substance argileuse. L'observation contemporaine montre en effet qu'il faut admettre pour diverses couches d'argile une vraie origine geysérienne. Nulle part le fait ne s'observe mieux que dans les *Salzes*. Il en est ainsi certainement pour les argiles de filon, les halloysites, comme on dit, et pour les substances silico-alumineuses qui accompagnent la calamine, les mines de fer en grains, ou qui teignent le diluvium rouge.

Toutefois, il paraît bien que les géologues sont allés trop loin dans l'intervention qu'ils ont accordée aux phénomènes geysériens dans l'édification des terrains stratifiés. Comme le fait très-justement remarquer M. Vézian, on peut le plus souvent se rendre compte de la formation des couches argileuses et marneuses par la destruction superficielle des roches préexistantes. On le peut d'autant mieux que ces roches sont quelquefois elles-mêmes de nature marneuse ou argileuse et par conséquent faciles à subir une dénudation rapide. Quand on étudie la constitution géognostique d'une contrée, on est souvent conduit à reconnaître que des assises marneuses ou argileuses proviennent du remaniement des couches de même nature qui existaient primitivement dans cette contrée.

Il nous est impossible de ne pas faire remarquer à cette occasion combien les terrains, argileux et autres, d'origine geysérienne diffèrent de ceux que nous avons étudiés précédemment sous le nom d'*Alluvions verticales*, malgré les confusions qu'on a déjà paru, en plusieurs circonstances, disposé à commettre. D'après d'Omalius d'Halloy, comme d'après M. Hébert, ce qui distingue les terrains geysériens, c'est avant tout un très-grand degré d'*homogénéité*. A tel point que c'est surtout à cause de sa nature homogène que l'argile plastique est regardée par diverses personnes comme due à un phénomène analogue à celui des salzes. Au contraire, les alluvions verticales sont, comme tous les terrains de transport, caractérisés avant tout par la variété des substances qui s'y trouvent mélangées, et ce qui les fait surtout reconnaître c'est l'impossibilité où l'on est d'attacher une même origine aux différentes roches qui y sont représentées. Il est impossible, comme on voit, de présenter un contraste plus accentué.

Le gypse dont nous avons déjà parlé résulte, dans beaucoup de cas, d'actions analogues à celles qui viennent de nous occuper, spécialement en ce qui concerne les formations gypseuses, qu'on peut appeler normales, des terrains tertiaires de tous les pays. Le gypse parisien, par exemple, ne forme pas de couches continues, mais des lentilles accidentelles qui sont extrêmement allongées. Pour M. Delesse (*) l'hypothèse la plus vraisemblable consisterait à admettre que le gypse a été déposé par des eaux chargées de sulfate de chaux qui venaient de l'intérieur de la terre. A cause de sa faible solubilité, le gypse devait s'accumuler surtout près des points d'émergence et non pas dans le fond des bassins. « Il se déposait, dit-il, avec une pente et avec une épaisseur variables. C'est vers les points d'une même lentille, pour lesquels l'épaisseur est la plus grande, que se trouvaient vraisemblablement les points d'émergence. Comme le gypse du calcaire lacustre, des sables moyens et des marnes du calcaire grossier est en couches parallèles intercalées dans les terrains, il est nécessairement contemporain de leur dépôt et il n'a pas été introduit postérieurement. Quel que soit le phénomène auquel il faille attribuer la formation du gypse, sa durée comprend une grande partie du terrain éocène. Ce phénomène s'est manifesté dès le calcaire grossier; il s'est reproduit dans les sables moyens, dans le calcaire lacustre et enfin il a acquis son intensité maximum dans le terrain de gypse proprement dit. Il s'est continué presque à la même place pendant toute cette longue période, puisque c'est surtout quand

---

(*) DELESSE, *Comptes rendus* du 6 mai 1861.

le gypse présente une grande épaisseur dans le terrain gypseux qu'il se rencontre aussi dans les étages inférieurs. »

Il y a évidemment des restrictions à opposer à cette manière de voir qui n'est pas suffisamment étayée par l'observation des causes actuelles. On reconnaîtra, en effet, que si réellement les points d'émergence correspondaient aux points signalés plus haut, on trouverait en ces points, maintenant recoupés dans d'innombrables localités, des vestiges au moins des canaux d'ascension. Or, on n'a jamais rien signalé de pareil. Nous allons voir dans un moment comment il paraît possible de satisfaire aux conditions multiples de cet intéressant problème.

Avant tout, conformément à la méthode que nous suivons, cherchons, à l'époque actuelle, des faits analogues à ceux qu'il s'agit d'expliquer.

On connaît beaucoup de sources qui déposent du gypse, depuis les fontaines simplement séléniteuses jusqu'à celles qui accumulent dans leur bassin de véritables montagnes de pierre à plâtre. Le plus souvent il arrive que ce gypse fontigénique n'est qu'un simple produit de remaniement et, par exemple, les eaux séléniteuses des environs de Paris sont tout simplement celles qui s'échappent des terrains gypseux. Mais il arrive aussi que les eaux fournies par les terrains anciens et spécialement volcaniques donnent des dépôts de sulfate de chaux; celles-ci seules peuvent faire espérer quelques-unes des notions que nous recherchons (*).

Toutefois il faut reconnaître que pendant bien longtemps, malgré des études persévérantes, on a hésité à admettre que le gypse des terrains stratifiés pût être rattaché au gypse fontigénique. C'est en grande partie aux travaux de M. Gressly sur la géologie du val de Delémont que cette importante association doit d'avoir à la fin été acceptée.

(*) On peut se demander si ce gypse fontigénique n'est pas en réalité épigène, c'est-à-dire produit par la réaction souterraine de l'acide sulfurique sur du calcaire, le sulfate de chaux produit étant au fur et à mesure entraîné vers la surface. Toutefois l'oxygène nécessaire pour produire l'acide sulfurique aux dépens de l'hydrogène sulfuré doit manquer dans les profondeurs. D'autre part, il n'y a aucun indice sérieux pour accueillir cette supposition. La question doit donc être absolument réservée.

Préoccupé de déterminer la constitution de cette partie du canton de Berne, M. Greppin avait reconnu que d'épaisses couches désignées sous le nom de *Nagelfluhe jurassique* se rapporte réellement au terrain sidérolithique avec débris de *Palæotherium* semblables à celui du gypse parisien. M. Gressly, reprenant ces résultats, arriva à reconnaître que ces dépôts sont le produit d'épanchements analogues aux éruptions boueuses de sources chaudes jaillissantes chargées d'oxyde de fer et de manganèse, de silice, d'alumine, de chaux et d'acide sulfurique. Ces matériaux, après avoir pénétré et incrusté les crevasses, les fentes des roches environnants, se répandaient en éventail dans les dépressions du sol en déposant les sables, le fer en grain, les argiles et les marnes. « Or, dit M. Hébert (*), M. Greppin décrit des faits qui s'adaptent admirablement à cette explication; il retrouve les cheminées avec leurs parois quelques fois silicifiées, les unes remplies encore d'argiles avec du gypse, du minerai de fer, d'autres donnant encore passage à des nappes d'eau assez considérables... Et maintenant, ajoute le savant professeur de la Sorbonne, pour nous qui nous sommes souvent demandé d'où venait notre gypse, il est clair que l'origine est celle qu'indique M. Gressly; seulement, moins heureux que lui, nous ne voyons pas autour de nous les cheminées qui l'ont amené. Il ne nous est pas donné, comme à Delémont, de voir des filons verticaux de cette substance traversant de la base jusqu'au milieu la masse des argiles sidérolithiques. Il est même certain que leur point de départ doit être à une assez grande distance du bassin où s'est effectué le dépôt. Il a bien fallu que les produits de ces éruptions boueuses fussent entraînés par des courants pour qu'elles pussent recevoir la stratification si remarquablement régulière que l'on observe dans nos carrières, sur des étendues aussi considérables, tandis que rien de semblable n'existe à Delémont dans le voisinage des sources où tout devait se déposer dans un certain désordre, et c'est en effet ce que l'on observe. Mais en Suisse, comme dans le bassin de Paris, comme aussi dans la Souabe, où M. le docteur Fraas a

---

(*) Hébert, *Bulletin de la Société géologique*, 2ᵉ série. t. I, p. 501.

découvert, en 1852, un assez grand nombre des espèces de mammifères de Montmartre dans le grand dépôt de fer oolithique de cette contrée, la destruction des palæotherium et des anaplotherium a été le résultat de courants puissants, probablement d'inondations déterminées par des phénomènes analogues à ceux que suppose M. Gressly ».

L'origine du sel gemme est puissamment éclairée aussi par l'observation des causes actuelles et ici, comme on va voir, il faut distinguer entre ce qui se passe dans le bassin des sources salées et dans celui de l'Océan.

Afin de voir dans chaque cas à quel mécanisme il faut avoir recours, il faut se rappeler comment se présente le sel gemme dans la nature. Un premier fait des plus remarquables, c'est l'association si ordinaire du sel gemme avec le gypse et d'autres substances comme la dolomie et le bitume. Un autre est la disposition lenticulaire du sel, noyé dans des argiles et donnant l'idée de petits bassins distribués à la suite les uns des autres et à des niveaux successifs. Un dernier consiste dans l'ordre de superposition des diverses matières constituant un gisement donné et qui se trouve être réglé manifestement comme celui de leur solubilité relative.

Nulle localité n'est plus instructive à cet égard que les salines de Stassfurt, en Prusse, où l'on a découvert, avec le sel gemme, de puissants dépôts de composés potassiques. Ce gisement (*fig.* 47) peut se partager en effet en quatre parties. La plus profonde (A) consiste en une couche de sel gemme de près de 214 mètres de puissance connue et sous laquelle, d'après ce que montrent les autres salines, doivent se trouver des assises de gypse, etc.; au-dessus se montre une couche (B) de sel impur de $62^m,60$ qui renferme des sels déliquescents; puis vient (C) une couche de 57 mètres, dans laquelle abondent les sulfates; enfin la couche supérieure (D), épaisse de 64 mètres, est formée par un mélange de sel gemme, de sulfate de magnésie et de sels de potasse et spécialement de carnallite.

On connaît, à l'époque actuelle, un nombre immense de sources salées et parmi elles, il en est dont les produits sont très-considérables. C'est par tonnes et par milliers de tonnes qu'il faut évaluer les masses de sel qui s'échappent ainsi par année de l'intérieur de la terre. Les sources de Hallein, qui jaillissent sur le versant septentrional des Alpes de Salzbourg, et qui sont aménagées

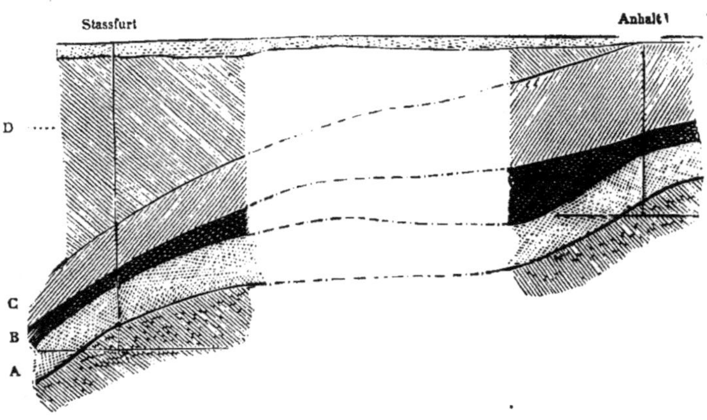

Fig. 47. — Coupe du gisement salin de Stassfurt, Prusse. — A, sel gemme pur. B, sel chargé de chlorure de magnésie. C sel chargé de sulfates. D, sel chargé de composés potassiques.

avec le plus grand soin produisent annuellement 15,000 tonnes de ce minéral. Les eaux salées de Halle, en Prusse, exploitées depuis un temps immémorial par une corporation d'origine celtique, fournissent 10,000 tonnes de sel. D'autres parties de l'Allemagne livrent également à la consommation des milliers de tonnes de sel blanc extraites par l'évaporation des eaux jaillissantes. La masse de sel que fournit le seul puits de Neusalzwerk, près de Minden, en Prusse, représente chaque année un cube de 24 mètres de côté. Sans être aussi riches que l'Allemagne en sources salines exploitées, la plupart des pays civilisés de la terre en ont aussi plusieurs de très-importantes. La France a les eaux de Dieuze, de Salins, de Salies; la Suisse a celles de Bex; l'Italie a les sources des environs de Modène et bien d'autres encore; l'Angleterre a, près de Chester, des mines de sel gemme dans lesquelles sourdent de nombreuses veines liquides saturées; enfin les États-Unis ont les célèbres sources de Saratoga.

D'après M. de Tchihatchef (*), la vallée de Touzlasou (*eau salée*) est remarquable, comme son nom l'indique, par l'abondance du sel gemme. Les montagnes qui l'enserrent sont diversement nuancées de bleu, de rouge, de jaune, et les roches s'y décomposent incessamment sous l'action du sel liquide qui suinte et découle de leurs flancs. La plaine elle-même est couverte d'une croûte multicolore que des jets d'eau brûlante et saturée de sel ont fendillée dans tous les sens. Çà et là, s'étendent des flaques dont l'humidité s'évapore au soleil, en laissant sur le sol des couches d'un sel blanc comme la neige. Vers l'origine de la vallée, les sources deviennent de plus en plus nombreuses. Enfin, là où les escarpements se rapprochent pour former un défilé, on voit jaillir d'une paroi de rocher et de bas en haut, une magnifique gerbe d'eau qui n'a pas moins d'un pied de diamètre à l'orifice et qui retombe après avoir décrit une parabole de plus de 1^m,50. D'autres sources, qui s'élancent de droite à gauche, forment avec le jet principal un ruisseau d'eau bouillante et fumante.

Ces exemples suffisent pour montrer que les sources fournissent assez de sel pour rendre compte de l'accumulation du sel à certains niveaux. Mais si on examine la constitution du dépôt qu'elles produisent, on constate qu'elle n'a aucune analogie avec celle des amas salifères. Tout y est confusion et désordre et ce qui domine, au lieu de couches, ce sont des concrétions tuberculeuses.

D'ailleurs, quand on peut étudier les choses d'assez près, on reconnaît que les sources salées ne sont chargées de sel que parce qu'elles dissolvent, dans la profondeur, des amas précisément identiques à ceux dont il s'agit d'expliquer le mode de formation.

Elles ne peuvent donc éclairer la question comme il était naturel de l'espérer à première vue. Toutefois, il faut bien remarquer que le mécanisme de leur formation n'est pas spécial à l'époque actuelle et que, par conséquent, tout le long des temps géologiques, des masses de sel ont dû être dissoutes sous terre et

____

(*) DE TCHIHÁTCHEF. *Le Bosphore et Constantinople.*

leur substance déposée dans les points où les eaux qui s'en étaient chargées pouvaient s'évaporer.

Il est très-naturel de considérer comme sel ainsi remanié celui qui remplit, sous forme de veines, les fissures de certains terrains. Il se ferait dans ce cas quelque chose d'analogue à ce mouvement intestin dont, comme on l'a vu précédemment, tant de roches sont le siége, et l'analogie serait même intime avec l'expérience de Seguin aîné, citée plus haut, qui démontre la propriété possédée par le sel de se concentrer dans la substance même d'une pâte argileuse compacte, de façon à constituer progressivement des grains cristallins de plus en plus gros.

Mais les causes actuelles ne doivent pas être abandonnées pour cela en ce qui concerne l'origine des grands amas de sel gemme. Seulement il faut tourner notre attention vers d'autres phénomènes que les sources.

En parcourant le littoral de la mer, surtout dans les régions chaudes, on remarque de toutes parts des croûtes salines qui incrustent les objets placés à la surface du sol, il y a donc dans l'évaporation de l'eau de mer une source de sel gemme.

Une fois sur cette voie, on ne la suit pas longtemps sans recueillir les données les plus importantes.

Tout le monde sait qu'il existe des mers fermées qui subissent, à l'heure présente, une évaporation progressive. On peut donc suivre les dernières phases du phénomène. Rappelons d'abord que l'on connaît des lacs salés et des mers fermées en Crimée, dans la vaste région dite Bassin Aralo-Caspien, en Arménie, en Asie-Mineure, dans l'Inde, sur divers points de l'**Afrique** et des deux **Amériques**.

L'évaporation de ces masses d'eau étant progressive, c'est d'après l'ordre renversé des solubilités que s'opère le dépôt des diverses substances et celles-ci se concrètent sous forme de couches, c'est-à-dire que les principales conditions des gisements anciens de sel se trouvent réalisées.

On peut reconnaître l'exactitude de ce fait par la comparaison suivante de la composition de l'eau de la mer Morte, dont la concentration est fort avancée, avec la composition de l'eau normale de l'Océan :

	OCÉAN	MER MORTE
Eau.	96,470	77,230
NaCl.	2,700	6,496
MgCl.	0,360	10,729
CaCl.	—	3,559
KCl..	0,070	—
MgBr..	0.002	0,331
CaO, SO^3, $2HO$..	0,140	—
MgO, SO^3.	0,230	—
CaO, CO^2.	0,003	0,003
	99,975	98,348

On voit que ce qui domine dans l'eau de la mer Morte ce sont les substances les plus solubles, les unes concentrées, comme le chlorure de magnésium, d'autres formées par double décomposition, comme le chlorure de calcium, dû à la réaction du sulfate de chaux sur le chlorure de magnésium. Ce qui manque, au contraire, ce sont les produits les moins solubles, comme le sulfate de chaux. M. Henri Rose qualifie les eaux du lac Elton d'*eau mère* de laquelle d'énormes dépôts de sel se sont séparés. Dans un travail spécial, il a suivi pas à pas les phénomènes qui accompagnent l'évaporation de l'eau de mer et les résultats sont très-intéressants au point de vue où nous nous sommes placés.

D'après ces faits d'observation contemporaine, il devient possible, à l'exemple de M. Angelot (*), de se faire une idée du mécanisme en vertu duquel le sel gemme s'est déposé dans les couches du sol. Il paraît indiqué, en effet, de rattacher l'origine de cette substance à l'existence, à diverses époques, de bassins fermés ou lacs salés semblables à ceux que nous avons cités et qui se seraient entièrement desséchés. Le sel, dissous dans l'eau, en chasse l'air, et rend la respiration des animaux très-difficile; aussi n'y a-t-il point d'animaux dans la mer Morte ni dans les autres lacs salés; et sans doute la salure des eaux de l'Océan n'a jamais été très-différente de ce qu'elle est aujourd'hui. D'après cela, les étangs salés des Bouches-du-Rhône, les lacs salés du bassin de la mer Caspienne, la mer Morte et la plupart des lacs

---

(*) **Angelot**, *Bulletin de la Société géologique*, t. XIV, p. 356. 1843.

salés du globe, seraient des exemples de dépôts modernes de sel, analogues à ceux des diverses formations géologiques. Nous ajouterons, à l'appui de cette opinion, la rareté et souvent l'absence complète de débris d'animaux dans le voisinage immédiat de ces derniers, ce qui prouverait des conditions extérieures aussi défavorables à la vie qu'elles le sont encore de nos jours. M. Angelot fait voir, en outre, qu'il existe une certaine relation entre la formation des eaux douces aux diverses périodes et celle des couches de sel gemme qui se déposaient. Ainsi toutes les dépressions situées au-dessous de la mer ont leur fond occupé par du sel et aucune n'est remplie par des eaux douces, ni même par des eaux dont la salure soit inférieure à celle de la mer. Enfin, à quelques exceptions près qu'il est facile d'expliquer, soit parce que la salure résulte de sources salées dans le voisinage, soit parce que le bassin, d'abord inférieur au niveau de la mer, aura été porté au-dessus par un soulèvement, on peut regarder comme probable que toutes les grandes étendues d'eau plus salée que celle de la mer et sans écoulement, se trouvent au-dessous du niveau de celle-ci, tandis qu'un lac sans écoulement et dont la salure est plus faible est placé au-dessus de son niveau. L'aréomètre pourrait donc, jusqu'à un certain point, devenir, pour les lacs sans issues, un moyen d'hypsométrie.

Comme conséquence de ces divers faits, nous devons regarder comme acquises, un certain nombre de données très-importantes, sur l'origine et le mode de formation du sel gemme et des substances qui l'accompagnent, gypse, sel de magnésie, sel de potasse. Ce sujet jette en même temps du jour sur les intéressantes associations minérales de constatation si fréquente.

Certaines couches de minerais métalliques se rattachent aux mêmes considérations. Les causes actuelles ne viennent pas souvent les éclairer, mais ce qu'elles fournissent pour les couches ferrugineuses, permet de conclure beaucoup de données précises relativement aux autres métaux.

On sait que, le minerai de fer constitue à divers niveaux des couches analogues, pour l'allure, aux couches de calcaire et offrant les mêmes accidents de structure. C'est ainsi que l'on connaît du fer oolithique et pisolithique.

Or, beaucoup de sources sont ferrugineuses et parfois assez chargées de métal pour donner lieu, autour de leur bassin, à des dépôts ocracés plus ou moins épais. C'est ainsi, pour en citer un exemple très-pittoresque que, sur les bords de la Meuse, à Layfour, on voit tout à coup le rocher déchiré teint des nuances sanglantes les plus vives par suite du minerai de fer qu'y dépose sans cesse, une abondante source d'eau limpide quoique très-fortement sapide.

A côté des sources proprement dites, il faut citer les lacs et les tourbières dans lesquels se développent le minerai de fer avec des circonstances des plus intéressantes.

Ainsi, dans l'arrondissement d'Olonetz, en Russie, on extrait le minerai, destiné aux usines, de quatorze lacs dont le plus considérable, celui de Sound-Ozéro, a 13 kilomètres de long sur 4 à 5 de large. Ce minerai est un oxyde de fer hydraté, avec une certaine quantité de silice et d'argile. Le manganèse et l'acide phosphorique s'y trouvent aussi fréquemment. Le fer est recueuilli sous forme de petits galets plats ou de grains ronds, réguliers, de la grosseur d'une tête d'épingle jusqu'à celle d'un œuf d'oie. Sa couleur est le brun noirâtre ou jaunâtre, et sa cassure feuilletée présente des couches concentriques comme nous avons vu qu'en présentent les oolithes calcaires. Les bancs de minerai ont de 44 millimètres à 18 centimètres et même 35 centimètres d'épaisseur dans les lacs vaseux. On les exploite au moyen de radeaux et avec des seaux emmanchés, que l'on promène sur le fond. On retire ceux-ci remplis du minerai qui est immédiatement placé, pour le lavage, dans un crible de fer que l'on descend dans l'eau et d'où on le retire pour le mettre en tas sur le radeau; deux hommes peuvent extraire 1,000 à 6,500 kilogrammes par jour.

Les minerais des marais se trouvent pour la plupart aux environs du lac Onéga. Ils sont en couches, recouvertes de gazon et d'un peu de terre d'alluvion. Leur épaisseur varie de $0^m,04$ à $0^m,71$. Ils renferment toujours une certaine quantité de terre et d'acide phosphorique. Leur exploitation fort simple, consiste à enlever le gazon et à les détacher avec un pic de fer.

Il paraît que les dépôts de ce genre sont plus développés dans certains points de l'Amérique du Nord que partout ailleurs;

D'après M. Hitchkock, le fer des marais occupe une grande surface dans l'ouest du comté de Manchester (Massachussets) et sa
formation serait due à l'abondance des pyrites décomposées qui
se trouvent dans le gneiss des environs. Une partie se change en
oxyde de fer et une autre en sulfate. L'oxyde, se combinant avec
une plus ou moins grande quantité d'acide carbonique de l'air
passerait à l'état de carbonate soluble dans l'eau. Entraîné par
les pluies dans les dépressions du sol, l'eau qu'il y rencontre,
contenant de l'acide carbonique, dissout ce composé, et le fer
est transporté dans les étangs et les marais où il se dépose par
évaporation. L'oxyde de manganèse paraît se former aussi par le
même procédé.

Sans nier la réalité de ce genre de formation, auquel au contraire on assite tous les jours, par exemple dans les *Cendrières* de
l'Aisne et de l'Oise, il faut reconnaître qu'il est souvent remplacé
par un mécanisme différent, dont on doit l'étude à M. Daubrée.

Cet observateur fait remarquer (*) que les végétaux à l'état de
pourriture exercent une action décolorante sur les argiles et les
sables ferrugineux. Le fer est enlevé jusqu'à 5 centimètres de distance autour des racines. Cette cause est évidemment très-efficace
et l'on peut suivre la marche du phénomène dans les cours d'eau
et dans les lacs depuis la dissolution du fer dans l'eau par l'action
des acides carbonique et crénique jusqu'à son dépôt. Le test des
infusoires siliceux vient s'ajouter à cette cause première et il y a
formation aussi de fer phosphaté par suite de la combinaison de
l'acide phosphorique qui se dégage des corps organiques en pu-
tréfaction. Ces dépôts ne sont pas d'ailleurs nécessairement à
proximité des roches ferrifères d'où ils tirent leur origine.

On voit là, en définitive, et par un procédé spécial, un véritable
triage chimique analogue, ou plutôt comparable aux triages mécaniques qui nous occupaient précédemment.

Comme M. Faye l'a fait voir (**), le procédé qui vient d'être
décrit joue certainement un grand rôle dans la production de la

---

(*) Daubrée, *Comptes rendus*, t. XX, p. 1775.
(**) Faye, *Comptes rendus*, t. LXXI, p. 245.

couche ferrugineuse connue sous le nom d'alios des Landes et nous avons vu comment, à l'époque miocène, des faits analogues ont pris naissance auprès de Paris.

Nous avons dit que les métaux autres que le fer et qui se trouvent en couches, n'ont pas comme lui leur histoire éclairée directement par les causes actuelles. Rappelons cependant que leur présence dans les eaux minérales contemporaines suffit, par comparaison, à dépouiller la question de leur origine de toute obscurité. Remarquons aussi qu'en parlant des filons dans une autre partie de cet ouvrage, nous avons eu l'occasion d'élucider beaucoup de points sur lesquels il n'y a évidemment pas lieu de revenir ici.

Il resterait une lacune dans notre sujet si, en recherchant les causes des diverses compositions chimiques des terrains stratifiés, nous laissions de côté les puissants dépôts de combustibles fossiles. Toutefois, il nous suffira de les mentionner, car leur formation, dont nous pouvons suivre pas à pas les différentes étapes, ne saurait être séparée des phénomènes de fossilisation auxquels une partie spéciale de cet ouvrage sera consacrée plus loin.

La considération des causes actuelles vient encore éclairer l'origine de certaines roches qui ne rentrent pas dans les catégories précédentes et qui résultent, comme on va voir, de véritables épigénies, c'est-à-dire de transformations sur place d'éléments antérieurement déposés. Les roches épigènes auxquelles nous faisons allusion fournissent au géologue un grand nombre de faits importants et même parfois dans des directions qui semblent à première vue tout à fait différentes ; par exemple, en ce qui touche les mouvements d'exhaussement de la surface du sol. Déjà nous avons vu quelles causes générales doivent, le plus souvent. être attribué à ces phénomènes, mais on reconnaîtra dans un moment qu'il suffit quelquefois qu'une couche pierreuse change un peu de composition sous l'influence des agents les plus ordinairement actifs pour que de vrais soulèvements se produisent, sur l'origine desquels on pourrait commettre les erreurs les plus considérables.

Voyons successivement les principales roches qu'il convient de regarder comme épigéniques.

L'alunite, constituée par le sulfate double d'alumine et de potasse, fournit par son mode de formation un bon exemple à citer
ici.

En Toscane, à Campiglia, à la Tolfa, etc., cette substance
forme, dans des schistes jurassiques rouges, des gîtes circon-
scrits. On reconnaît souvent, dans les rognons d'alunite la structure même de la roche qui l'empâte.

Or, la considération des causes actuelles permet de préciser le
mécanisme par lequel l'alunite ancienne s'est produite.

Par exemple, à Pereta, en plein terrain nummulitique, on voit
peu à peu l'alunite se former par la réaction, sur des roches argileuses, de l'acide sulfhydrique émis des profondeurs d'une manière
continue. L'argile décomposée perd de la silice pendant que l'hydrogène sulfuré, en se brûlant, se transforme en acide sulfurique.
Les sulfates doubles d'alumine et d'alcali qui en résultent s'u-
nissent ensuite entre eux, de façon à reproduire une association
analogue à celle de l'alun lui-même.

Dans beaucoup de localités, des faits semblables peuvent actuellement être observés. On peut citer entre les plus remarquables
Pouzzoles, les lagonis de Toscane et la solfatare de la Guadeloupe.

Il faut remarquer ici que le même mode de formation explique
l'origine des couches de soufre stratiforme dont on a l'un des
plus beaux types aux Tapets, dans le département de Vaucluse.
Il suffit, en effet, que l'hydrogène sulfuré ne soit brûlé qu'incom-
plétement pour qu'il donne lieu à la fois à de l'eau par son hydrogène et à du soufre libre.

On constate la production actuelle de cette intéressante réaction dans une infinité de localités volcaniques.

Ce sujet nous conduit donc à signaler encore un exemple des
cercles naturels qui nous ont déjà frappés à tant de reprises.

Les sulfates dont nous venons de voir la production retournent
en effet dans diverses circonstances à l'état de sulfure, et peuvent
même se résoudre en hydrogène sulfuré. C'est ainsi que, sous
l'influence des matières organiques en décomposition, les sulfates
donnent naissance à la pyrite qu'on rencontre si fréquemment
dans les couches de combustibles.

On outre, certains organismes inférieurs dits *sulfuraires*, auprès desquels il faut citer la barégine, paraissent réaliser une réaction du même genre et ramener à l'état d'eaux sulfureuses les eaux chargées de sulfates. Ce fait est d'autant plus intéressant qu'on vient de voir avec quelle facilité les eaux sulfureuses reprennent des sulfates en s'oxydant.

Dans certains cas, le gypse reconnaît une origine semblable à celle de l'alunite épigène qui vient de nous arrêter, et c'est ce que démontre encore l'étude des causes actuelles.

Dans plusieurs localités des États-Unis, on constate, en effet, que les émanations sulfurées qui traversent des calcaires transforment ceux-ci en sulfate sur une épaisseur de plus en plus grande.

Dans divers points de la Toscane, comme Monte-Cerboli, Castel-Nuovo, etc., on observe des faits analogues. L'attaque du calcaire a lieu à la fois par les innombrables fissures qui traversent cette roche de façon à *gypsifier* des cirques entiers. Le calcaire pur donne du gypse laminaire, mais plein d'interstices, et l'on retrouve dans les roches actuelles toutes les variétés des gypses anormaux des terrains secondaires.

C'est à cet égard que M. Élie de Beaumont a signalé les soulèvements auxquels cette hydratation peut donner naissance.

Reconnaissons, à cette occasion, que l'on doit, en ce qui concerne les épigénies, faire usage de la plus grande prudence et ne pas aller trop loin. Il est aussi certaines épigénies à l'égard desquelles les causes actuelles sont encore muettes, par exemple, celles qui se sont développées d'une manière si nette dans les caillasses tertiaires.

Une conséquence très-importante paraît devoir être tirée des faits d'épigénie qui précèdent. Nous la signalons d'autant plus qu'elle fournit, en même temps que des notions scientifiques positives, un exemple des incertitudes auxquelles les données géologiques peuvent être soumises.

Certaines couches de terrains dont nous étudions aujourd'hui les caractères peuvent être partiellement ou en totalité postérieurs à l'époque de leur dépôt et conserver les traces d'un régime tout différent de celui qui a présidé à leur formation première.

Supposons, pour fixer les idées, une source ferrugineuse se faisant jour dans une fissure qui traverse diverses couches et considérons une mince strate de sable entre deux puissantes formations d'argile. L'eau s'épanchera dans le sable qui pourra devenir sur une vaste surface du minerai de fer pendant que le reste ne sera pas modifié.

D'après les règles ordinaires de la géologie, on attribue à ce minerai un âge compris entre ceux des deux couches argileuses, tandis qu'il pourra être très-postérieur à la plus récente elle-même.

Il est des cas où l'âge relatif des divers éléments d'une couche peut être appréciée sûrement. En voici un que nous avons rencontré tout récemment. Il s'agit de nodules de **grès** renfermés dans les sables moyens du parc de Montsouris, à Paris. Ces nodules sphéroïdaux sont creux et ils ont empâtés de nombreuses coquilles. On ne voit de fossiles ni dans leur cavité centrale, ni à leur extérieur, sauf dans certains lits agglutinés. De plus, la matière argileuse qui teint le sable qu'ils contiennent est tout à fait différente de nuance et de composition de celle qui imprègne le sable extérieur. Celle-ci est donc arrivée dans la couche après la constitution du grès.

La même exactitude peut exister aussi relativement au **régime** d'une époque donnée. Ainsi, le gypse stalactiforme que nous avons signalé précédemment aux environs de Noisy-le-Sec ferait croire, à première vue, à un régime fontigénique très-développé à l'époque du dépôt de la pierre à plâtre, et s'ils s'étaient produits sur une plus vaste échelle, l'incertitude serait permise. On arrive pourtant à reconnaître que l'on a affaire à des remaniements moléculaires très-postérieurs au dépôt primitif. Il est très-possible **que** des considérations de ce genre soient applicables par exemple à l'origine de certaines couches de calcaire cristallin et à l'assise si remarquable de l'albâtre gypseux de Thorigny.

On voit, par l'ensemble des faits exposés dans ce chapitre, combien les causes actuelles jettent de jour sur l'origine des principales sortes de terrains stratifiés. Les résultats déjà acquis dans cette voie sont un sûr garant de l'importance de ceux que les recherches futures nous permettent d'espérer.

CHAPITRE VI

VARIATIONS DES COUCHES

Il est impossible de suivre un peu loin une couche donnée sans constater qu'elle subit à divers points de vue des changements progressifs. Ici, fine et sableuse, elle devient ailleurs marneuse ou calcaire, et plus loin elle se remplit de galets. L'épaisseur varie de même d'un point à l'autre ainsi que la couleur, le degré de cohésion, etc.

Ces faits, dont l'importance ne saurait échapper à personne, sont dus à tout un ensemble de causes que nous verrons se compléter par la suite, mais dont il faut nous préoccuper dès maintenant et dont l'observation contemporaine rend entièrement compte.

En effet, les dragages exécutés maintenant en grand nombre dans les océans, et qui tous entament la même couche de formation actuelle, font voir que le limon n'est pas le même au centre du bassin marin ou sur ses rives.

Ce que nous avons dit des triages auxquels les matériaux agités par les flots sont soumis en donne la raison. Il en résulte que, même en s'en tenant aux caractères pétrologiques, c'est-à-dire en laissant de côté ce qui concerne les variations de fossiles, sujet sur lequel nous aurons à revenir, on arrive à distinguer aisément dans une même couche des faciès spéciaux répondant à des situations différentes par rapport au rivage au moment où la couche considérée se déposait dans la mer.

C'est par ces considérations, entièrement puisées dans le domaine des causes actuelles, que l'on divise en général les dépôts marins en trois classes :

1° Les dépôts *côtiers* ou *littoraux*, qui se forment dans le voisinage immédiat des côtes ;

2° Les dépôts *thalassiques*, qui viennent après les précédents ;

3° Les dépôts *pelagiens*, qui s'avancent le plus en pleine mer ;

et s'édifient dans une zone qui s'étend aussi loin que les matériaux, quelle que soit leur provenance et leur mode de transport, peuvent être conduits.

Ces trois ordres de dépôts se lient d'ailleurs les uns aux autres par des passages insensibles. Les dépôts littoraux se rattachent, en outre, aux formations terrestres par les diverses parties de l'appareil littoral, dunes, deltas, etc., qui, comme nous l'avons vu, offrent souvent des alternances de sable marins amoncelés par le vent ou par les vagues, et de couches alluviales amenées par les fleuves.

« D'un autre côté, dit M. Vézian, quelle que soit l'énergie et l'étendu des courants marins, il existe certainement, dans l'Océan, des régions éloignées des terres où les matériaux détachés des continents ne parviennent pas. Si, sur ces points, il n'y a pas de jaillissement de sources pétrogéniques, il ne se formera aucun dépôt. C'est là une remarque toute théorique dont nous n'aurons pas l'occasion de faire usage. »

A toutes les époques géologiques, les mers ont eu des dépôts littoraux, thalassiques et pélagiens; mais les dépôts littoraux croissent en importance depuis la période azoïque jusqu'à nos jours. Ce fait reconnaît deux causes : l'une réelle, l'autre apparente. La cause réelle, c'est le développement graduel des lignes de côtes; la cause apparente, c'est que les terrains anciens ont perdu, à la suite des innondations répétées, presque tout leurs dépôts littoraux, soit parce que ces dépôts offrent moins de résistances, soit parce qu'ils se trouvent les premiers émergés. Les anciennes formations sont surtout représentées par les dépôts thalassiques ou pélagiens, tandis que le contraire a lieu pour les formations récentes. Celles-ci se montrent à nous avec leurs dépôts littoraux, pendant que leurs dépôts thalassiques ou pélagiens sont encore sous les eaux.

Nous avons insisté précédemment, page 232, sur la prudence avec laquelle on doit conclure de l'aspect littoral d'une formation, la preuve qu'on se trouve réellement sur un point de côte. Le déplacement des mers transforme nécessairement un cordon de galet en une nappe caillouteuse.

C'est ce que nous allons essayer de faire comprendre,

Prenons d'abord le cas relativement très-simple représenté par
la *fig.* 48.

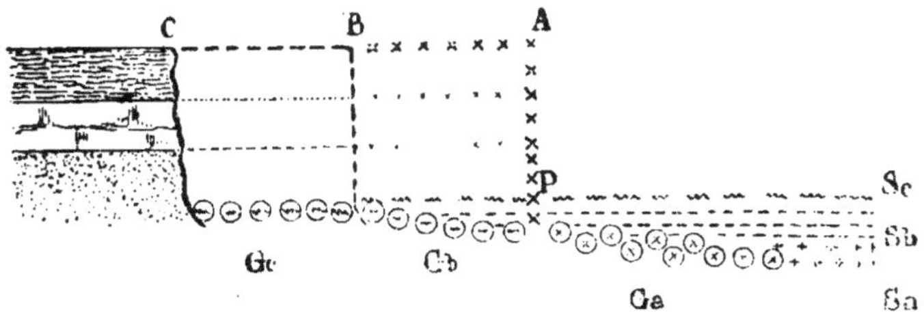

Fig. 48. — Disposition des sédiments formés successivement par la démolition d'une
même falaise constituée par une roche homogène. A. B. C limites de la falaise à
trois époques successives ; Ga, Gb, Gc galets correspondant à ces trois époques ; Sa,
Sb, Sc sable correspondant à ces trois époques.

On y voit une falaise de nature homogène, de quartzite par
exemple, qui, d'abord représentée par le profil CAP, recule progressivement sous l'effort de la mer. A l'époque où sa paroi verticale est **AP**, sa démolition donne lieu à un cordon de galets Ga et
à une couche de sable Sa qui lui fait suite, et l'on peut, dans des
points cenvenablement choisis, reconnaître le faciès littoral et le
faciès pélagique. La falaise reculant jusqu'en B, les sédiments
correspondant à cette deuxième époque, consistent encore en
galets (Gb) et en sable (Sb), disposés d'une manière relative semblable. Or, si l'on examine leur situation par rapport à ceux du
moment **A**, on voit que le sable Sb pourra recouvrir les galets Ga.
Ce même sable Sb recouvrira le sable Sa, mais comme il est, par
hypothèse, absolument identique avec lui, il sera impossible de
reconnaître une limite entre eux, et l'on aura simplement une
couche de sable qui, dans le sens horizontal, passera progressivement à une couche de galets en partie recouverte par elle et qui
semblera, à première vue, appartenir à une époque différente. A
l'époque C, les choses se continuront de même, l'assise sableuse
s'épaissira et s'étalera de plus en plus sur une nappe caillouteuse.

La *fig.* 49 est relative au cas beaucoup plus compliqué d'une
falaise hétérogène donnant par conséquent lieu, par le fait de sa
démolition, à des sédiments de nature plus ou moins variée,

quoique absolument contemporains entre eux. Nous avons choisi un point où la falaise offre le long de la mer des masses sédimentaires S butant contre une protubérance granitique Gr au tra-

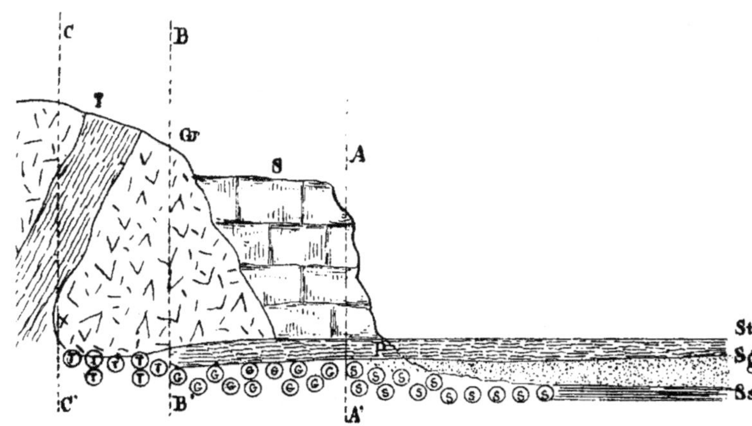

Fig. 49. — Disposition des sédiments formés successivement par la démolition d'une même falaise constituée par la réunion de roches diverses. S masse stratifiée ; Gr protubérance granitique ; T filon de trapp ; AA', BB', CC' paroi de la falaise à trois époques successives auxquelles se rapportent les galets et les sables figurés.

vers de laquelle s'est fait jour un filon de trapp T. A un certain moment, l'action de la mer entaille la paroi verticale AA' dans le terrain stratifié, et il se dépose des galets S et du sable Ss. Plus tard (quelques années seulement après, dans quelques cas), la paroi étant en BB', les galets G sont suivis de sable granitique Sg ; mais celui-ci recouvre les galets S du premier moment et se soude intimement avec eux ; de façon que la même couche de galets granitiques G fera suite à la couche de galets sédimentaires S et au sable Ss, en même temps que, par sa région la plus littorale, il se fondra avec le sable granitique Sg qui pourra d'ailleurs, vu la différence de composition, être nettement séparé du sable Ss. Si la falaise vient à s'entailler dans le trapp suivant CC', les mêmes faits se continuent et se compliqueront davantage, et l'on pourra observer les passages graduels de la couche de galets T à la fois : 1° avec les galets G et S et le sable Ss ; 2° avec les galets G et le sable S*g* ; 3° avec le sable S*t*. — Des faits de ce genre sont fréquents dans la nature et, certainement, on n'en a pas toujours interprété sainement la véritable signification.

Parmi les changements qu'une couche donnée peut présenter dans le sens horizontal, on doit signaler aussi ceux qui résultent du passage d'une roche détritique à une roche formée par voie de précipitation chimique.

Si l'on suit, par exemple, une couche de gompholite ou de poudingue calcaire, on voit d'un côté, les cailloux devenir de plus en plus nombreux et transformer en conglomérat la roche dont ils font partie, tandis que dans le sens opposé ils finissent par disparaître et par faire place à un calcaire plus ou moins compacte.

Une falaise d'où les vagues et les courants côtiers ont entraîné les débris constitue une roche détritique qui borde le littoral. A mesure que l'on se rapproche de la haute mer, on voit les débris diminuer en nombre et en volume, tandis que l'élément qui leur sert de ciment augmente.

En continuant à se diriger dans le même sens, on verrait la même couche subir des changements de composition et de couleur. La substance qui joue dans la roche détritique le rôle de ciment, peut devenir en s'isolant de plus en plus, du calcaire compacte ; elle a pu être amenée par une source pétrogénique jaillissant à une certaine distance de la côte.

Ce changement résulte aussi, bien souvent, sans l'intervention d'aucune source, du fait même de la finesse de plus en plus grande du limon calcaire déposé, et c'est un point qui nous a déjà occupé à propos des triages que la dénudation réalise sur les côtes.

Ailleurs, la roche pourra prendre une nuance rougeâtre de plus en plus vive : cette nuance sera due à une matière ferrugineuse amenée par une autre source, autour de laquelle le fer se sera déposé en quantité suffisante pour être exploité. On comprend aussi comment une même couche et, à plus forte raison, un même terrain varient de composition d'un point à un autre.

Mais il est d'autres procédés qui donnent des résultats analogues et parfois avec une incomparable énergie.

Nous faisons allusion d'abord à l'ensemble de phénomènes que l'on réunit sous le nom de *Métamorphisme de contact*.

Étant donnée, par exemple, une couche argileuse, en la suivant, on la voit progressivement perdre sa plasticité, devenir plus dure, renfermer des minéraux cristallisés, acquérir la schistosité et manifester, par la déformation et le tronçonnement de ses fossiles (*fig.* 50 et 51), des signes évidents de laminage et d'étirement.

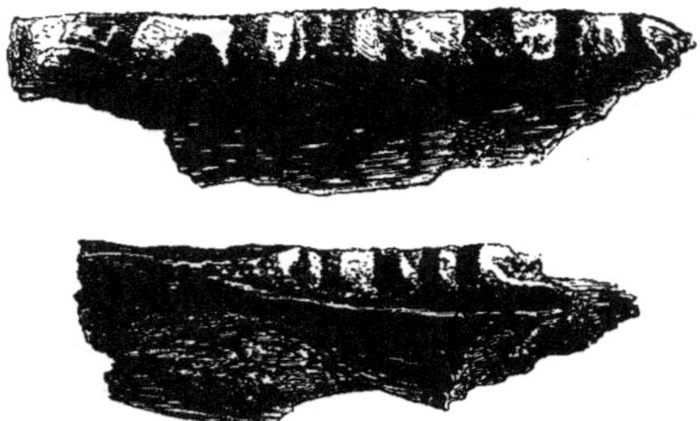

Fig. 50 et 51. — Bélemnites étirées et tronçonnées des couches de lias métamorphique du mont Lachat (Haute-Savoie).

Or, on reconnaît en général que ces modifications s'accentuent de plus en plus à mesure qu'on approche davantage d'une masse intercalée de quelque roche éruptive.

Le calcaire, de même, devient cristallin et même saccharoïde. Le grès passe à l'état de quartzite, parfois il devient prismatique, etc.

L'observation contemporaine jette sur cette série de faits une lumière très-vive. Nous avons, en effet, d'abord dans les houillères embrasées et ensuite sur une échelle bien plus grande, au voisinage des volcans, des régions où se fait actuellement du véritable métamorphisme de contact.

On sait aussi comment des expériences variées ont permis à plusieurs expérimentateurs d'élucider les principales questions ressortissant à ce grand chapitre de la géologie.

C'est par extension des faits fournis par le métamorphisme de contact qu'on a admis l'existence du métamorphisme régional, mais nous ne pouvons nous appesantir ici sur ce sujet.

Dans le sens vertical, c'est-à-dire en passant d'une couche à l'autre, on observe également un certain nombre de particularités fort intéressantes, dont l'observation des causes actuelles explique les particularités principales.

Un des faits qui frappent à première vue est relatif à la couleur. Il est, en effet, extrêmement fréquent que des formations, unies par tous leurs caractères, se scindent, pour ainsi dire, en deux niveaux dont l'inférieur est bleu, tandis que le supérieur est jaune ou jaunâtre.

Ainsi, comme M. Vézian le fait remarquer, en Franche-Comté les marnes bleues du terrain oxfordien supportent le terrain à chailles, qui est roux. De même, le terrain miocène des bords de la Méditerranée se divise en deux étages; le bleu est affecté plus spécialement à l'étage miocène inférieur et le jaune à l'étage miocène supérieur. Dans le bassin de la Gironde, les faluns jaunes se déplacent au-dessus des faluns bleus. Le terrain subapennin des bords de la Méditerranée débute par une masse puissante de marnes bleues au-dessus desquelles viennent des sables quartzeux jaunâtres.

Pendant la première période glaciaire, il s'est produit en Écosse un dépôt d'argile bleue, tandis qu'à la seconde période glaciaire appartient un dépôt roux argileux plus friable. La même chose, dit M. Morlot, s'observe en Suisse, mais avec des exceptions qui ne sont pas sans intérêt. Ainsi, aux environs de Lausanne et de Vevey, où le premier glacier avait une puissance de quelques mille pieds, l'argile erratique de cette première époque est bleu et compacte, tandis que celle du second glacier est plus friable, mais d'une couleur soufre. Mais aux environs de Soleure, où le glacier de la seconde époque n'est pas arrivé, l'argile erratique, quoique appartenant au premier glacier, présente exactement cette dernière couleur, et nulle part on ne voit de l'argile bleue. Cette contrée se trouvait près de la limite extrême du premier glacier où il n'avait guère que 200 à 300 pieds. Ce dépôt, ajoute M. Morlot, se formait donc dans des circonstances semblables à celles sous lesquelles les dépôts roux du second glacier se sont produites; savoir, l'accès de l'air extérieur et une moindre pression. La composition minéralogique de l'argile bleue est la même que celle de l'argile rousse; la masse résulte, dans les deux cas, de la trituration des mêmes roches.

La cause de ces différences de coloration dans des terrains superposés est bien, comme le signale M. Morlot, l'action oxydante de l'oxygène de l'air atmosphérique. La partie inférieure de chaque terrain s'est formée à une plus grande profondeur que sa partie supérieure. Quant aux substances oxydées, ce sont le carbone, et, pour une faible proportion, le sulfure de fer. La disparition du carbone enlève au terrain la nuance sombre, le fer hydraté ou peroxyde résultant de la disparition du soufre contenue dans le sulfure de fer, qui ne passe pas toujours à l'état de sulfate, se joint à celui que le terrain contenait déjà et lui donne une nuance jaunâtre ou rougeâtre.

On a, aux portes mêmes de Paris, un fait qui confirme pleinement cette manière de voir. Il s'agit des marnes bleues qui accompagnent le gypse aux environs de Noisy-le-Sec, de Pantin et de Romainville. Ces marnes sont traversées en sens divers par de fines fissures. Or, on reconnaît que tout le long de ces fissures, là où l'air et l'eau ont pu pénétrer, la roche a perdu sa couleur bleue et est devenue jaune. Des faits analogues sont aussi fournis par les assises de l'argile plastique et par d'autres formations.

Un autre caractère fort net est le contraste de composition lithologique entre deux couches immédiatement superposées.

Il n'y a guère de carrière où le fait ne puisse être reconnu, et par exemple les couches calcaires sont en général séparées par des assises plus ou moins argileuses ou plus ou moins sableuses.

On remarque même souvent qu'il y a une sorte de régularité dans les alternances en question. Nous avons noté à cet égard une intéressante carrière ouverte dans le lias de Romery, non loin de Charleville (Ardennes), les couches de calcaire compacte et de calcaire sableux alternent une dizaine de fois dans la hauteur de l'escarpement. L'observation des causes actuelles est toute-puissante pour expliquer ces faits qui tiennent, avant tout, à une périodicité dans des courants apportant de points différents des sédiments qui n'ont pas rigoureusement les mêmes propriétés.

TROISIÈME PARTIE

FOSSILISATION

On ne peut étudier longtemps les terrains stratifiés sans être frappé de la présence dans les roches les plus variées de ces corps à forme si bien définie et dont l'origine organique est si évidente et qu'on connaît sous le nom de *Fossiles*.

Il n'entre pas dans le plan de ce livre de les décrire, ni de montrer comment, variant avec les couches, ils servent à en fixer l'âge relatif. Notre but est de rechercher, à l'aide des causes actuelles, les données qui peuvent rendre compte des particularités de gisement des fossiles et des transformations que la matière organisée a pu subir pour devenir telle que nous la voyons à présent.

Cette étude comprend des sujets très-variés, inégalement élucidés par les observations contemporaines, mais qui tous conduisent à cette même conclusion, que des causes identiques à celles que nous voyons aujourd'hui à l'œuvre ont amené, dans le passé, la production des phénomènes dont les vestiges sont parvenus jusqu'à nous.

CHAPITRE I.

TRANSFORMATION CHIMIQUE DES MATIÈRES ORGANIQUES ENFOUIES

A ce point de vue, il faut avouer que nous avons encore beaucoup à apprendre et cela vient de la complexité extrême du sujet. Les transformations dépendent, en effet, autant de la composition et de l'état physique du terrain que de la nature même des corps organiques qui y sont enfouis. Comme le fait remarquer Alcide d'Orbigny (*), pour qu'un corps organisé soit susceptible de laisser au sein des couches des traces durables de son existence, il ne suffit pas que sa dureté et sa consistance lui permettent de résister à l'action mécanique des milieux environnants et de conserver ainsi sa forme jusqu'après consolidation complète des sédiments où il se trouve enfoui ; il faut encore que sa composition chimique soit telle qu'il puisse en même temps échapper à la décomposition organique et que la dissolution de chacune de ses parties ne soit pas immédiate après sa mort. La nature physique d'un corps organisé, c'est-à-dire sa consistance, sa solidité, sa dureté, etc., est essentiellement en rapport avec sa nature chimique, et connaître celle-ci, c'est en quelque sorte déterminer ses caractères physiques ; or, la nature des éléments chimiques n'est pas, à beaucoup près, la même chez tous les végétaux et chez tous les animaux. Elle présente, il est vrai, des caractères généraux communs, les uns à toute la série végétale, les autres à toute la série animale ; mais elle comporte aussi des différences particulières propres à chaque classe, à chaque ordre, ou même à chacune des parties d'un même corps organisé. Suivant ces différences, les caractères physiques varieront dans le même rapport et la fossilisation offrira des modifications semblables.

Pour les végétaux, la marche suivie par la substance qui se fossilise est le plus souvent analogue à celle qui se présente pour

---

(*) Alcide d'Orbigny, *Cours de Paléontologie*, t. II, p. 658.

les animaux, et la différence dans le résultat est indépendante de
la composition. Cependant, il arrive très-souvent que les plantes,
en se fossilisant, se bornent à suivre les phases successives d'une
modification continue, indépendante de la nature chimique du
terrain encaissant.

Le genre de fossilisation par le moyen duquel le lignite passe à
l'état de combustible minéral est celui que les auteurs ont désigné
sous le nom de fossilisation par altération. Il est présenté par
beaucoup de fossiles animaux (*fig.* 52) et même il précède toujours

Fig. 52. — Restauration du squelette du *Cervus megaceros*, fossilisé *par altération*
dans les tourbières de l'Irlande.

les autres et constitue les premières phases de transformation de
la substance organisée.

Alcide d'Orbigny distingue d'autres modes de fossilisation, et nous n'avons rien de mieux à faire que d'emprunter au célèbre paléontologiste quelques détails à leur égard.

La fossilisation *par incrustation* est une sorte de procédé mécanique dont l'effet est de recouvrir, d'envelopper et même, jusqu'à un certain point de pénétrer un corps par une substance minérale qui vient se concréter à sa surface comme des cristaux d'un sel se groupant autour d'un fil qu'on suspend dans une dissolution saturée. Après cette incrustation, le corps intérieur peut avoir disparu par une cause quelconque ou bien avoir échappé à la destruction et subsister avec toutes ses formes et sa nature premières. Le corps intérieur, totalement détruit, a laissé après lui un vide qui représente sa configuration extérieure ou intérieure et un nouveau mode de fossilisation s'ajoute alors au premier, celui de la pénétration que nous aurons occasion d'expliquer tout à l'heure. Les substances minérales incrustantes sont principalement le carbonate de chaux et la silice, et plus rarement les pyrites de fer et de cuivre, les oxydes de fer, la blende, etc. Mais peu de fossiles sont simplement à l'état d'*incrustation*.

Un autre mode peut être qualifié de fossilisation *par introduction mécanique grossière*. Il se rapporte principalement aux corps organiques dont l'enveloppe ligneuse, osseuse, cornée ou testacée présente une cavité plus ou moins close, munie toutefois d'ouvertures qui permettent une entrée facile aux matières de sédiment environnantes. On rencontre ce mode de fossilisation dans un grand nombre de troncs d'arbres creux comme ceux des sigillaires et dans la plupart des mollusques dont le test circonscrivait une cavité intérieure plus ou moins complète où pouvait s'opérer très-librement l'introduction mécanique des substances minérales environnantes. Le test dans ces corps est assez résistant, et les substances minérales introduites pouvaient en prendre facilement la forme en donnant ainsi naissance à ces sortes de noyaux de remplissage que l'on appelle des *moules intérieurs*. Le test ainsi enveloppé à l'extérieur, rempli, perd insensiblement, sous l'influence de certaines circonstances environnantes, une partie de ses éléments constituants. Ces cas se présentent fréquemment; mais en général le test a acquis de nouveaux principes empruntés à la couche elle-même qui l'enveloppe.

Beaucoup de fossilisations sont produites par une véritable *pénétration moléculaire*. Cette pénétration est une sorte de filtration des matières solides au travers de la masse organique. Elle accompagne souvent les incrustations chez lesquelles il est rare que la matière incrustante s'en tienne à la surface extérieure. Peu de fossiles ont échappé à son influence; car, dans tout liquide chargé de sédiments, les particules sédimentaires peuvent se trouver à un état d'extrême division voisine, pour ainsi dire, de l'état de dissolution. Un sédiment très-fin n'aura pas de peine à traverser des substances déjà très-altérées et chez lesquelles le déplacement des premiers éléments qu'aura entraîné la décomposition, aura laissé, par là même, de nombreux vides intermoléculaires. Toutefois la matière organique peut être *pénétrée* de substances minérales sans rien perdre, pour ainsi dire, de ses propres molécules et c'est ce qui distingue ce procédé d'un autre, celui de la *substitution*, où la perte des éléments est plus ou moins complète. Enfin, pour bien distinguer la pénétration de l'introduction, il nous suffira d'ajouter que celle-ci suit les cavités qui lui sont offertes, tandis que celle-là se fait au travers même des parois de ces cavités ou encore au travers des corps pleins dans toute leur masse. Un seul exemple fera comprendre cette distinction. On rencontre souvent des ammonites dont la dernière loge, celle qui est immédiatement en rapport avec le milieu environnant, se trouve remplie par des cassures, de la pâte plus ou moins grossière qui forme la couche où elles ont été déposées, tandis que les autres loges sont remplies d'une pâte fine ou même seulement tapissée de cristaux. La substance minérale qui remplit la dernière loge est ici une substance *introduite*, celle qui remplit les loges subséquentes et qui est d'autant plus fine que les loges sont plus éloignées de la première, ainsi que les cristaux eux-mêmes, a *pénétré* au contraire au travers de la coquille du céphalopode.

Quand un élément étranger pénètre dans la substance organique pour y remplacer mécaniquement un ou plusieurs éléments, ou même pour y remplacer le corps total, il y a fossilisation par *substitution*. Ce cas est assez rare, car dans la plupart des corps

organisés, qui paraissent au premier aspect complétement remplacés, on rencontre encore des indices de la substance animale;
tels sont, par exemple, des térébratules et des productus, des
roches siluriennes de Malvern, qui ont laissé pour résidu de légers
flocons de matière animale, ressemblant à la membrane fraîche
d'une coquille. On sait aussi, que dans les bois silicifiés (*fig.* 53), qui

Fig. 53. — Tronc d'*Endogenites echinatus* des sables glauconieux deVailly (Aisne)
fossilisé *par substitution* de la silice à la matière végétale primitive.

offrent l'un des meilleurs exemples de minéralisation connus, la
matière végétale existe encore, suivant les expériences de Par-
kinson. Les coquilles remplacées par le fer oligiste de Semur,
fournissent peut être le plus bel exemple de substitution totale.

Parfois la fossilisation se réalise par conversion chimique. « Des lois écrites que nous ne connaissons encore que par leurs effets, président, dit d'Orbigny, à ce nouveau mode de fossilisation. Tantôt la conversion chimique s'exerce sur les éléments organiques eux-mêmes qui constituent le corps soumis à cette sorte de conversion. Ces éléments entrent alors dans de nouvelles combinaisons, donnant lieu à des corps composés nouveaux, qui conservent toutefois la forme première; telle serait par exemple, la conversion de certains animaux en bitume. Parfois, d'autres éléments extérieurs, arrivent pour se combiner aux éléments existants déjà; enfin, tantôt la conversion chimique est partielle, tantôt elle est complète. »

Ces dernières notions, résultent, avant tout, de l'observation de faits actuels, car il est possible, dans un grand nombre de cas, de suivre pas à pas les transformations subies par un débri animal ou végétal enfoui dans la terre.

On sait, que si cette terre est comparable à celle de nos jardins c'est-à-dire, aérée et traversée par des courants liquides il n'y a pas de vraie fossilisation. La matière organisée se désagrége progressivement, de telle sorte qu'au bout d'un temps suffisant les os les plus durs, les dents elles-mêmes, et les bois les plus compacts sont réduits en poudre. Mais les choses sont bien différentes si la terre est submergée, c'est-à-dire soustraite au contact de l'air et aux variations d'humidité. Alors, de vraies fossilisations se produisent. Le bois brunit comme dans les tourbières et sa composition se rapproche de plus en plus de celle des lignites. Placé alors à l'air il se pourrit cependant encore, et c'est par ce qu'on sait bien cela que l'on emploie parfois, dans les musées, des cages pleines d'eau, pour conserver les objets de bois travaillés provenant, par exemple, des habitations lacustres ou d'autres gisements submergés.

Les restes animaux, dans les mêmes conditions se rapprochent peu à peu des fossiles proprement dits, et c'est ainsi que la vase du mont Saint-Michel offre à l'observateur des coquilles venant de profondeurs diverses et qui possèdent de moins en moins d'éléments organiques.

Les études de ce genre conduisent, parfois à reconnaître des particularités très-remarquables quant à la résistance de certaines substances à la décomposition. C'est ainsi que, pour ne citer ici que cet exemple, M. J. Rozan a su préparer le ligament de la charnière de *l'Ostrœa bellovacina* provenant de l'argile éocène des environs de Soissons et y retrouver une foule de détails d'organisation, intéressants à comparer avec ceux des huîtres actuelles.

CHAPITRE II

GISEMENT DES FOSSILES

Le gisement des fossiles est, dans le plus grand nombre de cas, rendu tout à fait facile à comprendre par l'observation pure et simple des phénomènes de réalisation contemporaine, et il en résulte souvent des notions précises, quand au régime des points où certaines accumulations des débris organiques sont constatées.

Quand on commence les études géologiques, on ne peut se défendre d'une vive surprise à la vue de l'entassement de coquilles en certains points et l'on est tout d'abord et naturellement porté à y voir la preuve d'une exaltation en ces points de l'activité vitale lors de la formation des dépôts considérées.

Bien souvent, comme on va voir, cette conclusion serait tout à fait inexacte.

Parmi les exemples que l'on peut citer, comme les plus frappants, on mentionnera ici certaines couches du calcaire grossier de Paris, les marbres connus sous les noms de Lumachelle et de Campan, les calcaires à nummulites dont la désagrégation donne un sable presque entièrement composé de ces foraminifères, le calcaire à hippurites des Corbières, le calcaire à *viquesnelia* qui joue un grand rôle dans la géologie de la Turquie, les calcaires à entroques si recherchés pour la décoration de nos monuments, le calcaire silurien de Gothland, en Suède (*fig.* 54), etc.

Or, il est évident que les coquilles déposées sur le littoral prennent part aux triages qui nous ont occupé plus haut, comme se réalisant entre des éléments minéraux battus par les flots. Ces

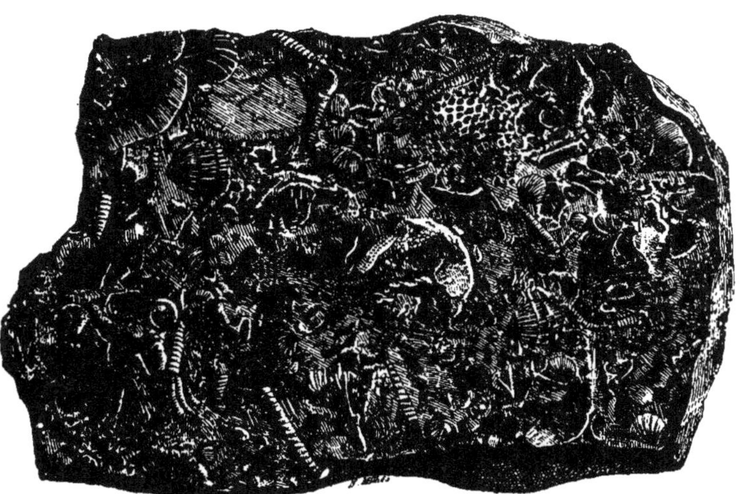

Fig. 51. — Exemple d'accumulation de fossiles, fourni par un échantillon de calcaire silurien de l'île de Gothland, en Suède.

coquilles se réunissent suivant leur densité, suivant leur volume, suivant leur forme, et donnent lieu souvent à des dépôts tout spéciaux.

Sur la côte de Bretagne, par exemple vers le cap Saint-Mathieu, nous avons remarqué, à côté de points exclusivement sableux, des localités où il n'y a que des coquilles accumulées.

Dans certaines régions granitiques, comme la Suède et la Norwége, ces masses de coquilles acquièrent une grande importance industrielle par la chaux qu'on en peut tirer et qui manque dans les roches en place du voisinage. Le même fait a lieu sur nos côtes formées de roches anciennes, et l'on sait avec quel soin, en Basse-Normandie et en Bretagne, on exploite le tangue, soit comme terre à brique, soit comme matière propre à amender des terres dépourvues de calcaire.

Ailleurs se rencontrent des accumulations de coquilles n'ayant pas été charriées, mortes où elles ont vécu.

On peut citer entre autres, comme exemple, un très-gros échantillon d'huîtres fossiles (*O. squarrosa*) cimentées ensemble, que M. Louis Rousseau a recueilli dans le terrain tertiaire de l'étang de Berrre pour en faire don au Muséum. Le banc d'où vient ce bloc est remarquable à la fois par son épaisseur et par sa continuité; son aspect est si identique à celui des bancs d'huîtres actuels que, s'il n'avait pas été soulevé au-dessus du niveau de la mer, on pourrait facilement le confondre avec eux. On retrouve des échantillons analogues dans la plupart des points que nous avons cités quand nous traitions, dans un autre chapitre, des plages soulevées.

Dans la même région, on trouve d'autres bancs de mollusques bien différents, ayant aussi vécu à la place même où se rencontrent à présent leurs dépouilles. « Rien de plus curieux, dit Alcide d'Orbigny (*), que cet assemblage d'hippurites, encore perpendiculaires, isolés ou en groupes, qu'on voit au sommet de la montagne des Cornes, sur les bords de l'étang de Berre, en dehors de Martigues, à la Cadière, à Figuières et surtout au-dessus de Beausset, près de Toulon. Il semblerait que la mer vient de se retirer et de montrer encore intacte la faune sous-marine de cette époque, telle qu'elle a vécu. En effet, ce sont des groupes énormes d'hippurites en place, entourés des polypiers, des échinodermes, des mollusques qui vivaient réunis dans ces colonies animales analogues à celles qui vivent sur les récifs de coraux des Antilles et de l'Océanie. Pour que cet ensemble nous ait été conservé, il faut qu'il ait été d'abord recouvert subitement de sédiments qui, en se détruisant, aujourd'hui, par suite des agents atmosphériques, nous découvrent cette nature des temps passés dans ses plus secrets détails. »

Aux portes mêmes de Paris, deux horizons géologiques des plus intéressants sont marqués par des bancs d'huîtres; l'un dans les sables du Soissonnais, l'autre à la base des sables de Fontainebleau.

(*) ALCIDE D'ORBIGNY, *Cours de paléontologie*, t. II, p. 658.

On peut citer encore, parmi les accumulations de fossiles, les gisements de poissons du Monte-Bolca, du Mansfeld, de Puteaux (*), les gisements de mammifères de Sansan (**), du Mont-Léberon (***), de Pikermi (****), etc. Et relativement aux plantes, les forêts souterraines de Saint-Étienne (*****), de Portland, des environs de Perm, en Russie, et de beaucoup d'autres régions.

Les couches stratifiées de divers âges renferment aussi des accumulations fossiles à rapprocher des précédentes, quant à l'origine, mais qui en diffèrent profondément par les caractères extérieurs et la nature des êtres qui les ont produits.

Nous voulons parler des bancs de polypiers, si abondants dans le terrain jurassique, par exemple, que l'une des subdivisions de celui-ci prend, comme on sait, le nom de terrain *corallien*.

C'est autour de Salins et de Porrentruy que M. Marcou a étudié leur structure avec le plus grand soin (******), mais ils se retrouvent identiques dans des localités très-diverses.

Or, ces faits géologiques ne sont autre chose, dans le passé, que la reproduction de ce que fournissent aujourd'hui les accumulations locales de débris d'animaux. Il suffit d'examiner la constitution des bancs d'huîtres de nos côtes pour reconnaître que les conditions de formation reproduisent évidemment celles qui ont présidé à l'édification des bancs analogues d'âge géologique.

Cette conclusion s'applique également aux mollusques fixés qui vivent dans l'eau douce. Ainsi, aux États-Unis, la ville de Mobile est assise sur un banc de gnathodonthes, et ces coquilles y sont, comme les coquilles marines actuelles de la Scandinavie, exploitées comme source de chaux (*******). M. de Lesseps a donné

(*) Stanislas Meunier, *Comptes rendus*, t. LXXIV, p. 822, 1872.

(**) Lartet. *Étude sur la colline de Sansan.*

(***) Gaudry. *Animaux fossiles du mont Léberon*, in-4".

(****) Gaudry. *Animaux fossiles et géologie de l'Attique*, in-4".

(*****) Grand'Eury. *Flore carbonifère du bassin houiller de Saint-Étienne*, in-4".

(******) Marcou. *Les Roches du Jura*, in-8°, 1857-1860.

(*******) Remarquons à cette occasion, que c'est dans des faits analogues qu'il faut rechercher l'origine de certaines marnes. Ainsi, près de Kinderhook, dans l'État de New-York, on voit s'accumuler dans un lac des Unios, des Anodontes et d'autres

au Muséum des coquilles analogues retrouvées dans des couches récentes de l'isthme de Suez.

Quant il s'agit d'animaux non fixés, il faut parfois recourir à des considérations plus compliquées. Ainsi, l'accumulation de poissons fossiles de différentes localités s'explique, tantôt par l'arrivée de principes toxiques dans les eaux qu'ils habitaient, tantôt par un afflux subit de chaleur.

Par exemple, dans le cas d'éruption volcanique envoyant des courants de lave dans l'eau, Poulett Scrope (*) émet l'avis que le calorique soustrait à la lave, tant par le contact actuel de l'eau que par la condensation de la vapeur chauffée, communique une chaleur proportionnellement élevée à l'eau qui l'entoure. Celle-ci alors, ainsi que l'a prouvé l'observation, se décolore et se trouble sur une assez grande étendue. La vie alors y devient impossible ; et pendant les grandes éruptions de Lancerote, dans les Canaries, qui continuèrent avec une violence inouïe pendant les années 1730-1736, des bancs immenses de poissons morts échouèrent sur la plage. La même chose se vit en Islande en 1783. A Stromboli, les pêcheurs ont assuré, au savant que nous venons de nommer, qu'après des éruptions violentes, des monceaux de poissons échaudés sont rejetés sur la rive. Aussi, est-il plus que probable que les poissons fossiles du mont Bolca, pour ne citer qu'eux, furent détruits par une cause semblable, puisque le calcaire tertiaire, dans lequel ils sont enterrés, est immédiatement recouvert d'une couche de basalte et de pépérino calcaire. Cette dernière roche est une preuve que l'éruption qui a produit le basalte fut sous-marine, et, en outre, les singulières attitudes des poissons démontrent la soudaineté extrême de la catastrophe qui, à la fois, les détruisit et les ensevelit dans la couche molle de sédiment marneux qui se déposait alors au bord de la mer.

De même, l'accumulation d'ossements de vertébrés en certains

---

coquilles lacustres qui par leur réunion surélèvent rapidement le fond. Ces coquilles, au lieu de rester entières, se décomposent très-rapidement et donnent lieu à une véritable marne plastique qui, parvenue presque à fleur d'eau, est envahie par la végétation et se couvre de tourbières.

(*) POULETT SCROPE. *Les Volcans.*

points des dépôts diluviens s'explique très-aisément, par l'observation des remous qui prennent naissance dans les fleuves et vont concentrer les objets flottants, comme les cadavres d'animaux, en certains coudes calmes où doivent s'amasser ces débris.

L'observation contemporaine vient aussi éclairer du jour le plus vif les formations coraliennes. Il se produit en effet de nos jours des îles et des récifs madréporiques où l'on retrouve tous les détails de structure et de composition des masses anciennes qui viennent d'être décrites.

C'est dans les parties chaudes des océans que les accumulations des polypiers se produisent : 19° centigrades au moins sont nécessaires aux polypes pour prospérer, et c'est dans une zone équatoriale d'environ 50° de largeur que, par l'élaboration des matières calcaires contenues en dissolution dans les eaux, ils font surgir des terres.

Les zoanthaires coralligènes multiplient par des œufs et par bourgeonnements, quelques-uns même sont fissipares. La sécrétion calcaire, qui donne origine au squelette pierreux, forme en même temps une masse qui sert de support commun à tous les individus d'un même groupe, et les soude entre eux d'une manière plus ou moins complète. L'ensemble des individus soudés constitue ce qu'on appelle un polypier agrégé.

Les polypiers sont arborescents ou massifs ; ce sont ces derniers qui concourent principalement à la production des récifs de coraux.

Par suite de leur mode de croissance et de propagation, les polypiers constituent une masse qui va toujours en augmentant. Les débris des animaux morts servent de supports aux individus qui leur succèdent immédiatement et qui sont remplacés par d'autres générations. Les polypiers sont séparés les uns des autres par des lacunes qui sont comblées par la désagrégation, soit des polypiers, soit des mollusques qui vivent à côté d'eux, et par une sédimentation chimique. En effet, les polypiers retirent des eaux océaniennes, molécule à molécule, le carbonate de chaux qu'elles renferment, et l'abandonnent ensuite, soit de leur vivant, soit après leur mort.

Llyod, pendant qu'il parcourait l'isthme de Panama, détacha quelques échantillons de polypiers et, ne pouvant les emporter, les laissa dans un endroit abrité où l'eau était peu profonde. Quelques jours après, ils avaient sécrété de la matière pierreuse et s'étaient solidement fixés sur la place où on les avait mis.

Les récifs de coraux peuvent se présenter sous trois formes : les *récifs côtiers*, toujours peu étendus et en contact avec le littoral ; les *récifs barrières*, accompagnant la côte dont ils sont séparés par un canal plus ou moins large ; et enfin les *atolls* ou *îles lagouns* que l'on distingue en atolls sous-marins et en atolls proprement dits. Les premiers se composent d'un cercle de coraux enveloppant un espace peu profond dépourvu de polypiers. Les seconds sont des îles circulaires ou annulaires qui n'existent que dans l'Océanie et qui sont formées de coraux morts ; car ces polypiers périssent dès qu'ils sont en contact avec l'air atmosphérique. Chamisso a décrit ainsi la formation de ces îles de corail : « Quand le récif est d'une hauteur telle qu'il se trouve presque à sec au moment de la basse mer, les coraux abandonnent leurs travaux. Au-dessus de cette ligne, on observe une masse pierreuse continue, composée de coquilles de mollusques, d'échinites avec leurs pointes brisées et de fragments de coraux cimentés par un sable calcaire provenant de la pulvérisation des coquilles. Il arrive souvent que la chaleur du soleil pénètre cette masse lorsqu'elle est sèche et occasionne des fentes en plusieurs endroits ; alors les vagues ont assez de force pour diviser les blocs de coraux qui ont jusqu'à 6 pieds de long sur 3 ou 4 d'épaisseur, et pour les lancer sur les récifs, ce qui finit par en élever tellement la crête que la haute mer ne la recouvre qu'à certains moments de l'année. Le sable calcaire n'éprouve ensuite aucun autre dérangement et offre aux graines d'arbres et de plantes que les vagues y amènent, un sol sur lequel ces végétaux croissent assez rapidement pour ombrager bientôt sa surface éblouissante de blancheur. Même avant que les arbres soient assez touffus pour former un bois, les oiseaux de mer y construisent leurs nids ; les oiseaux de terre égarés viennent y chercher un refuge ; et plus tard enfin, lorsque le travail des polypiers est depuis longtemps achevé, l'homme paraît et bâtit sa hutte sur le sol devenu fertile. » La construction des atolls est rapide; ainsi l'île de Bikri qui, en 1825, n'atteignait pas encore la surface de l'eau, avait, en 1860, une quarantaine d'acres de surface sèche et portait des arbres.

Le nombre des atolls est immense dans les mers tropicales. Citons les Bermudes, les Maldives, les Laquedives, les Iles-Basses, les atolls de Taïti, etc., etc.; leurs dimensions varient beaucoup : depuis 1/3 de lieue jusqu'à 11 lieues de diamètre comme dans Bow-Island.

Quant aux bases des atolls, les uns en font des montagnes volcaniques ce qui expliquerait leur forme circulaire, les autres, avec Darwin, émettent une théorie d'après laquelle l'atoll s'élèverait sur les débris de polypiers et des matières terreuses pendant que le fond de l'Océan s'affaisserait peu à peu, ce qui, du reste, est encore un phénomène dépendant, comme les volcans, de la chaleur interne du globe.

Il est impossible d'étudier les récifs madréporiques sans être frappé d'un fait signalé d'abord par Darwin, et qui paraît contribuer à faire comprendre le mode de formation de certains dépôts géologiques des plus importants. Il s'agit de la vase blanche et fine qui constitue le fond de la mer tout autour des massifs en question. En effet, Lyell rapporte qu'il existe dans les Iles Bermudes et dans celles de Bahama des lagunes environnées de récifs madréporiques sur le fond desquels se dépose une semblable vase, calcaire, blanche, molle, et qui résulte non-seulement de la trituration des débris d'animaux marins, mais encore, ainsi que Darwin l'a observé en étudiant les îles de coraux du Pacifique, de la matière fécale rejetée par les échinodermes, par le strombe géant, l'holothurie et les poissons corallophages, qui rongent paisiblement les coraux vivants comme les quadrupèdes herbivores broutent le gazon. Une vase ayant la même origine dans les atolls des Maldives est entraînée par d'étroites ouvertures des bassins intérieurs des récifs vers l'Océan et colore les eaux jusqu'à une grande distance. En se durcissant, cette vase forme un dépôt qu'il est impossible souvent de distinguer même au microscope de la véritable craie blanche.

Mais nous ne pouvons pas toucher ce sujet de l'origine de la craie sans nous y arrêter un instant.

Dès que les échantillons du fond des régions moyennes de l'Atlantique, rapportés par la sonde, eurent été soumis à l'examen du microscope, l'analogie de sa composition et de sa structure avec celles de l'ancienne craie frappa plusieurs des observateurs. Si l'on prend un morceau de craie blanche, qu'on le désagrége dans l'eau au moyen d'une brosse et qu'on place ensuite sous le microscope une goutte du liquide laiteux qui résultera de l'opération, on voit que, comme le limon de l'Atlantique, cette craie est composée en grande partie par de fines particules amorphes de carbonate de chaux avec quelques fragments de coquilles de globigérines, plus rarement de ces coquilles entières et d'une proportion considérable (plus d'un dixième dans certains échantillons) de coccolithes qu'aucun caractère ne distingue de ceux du limon océanique. Dans leur ensemble, deux préparations, l'une de craie désagrégée dans l'eau, l'autre de limon de l'Atlantique se ressemblent si parfaitement qu'il n'est pas toujours facile, même pour un micrographe expérimenté, de les distinguer. On voit donc qu'on ne saurait mettre en doute qu'il y ait en voie de formation au fond de l'Océan une vaste étendue de roches qui ressemblent beaucoup à de la craie. L'ancienne craie a été elle-même formée dans des conditions à peu près identiques, et ceci est vrai probablement non-seulement pour la craie, mais encore pour toutes les grandes formations calcaires. Les restes de foraminifères abondent à peu près partout; quelques-uns sont spécifiquement identiques avec les formes vivantes et dans un grand nombre de calcaires de toutes les époques, le docteur Gumbel a trouvé les coccolithes si caractéristiques. « Longtemps avant les recherches actuelles, dit M. Wyville Thomson (*), certaines considérations m'avaient fait regarder comme très-probable l'existence, dans les parties les plus profondes de l'Atlantique, d'un dépôt en voie de formation. Je pensais que la composition en pouvait varier dans les détails, mais que les caractères généraux en devaient être partout les mêmes. Ce dépôt, selon moi, s'accumulait d'une manière continue depuis la période crétacée ou même depuis des époques plus anciennes encore jusqu'à nos jours. J'ex-

---

(*) WYVILLE THOMSON. *Les Abîmes de la mer*, p 399 (traduction de M. le Dr LORTET).

posai cette idée dans ma première lettre au docteur Carpenter
en insistant sur l'opportunité d'une exploration du fond de
l'Atlantique et elle a trouvé une chaleureuse approbation chez
mon collègue, dont l'opinion est d'un grand poids à cause des
études approfondies qu'il a faites de plusieurs groupes des animaux dont les restes entrent dans la composition de la craie
ancienne, ainsi que dans la craie de nouvelle formation. Les
résultats de l'expédition du *Lightning* nous paraissent avoir justifié
amplement notre théorie. » Le savant naturaliste fait remarquer,
en effet, que d'après les données physiques seules, une partie
considérable de l'étendue de l'Atlantique est toujours demeurée
sous l'eau et qu'un dépôt s'y forme d'une manière permanente,
depuis la période de la craie jusqu'à l'époque contemporaine.
« La grande étendue des terrains tertiaires en Europe et au nord
de l'Afrique, dit-il, donne la mesure de tout ce qui a été gagné
de terrain pendant les périodes tertiaire et post-tertiaire et les
grands massifs du midi de l'Europe témoignent de grands bouleversements locaux. Bien que les Alpes et les Pyrénées soient de
nature, par leur altitude et par leur étendue, à produire une
profonde impression sur l'esprit humain, ces montagnes réunies
et nivelées ne couvriraient la surface de l'Atlantique que d'une
couche de 6 pieds d'épaisseur, et il faudrait au moins deux mille
fois leur volume pour remplir son lit. Pendant que les bords, de
ce que nous appelons la grande dépression atlantique, se soule-
vaient graduellement, sa partie centrale a pu subir une dépression
équivalente ; mais il est peu probable que les traits généraux du
contour de l'hémisphère septentrional demeurant les mêmes,
un espace aussi vaste se soit déprimé de plus que la hauteur
du Mont-Blanc. » Ces données sont confirmées pleinement par
les études paléontologiques. Depuis longtemps, M. Lonsdale a démontré que la craie blanche n'est composée que de débris de for-
minifères, et le docteur Mantell estime que le nombre de ces
coquillages dépasse un million par pouce cube. En 1848, il faisait
remarquer que, pour que l'ensemble des dépôts sédimentaires
dont la craie est composée fût accessible à l'observation, il faudrait qu'une masse du lit de l'Atlantique de 2 000 pieds d'épaisseur se trouvât soulevée au-dessus des eaux et passât à l'état de

terre ferme. « La seule différence essentielle, disait-il (*), réside-rait dans les caractères génériques et spécifiques des restes ani-maux et végétaux qu'on y trouverait enfouis. » En 1858, le pro-fesseur Huxley appelait le limon de l'Atlantique, « la craie moderne ». L'identité de quelques-uns des foraminifères de la craie avec les espèces vivantes a été reconnue depuis longtemps. Dans son savant résumé de cette question, M. Prestwich présente un tableau tracé par le professeur Rupert Jones de dix-neuf espèces de foraminifères sur cent-dix, provenant du limon de l'Atlantique et qui sont identiques aux formes de la craie, savoir :

ESPÈCES DE FORAMINIFÈRES qui sont communes au limon de l'Atlantique et à la craie.	AUTRES FORMATIONS ANTÉRIEURES dans lesquelles elles se trouvent.				
	Jurassique supérieur.	Jurassique inférieur.	Rhétique et trias.	Permien.	Carboni-fère.
Glandulina lævigata, *d'Orb*. . . .	×	—	×	—	—
Nodosaria radicula, *Linn*.	×	×	×	—	—
— raphanus, *Linn*. . . .	—	×	×	—	—
Dentalina communis, *d'Orb*. . .	×	×	×	×	×
Cristellaria cultrata, *Mont*. . . .	×	×	×	—	—
— rotulata, *Laur*. . . .	×	×	×	—	—
— crepidulata, *M. et F.*	—	×	—	—	—
Lagena sulcata, **W.** *et J*.	—	—	—	—	—
— globosa, *Montagu*. . . .	—	—	—	—	—
Polymorphina lactea, *W. et J.* .	×	—	—	—	—
— communis, *d'Orb*.	—	—	—	—	—
— compressa, *d'Orb*.	×	×	×	—	—
— Orbignyi, *Ehr*. . .	—	—	—	—	—
Globigerina bulloïdes, *d'Orb*. . .	—	—	—	—	—
Planorbulina lobatula, *W. et J.* .	—	—	—	—	—
Pulvinulina Micheliana, *d'Orb*. .	—	—	—	—	—
Spiroplecta biformis, **P.** *et J*. . .	—	—	—	—	—
Verneuilina triquetra, *von* **M.** . .	—	—	—	—	—
— polystropha, *Reuss*. .	—	—	—	—	—

L'ingénieuse conclusion de M. Thomson est de plus en plus gé-néralement admise.

(*) MANTELL. *Wonder of geology*, sixième édition, 1848, t. I, p. 305.

« Il y a déjà bien des années, dit le professeur Huxley, que j'osai désigner le limon de l'Atlantique comme la *craie moderne*, et il n'est venu à ma connaissance aucun fait qui contredise l'opinion énoncée par le professeur Wyville Thomson, que la craie moderne ne descend pas seulement en ligne directe, pour ainsi dire, de l'ancienne craie, mais qu'elle est toujours demeurée en quelque sorte en possession de son domaine héréditaire depuis la période crétacée (si ce n'est depuis plus longtemps encore) jusqu'à nos jours, les eaux profondes ayant recouvert une grande partie de ce qui est encore aujourd'hui le lit de l'Atlantique. »

La nature des dépôts crayeux des atolls, considérés comme le résidu de la digestion des polypes par les animaux carnassiers qui s'en nourrissent, conduit à remarquer l'existence, à des niveaux fort divers, de substances d'origine analogue.

Ainsi, dans le lias de Lyme-Regis, en Angleterre, de Boll, en Wurtemberg, et d'autres lieux, on recueille en abondance des masses de forme variées que leurs caractères ont fait reconnaître pour les déjections fossilisées de reptiles. Ces *coprolithes*, comme on les nomme, ont procuré aux géologues des notions importantes sur le régime et les mœurs des animaux d'où ils proviennent; on sait aussi qu'ils sont avidement recueillis par les agriculteurs qui y trouvent un engrais des plus précieux. Il faut dire toutefois qu'ils se présentent souvent en quantité trop peu considérable pour pouvoir être exploités. C'est ce qui a lieu, par exemple, dans les lignites éocènes. On peut voir au Muséum, par exemple, un très-volumineux coprolithe provenant de l'argile plastique d'Auteuil, et qui est admirablement bien caractérisé. Mais à ce niveau ces corps constituent une vraie rareté, et par conséquent leurs applications sont nulles.

Eh bien, l'observation contemporaine permet de préciser toutes les conditions de formation de ces dépôts. Ainsi, sur certains points des côtes de l'Amérique du Nord, des poissons et des mammifères marins, tels que les phoques et les marsouins, accumulent au fond de la mer de véritables coprolithes modernes et dont l'allure est exactement comparable à celle des couches de Lyme-Regis.

C'est aussi dans le voisinage des mêmes régions, mais sur la

terre ferme, que se produisent les dépôts de guano si célèbres
maintenant par l'exploitation qu'on en fait. Ils s'exploitent surtout
aux îles Chinchas, voisines des côtes du Pérou (*fig. 55*). On retrouve

Fig. 55. — Vue du dépôt de guano de l'île Chincha (d'après une photographie).

le guano sur la côte de Bolivie et au nord de Chili, vers le désert
d'Atacama, ainsi que dans certaines îles tropicales, du Pacifique,
de l'Océan indien, de la mer Rouge et de l'Atlantique. C'est une
déjection d'oiseaux fossilisée et renfermant, outre le phosphate
de chaux, des sels à base d'ammoniaque qui sont, pour la terre

végétale où on les met, comme une manne bienfaisante qui en augmente singulièrement la fertilité.

De même dans l'épaisseur du sol des cavernes où sont accumulés des ossements et des débris appartenant à la période quaternaire, on trouve des petites masses blanchâtres dont la forme et la composition sont, à quelques altérations près, celles des excréments d'animaux. Le mode de formation de ces coprolithes est rendu visible par l'observation de ce qui se passe de nos jours. A cet égard on lira avec intérêt les lignes suivantes de M. Marès, relatives à une caverne située près de l'oasis de Laghouat (sud de la province d'Alger), et qui sert de repaire à des hyènes. L'entrée de cette caverne a 1",50 de diamètre et donne accès, dans une excavation à pic, dont les parois offrent de fortes saillies qui en rendent la descente et la montée assez praticables. Au fond de cette excavation vient un couloir étroit conduisant à une salle de 6 mètres de longueur sur 3 de hauteur et 4 de largeur. Sur le sol de la caverne sont répandus des ossements nombreux, les uns entiers, les autres brisés ou rongés, portant quelquefois encore des lambeaux de chair desséchée. Ces os appartiennent tous aux divers animaux sauvages ou domestiques qui se trouvent dans les environs, tels que chiens, chacals, gazelles, antilopes, lièvres, chameaux, moutons, autruches, chèvres. Plusieurs têtes humaines sont mêlées à des débris au milieu desquels sont répandus de nombreux excréments d'hyènes. Dans cette première salle se trouvent deux orifices. Le premier descend peu à peu dans le sein de la terre et conduit à une suite de salles très-petites où, au dire de plusieurs personnes qui l'ont parcourue, on trouve des ossements très-nombreux et plusieurs têtes humaines. Les hyènes fuient le jour et les bruits du dehors : aussi emportent-elles volontiers leur prise dans les plus profonds replis de leur sombre repaire. Le second couloir descend presque à pic dans le sein de la montagne, il s'y est produit une ou deux fissures dans lesquelles ont glissé, pêle-mêle, des ossements et des matières terreuses de la première salle, reproduisant aussi rigoureusement la constitution des *brèches osseuses* où tant d'animaux, maintenant éteints, ont été découverts.

Mais on n'aurait qu'une petite idée du rôle géologique des

êtres vivants si on laissait de côté les organismes microscopiques.

Beaucoup de roches anciennes, telles que certaines marnes du lias, la craie blanche, divers tripolis, en sont particulièrement formées. Des couches de calcaire tertiaire sont pétries de millioles ; en Russie, le calcaire carbonifère comprend des bancs entiers composés de fusulines.

Certaines roches siliceuses ont une constitution analogue. Ainsi, dans le terrain miocène de la Bohême, aux environs de Bilin, on rencontre des couches de tripoli presque entièrement formé, comme Ehrenberg l'a reconnu, de carapaces d'infusoires. Un pouce cube de cette substance renferme, d'après les calculs du savant naturaliste, 41 milliards d'individus réunis sans ciment visible. Des faits analogues sont fournis par l'étude des dépôts qu'on peut recueillir à Santa-Fiore, en Toscane, à Planitz, en Saxe, à l'île de France, etc.

Or, l'examen des faits actuels montre que l'accumulation des animalcules se fait de deux manières principales : soit par la stratification sur le fond de la mer de dépouilles de petits êtres morts ; soit par la propagation sur place d'êtres vivants sous forme d'une masse grouillante.

Dans une foule de points, on voit actuellement se constituer des dépôts suivant le premier mode. C'est ce qui a lieu, par exemple, dans l'Adriatique, où 1 once de sable renferme, d'après Ehrenberg, 6.000 carapaces ; aux Antilles, où d'Orbigny en a compté 484.000 dans un gramme, etc. C'est aussi ce qui a lieu d'une façon fort intéressante, quand le mélange de l'eau douce à l'eau salée détermine la mort des infusoires. On peut l'observer à Bridgewater, par exemple, où le résultat a ceci d'intéressant qu'il est connu de tout le monde puisqu'on l'emploie sous le nom de *brique* au polissage des lames de couteaux de table.

Dans d'autres cas, on constate, comme nous l'avons dit, que des couches actuelles résultent, non pas d'accumulations de dépouilles *post-mortem*, mais de la réunion de petits organismes parfaitement vivants.

Au-dessous de Berlin, à une profondeur de 7 mètres, il existe une nappe de tourbe argileuse remplie d'infusoires qui y vivent et qui s'y propagent grâce, sans doute, à l'humidité que la Sprée entretient dans le sol. Les infusoires se développent jusqu'à une profondeur de 20 mètres; ce qui a fait dire que la ville de Berlin est bâtie sur un sol grouillant. Lors des récents travaux entrepris pour reconstruire la fontaine du Château-d'Eau, nous avons constaté nous-même que cette partie de Paris se trouve dans des conditions identiques. Là aussi se présente de la tourbe, remplie d'infusoires vivants, dont l'existence est sans doute entretenue par le passage d'un ruisseau souterrain.

Les vastes marais salants de la Caroline du sud, de la Géorgie et de la Floride abondent en diatomées, dont les coquilles, successivement entassées dans la vase nous font voir comment se sont formés dans la Virginie et le Maryland, des dépôts tertiaires de composition analogue et tout aussi étendus.

Les infusoires, surtout ceux qui appartiennent au règne végétal forment quelquefois des masses appelées *farines fossiles* ou *terres édules*, parce que certaines populations, vivant sous des climats rudes et improductifs, les emploient comme aliments. Il existe en Laponie une substance minérale, vulgairement appelée *farine de montagne* que les habitants de ce pays, dans les grandes famines, mêlent à leur farine pour en faire du pain. Cette farine de montagne, que les Lapons regardent comme un don du Grand-Esprit, renferme dix-neuf espèces d'infusoires. L'Encyclopédie japonaise parle également de la *farine de pierre* que l'on a mangée et que l'on mange en Chine dans les temps de disette, en la considérant comme un présent de la Divinité. Cet usage de certaines terres comme aliment est répandu chez les populations indigènes de l'Amérique méridionale et centrale, ainsi qu'en Australie.

La *fig.* 56 représente un certain nombre de types de diatomées.

Il ne faut pas oublier que c'est aux organismes inférieurs que revient une grande part dans l'édification d'un dépôt peu épais mais d'une importance exceptionnelle, parce que tous les êtres vivants y trouvent les matériaux dont ils se nourrissent. Il s'agit de la terre végétale dont, à première vue, on serait tenté de faire l'apanage exclusif de la période actuelle, et qui cependant à joué un rôle à toutes les époques continentales du passé.

L'existence des terres végétales qu'on peut dire fossiles, est démontrée par la présence, dans diverses formations, de végétaux terrestres analogues à ceux qui vivent à présent. Même ces ves-

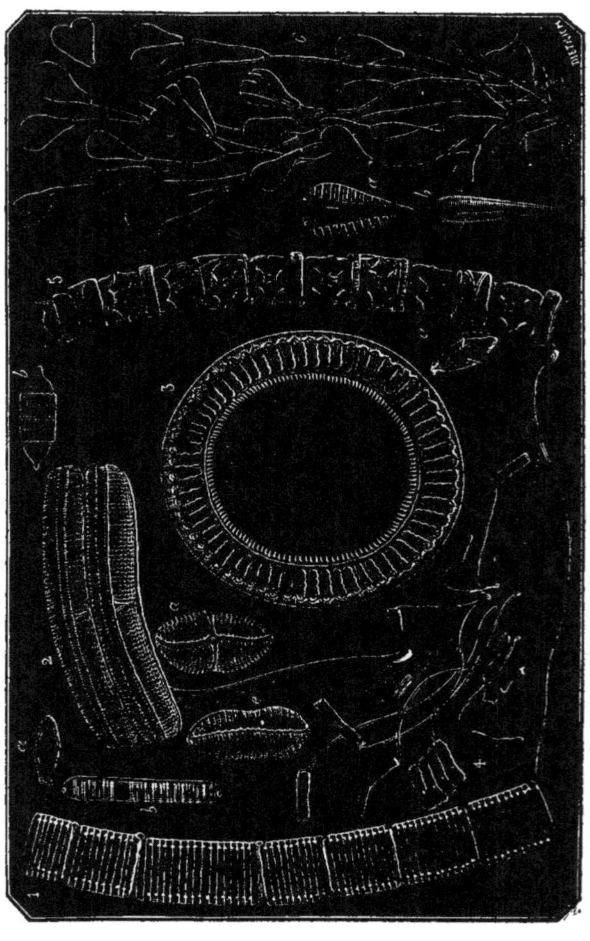

Fig. 56. — Types divers de diatomées.

tiges de flores éteintes ont conservé parfois leur disposition originaire et composent encore des forêts qu'on peut, sans trop d'imagination, restaurer au moins dans leurs traits généraux.

C'est ainsi qu'aux environs de Saint-Étienne, la mine du Treuil a fourni à Brongniart un exemple classique de forêt houillère dont nous avons déjà parlé à propos des oscillations du sol que son existence révèle, et dont elle permet de mesurer jusqu'à un certain point l'amplitude. Nous avons vu aussi comment, depuis les travaux de M. Grand'Eury (*), les exemples de ce genre sont nombreux dans le bassin houiller d'Autun. A l'étranger ils se retrouvent également de toutes parts, et il suffit de rappeler d'un mot ici les forêts fossilisées du cap Breton, des environs de Portland et d'ailleurs.

Ces arbres, dont nous pourrions multiplier les exemples, supposent nécessairement des conditions générales analogues à celles qui règnent aujourd'hui, et, avant tout, l'existence d'une couche superficielle plus ou moins épaisse de terre végétale.

Il est donc très-intéressant pour nous de voir rapidement comment se produit cette sorte d'épiderme du globe.

Or, la terre végétale actuelle résulte, avant tout, de la pulvérisation des roches dures, et c'est un spectacle du plus haut intérêt que de voir le rôle qui revient souvent à des végétaux inférieurs, c'est-à-dire à des êtres vivants, dans cette attaque de la montagne. Sur la surface nue du granit le plus compact et le plus dur apparaissent de petits points brunâtres, ou verdâtres, ou blanchâtres, qui ont d'abord tout à fait l'apparence de corps inorganiques. Ce sont des *lichens*, c'est-à-dire des plantes : avec de fins crampons ils pénètrent dans les fissures de la roche et en désagrégent une sorte de pellicule. Les générations succédant aux générations continuent ce travail de graveur, et en mourant successivement elles donnent à la poudre produite une composition favorable au développement de graines appartenant à des espèces plus élevées. De proche en proche des végétations de plus en plus complexes se remplacent, et ce point, naguère impropre même à la marche du voyageur qui glissait sur la roche polie, devient une forêt ombragée. Cette œuvre du cryptogame est aidée puissamment par l'action des intempéries, de la gelée sur-

---

(*) GRAND'EURY. *Flore carbonifère du bassin houiller de Saint-Étienne.*

tout, qui pulvérise les pierres poreuses, et de la pluie qui, nous l'avons vu, donne lieu à des éboulements. C'est ainsi que M. Boussingault a constaté la transformation presque féerique d'un éboulis de porphyre en une plantureuse culture de cannes à sucre.

L'étude de la terre végétale aurait de quoi nous retenir fort longtemps, mais elle rentre mieux dans le cadre d'autres ouvrages, où l'on trouvera tous les détails qui la concernent (*). Remarquons seulement, qu'il est manifeste qu'elle s'est développée à diverses époques géologiques avec le même cortége de phénomènes qu'aujourd'hui.

D'un autre côté la tourbe, qui se relie en définitive à la terre végétale par les variétés de plus en plus humifères de celle-ci, acquiert l'importance d'une formation géologique spéciale, et son étude, comprise dans le domaine des causes actuelles, éclaire la très-importante question de l'origine des combustibles minéraux.

Il est, en effet, digne de remarque que le gisement des divers combustibles est en définitive très-uniforme, et que la série qu'ils constituent est formée de termes reliés ensemble d'une manière insensible par d'innombrables intermédiaires.

Voyons d'abord ce qui concerne la tourbe :

« Les côtes qui entourent la mer des Antilles, dit M. E. Reclus, de même que les rives atlantiques de l'Amérique du nord, de la pointe de la Floride, à l'entrée de la Chesapeake, sont bordées d'un très-grand nombre de marécages marins formant une série continue sur des centaines et des milliers de kilomètres de longueur. Dans cette immense série de marais côtiers, on peut observer tous les genres de végétation qui marchent à la conquête de la vase et de l'eau pour les transformer en terre ferme. Au sud, sur le rivage de la Colombie et de l'Amérique centrale, ce sont les mangliers, les palétuviers et autres arbres d'espèces analogues, qui plongent dans la boue les pointes terminales de leurs racines aériennes entre-croisées en arcades, et qui retien-

---

(*) STANISLAS MEUNIER. *La Terre végétale*, vol. in-18.

nent tous les débris de plantes et d'animaux sous l'inextricable lacis de leurs échafaudages naturels. Sur le littoral du golfe du Mexique, en Louisiane, dans la Géorgie, dans la Floride, s'étendent les « cyprières » (*cypress-swamps*), ou forêts de cyprès (*cupressus disticha*), ces arbres étranges dont les racines, enfouies en entier, projettent au-dessus de la couche d'eau qui recouvre le sol des multitudes de petits cônes chargés d'absorber l'air sur des milliers d'hectares. Presque toute la zone marécageuse du littoral n'est qu'une immense cyprière aux arbres presque dégarnis de feuilles et laissant flotter au vent leurs longues chevelures de mousse. Çà et là, les arbres et le sol boueux font place à des baies, à des lacs, ou bien à des prairies tremblantes formées d'un tapis d'herbage reposant sur un sol toujours fangeux où même sur des eaux cachées. Au Brésil, où ces couches élastiques de plantes se rencontrent fréquemment, on leur donne le nom significatif de *tremendal;* en Irlande, ce sont les *shaking bogs.* Le moindre mouvement du voyageur qui s'y risque fait trembler le sol à plusieurs mètres de distance. »

Si l'on va plus au nord, les prairies tremblantes se transforment graduellement en tourbières. L'évaporation, étant beaucoup moins active dans ces contrées que dans les pays situés plus au sud, et les sécheresses y étant beaucoup moins prolongées, l'eau de pluie et l'inondation séjournent, comme dans les pores d'une immense éponge, dans tous les interstices de la masse enchevêtrée des mousses, des sphaignes, des conferves et autres plantes aquatiques. Le marais tout entier se gonfle vers le centre, parce que les gouttelettes, divisées par les innombrables tiges, ne peuvent s'épancher naturellement et sont attirées par la capillarité dans les nouvelles couches de plantes qui se forment au-dessus des plus anciennes. La surface du marécage est incessamment rajeunie par un tapis d'herbes verdoyantes, tandis que, dans les profondeurs, les plantes mortes et privées d'air se carbonisent lentement dans l'humidité qui les entoure. Ce sont des lits de tourbe qui se forment sur le sol comme se sont formées les couches de houille dans les époques géologiques antérieures.

Les conditions générales des tourbières sont les mêmes dans les localités les plus diverses.

L'eau est l'agent essentiel du tourbage. En préservant les végétaux du contact de l'air atmosphérique, elle s'oppose à la désorganisation immédiate de leurs tissus. Elle exerce en outre, grâce aux diverses substances qu'elle tient en dissolution, un effet qu'on a comparé au tannage des peaux. La nature de ces substances n'a pas encore été déterminée d'une manière précise; on a cité parmi elles l'acide ulmique, le charbon résultant de la transformation lente du bois tombé au fond des marais, les résines et les gommes végétales, les acides tannique, carbonique, etc. Ces substances sont empruntées aux végétaux destinés à se convertir en tourbe, la tourbe est elle-même une substance antiseptique et l'on peut dire que ce combustible, dans le phénomène du tourbage, est à la fois cause et effet. Aussi les Hollandais ont-ils soin, dit-on, lorsqu'ils exploitent leurs tourbières, de ménager la couche inférieure de tourbe; ils ont remarqué qu'elle se reconstitue alors plus facilement que lorsqu'on a mis à découvert l'argile sur laquelle le combustible repose.

La tourbe est tellement antiseptique que Lyell, dans ses *Principles of geology*, raconte la découverte, en 1747, du corps d'une femme, chaussée de sandales antiques et enfouie, par conséquent, depuis plusieurs siècles. Elle était dans un état parfait de conservation; les ongles et les cheveux offraient seuls quelques traces d'altération.

Une température trop élevée est un obstacle à la formation de la tourbe; celle de 6° à 8° est la plus favorable.

D'après d'Archiac (*), pour que la tourbe se forme, il faut que les eaux ne soient pas complétement stagnantes, qu'elles ne charrient pas une grande quantité de limon, qu'elles soient peu sujettes à de grandes crues. Il faut, en outre, qu'elles soient très-peu profondes, que leur mouvement soit très-peu rapide et qu'elles coulent sur un fond argileux ou peu perméable.

Quels sont maintenant les végétaux auxquels les tourbières doivent leur formation? Ce sont d'abord les *sphaignes*, mousses aquatiques vivaces, à feuilles disposées sur plusieurs rangs, blanches avec une légère teinte roussâtre ou verdâtre. Elles doivent

---

(*) D'Archiac. *Description géologique de l'Aisne.*

leur rôle important à leur mode de croissance, à leur végétation rapide et à leurs propriétés hygroscopiques. Elles semblent se ployer à toutes les exigences de l'habitat, et se modifier suivant qu'elles plongent dans les eaux profondes, dans les mares vaseuses de la surface, ou qu'elles s'élèvent au-dessus du niveau de l'eau. La seule condition nécessaire à leur existence paraît être une certaine quantité d'humidité absorbée par la couronne ou par la tige du végétal.

Comme les autres mousses, les fougères et tous les cryptogames vasculaires, elles croissent exclusivement par leur sommet. A mesure que la partie supérieure de la tige s'allonge, la partie inférieure meurt, se dessèche et tend à se transformer en tourbe. Dans une nappe de sphaignes, il y a donc deux couches superposées, l'une supérieure, en voie de végétation; l'autre, sous-jacente, déjà soumise à l'action du tourbage.

Les sphaignes croissent très-rapidement, et comme elles se ramifient beaucoup, elles finissent, en se pressant les unes contre les autres, par former un feutrage épais qui couvre le sol ou constitue, au-dessus des eaux marécageuses, une espèce de plancher flottant; sur ce plancher, d'autres plantes, puis les végétaux arborescents, finissent par se développer.

Quant à la rapidité de propagation des sphaignes et à la faculté qu'elles ont d'envahir de vastes espaces en très-peu de temps, il suffira, pour les mettre en évidence, de rappeler qu'on a calculé qu'une seule capsule de sphagnum peut contenir jusqu'à 2 690 000 spores ou graines. Le tissu mince et délicat des sphaignes pompe l'humidité à la manière des éponges. Certaines tourbes desséchées peuvent absorber jusqu'à 12 fois leur volume d'eau. Quelle que soit la hauteur à laquelle les sphaignes croissent, quelle que soit la sécheresse de l'air, leurs tiges sont toujours humectées. C'est ce qui rend possible la formation de la tourbe sur des pentes où l'eau ne saurait se maintenir.

Parmi les végétaux qui, avec les sphaignes, concourent à la formation de la tourbe, citons encore quelques autres espèces de mousses, surtout celles dont se compose le genre *Hypnum*, les prêles, les joncs, les carex et quelques roseaux. Grâce à leurs tiges traçantes, ces plantes envahissent rapidement le sol qui les environne et déterminent directement, par l'accumulation de leurs débris, la formation d'une nappe plus ou moins épaisse de tourbe. Elles préparent aussi l'établissement des tourbières, en s'avançant graduellement des bords vers le centre d'un lac qu'elles finissent par combler et par transformer en marais tourbeux.

La flore des tourbières comprend encore quelques arbustes, tels que des arilles, des érica, des andromèdes, le bouleau blanc, le pin sylvestre. Le sapin rouge s'y aventure parfois, mais n'y prospère jamais, s'enfonçant dès qu'il atteint une certaine élévation, dans une couche sans consistance, puis finissant par se renverser et se transformant en tourbe comme la végétation herbacée. Souvent des tourbières s'établissent dans les forêts, quand par quelque accident, les drains naturels se trouvent obstrués ; alors, les arbres arrêtés dans leur croissance périssent rapidement et s'abattent les uns sur les autres, ajoutant ainsi à la richesse de la tourbière. C'est ce qui est arrivé dans beaucoup de tourbières de l'Angleterre où l'on trouve des forêts entières renversées, sans doute, par des ouragans, tous les arbres étant couchés dans le même sens et brisés à la hauteur de quelques pieds.

Souvent aussi les sphaignes ont conquis un sol dont les hommes s'étaient emparés déjà, et l'on trouve en maint endroit des chemins, des restes de construction, des vestiges du travail humain au-dessous de la couche moderne de plantes qui les recouvre aujourd'hui. Certaines tourbières du Danemark et de la Suisse peuvent même être considérées, à cause de l'abondance des trouvailles qu'on y a faites, comme des espèces de musées naturels où se sont conservés, pour les savants de nos jours, les reliques de la civilisation des anciens peuples.

D'après Darwin, contrairement à ce qui arrive en Europe, aucune espèce de mousse ne concourt à la formation de la tourbe dans l'Amérique méridionale. Il a observé, comme composant essentiellement ce combustible, une plante dont la végétation pourrait peut-être jeter quelque jour sur cette production d'un autre hémisphère par son analogie avec celle des sphaignes, car après avoir dit que l'*Astelia pumila* et la *Donatia magellanica* couvrent presque seules les terrains tourbeux de la terre de Feu, il ajoute que la dernière de ces plantes, est l'agent principal de la tourbe ; que les feuilles nouvelles se succèdent continuellement autour du tronc, que celle du bas se pourrissent de suite, et qu'en suivant la racine dans la tourbe on voit encore les feuilles conserver leur position dans les différents états de la transformation jusqu'à ce que le tout ne forme qu'une seule masse.

Parmi les contrées d'Europe où les tourbières ont pris un grand développement, il y a à citer l'Irlande dont les prairies de plantes noyées ou *bogs* comprennent plus d'un million d'hectares, c'est-à-dire la septième partie de l'île. On ne cesse d'en extraire chaque année des quantités considérables de combustibles, et les vides qui forment, au bout d'une dizaine d'années, des tranchées de 3 à 4 mètres de profondeur, ne tardent pas à se remplir. En Hollande, le phénomène du tourbage se développe avec la même énergie. Il est très-commun dans le nord de l'Allemagne, dans les possessions danoises, et en Angleterre. En France, on trouve des tourbières aux environs de Paris, dans les vallées de l'Authie, de l'Ourcq, de l'Essonne, et des petits affluents de la rive droite de l'Oise, il y en a aussi sur toute l'étendue du bassin de la Somme, dans les landes de Bordeaux, entre la Seudre, la Charente et les Deux-Sèvres, vers l'embouchure de la Loire, où existe le grand marais de Montoire qui a plus de 50 lieues de tour.

Du côté du sud (en Amérique), dit M. Élisée Reclus, la première grande tourbière bien caractérisée est le *Dismal Swamp* (marais sinistre) qui s'étend sur les frontières de la Caroline du nord et de la Virginie : cette masse spongieuse de végétation s'élève de 3 mètres au-dessus des terres environnantes. Au centre, et pour ainsi dire à la cime du marais, s'est formé le lac Drumond, dont l'eau claire est colorée en rouge brun par le tannin des plantes. Au nord de la Virginie, les tourbières proprement dites deviennent de plus en plus nombreuses et, dans le Canada, le Labrador et le reste de la Nouvelle-Bretagne, elles recouvrent de vastes étendues de pays. Tout l'intérieur de Terre-Neuve n'est qu'un labyrinthe, en grande partie inconnu, de lacs et de tourbières.

Dans les régions australes, les îles Malouines ou Falkand ne sont qu'une vaste tourbière.

On trouve des tourbières sous les latitudes les plus élevées ; celles d'Islande sont célèbres par leur étendue. Il s'en rencontre aussi à de très-grandes altitudes. Nous en avons observé récemment nous-mêmes de petites dans les Alpes, au lac Cornu, à 2 300 mètres au-dessus du niveau de la mer.

Il est des localités où la tourbe a une origine marine et ceci est fort important relativement au mode de formation de certains combustibles anciens. Ainsi M. Coquand a observé, en Vendée, des tourbes dues à l'accumulation d'*Ulva* et de *Fucus*. Ces tourbes offrent ce caractère de perdre très-rapidement tout vestige d'organisation et de se présenter par conséquent avec une structure compacte.

On peut rapprocher des tourbes précédentes celles auxquelles déjà nous avons fait allusion comme se trouvant en couches subordonnées aux dunes du Jutland où M. de Forchhammer les a étudiées avec soin.

Que l'étude des tourbières donne la clef des gisements de lignites, voilà qui ressort de ce fait que, dans beaucoup de localités, la tourbe et le lignite sont liés d'une manière insensible. C'est entre autres ce qu'on observe auprès de Villers-Cotterets, à Naumoise (Oise).

On désigne sous le nom de *mines de Cèdre* des marais voisins du cap May, dans le New-Jersey, Amérique du nord, pleins d'une vase tourbeuse noire où sont enfouis des troncs immenses de cèdre blanc à des profondeurs variant de 3 à 10 pieds. Ces troncs enlacés les uns sur les autres proviennent évidemment de forêts qui se sont succédées en ces lieux et, encore aujourd'hui, croissent dans ces marais des arbres semblables à ceux qui sont embourbés dans la vase.

Il y a là des trésors que les Américains ne laissent point sommeiller et dont ils tirent au contraire un grand profit. Des hommes fouillent, avec une longue barre de fer, dans la tourbe et dans l'eau ; quand ils ont mis la gaffe sur un tronc, ils savent bien vite, après quelques sondages préliminaires, où est la souche et quelle est son épaisseur ; puis, à la simple odeur d'un morceau de bois, ils décident s'il faut enlever l'arbre ou le laisser en place. Rien qu'à l'odeur, ils apprennent que le cèdre blanc est *windfall*, c'est-à-dire tombé de vieillesse sous le souffle d'un faible vent, ou *breakdown*, c'est-à-dire tombé, rompu en pleine jeunesse, en pleine force et conservé sain par les qualités antiseptiques du marais où il plonge.

Si l'arbre est *breakdown*, les ouvriers éloignent la vase qui l'entoure ; à cette vase succède de l'eau et l'arbre se met à flotter ; alors on le scie en segments réguliers. Tel cèdre ainsi tiré du marais a donné jusqu'à 10 000 bardeaux valant 20 dollars ou 100 francs le mille.

La couche supérieure de ces troncs a sous elle une seconde couche, quelquefois une troisième et sur elle une forêt vivante.

D'ailleurs, on rencontre aussi très-fréquemment, au fond des tourbières, des troncs d'arbres qui se sont transformés en lignite proprement dit. Nous avons déjà vu que le lignite n'est, en définitive, qu'une tourbe ayant perdu une certaine proportion de ses principes volatils ; son existence suppose donc nécessairement l'existence de la tourbe.

Le même raisonnement conduit à voir dans la houille, dans l'anthracite et peut-être même dans le graphite et le diamant, des termes de plus en plus avancés de cette transformation. D'abord, le gisement, dans ses traits généraux, est le même, le combustible étant toujours associé à des grès ou sables, à des argiles ou schistes disposés dans le même ordre relatif. Dans certains cas, la ressemblance est intime et certainement non fortuite et, par exemple, nous avons signalé nous-mêmes la remarquable ressemblance du gisement des lignites de l'argile plastique avec le gisement de la houille. Outre l'argile et les grès qui sont communs aux deux dépôts, on y retrouve le minerai de fer ou sidérose qui complète l'identité en indiquant une conformité complète de conditions générales. D'ailleurs, les analyses chimiques montrent la filiation du bois à l'anthracite par le lignite, la tourbe et la houille et l'on sait comment M. Baroullier a fait artificiellement de la houille et M. Daubrée de l'anthracite en partant de la matière végétale vivante.

Le point le plus important pour nous, relativement à l'étude de la houille, c'est de reconnaître que les faits observables actuellement dans les tourbières contemporaines s'appliquent, à l'échelle près, à l'histoire de la houille.

Or c'est là un point facile à établir.

Il y a en effet deux manières d'y arriver : d'abord, en montrant que les autres suppositions qu'on peut imaginer ne sont point soutenables ; ensuite, en constatant l'analogie complète de deux sortes de gisements.

Or, au premier point de vue, il est clair qu'on ne peut comprendre que par deux procédés l'accumulation de végétaux en un point donné. Par le charriage de débris provenant de plus ou moins loin ou par la végétation sur place.

En ce qui concerne le charriage, il faut constater qu'il a réellement lieu en quelques localités. Nul exemple n'est à cet égard plus instructif que celui dont l'Islande offre le tableau. On y rencontre en effet d'épaisses accumulations de troncs d'arbres en train de subir la fossilisation et dont les essences sont propres aux régions tropicales. C'est le Gulf-stream qui, avec les eaux du Mississipi, les entraîne au travers de l'Atlantique jusqu'à ces latitudes élevées.

Mais si ce mécanisme de formation rend compte, sans doute, de la formation de quelques amas très-restreints de combustibles fossiles, il est impossible qu'il s'applique au cas des bassins houillers proprement dits.

En effet, Élie de Beaumont a fait à cet égard des calculs très-instructifs, qui démontrent que la houille s'est formée sur place et nullement par voie de charriage. Dans ces calculs, en comparant la houille et le bois sous le rapport de leur pesanteur spécifique et de leur richesse en carbone, l'auteur établit d'abord, qu'une couche de bois sans interstices, si elle pouvait être changée en houille, sans perte de carbone, diminuerait d'épaisseur dans le rapport de 1 à 0,2280. En tenant compte de la quantité de matière ligneuse contenue dans un hectare de taillis de vingt-cinq ans, il calcule que cette matière ligneuse formerait, sur toute la surface de l'hectare, une couche continue et sans interstice de $0^m,008486$ d'épaisseur ; transformée en houille, d'après les évaluations précédentes, cette couche de bois reviendrait à une couche de houille de $0^m,008486 \times 0^m,2280 = 0^m,001935$ ou environ 2 millimètres d'épaisseur.

Or, comme le remarque l'auteur, il existe peu de futaies, même parmi les plus épaisses, qui contiennent autant de carbone qu'une couche de houille de même étendue et de 1 centimètre d'épaisseur. La surface des terrains houillers reconnus, forme 1/200 de la surface totale du territoire. Si l'on tient compte de la stérilité de certains terrains, on verra qu'une futaie, de la plus belle venue possible, qui couvrirait la France entière, serait loin de contenir autant de carbone qu'une couche de houille de 2 mètres d'épaisseur étendue dans les seuls bassins houillers.

Ces résultats, qui sont de simples approximations, suffisent cependant pour donner une haute idée du phénomène, quel qu'il soit, par suite duquel a eu lieu l'accumulation de matière végétale nécessaire pour produire une couche de houille ayant 1 mètre, 2 mètres et jusqu'à 30 mètres d'épaisseur, comme celle du bassin houiller de l'Aveyron.

On a quelquefois supposé que les couches de houille pouvaient résulter de l'enfouissement de radeaux de bois flotté; mais les calculs précédents conduisent à reconnaître que ces radeaux devraient avoir eu une épaisseur énorme et tout à fait inadmissible. Le bois, lorsqu'on le range en stère, présente de nombreux interstices qu'on évalue à plus des 38/128 du volume total; pour des branchages la somme des vides est encore plus grande. Dans un radeau naturel, les troncs ne pourraient être aussi bien rangés que dans du bois en stère, et l'on peut supposer, sans exagération, qu'un radeau naturel renferme la moitié de son volume de vide; par conséquent, un pareil radeau, s'il pouvait être réduit en houille sans aucune perte de carbone, en donnerait une couche dont l'épaisseur serait $1/2 \times 0^m,2288$ ou $0^m,1140$, c'est-à-dire moins du huitième de la sienne. Ainsi, une couche de houille épaisse de 1 mètre supposerait un radeau de $8^m,76$ d'épaisseur; une couche de houille de 2 mètres supposerait un radeau de $17^m,52$; une couche de houille de 30 mètres supposerait un radeau de 263 mètres. Il faut, en outre, remarquer que la houille provient de végétaux d'une faible densité et pour tenir compte de cette différence il faudrait tripler les épaisseurs et supposer des radeaux de 26, 52 et 788 mètres, ce qui dépasse les limites du possible.

Il est vrai qu'on pourrait supposer que le transport des arbres a eu lieu d'une manière lente et continue, ainsi que cela se passe à l'embouchure du Mississipi. Mais comment concilier une pareille hypothèse avec la stratification régulière des bancs de houille qui s'étendent sur des surfaces de plusieurs lieues sans varier d'épaisseur? Comment admettre que les courants qui auraient transporté les radeaux n'auraient pas, en même temps, charrié du sable et du limon pour les déposer pêle-mêle avec les débris de végétaux et dans ce cas, comment expliquer la pureté de la houille? Si les arbres, ainsi transportés, ont été reçus dans des eaux douces ou salées, comment se fait-il que les strates avec lesquelles le combustible alterne, soient généralement dépourvues de fossiles? Toutes ces objections rendent inadmissible l'hypothèse d'une formation de la houille par voie de charriage.

On est d'autant mieux disposé à renoncer tout à fait à cette hypothèse que, l'observation actuelle de ce qui a lieu dans les tourbières nous révèle une série entière de faits qu'on peut regarder comme reproduisant, en miniature, tout ce qui se présente dans les tourbières.

L'analogie est intime à divers points de vue, qu'il importe de rappeler ici très-brièvement, d'après un excellent travail de M. Vézian (*).

1° La houille et la tourbe résultent d'une transformation chimique de végétaux, la tourbe étant moins ancienne que la houille, cette transformation est, pour elle, moins avancée et moins complète;

2° La houille et la tourbe se sont formées, non par voie de charriage mais sur place; elles se sont constituées dans des marais ou dans des lacs peu profonds;

3° Les végétaux qui ont concouru à la formation de la houille et de la tourbe appartiennent presque en totalité au groupe des cryptogames acrogènes; ils croissent indéfiniment par le sommet tandis qu'ils périssent par la base. Le rôle dévolu aux sphaignes dans les tourbières appartenait, dans les houillères, aux sigillaires et aux végétaux à racines stigmariées;

4° Les tourbières reposent ordinairement sur une nappe de

(*) Vézian. *Prodrome de géologie*, t. III, p. 193.

terre argileuse qui rend l'eau stagnante et dont le rôle a été jadis rempli par les argiles et les schistes du terrain houiller ; les grès de ces mêmes terrains correspondent aux bancs de sable qui alternent avec la tourbe ;

5° Le fer carbonaté des houilles est représenté dans les tourbières par le minerai de fer des marais ; l'un et l'autre se sont constitués à la suite des mêmes actions physiques et chimiques ;

6° Les houillères et les tourbières offrent la même distribution géographique. La zone de la tourbe coïncide avec celle de la houille. En outre, chacun de ces combustibles est spécial à une période géologique qu'il contribue à caractériser.

La conclusion, non admise cependant par tout le monde, mais qui paraît cependant inévitable, c'est que les houillères ne sont autre chose que des tourbières de dimensions gigantesques. Cette assimilation tirée de l'observation des causes actuelles jette le plus grand jour sur l'un des chapitres les plus importants de la géologie.

CHAPITRE III

RENOUVELLEMENT DES FAUNES ET DES FLORES

L'examen des restes fossiles enfouis dans les couches du globe a conduit, dès la fin du siècle dernier, à reconnaître que la faune et la flore de chaque époque géologique ont leurs caractères propres qui les différencient de toutes les autres.

C'est à Soldani qu'on doit d'avoir fait, en 1780, cette féconde découverte. Après lui, l'Anglais W. Smith et notre compatriote Brongniart doivent être cités sur la même ligne à cet égard.

Quelques exemples de connaissance vulgaire feront bien voir de quoi il est question. Les étranges crustacés connus sous le nom général de trilobites sont exactement localisés dans les couches stratifiées les plus anciennes ; il suffit d'en apercevoir un vestige pour être sûr que la roche qui le contient appartient aux terrains primaires. Les hippurites si nettement différents de tous les autres mollusques caractérisent un horizon bien plus restreint encore. Les foraminifères discoïdes, nommés nummulites, ne se trouvent que dans les couches tertiaires inférieures; et nous pourrions multiplier indéfiniment des exemples de ce genre.

La conclusion, c'est que la faune a changé avec le temps.

Voyons si les causes actuelles peuvent nous fournir quelque enseignement sur ce sujet si intéressant.

Pour cela, remarquons tout d'abord qu'on constate, dans certains cas, une liaison très-remarquable entre la nature minéralogique de certaines couches et les fossiles qu'elles contiennent. Ainsi dans le Jura, on sait que les marnes du lias supérieur, caractérisées par la présence de très-nombreux céphalopodes (ammonites et bélemnites) et par la rareté excessive des polypiers, sont recouverts par les calcaires de l'oolithe inférieure remarquable au contraire par l'énorme développement des polypiers. Eh bien, le terrain oxfordien qui succède à l'oolithe et qui est marneux comme le lias, contient, comme le lias, des ammonites et des bélemnites qu'on ne distingue qu'avec beaucoup d'attention de leurs congénères plus anciennes. Et, pour compléter cette intéressante série, le terrain corallien qui couronne le tout et qui est calcaire reproduit, dans les traits généraux de sa faune, la faune de l'oolithe; son nom suffit à constater l'abondance des polypiers.

Donc la nature lithologique du fond de la mer changeant, les animaux qui l'habitent changent aussi. Il est, en effet, d'observation journalière qu'à chaque fond répond sa faune et l'observation s'applique non-seulement à la mer, mais aussi aux rivières. Le fond changeant dans la série géologique, il y a une certaine ressemblance avec ces faits, pourvu que l'on remarque, comme nous allons y revenir, que dans un cas, il y a simples déplacements horizontaux d'animaux, tandis que dans l'autre cas, il y a substitution complète de faune. Les deux séries sont cependant bien loin de ne pouvoir se comparer, comme on va voir.

Le contraste de certaines couches successives est rendu parfois d'autant plus frappant qu'on observe des réapparitions d'espèces ou même de faunes tout entières. C'est le phénomène que

M. Barrande a désigné sous le nom de *Colonies* et dont nous devons dire un mot.

Le terrain silurien de la Bohême, d'après la classification adoptée par M. Barrande, forme un trinome dont les trois termes ont reçu de lui les noms de *faune première*, *faune seconde* et *faune troisième*. Le terrain correspondant à la faune seconde est celui où M. Barrande a observé les faits sur lesquels il a établi sa théorie des colonies. Ce terrain se divise en cinq assises qu'il dé · signe en leur affectant les expressions d_1, d_2, d_3, d_4, d_5. Au point de vue paléontologique, le phénomène des colonies est un cas particulier du phénomène plus général de l'intermittence des espèces, la différence consiste surtout en ce que les espèces d'avant-garde, sujettes à disparaître momentanément, au lieu d'être mélangées avec d'autres espèces, se montrent sur certains points groupés entre elles. Voici comment M. Barrande s'exprime à ce sujet : « Nous avons reconnu le caractère prophétique de ces espèces, non-seulement dans leurs formes considérées au point de vue géologique, mais encore dans les circonstances singulières de gisement dans la série stratigraphique. Nous avons été surtout frappé par ce fait que ces espèces ne sont pas disséminées au hasard parmi celles de la faune seconde, mais qu'elles sont, au contraire exclusivement cantonnées dans les enclaves de certaines roches représentant d'une manière également prophétique les roches dans lesquelles devait apparaître plus tard notre faune troisième. »

Les principales colonies décrites par M. Barrande sont au nombre de trois, qu'il nomme : *colonies Zippe, Haidinger* et *Krejci*. Elles se tiennent sur les bords du bassin silurien de la Bohême, la première dans la formation d_4, les deux autres dans la formation d_5. La colonie Zippe ne consiste qu'en une seule couche calcaire de 25 centimètres d'épaisseur, tandis que cette roche manque totalement dans la colonie Haidinger, et ne se retrouve que sous des apparences très-différentes dans la colonie Krejci ; ces deux dernières colonies épaisses, l'une de $12^m,50$, et l'autre de 21 mètres, sont en majeure partie composées de schistes noirs avec graptolithes. Sous le rapport paléontologique, les trois colonies ne présentent pas de moindres contrastes. La colonie Zippe renferme dix-sept espèces, qui appartiennent toutes à la classe des brachiopodes et à celle des trilobites ; c'est la seule qui, outre les espèces de la faune troisième, présente des espèces de la faune seconde ; celles-ci y sont au nombre de 4. Les espèces de la colonie Haidinger sont seulement au nombre de 8, elles se trouvent toutes dans la faune troisième et font partie du groupe des graptolithes. La colonie Krejci, renfermant 40 espèces et des représentants de six classes, est la plus riche des trois, circonstance en harmonie avec sa position stratigraphique ; elle se trouve, en effet, la plus rapprochée du terrain silurien supérieur.

Dans des terrains beaucoup plus récents, on trouve l'analogue des colonies. Ainsi, dans le terrain tertiaire parisien, on voit l'épaisse formation lacustre, dite de Saint-Ouen, séparer les deux assises également marines des sables de Beauchamp et des grès infragypseux, dans lesquelles se présentent plusieurs espèces communes, et nous avons nous-même observé à Varredes, auprès de Meaux, des faits très-significatifs à cet égard.

Or, les phénomènes contemporains expliquent fort aisément cette récurrence intéressante. Voici comment :

Transportons-nous par la pensée sur un point du littoral en voie actuelle d'affaissement lent. Le sédiment qui s'y produit, avec sa faune, avec ses matériaux grossiers, se trouve progressivement recouvert par le dépôt thalassique beaucoup plus fin et comprenant des animaux tout différents. Le premier dépôt ne tarde pas à se terminer en coin entre le fond primitif de la mer et ce dépôt nouveau. Les choses peuvent durer ainsi fort longtemps et la côte s'éloigner beaucoup.

Mais, que le mouvement inverse prenne naissance, de façon que le point considéré redevienne littoral : le dépôt thalassique reculera progressivement, et au-dessus de lui, sur la verticale du premier dépôt, reparaîtra le sédiment grossier à animaux côtiers.

On aura évidemment, dans le premier dépôt, une vraie faune *prophétique* du dépôt supérieur, et différant de celle caractérisant celui-ci par les espèces qui se seront éteintes ou manifestées durant le déplacement de la mer.

Que cette action ait eu lieu exactement à l'époque du dépôt

de Saint-Ouen, voilà qui ne paraît pas douteux, et certes on a de fortes raisons de la supposer en voie actuelle d'accomplissement dans diverses régions et, par exemple, dans la Manche.

On voit qu'il ne s'agit ici, en définitive, que de déplacements horizontaux de faunes. Mais notre but est de rechercher si la considération des causes actuelles peut nous faire découvrir le mécanisme en vertu duquel a eu lieu le renouvellement si fréquemment répété des faunes et des flores. On verra que ces deux points de vue sont plus voisins qu'il ne paraît tout d'abord.

L'idée ancienne, en faveur à l'époque de Cuvier, consistait à admettre qu'à chaque période géologique correspondent une destruction totale du monde animé, puis une création de toutes pièces identiquement comparable à la création primitive. Les progrès successifs de la science, en conduisant à subdiviser des étages regardés jusque là comme homogènes, firent reconnaître que le nombre de ces cataclysmes devait avoir été beaucoup plus grand qu'on ne l'avait supposé d'abord, et Alcide d'Orbigny arrivait déjà à un nombre inacceptable de créations successives.

Depuis cette époque on est parvenu à ce résultat, qu'il faut remplacer le chiffre de d'Orbigny par l'infini, et que la force créatrice a été en activité constante pendant toute la durée des temps paléontologiques.

Le problème que nous abordons, et qui est bien loin d'être résolu, est d'une complexité extrême. Sans avoir la prétention de le traiter entièrement, nous voulons essayer d'en faire comprendre la portée. Aussi commencerons-nous par le subdiviser.

Il comprend d'abord deux points de vue tout à fait différents : l'apparition des espèces et leur extinction. Puis chacun d'eux se subdivise à son tour suivant qu'il s'agit des apparitions et des extinctions locales, c'est-à-dire relatives seulement à un point donné ; ou bien des apparitions et des extinctions totales, c'est-à-dire relatives à toute la surface du globe.

Pour les extinctions locales, on peut dire que nous y avons assisté à diverses reprises de façon à concevoir comment le fait a pu s'opérer spontanément. C'est ainsi que le loup a été détruit par l'homme en Angleterre, au point qu'il n'en reste plus un

seul dans le pays. Le bison est en train d'en faire autant en
Amérique.

Ce que l'homme a fait lui-même dans ces deux exemples,
d'autres agents l'ont réalisé aux périodes antérieures. Il a suffi
d'un déplacement d'espèce causé par le vent ou un changement
de climat, ou le soulèvement du sol, comme on le constate pour
l'huître de la Baltique, pour amener des disparitions locales.
Ainsi, que le phylloxera ait été apporté d'une manière quelconque

Fig, 57. — Le dronte; oiseau de l'île Rodrigues dont l'espèce a disparu
à l'époque actuelle.

dans une région à vigne et cette plante n'aurait pas tardé à disparaître. L'action du doryphora serait la même sur la pomme de
terre.

Or, on constate des transports de ce genre, par les bois qui
flottent, par la terre prise aux pattes des oiseaux voyageurs, par
la toison des mammifères, etc.

La même cause peut aisément déterminer des extinctions
totales. C'est ainsi que l'homme a déterminé la disparition ab-

solue du dronte (*fig.* 57), du solitaire (*fig.* 58) et d'autres ani-

Fig. 58. — Le solitaire de Legnat; oiseau de l'île Rodrigues dont l'espèce a disparu
à l'époque actuelle.

maux des Mascareignes et qu'il est en train d'en faire autant
en Europe pour l'aurochs.

Ce qui ressort de plus important pour nous de ces remarques, c'est que la destruction totale ou locale d'une espèce ne suppose pas du tout, comme on l'a cru si longtemps, le développement sur la terre de conditions impropres à la vie, mais qu'elle peut résulter, au contraire, de l'exubérance de développement prise par une espèce antagoniste. Que nous voilà loin des idées de Cuvier et de ses élèves sur les révolutions du globe !

En ce qui concerne les apparitions d'espèces, la question est beaucoup plus difficile, parce que la découverte d'une espèce jusque-là inaperçue ne prouve pas nécessairement sa création récente et peut tenir simplement au défaut des observations antérieures.

Cependant il est, dans cette voie, des faits qui semblent fort nets. Ainsi, les apparitions locales sont souvent constatées, et actuellement, on signale à chaque instant l'apparition du phylloxera dans des localités nouvelles où certainement il n'existait pas jusque-là.

Quant aux apparitions totales, c'est-à-dire d'espèces qui, avant, ne se trouvaient nulle part, on conçoit qu'il faille être très-prudent à cet égard. Plusieurs faits ont été signalés. Lyell insiste sur ce qui a trait à un singe (*Cebus*) et à un papillon (*Heliconius*) de l'Amazone qui paraissent en train de donner naissance à de nouvelles espèces.

Depuis, on a signalé à Capri un petit lézard dont l'histoire, à ce point de vue est fort intéressante. Nous l'empruntons à un mémoire de M. le docteur Théodor Eimer (*).

Sur la côte est de l'île de Capri, on remarque quatre gros rochers d'un aspect pittoresque, dont trois ont été entièrement séparés de la terre et dont le quatrième n'est relié à celle-ci que par un petit isthme bas et étroit qui tend aussi à disparaître sous l'action des vagues. Le plus extérieur de ces îlots a la forme d'une pyramide à quatre pans tronquée, hauts de 115 mètres, terminée en dessus par un plateau ayant environ 50 mètres carrés. Ses flancs sont à peu près verticaux et par conséquent presque inac-

---

(*) EIMER, *Archives des sciences physiques et naturelles de Genève*, t. LII, p. 208, 1875.

cessibles. Il n'y a que trois habitants à Capri qui se hasardent à y monter dans le but de récolter des œufs de mouettes.

Dans le printemps de 1872, M. Eimer se mit en rapport avec ces hommes afin de se procurer les animaux qui vivent sur ce petit îlot et de constater si les conditions d'isolement n'avaient pas exercé sur eux quelque influence. Sa prévision se vérifia, car les collecteurs lui rapportèrent un lézard formant une variété très-remarquable de l'espèce commune (*Lacerta muralis*) de l'île de Capri. Cette variété est même si distincte du type, qu'aux yeux de beaucoup de zoologistes, elle pourrait avoir la valeur d'une espèce. M. Eimer a fait une étude très-complète de cette forme qui existe seule sur le rocher en question et à laquelle il a donné le nom de *Lacerta muralis cœrulea;* il l'a comparée avec les différentes variétés de *L. muralis* que l'on trouve à Capri, dans le pays de Naples, à Gênes et en Allemagne. C'est par sa coloration que la variété *cœrulea* se distingue de la manière la plus frappante. La couleur des parties dorsales est tantôt un bleu uniforme plus ou moins foncé, tantôt un bleu taché de dessins noirs. Le ventre, la gorge, la mâchoire inférieure, la face inférieure de la queue et des extrémités sont d'un magnifique bleu de ciel profond. Cette coloration présente certaines modifications dépendant de la saison, de la température, du sexe, etc. Ainsi, on voit apparaître, à certaines époques de l'année, des ocelles d'un vert de bronze oxydé.

La couleur ne résulte pas d'un dépôt de pigment bleu, mais elle est due à l'existence d'une couche épaisse de cellules noires de tissu connectif qui sont placées sous une couche également épaisse d'épiderme incolore. Cette disposition, comme on le sait, produit l'impression du bleu. A la lumière directe, sous le microscope, un fragment de peau paraît noir; dès qu'on emploie la lumière réfléchie, on la voit bleue. Chez les lézards verts, il y a, entre la couche noire et la couche incolore, une couche de pigment jaune de nature graisseuse qui concourt à produire l'impression du vert. Chez le *L. muralis cœrulea,* cette couche jaune manque ou est presque nulle. Une particularité constante du *L. muralis* d'Allemagne est la forme déprimée de la tête. Ce caractère ne se trouve pas chez les *cœrulea*, dont la tête forme plutôt une pyramide quadrangulaire à faces sensiblement égales.

La nouvelle variété, comparée aux individus d'Italie, présente des différences moins grandes qu'avec celles d'Allemagne; mais elle s'en distingue cependant. M. Eimer a constaté une tendance à l'apparition, chez le *cœrulea*, de caractères de l'écaillure qui se manifestent dans les régions où les granules dorsaux viennent aboutir contre les plaques ventrales. Une autre différence, qui n'est cependant pas tout à fait constante, se montre dans le nombre des pores fémoraux qui varie de vingt et un à vingt-cinq, tandis que dans le *L. muralis* on en compte très-rarement plus de vingt. Enfin, une particularité assez curieuse des individus de cette variété, est leur absence de crainte de l'homme, qui est surtout intéressante si on l'oppose à l'extrême sauvagerie de leurs congénères de Capri. Tenus en captivité, les représentants de chaque variété montraient de l'affinité pour ceux de la même forme qu'eux et des dispositions hostiles envers ceux de l'autre forme.

Il résulte de cet ensemble de caractères physiques et moraux que la forme découverte par M. Eimer serait assez distincte pour mériter, aux yeux de certains zoologistes, le titre d'espèce et que, d'autre part, ses affinités et son habitat montrent clairement de quelle souche elle est sortie. Elles forment un exemple frappant de ce que l'on a appelé une espèce commençante (*incipiens species*).

La conclusion générale de ces faits est que les espèces qui apparaissent sont un produit de transformation des espèces antérieures.

On arrive aussi à la même conclusion, quand on remarque l'analogie si intime des animaux actuels d'une région donnée avec les fossiles les plus récents de la même région.

M. Gaudry (*) donne pour les mammifères tertiaires, des détails fort importants qui conduisent à préparer l'esprit à accepter les idées de filiation des espèces.

Les mammifères se divisent, comme chacun sait, en *placentaires*, dont les petits peuvent se développer d'une façon complète dans le sein maternel, et en *marsupiaux*, chez qui l'allan-

---

(*) GAUDRY, *Les Enchaînements du monde animal.*

toïde, à l'état rudimentaire, ne permet pas la formation d'un placenta et interdit par conséquent au fœtus un séjour prolongé dans l'utérus.

Les marsupiaux, éteints maintenant dans nos pays, y existaient à l'époque géologiquement ancienne, dite *époque secondaire*, et y ont même précédé les placentaires. Formant un lien entre les deux grandes divisions des mammifères, il est apparu des animaux intermédiaires que les naturalistes n'ont su comment classer. Ce sont l'*Hyænodon* et le *Pterodon*, que de Blainville, Paul Gervais, M. Filhol ont rangés parmi les placentaires, tandis que Laurillard et M. Pomel les classaient avec les marsupiaux. M. Aymard a appliqué à ces espèces le nom expressif de *subdidelphes*.

L'*Arctocyon* du grès de la Fère est le plus ancien mammifère connu du terrain tertiaire; ses dents non coupantes indiquent le régime omnivore de l'ours; aussi quelques naturalistes en ont-ils fait un placentaire voisin des ratons. Un examen plus approfondi l'a fait ranger par M. Gervais parmi les marsupiaux.

« En présence de ces remarques, dit M. Albert Gaudry, nous nous demandons si les placentaires ne sont pas les descendants des marsupiaux. Cette interrogation doit paraître bien naturelle aux embryogénistes, car, pour concevoir le passage d'un marsupial à un placentaire, il suffit de supposer que l'allantoïde, au lieu d'être frappée d'un arrêt de développement, s'est agrandie de manière à venir adhérer à l'utérus. Je dirai plus : je ne comprends pas l'état marsupial, s'il ne présente pas le passage au placentaire; un rudiment d'allantoïde sans fonction me semble en désaccord avec les harmonies habituelles de la nature, s'il n'est pas destiné à avoir un jour son utilité dans le marsupial devenu placentaire. Quand je réfléchis que le *Pterodon*, l'*Hyænodon*, le *Palæonictis*, la *Proviverra*, l'*Arctocyon* ont vécu à l'époque où les marsupiaux sont sur le point de disparaître de nos pays pour faire place au règne des placentaires; quand, d'autre part, je considère que ces carnassiers ont à la fois des caractères de marsupiaux et de placentaires, je suis porté à croire qu'ils sont les descendants des marsupiaux des temps secondaires chez lesquels auraient persisté certains caractères des parents. »

Nous voici maintenant au milieu des placentaires, et c'est par les mammifères marins qu'il convient de commencer. Les cétacés attirent tout d'abord notre attention, et l'on ne peut s'empêcher de convenir qu'au point de vue embryogénique ils sont bien loin des marsupiaux. Mais il faut considérer que la grande taille de ces animaux, la forme des os de leur crâne, très-éloignée du type ordinaire des vertébrés, semblent indiquer qu'ils sont loin du point de départ, qu'ils sont « les derniers épanouissements d'anciennes tiges ». Leurs dents sont très-simples et manquent souvent à l'état adulte : ils les ont perdues pendant les temps géologiques, si l'on croit avec Agassiz que le développement paléontologique a quelquefois ressemblé au développement embryogénique, car.les recherches de Geoffroy Saint-Hilaire, et surtout celles d'Eschricht, ont montré qu'à l'état fœtal les baleines ont des denticules.

Des remarques analogues ont été faites sur la dentition des siréniens. On sait que les dugongs et les lamantins manquent en apparence de dents en avant de la mâchoire. Cependant, en soulevant sur de jeunes dugongs la plaque cutanée qui recouvre le devant de la face buccale de la mâchoire, on a découvert des alvéoles avec de petites dents qui sont résorbées de bonne heure. On peut croire que les siréniens tertiaires ont eu aussi à la mâchoire inférieure des dents incisives et canines, car les mâchoires d'*Halitherium* et de *Pugmeodon* ont des alvéoles bien marquées.

Ce n'est pas tout : on peut penser que les siréniens ont été dérivés d'animaux quadrupèdes : on a retrouvé les bassins de *Pugmeodon* portant un os iliaque bien caractérisé, un rudiment de pubis, un ischion et, entre eux, un rudiment de cavité cotyloïde destiné certainement à recevoir la tête d'un fémur.

Le *Zeuglodon* est un singulier animal qui a quelque chose des phoques, des siréniens et des cétacés, comme si autrefois ces ordres eussent été moins séparés qu'ils ne le sont de nos jours.

Les pachydermes ouvrent la série des placentaires terrestres, et, à leur propos, il convient d'ouvrir une parenthèse.

Il s'agit de l'*Anthracotherium*, un ongulé féroce armé de grandes incisives et de puissantes canines glissant à côté l'une de l'autre sans se toucher, de sorte que leur pointe restait aussi intacte que chez les carnivores. Les morsures de l'*Anthracotherium* devaient être aussi redoutables que celles du lion. Et pourtant les molaires sont disposées comme dans les mammifères qui se nourrissent de végétaux : « En présence des caractères mixtes, dit M. Gaudry, que nous trouvons chez les animaux de l'ordre des pachydermes, je serais porté à conclure que cet ordre remonte à une époque ancienne où les mammifères n'avaient pas encore les divergences qui se sont accusées vers le milieux des temps tertiaires. »

L'*Anthracotherium* est un géant. Il a disparu sans laisser de postérité, comme le *Dinotherium* qui avait 4^m.50 de haut, comme le *Dinoceros* dont le crâne portait trois paires de protubérances, comme le *Sivatherium* et l'*Helladotherium*, ruminants énormes, comme le *Machœrodus*, dont les canines allongées et aussi tranchantes que des lames de poignard devaient faire la terreur de tous les animaux.

Les pachydermes, ainsi que les ruminants, les solipèdes et les proboscidiens sont des *ongulés*, c'est-à-dire des animaux dont les pattes ne sont employées qu'à la locomotion.

Les pachydermes sont, les uns, tels que les rhinocéros et les tapirs, munis de doigts impairs, et les autres, à doigts pairs, tels que les cochons et les hippopotames. Des pachydermes à doigts impairs dérivent les solipèdes; des pachydermes à doigts pairs, les ruminants. Eh! quoi, dira-t-on, les ruminants, ces êtres essentiellement coureurs, aux pattes si fines, aux allures si rapides, sont les parents des lourds hippopotames? Le « fier cheval », au sabot unique, dont « la patte est d'une simplicité telle qu'il ne craint ni entorses ni foulures », a les mêmes ancêtres que le rhinocéros? Parfaitement, et rien de plus intéressant que de voir comment M. Albert Gaudry passe des uns aux autres.

Les rhinocéros ne remontent pas très-loin dans les âges tertiaires; ils ont été précédés par les *Acerotherium*, les *Palœotherium*, les *Paloplotherium*. Le tronc et les membres de tous ces animaux ont de grands rapports; il suffit, pour s'en rendre compte, de jeter les yeux sur le squelette du *Palæotherium magnum* de la pierre à plâtre de Paris, et sur celui du *Rhinoceros pachygnathus*, du miocène supérieur du Pikermi. Les différences ne sont pas tellement tranchées qu'on ne puisse concevoir qu'ils soient descendus d'ancêtres communs.

Le *Palœotherium medium* avait des os nasaux très-peu allongés ; chez les rhinocéros de l'époque actuelle, au contraire, et déjà chez le *Rhinoceros pachygnatus* de Pikermi, les os nasaux sont assez fort pour supporter une corne; mais ces os sont extrêmement variables en développement, soit chez les *Palœotherium*, soit chez les rhinocéros. Dans le *Palœotherium crassum*, les os du nez s'avancent plus que dans les *Palœotherium medium;* et dans le miocène on trouve des rhinocéros dont les os du nez sont trop faibles pour supporter une corne. Aussi le nom de rhinocéros ne convenant plus à ces espèces, lui a-t-on substitué celui, d'*Acerotherium* pour les espèces dépourvues de cornes. Et même parmi les *Acerotherium* les os du nez ont-ils une très-grande inégalité. « J'ai eu l'occasion de me convaincre, dit M. Gaudry, qu'il est difficile parfois de marquer la limite entre les rhinocéros qui portent une corne sur le nez et ceux qui, n'ayant pas de corne, doivent être nommés *Acerotherium*. »

Ainsi, on le voit, toujours les mêmes difficultés de classification, difficultés qui deviennent de plus en plus insurmontables.

A l'âge adulte, les *rhinocéros* d'Afrique sont entièrement dépourvus de dents de devant, tandis que leurs congénères d'Asie en ont une paire de très-fortes entre lesquelles existent souvent de très-petites incisives. Les *Palœotherium*, au contraire, ont une dentition complète : trois paires d'incisives et une paire de canines à chaque mâchoire. Mais les rhinocéros n'ont pas toujours eu la dentition qu'ils présentent actuellement. Dans le miocène du Nebraska, on a recueilli les restes d'un *Acerotherium* dont les dents sont celles d'un palœothérium. D'après Falconer, le *Rhinoceros sivalensis* de l'Inde avait le devant de la mâchoire armé de trois paires de dents. Le Muséum possède un *Palœotherium magnum* de la Débruge qui a des canines si grandes et si portées en avant que la place des incisives en est diminuée. Le *Rhinoceros randanensis* du miocène de l'Allier a deux canines entre lesquelles se trouve un large espace non rempli par deux seules incisives. Quant aux molaires des rhinocéros actuels, elles ne diffèrent pas d'une manière essentielle de celles des *Acerotherium* et des *Palœotherium*.

Les tapirs actuels ont des ancêtres fossiles (*Tapirus arvernensis*

du pliocène, *T. priscus* du miocène supérieur; *T. Poirrieri* du
miocène moyen). Cependant le genre n'est pas très-ancien, nous
ne le trouvons plus, dès que nous remontons au terrain éocène,
mais nous rencontrons alors une forme qui paraît tenir exactement sa place. C'est le *Lophiodon*. On trouve même un intermédiaire entre le lophiodon et le tapir; c'est l'*Hyrachyus* signalé
dans l'éocène de Wyoming.

Pour terminer ce qui concerne les pachydermes à doigts impairs, ajoutons que des liens de parenté existent certainement
entre les rhinocéridés et les tapiridés. C'est ainsi qu'il est souvent
très-difficile de reconnaître si certaines dents appartiennent au
Lophiodon ou à l'*Acerotherium*.

Puisque le cheval se rattache aux pachydermes à doigts impairs, voyons dès maintenant comment M. Gaudry établit la gé-
néalogie du « noble animal ».

Les solipèdes sont de nouveaux venus sur la terre. Quelques-
uns des animaux de l'époque éocène révèlent cependant une tendance vers eux. Cette tendance s'accentue chez les *Anchitherium*
du miocène moyen et encore davantage dans les *Hipparion* du
miocène supérieur. C'est d'abord dans la dentition que l'on voit
les différences s'effacer d'une espèce à l'autre, mais nous nous
bornerons ici à étudier ce qu'il y a de plus caractéristique
dans le cheval, c'est-à-dire le pied.

L'*Acerotherium* est le pachyderme du groupe des imparidigités,
dont les pattes sont le plus différentes de celles du cheval : pattes
de devant très-larges, composées de quatre doigts placés de face;
quatrième et cinquième doigts très-développés. Chez les rhinocéros, le cinquième doigt n'est déjà plus représenté que par un
métacarpien rudimentaire. Les pattes d'un *Palæotherium* trappu
comme le *P. latum* ne se distingueraient pas facilement de celles
du rhinocéros. Chez le *Palæotherium crassum*, les pattes sont
moins lourdes, plus allongées que chez le rhinocéros. Dans le
Palæotherium medium, l'allongement augmente, et les métacarpiens latéraux commencent à s'incliner en arrière de sorte que
les pattes présentent une face moins large. Dans le *Palæotherium
minus*, il y a une tendance très-manifeste vers la disposition so-
lipède; le doigt du milieu prend beaucoup de prépondérance sur

les doigts latéraux. Ceux-ci devaient à peine toucher le sol. Entre le pied de l'*Anchitherium* et celui du *Paloplotherium*, les différences sont à peine sensibles ; mais elles deviennent très-accentuées dans celui de l'*Hipparion*, où les doigts latéraux ne posent plus du tout sur le sol. Enfin, la simplification des membres est portée à son maximum dans le genre cheval : les métacarpiens et les métatarsiens correspondant au deuxième et au quatrième doigts se sont atrophiés, et il ne reste plus qu'un seul doigt considérablement développé.

Chez les êtres qu'on réunit sous le nom de monstres, les parties ainsi atrophiées dans la succession des espèces reparaissent parfois tout à coup. Un poulain, né en Normandie, se souvenant de ses ancêtres, avait un doigt interne très-bien développé, avec le métacarpien et les trois phalanges comme chez l'*Hipparion*.

Voyons maintenant les ruminants, descendants des pachydermes à doigts pairs.

Les plus anciens ruminants trouvés en Europe sont le *Xiphodon*, le *Dichodon*, l'*Amphimeryx*. Ces derniers sont peu connus ; quant au *Xiphodon*, on pourrait, tant ses caractères sont ambigus, en faire aussi bien un pachyderme qu'un ruminant. De même les ruminants de notre miocène inférieur, tels que le *Gelocus* et le *Dremotherium* ont gardé bien des traits des pachydermes.

Ceux-ci diminuent pendant que les genres des ruminants deviennent de plus en plus nombreux. Les types extrêmes présentent les plus grands contrastes, mais la multiplicité des espèces exhumées maintenant rend la transition facile à concevoir.

Les cornes constituent peut-être le caractère différentiel le plus frappant entre les deux ordres, mais il est à remarquer qu'elles n'existent pas encore chez les premiers ruminants, le *Xiphodon*, le *Gelocus* et le *Dremotherium*. C'est seulement à partir du miocène moyen que nous voyons des ruminants avoir de petites cornes (*Antilope clavata* et *A. Martiniana* de Sausan). Les cornes les plus compliquées, les bois de cerf n'ont atteint le maximum de dimension et de ramifications qu'à la fin de l'époque pliocène et pendant les temps quaternaires.

Les ruminants actuels diffèrent encore des pachydermes d'aujourd'hui par l'absence d'incisives supérieures. Autrefois, cette différence n'existait pas, à beaucoup près, d'une manière aussi nette; l'*Anoploterium* n'avait que de petites canines, et le *Dichodon*, le *Xiphodon*, l'*Oreodon* avaient des canines et des incisives supérieures. C'est lors de la formation du miocène moyen, c'est-à-dire lors de l'époque où les ruminants ont pris des cornes, qu'ils ont perdu leurs dents. « D'après ces observations sur des bêtes vivantes et fossiles, on ne peut guère, dit M. Gaudry, douter que les cornes et les dents présentent une application de la loi qu'on a appelée loi du balancement des organes; les cornes sont une compensation apportée à la faiblesse des animaux qui ont perdu leurs dents de devant. Mais il est possible que la compensation n'ait pas toujours été égale et que la disparition d'un moyen de défense ait eu lieu avant l'apparition d'un autre moyen; ainsi certains ruminants se seront trouvés, à un moment donné, dans des conditions défavorables pour soutenir la concurrence vitale; c'est peut-être là un des procédés dont s'est servi l'Auteur de la nature pour amener l'extinction d'une partie des animaux qui sont enfouis dans les couches du globe, et c'est peut-être ainsi qu'il faut expliquer comment les dicrocères et les antilopes du miocène moyen ont si rapidement conquis l'empire que les *Gelocus* et les *Dremotherium* privés de cornes avaient eu pendant l'époque du miocène inférieur. »

Nous passons sur les considérations relatives aux molaires des pachydermes et des ruminants, en apparence si différentes les unes des autres, et nous renverrons à ce sujet au livre de M. Gaudry. On verra comment le savant paléontologiste peut légitimement dire que « la difficulté n'est pas de savoir comment les dents de pachydermes sont devenues des dents de ruminants ». « Notre embarras, ajoute-t-il, n'est au contraire que l'embarras du choix ; à en juger par la dentition, tant de pachydermes se lient aux ruminants, que nous n'osons dire quels sont les genres de pachydermes qui ont le plus de titres à être regardés comme les ancêtres des ruminants. »

Comme nous l'avons déjà dit, les membres des ruminants semblent aussi éloignés que possible des membres des pachydermes. Comment passer de l'hippopotame à la girafe? Le premier a quatre grands métacarpiens tous porteurs de doigts. Dans la patte de la girafe, les métacarpiens sont représentés par un os unique, le *canon*, qui porte deux doigts.

Mais si à côté de la patte de l'hippopotame nous mettons celle du cochon, nous voyons les doigts latéraux diminuer de grosseur et se raccourcir. Dans l'*Hyæmoschus aquaticus*, rétrécissement et raccourcissement plus considérables encore : chez le *Tragulus*, soudure du troisième et du quatrième métacarpien ; les deuxième et cinquième doigts sont très-réduits. Ces derniers subsistent encore chez les chevrotains et plusieurs cervidés, mais leurs métacarpiens sont en partie atrophiés. Le steinbock n'a plus de doigts latéraux et leurs métacarpiens sont très-grêles. Enfin, chez le mouton et le bœuf, les métacarpiens semblent tous soudés en un seul os terminé par deux doigts ; mais cet os, à l'état fœtal, a commencé par être formé de deux os séparés, le troisième et le quatrième métacarpien. Même chez les ruminants adultes, les rudiments du deuxième et du cinquième métacarpien se reconnaissent facilement.

Avec les proboscidiens, nous abordons le groupe des colosses, les *Dinotherium*, les mastodontes et les éléphants. Les *Dinotherium* n'ayant pas de descendants, nous les laisserons de côté, pour ne considérer que les mastodontes et les éléphants et pour voir comment ceux-ci sont venus de ceux-là.

Les proboscidiens sont apparus tard ; on n'en a encore trouvé aucun débris au sein des couches éocènes ; dans nos pays, ils ne semblent dater que des temps miocènes. Le *Mastodon angustidens* paraît être l'espèce qui s'éloigne davantage des proboscidiens actuels ; mais entre ces extrêmes de nombreuses formes s'interposent et ménagent la transition.

C'est par la structure des molaires que le mastodonte diffère le plus de l'éléphant. Elles y offrent le type le plus parfait de la dentition des omnivores, étant pourvues de gros mamelons qui ont suggéré à Cuvier le nom même du mastodonte ; leur surface est recouverte d'une couche continue d'un ivoire très-dur. Au contraire, les dents d'éléphants sont franchement des dents d'herbivores : elles sont composées de lames minces séparées par des couches de cément et dont l'ivoire est recouvert d'émail. Or, dans les deux genres, les dents varient beaucoup. Chez certains mastodontes, les mamelons prennent des angles et se réunissent en collines transverses rappelant la disposition qui s'observe chez les tapirs. De là le nom de *Mastodon tapiroïdes* donné à ces fossiles. Dans le jeune âge cette différence entre le *M. angustidens* et le *M. tapiroïdes* disparaît au point qu'on assure que Cuvier a créé le second genre en étudiant les dents de lait du premier. Même à l'état adulte, les dents à mamelons arrondis et les dents à mamelons anguleux ne sont pas toujours faciles à distinguer, et Lartet a décrit sous le nom de *M. pyrenaïcus* des molaires de *M. angustidens* tendant à se rapprocher des molaires du *M. turicensis*. On cite une espèce dont les dents sont à collines très-nombreuses et ménagent tellement le passage entre les mastodontes et les éléphants que Clift l'a décrite sous le nom de *Mastodon elephantoïdes* et Falconer sous celui d'*Elephas Cliftii*. C'est à cause de la présence d'un peu de cément dans les vallées de ces dents que Falconer en avait fait des restes d'éléphants, mais on observe la même particularité chez les *Mastodon Humboldtii, perimensis* et *turicensis*. « En réalité, dit M. Gaudry, il est impossible de dire à quel moment une dent cesse de pouvoir être attribuée à un mastodonte pour pouvoir être attribuée à un éléphant. » Les autres particularités présentées par les autres éléments de la dentition, le nombre et la dimension des défenses, l'allongement du corps, etc., perdent également de leur netteté au point de vue de la séparation des genres.

Mais, si la parenté des éléphants et des mastodontes est clairement indiquée, on ne voit pas encore à quel ancêtre commun il convient de les rattacher. Les dinotherium ont brusquement apparu dans nos contrées; les mastodontes ont des incisives et des molaires rappelant les rongeurs; la découverte d'un éléphant pygmée dans l'ile de Malte indique que la taille n'a pas toujours été un des caractères de l'ordre. Mais, en somme, rien de positif ne permet de rattacher les proboscidiens à aucune autre division des mammifères.

Nous n'insisterons pas sur les onguiculés : édentés, rongeurs, insectivores, chauves-souris, carnassiers. Et nous ne dirons qu'un mot des quadrumanes, ces mammifères étonnants qui touchent à l'homme de si près et dont le voisinage devient singulièrement significatif quand on a vu toute la série zoologique offrir ces intéressantes transformations dont nous avons cité quelques exemples. M. Gaudry fait voir comment les pachydermes éocènes ont engendré les lémuriens et les singes, à telle enseigne que l'*Orœopithecus* a conservé la dentition du chœropotame.

Ce nombreux ensemble de résultats est d'une éloquence qu'on ne saurait discuter.

Les faits suivants, relatifs aux animaux inférieurs, sont dans le même sens.

Pas plus sur les côtes américaines que sur le littoral européen, les dragages profonds n'ont fait découvrir de forme animale appartenant aux groupes élevés spécifiquement identiques aux fossiles de la craie. Mais il n'en est pas de même pour des organismes plus élémentaires et par exemple, comme le remarque M. Wyville Thomson, certains spongiaires crétacés, tels que les *Ventriculites* et les *Choanites* offrent les analogies les plus intimes respectivement avec les *Holtenia* et les *Cœlosphera*.

Le professeur Martin Duncan cite plusieurs coraux des côtes du Portugal qui sont alliés de très-près aux formes de la craie; mais c'est surtout chez les échinodermes que les rapports entre la faune ancienne et la moderne deviennent évidents. Les crinoïdes fixes connus sous le nom d'*Apiocrinidæ* abondent, comme on sait, dans toute l'étendue des roches jurassiques et leurs dépouilles se trouvent en grande quantité dans les épaisses couches de calcaire jaune de l'oolithe. Vers la fin de la période jurassique, les genres typiques disparaissent et nous ne trouvons dans la craie que le groupe représenté par une forme évidemment dégénérée, le *Bourguetticrinus*.

On a rencontré dans certaines couches tertiaires des fragments de tiges d'un petit *Bourguetticrinus* qui a été également découvert dans les brèches calcaires de la Guadeloupe avec le célèbre squelette de Caraïbe. Il n'est pas douteux que ces fragments tertiaires et post-tertiaires se rapportent au genre *Rhizocrinus* que nous savons maintenant être largement représenté à l'état vivant dans les grandes profondeurs. Dans cette série des *Apiocrinidæ*, qui se prolonge depuis le bathonien (*forest marble*) jusqu'à l'époque actuelle, bien qu'il y ait une succession d'espèces toujours variables, la dégénérescence graduelle persistant dans le même sens à travers la série tout entière, indique d'une manière incontestable une certaine continuité aboutissant à un type qui s'efface peu à peu sous l'influence de conditions lentement modifiées dans un sens favorable.

L'autre famille des Crinoïdes à tiges, les *Pentacrinidæ* se comporte tout différemment. Elle se trouve abondamment dans le lias et dans l'oolithe inférieurs où elle est associée d'une manière très-caractéristique avec les espèces des grandes profondeurs, *Cidaris*, *Astrogonium* et *Astropecten;* bien qu'elle soit peu abondante dans la craie blanche, on en trouve quelques espèces, et celles-là ne témoignent d'aucune tendance à la dégénérescence. Ainsi qu'on devait s'y attendre, ces restes sont rares dans les dépôts tertiaires des bas-fonds. Quant à leurs distributions dans les mers modernes, d'après la grande abondance du *Pentacrinus asteria* et du *P. Mulleri*, dans les eaux profondes des Indes occidentales, et du *P. Wyville Thomsoni*, sur les côtes du Portugal, il est très-possible qu'ils occupent dans la faune des abîmes une place beaucoup plus importante qu'on ne l'avait supposé.

Presque toutes les espèces des grandes profondeurs qui sont venues s'ajouter à la liste des Astéries appartiennent aux genres *Archaster*, *Astropecten* ou aux différentes subdivisions de l'ancien genre *Goniaster*. Les restes fossiles des astéries sont relativement rares, à cause de la rapide décomposition de leurs parties molles; après la mort, l'animal se brise en une multitude d'ossicules imperceptibles; aussi ne les retrouve-t-on guère que dans les formations calcaires d'une extrême finesse, telles que le calcaire de Wenlock, et dans les temps moins anciens, dans le calcaire jaunâtre de l'oolithe et dans la craie blanche. Le caractère général du groupe enfoui dans cette dernière formation, déposée dans des circonstances très-semblables à celles du limon crayeux de l'Océan, est à peu près le même que celui des animaux qui font partie de la faune actuelle des profondeurs de l'Atlantique.

Les Échinides forment un type mieux caractérisé. Grâce à la dureté de leur test, ils se conservent plus facilement entiers et depuis les plus anciennes, leurs séries harmonieusement variées sont d'un grand secours pour la distinction des différentes formations géologiques. Leurs dépouilles se trouvent en grande abondance dans la craie blanche, dont les *Cidaridæ* sont peut-être les fossiles les plus caractéristiques, en même temps qu'ils en démontrent les conditions de formation. Voici comment : les grands spicules du *Cidaris* sont assujettis aux plaques du test par un ligament central qui sort du calice au travers d'une perforation de la sphère et par une membrane qui part de la plaque et qui adhère à la base du radiole. Mais les spicules sont si démesurément grands et les parties molles se décomposent si rapidement après la mort de l'animal, qu'il est difficile, malgré tous les soins apportés à la préparation, de conserver l'adhérence de ces organes. On trouve fréquemment dans la craie des test de *Cidaris* parfaitement entiers et avec tous leurs spicules, de sorte qu'en nlevant soigneusement les gangues avec la pointe d'un canif, on retrouve l'animal complet. Il est assez difficile de se rendre compte de la manière dont ce résultat a pu se produire : il faut que l'oursin soit tombé dans le limon crayeux liquide et qu'il en ait été recouvert de façon à soutenir et protéger les spicules et le test, ce qui lui a permis de se consolider graduellement et de former avec le temps une masse compacte. Un des *Cidaris* ramenés récemment des grandes profondeurs appartient à un genre supposé éteint. Bien qu'en général, les formes du limon crayeux n'aient de ressemblance spéciale avec aucune des espèces qui sont particulières à la craie, cependant, le caractère général du groupe est bien le même. Les *Echinothuridæ* n'étaient connus que comme fossiles de la craie ; leur présence en grand nombre, dans le limon crayeux récent, est donc un exemple très-positif de la conservation de l'un des types anciens supposés anéantis. On en peut dire autant du *Pourtalesia* qui doit s'associer avec l'*Ananchytes* ou avec le *Dysaster*, types l'un et l'autre de groupes que l'on croyait perdus. Ainsi donc, bien que jusqu'ici on n'ait pas découvert, dans les eaux profondes, des Échinodermes qui soient spécifiquement identiques aux formes de la craie, la faune des abîmes, avec sa multitude de *Cidaridæ*, d'*Echinothuridæ*, d'oursins irréguliers et le nombre disproportionné de ses genres *Astropecten*, *Astrogonium*, *Stellaster* et leurs alliés parmi les Astéries, rappelle singulièrement la craie, non-seulement dans ses traits généraux, mais encore par l'extrême ressemblance de plusieurs de ses genres avec certaines formes anciennes dont ils se rapprochent plus que de toutes les espèces vivantes. Ils simulent ces formes au point de faire naître forcément la conviction que leurs ressemblances ne peuvent provenir que de l'influence de la descendance accompagnée de conditions dont les modifications graduelles ont amené l'altération des types, sans les transformer cependant complétement.

Tous les mollusques des grandes profondeurs qui avaient été décrits auparavant à l'état fossile provenaient des couches tertiaires à l'exception du *Terebratulina caput serpentis*, qui se rapproche incontestablement du Terebratula striata de la craie.

Quant à la cause des modifications d'espèces, elle est évidemment multiple. Mais on ne peut méconnaître que le climat doit avoir une influence maîtresse. C'est en effet ce que montre l'observation contemporaine : la même espèce, sous des climats divers, donne des variétés différentes dont l'étude permet de retrouver réciproquement les particularités de ces climats.

C'est en appliquant ces données et quelques autres qui les confirment qu'on est parvenu à constituer un des chapitres les plus intéressants de la géologie, celui qui concerne la météorologie fossile.

Il est acquis maintenant, en effet, à la paléontologie de pouvoir faire revivre les temps géologiques, même au point de vue des phénomènes fugaces qui s'y sont développés. Quelques exemples feront bien comprendre comment des résultats de ce genre ont été obtenus.

Sur les plages de sable fin, nous voyons souvent des rides et des amas faits par le vent; sur des terres molles déjà détrempées, la pluie laisse les empreintes de ses gouttes; enfin, sur l'argile échauffé, nous remarquons les retraits causés par le soleil. Que ces marques datent d'une époque passée, et elles constituent de véritables fossiles. Le limon, graduellement durci, est devenu l'assise de schistes, de craie, de grès; et maintenant, après un nombre incalculable d'années, on retrouve dans la roche des empreintes d'un instant qui viennent donner au géologue de précieux renseignements. C'est ainsi qu'on connaît actuellement d'assez nombreux exemples de gouttes de pluie fossiles; comme dans toutes les empreintes analogues, elles sont en creux sur une plaque et en relief sur l'autre. Il y a quelques années, on a découvert à Krawsbury (Angleterre) des plaques de grès du terrain permien qui portaient des gouttes d'eau produites dans trois circonstances différentes. Sur un point, les empreintes étaient hémisphériques et avaient été formées par une pluie tranquille; sur un autre point, elles étaient larges et sans profondeur et devaient être le résultat d'une pluie d'orage; ailleurs enfin, elles se dirigeaient dans un sens oblique, comme si la pluie avait été accompagnée d'un vent plus ou moins violent; l'obliquité de ces gouttes pouvant même conduire à reconnaître dans quel sens soufflait ce vent pour ainsi dire fossile.

On a également constaté, à la surface de dalles extraites des divers terrains, de véritables ondulations déterminées par le mouvement des vagues sur un fond de sable et sur la surface des plages où ces vagues sont poussées.

Nous pouvons signaler, dans la collection géologique du jardin des plantes une plaque de calcaire grossier provenant d'Hermonville (Marne) et qui, avec des empreintes de pas, porte des ondulations qui rappellent celles que présente sur le littoral la surface du sable lorsque la mer s'est retirée. Enfin, des plaques de grès avec des empreintes de cheirotherium offrent, comme nous l'avons vu précédemment, p. 285, *fig*. 40, des séries de crêtes saillantes dessinant un réseau polygonal. Ces crêtes peuvent être considérées comme représentant le soleil fossile de l'époque triasique.

Nous avons reconnu que la pluie constitue un des plus grands agents géologiques de la surface du globe et il résulte des faits exposés précédemment, qu'un climat pluvieux augmente la proportion des éléments détritiques. On est donc autorisé à considérer les terrains houillers, permiens et triasiques, comme correspondant à une période très-pluvieuse, à cause de l'abondance des brèches, tandis que l'époque jurassique et l'époque crétacée correspondraient à des états atmosphériques relativement secs.

Mais ce sont surtout les végétaux et les animaux fossiles, qui peuvent nous renseigner sur la température des anciennes périodes géologiques. Nous savons, en effet, combien les être organisés sont sensibles aux changements de latitude, c'est-à-dire de température. La plupart des espèces sont confinées, soit dans les régions polaires, soit dans les régions tempérées, soit enfin dans les régions tropicales. Dans les pays froids, la végétation plus rare est représentée par les mousses, les lichens, etc.; dans les zones brûlantes, par les fougères arborescentes, les palmiers et par tous ces végétaux gigantesques qui croissent d'une façon si exubérante dans les forêts vierges du Brésil, par exemple.

Il en est de même pour les animaux. On ne trouvera, par exemple, jamais de rennes dans les pays chauds, ni de girafes dans les pays froids, et quoique l'habitat des espèces animales soit moins resserré que celui des espèces végétales, il ne laisse pas que de conserver certaines limites assez bien tranchées. Or, le géologue, explorant les périodes anciennes, trouve dans le terrain houiller, tout près du pôle, des fougères et des palmiers. tandis que jusque dans le midi de la France, dans le terrain quaternaire, il rencontre des rennes et des mammouths, ces éléphants des pays froids. Que doit-il en conclure? sinon que la période houillère a été torride et la période quaternaire, en France du moins, une période glaciaire, et cette conclusion n'est-elle pas entièrement tirée de la considération des causes actuelles ?

On voit donc, par ces quelques faits, combien la géologie est autorisée à parler des climats des époques passées.

Voici quelques-uns des résultats auxquels elle est arrivée sur cet important sujet.

1° Depuis les temps géologiques jusqu'à nos jours, la température a été en s'abaissant à la surface du globe ;

2° Cette marche décroissante a été soumise à des oscillations : des périodes relativement chaudes ont succédé à des périodes relativement froides ;

3° La température était jadis plus uniforme qu'elle ne l'est maintenant, des pôles à l'équateur : les lignes isothermes ne se sont montrées qu'insensiblement.

Les lignes isothermes, c'est-à-dire celles qui réunissent tous les points de même température moyenne, sont de date peu ancienne ; pourtant, ce fait ne doit pas être formulé d'une manière absolue.

On peut dire que l'existence de ces lignes était jadis virtuelle, en ce sens, que certaines circonstances venaient contre-balancer les effets de l'inclinaison de l'axe de rotation de la terre. Telle était l'énorme chaleur centrale de la terre qui atténuait pour ainsi dire, celle qui arrivait du soleil à sa surface. Ces lignes isothermes ont été établies d'après le mode de répartition des fossiles sur le globe. Tout en pouvant se fier à cette méthode, il faut cependant se tenir sur une certaine réserve ; car différentes causes, avec lesquelles nous ne pouvons pas compter, ont dû souvent modifier la vie sur le globe. Des courants marins, comme le gulf-stream, ont pu apporter dans le voisinage des pôles, avec une température plus douce, des débris de végétaux et des germes, donnant lieu à des espèces exotiques. Ici, comme en tant d'autres points, rien n'est absolu, et à côté de la règle vient se placer l'exception.

De très-savants géologues, tels que Lyell, MM. Marcou, Oswald-Heer (*), de Saporta (**), se sont en particulier occupés des climats de l'Europe pendant les périodes géologiques ; il résulte de leurs observations que la température moyenne a été élevée pendant les âges siluriens ; durant la période des formations carbonifères, le climat a été très-chaud et très-humide, parce que les terres, placées surtout dans la zone torride, consistaient pour la majeure partie en une série non interrompue d'archipels. L'époque des trias fut relativement froide à cause de la grande extension des continents vers les pôles. Après les âges où se déposaient les couches du Jura, qui furent très-chauds et très-secs, vinrent successivement une période tempérée, celle de la craie, puis une époque de chaleur, l'éocène et des temps de plus en plus froids qui ont abouti à la période glaciaire depuis laquelle la température augmente de nouveau. Parmi ces dernières époques, il en est deux surtout à l'égard desquelles on est parvenu à des données relativement fort précises. Il s'agit d'abord du terrain carbonifère

---

(*) Hoswald Heer. *Recherches sur la végétation du pays tertiaire*, in-4°, 1861.

(**) De Saporta. *Les anciens climats de l'Europe et le développement de la végétation*, in-8°, 1878.

puis de terrain quaternaire. Arrêtons-nous un instant à chacune d'elles.

Si les plantes houillères étaient comme celles des formations secondaires et tertiaires, alliées de plus en plus près aux plantes vivantes, on pourrait, suivant la remarque de M. Grand'Eury, à qui nous emprunterons d'intéressantes considérations (*), déduire par analogie le climat, des lois qui gouvernent la distribution géographique actuelle des végétaux. Mais loin qu'il en soit ainsi, on peut même douter que la considération des groupes importants puisse entrer en ligne de compte comme élément décisif, parce que les marattiées fossiles par exemple, si différemment constituées de celles d'aujourd'hui, pouvaient parfaitement s'accommoder d'une tout autre température que celle de 25 degrés qui leur convient actuellement.

De la nature tropicale de la flore on peut bien conclure à un climat chaud ; de la diffusion des fougères on a inféré qu'il devait ressembler à celui de ces petites îles isolées chaudes et humides où ces plantes atteignent leur maximum de développement, et où les cryptogames augmentent jusqu'à former la moitié des espèces végétales.

Il paraît cependant bien préférable de recourir aux caractères de la végétation qu'à ceux de la flore, parce que, dans les végétaux, aucun acte de la vie ne s'accomplissant sans se ressentir du climat, leurs formes, tant intérieures qu'extérieures, doivent refléter les diverses circonstances de celui-ci, et cela d'autant plus que, les plantes houillères étant arborescentes pour la plupart, subissaient, par suite, davantage et plus longtemps les influences du dehors. Aussi doit-on, en conséquence, baser les recherches sur la coïncidence nécessaire qui se voit entre le degré de force des éléments principaux et généraux dont la combinaison forme le climat et les caractères de végétation, lesquels, communs au plus grand nombre de plantes et, indépendants des groupes, paraissent être le plus en rapport avec lui.

Les trois principaux facteurs du climat, ceux qui ont le plus d'action sur les plantes, sont : la chaleur, l'humidité et la lumière.

(*) GRAND'EURY. *Mémoires des savants étrangers*, t. XXIV, 1877.

Sachant que la lumière jointe à l'humidité accélère la végétation, l'auteur induit, du caractère éminemment actif et vigoureux des plantes houillères, que ces deux composantes du climat étaient dans les meilleurs rapports d'énergie commune. La nature singulièrement succulente des *Sigillaria* et des *Stigmaria*, est la preuve pour Lindley d'une haute température accompagnée d'une grande humidité, et pour le Dr Hooker au moins d'une grande humidité: ces plantes, à la fois pourvues d'un feuillage dense et d'une structure séveuse, indiquent un climat de la zone tropicale par application d'une remarque d'Al. de Humboldt. La grandeur extraordinaire des vaisseaux signifie, pour Corda, que le climat était au moins tropical, et il aurait pu ajouter en même temps très-humide, car, d'un côté, les plantes marécageuses des pays chauds ont un tissu aussi ample que mou et, de l'autre, le tissu ligneux est aussi fin que dense lorsqu'il pousse lentement dans un pays froid et sec. Voyant nos chétives cryptogames grandir sous l'équateur où les graminées deviennent arborescentes, Brongniart a supposé que, dans nos pays, la température était au moins égale et peut-être supérieure à celle des contrées les plus chaudes de la terre, et qu'elle réunissait en tous cas les conditions les plus favorables au développement de ces végétaux. Les fougères en arbre, si nombreuses dans le terrain houiller supérieur, ne peuvent plus vivre dans nos pays tempérés; or, il n'y a pas de végétaux dont la végétation luxuriante exige autant d'humidité que les fougères, qui recherchent les lieux où la température, sans être élevée, est humide et uniforme.

On sait que la température seule, ou plutôt unie à l'humidité, favorise l'allongement, la poussée ascendante de la polarité des plantes qui, par cela seul, dénoteraient à l'époque houillère cette double influence portée au plus haut degré.

Comme les végétaux à racines aériennes semblent appartenir aux tropiques, là où la température est chaude et humide, on est en droit d'admettre que cette double circonstance était entièrement mieux réalisée à l'époque houillère, à voir l'excessif développement radiculaire des cauloptérides et le grand nombre des racines aériennes des calamodendrées, sans compter la nature épaisse et charnue de tant de débris de plantes.

Et comme la chaleur humide dispose les plantes à la *phyllomanie*, c'est-à-dire à pousser en feuilles, il n'y a pas jusqu'aux cordaïtes qui n'apportent un supplément de preuves à la thèse que nous exposons d'après M. Grand'Eury.

Il paraît donc bien certain que, par la chaleur et l'humidité, le climat de la période houillère dépassait celui des contrées basses de la zône torride. Ce n'est pas à dire pour cela que le climat doit être excessif, car l'organisation des plantes houillères ne permet pas de croire qu'elles aient vécu dans des milieux bien différents de ceux d'aujourd'hui. Unger, après avoir admis la température moyenne de 20 à 25° telle que celle des îles de la mer du Sud, va jusqu'à dire que la végétation de l'époque houillère dénote un climat ardent et une humidité si excessive que ni l'amosphère pluvieuse des îles Chonos, ni la chaleur brûlante des tropiques ne peuvent en former une idée.

Seulement, cet auteur se représente en même temps, une lumière non directe, obscurcie par des vapeurs. Et, pour expliquer l'extension de la flore jusqu'à l'île Melville, par 75° de latitude, on admet que la lumière pouvait être restreinte. On a cité à l'appui de cette hypothèse que les cryptogames peuvent se passer d'une lumière vive, et se contenter d'une lumière diffuse, comme les gymnospermes à la rigueur; qu'il y a absence de Phanerogames angiospermes dont le besoin de lumière est plus impérieux et que d'ailleurs les fougères aiment l'ombre.

Cependant, la lumière qui détermine les phénomènes de nutrition végétale devait être au moins très-abondante sinon très-vive, pour affermir les plantes houillères dont le développement foliaire exigeait les plus actives respiration et exhalaison d'eau abondamment sucée par les plantes marécageuses qui poussent vite, avec beaucoup de feuilles. Elle devait être, en tout cas, proportionnée à la chaleur et à l'humidité dont les effets d'accroissement seraient suivis de l'étiolement si la lumière n'agissait pour incorporer le carbone en proportion. On sait, en effet, que c'est la lumière qui fixe le carbone dans les plantes. Or, l'argument doit être décisif, les tiges houillères présentent un trait commun, celui d'avoir une écorce non-seulement épaisse, mais si fortement imprégnée de carbone, au moins autant que celle (à 52 p. 100 de carbone) des fougères et des paluviers, que par la houillification, la réduction en volume a été si nulle dans les sigillaires, que les caractères superficiels n'en sont pas altérés, et assez faibles en général pour que l'entassement primitif à plat, des écorces formant la houille, n'ait pas éprouvé une plus grande réduction en épaisseur, par la houillification jointe à la compression, que les schistes, sinon même que certains grès. Les bois les plus denses des cordaïtes et des calamodendrons ont subi un grand retrait en comparaison des écorces, qui devaient être très-dures et très-carbonées. Et c'est justement à cette phlœmanie, concurremment avec la phyllomanie des plantes houillères, que nous sommes redevables de la plus grande partie des dépôts de houille, formés principalement — on le verra — d'écorces et de feuilles, avec une faible proportion de bois dispersé à l'état de fusain. Or, c'est la lumière qui, tout en subvenant à la combustion respiratoire, a fixé ce carbone, dont la masse prodigieuse donne la mesure certaine de la somme d'action de celle-là, si l'on peut tirer des conclusions par analogie, c'est bien ici que le rapport, de cause à effet, est pour ainsi dire absolu.

Mais si la lumière dut être abondante, ce n'est pas à dire qu'elle fut directe, la lumière directe étant plutôt nuisible que favorable à l'accroissement des végétaux, qui restent petits, très-ligneux, exposés au soleil ardent, deviennent grands, plus vigoureux, moins ligneux, à l'ombre, c'est-à-dire à la lumière affaiblie. Des expériences directes ont même montré que la décomposition de l'acide carbonique est plus considérable sous l'influence de la lumière du soleil atténuée par un écran que sous l'action directe.

Quoi qu'il en soit au juste, il est bien connu que la végétation houillère est uniforme dans les contrées extra-tropicales jusqu'au cercle polaire, jusqu'au Spitzberg, dans l'Océan Glacial par 74° à 80° de latitude, où il fait un froid excessif et une grande nuit de trois mois. Or les plantes houillères, arborescentes, succulentes, excluent l'absence de la lumière et les froids rigoureux et continus. Par conséquent, il existait, à l'âge de la terre qui nous occupe, une distribution de chaleur et de lumière sur le globe bien différente de celle d'aujourd'hui.

On doit chercher l'explication du fait en dehors de la chaleur centrale, qui n'a pu avoir, — et on le démontre, — d'effet sensible sur le climat, et de la vapeur d'eau à l'état vésiculaire, reportant loin au nord une lumière trop atténuée, réfléchie, qui n'est plus assez physiologique. On peut supposer qu'une haute température existait dans les contrées boréales et y favorisait la végétation, alors que, entre les tropiques où la présence du terrain houiller n'est pas encore bien constatée, le degré d'élévation qu'elle y aurait atteint, suivant la loi de répartition actuelle de la chaleur, aurait rendu la vie des plantes impossible; mais cette supposition ne satisfait pas à l'exigence de lumière, non plus que l'hypothèse des aurores boréales accidentelles ou celle d'une lumière électrique suffisante.

Quoi qu'il en soit, le climat de la période houillère nous paraît bien avoir réuni à la fois une haute température, une grande humidité corrélative et une abondante action lumineuse nécessaire.

« On peut croire que l'atmosphère, dit M. Grand'Eury, se composait d'éléments dans d'autres proportions qu'aujourd'hui. La quantité de vapeur d'eau qui accompagne une température élevée rendait déjà cette atmosphère très-lourde, sans, pour cela, lui faire perdre sa limpidité et augmentait son pouvoir calorifique en diminuant le rayonnement. Quel était le rapport de l'oxygène à l'azote et à l'acide carbonique? M. Brongniart a incliné à croire à une plus grande proportion d'acide carbonique, qui est favorable à la végétation jusqu'à un certain point plus élevée qu'aujourd'hui, mais au delà duquel il tue les végétaux, auxquels l'action vivifiante de l'oxygène est indispensable. En faveur de l'idée de M. Brongniart, on peut citer cette estimation de Von Dechen, que les terrains carbonifères contiennent six fois plus de carbone que n'en renferme actuellement l'air atmosphérique; or, on ne voit pas que les plantes houillères, reposant sur un sol sableux inondé, aient pu tirer d'ailleurs la plus mince fraction de carbone qu'elles nous ont légué en réserve dans le sein de la terre (*). »

On sait que les variations de climat se font sentir sur la végétation par la plus ou moins grande quantité de pousse, et se traduisent, aussi bien à la surface que dans les tissus internes, par le

---

(*) On a vu quelle est au contraire, à cet égard, l'opinion qui nous paraît devoir être adoptée (v. plus haut, p. 94).

degré d'allongement des caractères extérieurs et de grandeur des éléments anatomiques, de manière qu'une plante doit exprimer, sous ces deux rapports, les variations météorologiques auxquelles elle a été soumise, comme le démontrent les végétaux de nos pays, subissant un repos forcé à la suite d'un ralentissement forcé de végétation, comparativement aux plantes intertropicales, dont la croissance est continue, à moins qu'elle ne soit interrompue par les alternances des saisons sèches et humides.

Lorsque l'on considère l'admirable et constante régularité des dessins corticaux des sigillaires, on peut en induire, sans hésiter que leur croissance était uniforme sous l'influence d'un climat invariable. Les altérations verticillaires que l'on y rencontre ne sont pas, comme on l'a prétendu, des preuves de suspension dans la croissance, mais d'accidents périodiques avec production d'organes interfoliaires tombés, fructifères sans doute, car les lépidodendrons, dont l'efforescence est terminale, ne présente pas ces altérations. Ces faces verticillées, en effet, ne suivent pas un ralentissement de végétation, et une remarque importante que M. Grand'Eury a faite sur plusieurs espèces, c'est qu'ils sont, au contraire, marqués par un étirement subit des cicatrices foliaires, à l'encontre des conclusions que l'on en a tirées.

Cependant les calamophyllites et les calamodendrées présentent bien une périodique décroissance des entre-nœuds, limitée par des verticilles rameaux, mais sans marque d'arrêt, et les prétendues zones concentriques du bois pétrifiés de calamodendron ont été reconnues par M. Binney comme dues à une différence de coloration plutôt qu'à un changement sensible dans les dimensions et la lignification des fibres vasculaires.

Quant aux cordaïtes, leurs caractères extérieurs prouvent seulement que la végétation continue était atténuée lors de la production périodique des rameaux, laquelle, comme toute autre segmentation, est accompagnée de ralentissement.

La structure interne des tiges ligneuses est, pour ainsi dire toujours et dans tous les cas, celle qui résulte d'une végétation continue, sans arrêt périodique. Déjà Witham, en 1833, constatait que les bois du lias et de l'oolithe, par l'épaisseur et la limitation de leurs anneaux de croissance (cependant encore moins prononcés que dans les bois tertiaires), annoncent la succession de nos climats; tandis que les bois de conifères du terrain houiller se distinguent par l'uniformité de densité des tissus, d'où il résulte l'absence de zones distinctes d'accroissement. M. Göppert. qui croit en principe aux zones de croissance, concède qu'elles sont faibles et souvent indiscernables; répondant plutôt à des périodes de végétation et portant la preuve d'un haut climat tropical sans alternative de saisons. M. Williamson estime que les bois de *Calamodendron*, comme celui des *Dadoxylon* d'Angleterre, n'ont pas de traces définies de couches concentriques d'accroissement qui puissent s'identifier à quelque variation périodique du climat. On a bien cité des araucacites, tels que, par exemple, l'*A. Tchihatcheffianus* de l'Altaï, comparable à l'*Araucaria Cunninghami*, avec anneaux de croissance, correspondant à une réduction dans l'épaisseur des fibres, mais on n'a jamais trouvé que cette condition allât jusqu'à des fibres sans pores. D'ailleurs, si le *Pence orientalis*, Eich., du calcaire carbonifère de Petrowskaya, a des indications de zone de croissance, c'est d'une manière irrégulière, comme si, dit l'auteur de la *Lethœa Rossica*, cela était dû à des dérangements locaux de végétation. De sorte que l'on peut admettre que les véritables zones concentriques n'existe pas, contrairement au dire de M. Dawson, ou sont aussi peu accentuées que celle que l'on remarque dans les pays tropicaux où les écarts de température sont le plus faibles; leur indication dans le *Pinites medullaris*, par exemple, n'est pas due à un rétrécissement des fibres d'automne, tout à coup suivies du bois plus lâche du printemps. La grande masse du bois des conifères n'en présente aucune trace dans la plupart des espèces, *Pence Withami*, *Pinites Brandluigii*, *Araucarites biarmicus*. Tout cela, concordant avec l'invariabilité des caractères extérieurs, démontre péremptoirement une végétation perpétuellement sinon également active, sans arrêt périodique, sous un climat invariable de printemps. Les sigillaires et les lépidodendrons, de constitution délicate, ne présentant aucune variation sous les deux rapports, permettraient même de supposer que les variations légères que présentent les tiges ligneuses sont plutôt en relation avec des phénomènes périodiques de végétation qu'avec le cours des saisons.

C'est sous les auspices d'une grande égalité sans différenciation de climat, jointe à des mœurs identiques et favorables à la dispersion que les flores carbonifères contemporaines d'Europe et d'Amérique, lesquelles furent sans doute en communication, doivent d'être si ressemblantes.

On sait que les flores qui se développent sous nos yeux, dans les mêmes conditions climatériques, se ressemblent, et si elles diffèrent par suite de leur éloignement, de leur passé et des obstacles à leur communication, les espèces, genres et familles de l'une sont remplacés par des espèces, genres et familles très-voisins.

Or, à l'époque du terrain houiller, les flores n'étaient pas seulement semblables, équivalentes, mais, ce semble, égales et identiques, à tel point qu'on peut croire que la plus grande uniformité de climat régnait partout où se déposait le terrain houiller entre les 30e et 70e parallèles, sans hautes chaînes de montagnes et sans larges mers qui se seraient également opposées à la libre expansion des plantes.

La partie de l'époque quaternaire que l'on désigne sous le nom de glaciaire, nous a laissé les plus abondants témoignages d'un phénomène de refroidissement. On retrouve, comme nous l'avons vu précédemment, des surfaces polies, des galets striés, des moraines, des boues glaciaires, des blocs erratiques dans des terrains maintenant fort éloignés des glaciers.

A Wesserling, par exemple, il existe tous les caractères d'un glacier, excepté la glace même. Dans toute l'Europe septentrionale, on trouve des traînées de blocs erratiques venant du Nord, pareils à ceux que les glaciers du pôle forment au fond de l'Océan. Aux environs de Berlin, on rencontre des blocs énormes qui viennent de l'île de Gothland, dans la mer Baltique et d'autres en Hollande qui arrivent des environs de Christiania. Bien des explications ont été données sur cette formation des glaciers pendant les époques géologiques.

Avant qu'aucune terre émergée se montrât à la surface du globe, deux courants, l'un supérieur, l'autre inférieur, portaient les eaux de l'équateur vers les pôles et celles des pôles vers l'équateur. Il y avait là une sorte de brassage qui rendait assez uniforme la température des eaux recouvrant entièrement le globe. Des courants analogues parcouraient l'atmosphère et concouraient à la similitude des climats. Peu à peu, ces circonstances disparaissent, et les lignes isothermes s'accusent à la surface du globe ; les courants sous-marins sont arrêtés dans leur marche ; les courants atmosphériques ont perdu leur régularité. Le sol, en s'exhaussant de plus en plus, finit par atteindre les régions froides de l'atmosphère ; alors se produisent des courants d'air et d'eau descendants, courants toujours plus froids que ceux qui montent, et les massifs montagneux, en se couvrant de neiges éternelles, deviennent autant de réservoirs de froid.

Or, parmi les causes de l'époque glaciaire, il faut bien mentionner l'exhaussement des massifs montagneux tendant à se rapprocher de la ligne des neiges perpétuelles et l'abaissement de cette ligne par suite du refroidissement lent et régulier de la masse terrestre. Mais l'ancienne extension des glaciers s'est produite d'une manière trop rapide pour qu'on puisse la rattacher exclusivement au refroidissement lent et régulier du sol. Faire intervenir un brusque exhaussement du sol n'est pas résoudre la question, car les anciens glaciers ont disparu, puis se sont montrés de nouveau pour disparaître encore, sans que la configuration topographique de l'Europe ait subi des modifications importantes. On est obligé d'admettre que le globe s'est trouvé, pendant la première période glaciaire dans un milieu sidéral dont la température était moins élevée que ne l'est celle du point de l'espace où il est actuellement placé. C'est d'ailleurs un point sur lequel nous allons revenir.

Pendant longtemps, on n'avait admis, dans l'histoire physique de la terre, qu'une seule période glaciaire ; mais une étude de plus en plus minutieuse a démontré que les phénomènes glaciaires se rattachent à deux périodes distinctes séparées par un long intervalle et qu'ils ont offert un plus large développement pendant la première période que pendant la seconde.

D'ailleurs, pendant ces périodes glaciaires, la température n'a peut-être pas été aussi basse qu'on pourrait le penser tout d'abord. Voici le calcul fort simple qui a été fait par M. Ch. Martins pour donner une idée du climat qui a pu amener les glaciers jusqu'aux bords du lac de Genève.

La température moyenne de Genève est de 9°,56. Sur les montagnes environnantes, la limite des neiges perpétuelles se trouve à 2 700 mètres au-dessus de la mer. Les grands glaciers de la vallée de Chamonix descendent à 1 550 mètres au-dessous de cette ligne. Supposons que la température moyenne de Genève s'abaisse de 5° seulement et devienne par conséquent 4°,56. Le décroissement de la température avec la hauteur, la hauteur étant de 1° pour 188 mètres, la limite des neiges perpétuelles s'abaissera de 940 mètres, et ne sera plus qu'à 1 760 mètres au-dessus de la mer. On accordera sans difficulté, que les glaciers de Chamonix descendraient au-dessous de cette nouvelle limite d'une quantité au moins égale à celle qui existe entre la limite actuelle et leur extrémité inférieure. Or, actuellement, le pied de ces glaciers étant à 1 150 mètres au-dessus de l'Océan, avec un climat plus froid de 5°, il sera de 940 mètres plus bas, c'est-à-dire au-dessous du niveau de la plaine suisse, et viendra butter contre le Jura.

Cet exemple suffit pour montrer comment une cause, minime en apparence, peut produire de graves effets. D'ailleurs, dans la période glaciaire, comme dans tout autre, le refroidissement a été plus apparent que réel ; et encore ce refroidissement lui-même n'est pas démontré : ne pourrait-on pas expliquer la retraite des glaciers par un mécanisme analogue à celui en vertu duquel les rivières descendent progressivement dans le sol qui constitue le fond des vallées où elles coulent.

Il faut d'ailleurs ajouter, que les glaciers ne paraissent pas spécialement propres à l'époque quaternaire.

D'après divers géologues (*), aux environs même de Paris, certaine roches, telles que les grès de la Padole et de Champceuil, près de Corbeil, auraient été striées par des glaces pliocènes. Une moraine profonde existerait aussi sur le plateau situé entre l'Essonne et l'École, et il y a ceci de remarquable, que la direction des stries serait nord-est, c'est-à-dire toute différente de celle des vallées actuelles.

____

(*) Ed. Collomb. *Bulletin de la Société géologique*, 2ᵉ série, t. XXVII, p. 557, 1870.

Dans le miocène, le géologue italien Gastaldi a signalé à la **Superga** (Piémont) des blocs pris dans un conglomérat, et qui, comme nous l'avons vu, p. 142, offrent les caractères de ceux que transportent les glaces flottantes.

A l'époque crétacée (craie blanche), M. Goodwin Austeen signala, en 1857, à Purbec, un groupe de pierres erratiques.

De même dans le terrain permien du Shropshire et du Worcestershire, Ramsay, en 1855, a rencontré un conglomérat du même genre, et l'on sait que le terrain dévonien a paru offrir à M. Ramsay des preuves d'action glaciaire.

Revenant au parti que la notion des anciens climats peut tirer de l'étude des fossiles, remarquons tout d'abord que l'uniformité de la vie aux époques géologiques est un des faits qui viennent le plus à l'appui de l'opinion qui accorde un rôle à la chaleur centrale; car si la température élevée du globe à ces époques eût dépendu complétement de la chaleur solaire, cette chaleur aurait toujours subi vers les pôles des alternatives de refroidissement, et elle eût été extrême sous l'équateur. Des êtres dissemblables en eussent probablement résulté, tandis qu'aux anciennes périodes, la vie organique offre une homogénéité que nous ne pouvons concilier qu'avec une température presque uniforme et des conditions presque égales d'existence. Mais M. de Saporta pense qu'on a été d'abord disposé à exagérer la chaleur des temps primitifs, et à admettre une décroissance plus graduelle et plus continue qu'elle n'a eu lieu en réalité. Il fait remarquer que les types végétaux les plus anciens, en y comprenant même les fougères arborescentes, demandent plutôt un climat modéré qu'une chaleur excessive. Les genres actuels identiques avec ceux des terrains secondaires, les *Equisetum*, les *Araucaria*, les cycadées africaines, les plus analogues de toutes à celles du Jura et de la craie, ne constituent pas des groupes d'affinité exclusivement tropicale. On a même observé dernièrement des pins et des cèdres semblables aux nôtres qui leur étaient associés; et, plus tard, vers la craie supérieure, les *Sequoia, Araucaria, Cunninghamia*, les myricées et les protéacées, les *Magnolia* et les tulipiers, les sassafras et les noyers, qu'on a observés, soit en Europe, soit en Amérique, sont loin de trahir une liaison exclusive avec la végétation actuelle des tropiques. « Je ne connais guère, ajoute M. de Saporta, que les pandanées dont les vestiges fréquents dénotent la présence d'un groupe aujourd'hui entièrement confiné sous les tropiques. »

Peut-être l'énorme évaporation à la surface de la terre atténuait-elle un peu l'action de la chaleur interne.

M. Bourguignat (*), étudiant les mollusques terrestres et fluviatiles des environs de Paris aux époques quaternaires, se livre à des réflexions aussi justes qu'ingénieuses et arrive à des déductions fort intéressantes. Selon lui, le mollusque est la base par excellence sur laquelle on peut appuyer toute une théorie climatérique, parce qu'il est immobile. Sur cet animal sédentaire qui ne s'acclimate que difficilement, le climat doit avoir la plus grande influence, influence qui se traduit par tel ou tel signe caractéristique. Ainsi, dit-il, la forme élancée des *Succinea joinvillensis* et *Bulimus montanus;* la surface rugueuse, comme plissée des *Helix Dumesniliana, Ruchetiana, Radigueli*, etc.; l'enroulement excessivement concoïde de certaines espèces, comme le *nemoralis*, par exemple, sont autant de signes caractéristiques indéniables d'une température des plus humides, d'une moyenne un peu plus froide que celle de notre époque. Les formes de la faune actuelle qui correspondent aux formes de coquilles terrestres du diluvium se rencontrent maintenant, soit dans les contrées septentrionales de l'Irlande, soit dans les parties montueuses du nord des Alpes tyroliennes ou transylvaniennes. Les mollusques fluviatiles semblables à ceux de Montreuil, de Joinville ou de Canonville ne se retrouvent plus que dans les eaux froides des pays montueux.

A l'époque où vivaient ces espèces, le climat de notre pays devait être d'une extrême humidité. La Seine, alimentée par des pluies presques continuelles, devait couler à pleins bords, non pas dans son lit actuel, mais dans ce lit dont elle a laissé des traces jusque sur les hauteurs de Montreuil et de Canonville (**) ; et cepen-

---

(*) BOURGUIGNAT. *Catalogue des Mollusques terrestres et fluviales des environs de Paris à l'époque quaternaire*. In-4°, 1869.

(**) On a vu, p. 263, les réserves que nous opposons à la supposition de ce grand fleuve quaternaire; nous n'avons pas à y revenir.

dant, malgré les pluies, les eaux du fleuve devaient être limpides et couler assez tranquillement; les coquilles ne sont pas de celles qu'on trouve dans les eaux fangeuses. Les campagnes devaient être couvertes de magnifiques forêts, à en juger d'après quelques espèces, mais les rives du fleuve étaient dénudées. Les *Helix Dumesniliana*, *Ruchetiana*, *diluvii*, *Radigueli*, *Bulimus tridens*, etc., indiquent des plages et des côteaux pierreux. En hiver, le froid n'était pas d'une grande intensité; en été, la chaleur, sauf de bien rares exceptions, ne devait pas être non plus bien forte. Les saisons passaient de l'une à l'autre d'une manière insensible, dans une espèce de température relativement plus froide que la nôtre, en moyenne, mais sans être rigoureuse, tempérée qu'elle était, par des pluies et des brouillards presque continuels.

On ne sera pas étonné d'apprendre que divers savants aient essayé de définir les causes de la variation successive des climats sur le globe.

L'une des suppositions les plus simples à cet égard est celle qu'un géologue regretté, H. Lecoq, a présentée. La voici, résumée brièvement :

La terre, primitivement liquide par la fusion, s'est promptement refroidie à cause de son peu de volume, et la consolidation de sa partie extrême a maintenu la chaleur intérieure qui manifeste sa présence au dehors. L'action solaire était plus intense qu'aujourd'hui, car le soleil perd continuellement de sa chaleur.

Cependant, quoique très-énergique, l'action solaire était masquée sur la terre par l'incandescence de notre planète.

Dès le commencement des terrains de sédiment fossilifères, les climats se sont manifestés sur le globe, mais faiblement et dominés par la température propre de la terre. L'influence solaire est devenue de plus en plus sensible et, dès l'époque houillère et à plus forte raison pendant la période du trias, elle modifiait déjà les êtres vivants suivant les latitudes. A la période jurassique eu oolithique ou tout au moins à l'époque de la craie, les climats solaires ont acquis leur indépendance presque complète, et l'action de la chaleur intérieure de la terre a cessé de se manifester au dehors d'une manière sensible pour les êtres vivants et pour les phénomènes atmosphériques.

A part les actions plutoniques accidentelles, comme les soulèvements, les tremblements de terre, les eaux minérales, etc., qui
n'ont cessé de se montrer depuis les temps les plus reculés jusqu'à l'époque actuelle, l'action solaire a produit tous les phénomènes géologiques, depuis la craie et peut être depuis l'oolithe
jusqu'à nos jours. Le soleil, alors plus chaud qu'aujourd'hui,
agissait sur la terre en formant d'abord à ses deux extrémités
une zone alternativement tropicale et refroidie et en séparant ces
deux zones par une large bande ultra-tropicale. Cette dernière
zone s'est successivement rétrécie, en sorte qu'un climat équivalent à la chaleur actuelle des tropiques a formé sur la terre, deux
zones concentriques, ayant les pôles pour centre et qui, en
s'éloignant avec une extrême lenteur, se rapprochaient entre elles
et sont maintenant confondues en une large bande possédant
seule sur la terre la température élevée qui s'est promenée sur les
zones glaciales et tempérées des deux hémisphères.

Pendant ce refroidissement séculaire, dû au rayonnement du
soleil, les deux extrémités de la terre, placées au centre des deux
cercles à température tropicale qui s'en éloignaient de plus en
plus, passaient alternativement d'une température élevée à un
état thermométrique inverse, puisque l'axe de la terre, incliné
comme il l'est toujours, sur le plan de son orbite, plaçait notre
globe dans les mêmes conditions relativement au soleil, que celle
où il se trouve encore actuellement. Une évaporation très-active
était la conséquence inévitable d'une température élevée et,
quoique moins grande certainement qu'à l'époque où la chaleur
interne s'ajoutait encore à celle du soleil, elle donnait lieu à des
phénomènes mieux caractérisés parce que chaque pôle, pouvant
se refroidir, jouait alternativement le rôle d'un condensateur sur
lequel ruisselait d'immenses torrents. Une époque est arrivée où
chaque pôle, pendant l'absence du soleil, pouvait acquérir une
température inférieure à zéro et dès lors l'eau solide parut sur le
globe et forma sur le pôle refroidi une masse plus ou moins volumineuse, mais incomparablement plus grande que celle qui existe
maintenant, à cause de l'énorme évaporation qui avait lieu sur
toute la terre. Quoique indépendante du foyer souterrain, dès les
terrains oolithiques, la chaleur solaire a probablement suffi pour

maintenir le pôle au-dessus de zéro très-longtemps encore par le contact du point refroidi avec des terres échauffées, des eaux tièdes et des courants d'air à température plus élevée. Les pluies seules agissaient alors comme auparavant et donnaient lieu à d'immenses dégradations. C'est à l'époque de la craie ou au moins dès le commencement de la période tertiaire que la neige s'est alternativement accumulée à chaque pôle pendant les hivers.

Le retour d'un soleil plus actif que le nôtre et la présence prolongée sur chaque hémisphère, accompagné sans doute de pluies abondantes, dissolvait et délayait ces neiges amoncelées en produisant d'immenses courants chargés de nombreux matériaux qui, chassés des points culminants sur des points plus ou moins déclives, les ont usés, polis, sulcatés. Le calme succédait à la débâcle; les courants marins devenaient moins actifs, les mers rentraient dans leur lit à la période estivale ou automnale; le repos absolu annonçait l'hiver et sa longue nuit polaire.

D'après Lecoq, ces effets périodiques se renouvelèrent pendant une longue suite de siècles, agissant alternativement sur les deux pôles et sur les montagnes élevées qui avaient déjà été soulevées dans les deux hémisphères. L'action solaire diminuant toujours d'intensité, il dut rester sur les pôles et sur les montagnes une certaine quantité de neige qui résistait à la fusion estivale. Cette neige, à demi fondue, se transformait en glace qui prit successivement plus d'extension et, dès lors, commença l'apparition des glaciers et la cause des phénomènes erratiques dont l'âge est très-probablement différent pour les pôles et pour les diverses chaînes de montagnes.

La formation des glaciers exige la chute de la neige sur un point du globe, son ramollissement et sa demi-fusion par la chaleur, sa persistance au delà des deux saisons contraires, l'hiver et l'été. La progression du glacier et sa marche plus ou moins rapide demandent encore de la chaleur, et se trouvent aussi subordonnés à la configuration du sol. Son extension ou son rayonnement autour du pôle ou des points culminants est dû à l'alimentation qu'il reçoit par la neige qui tombe. Son retrait ou sa rétrogradation vers les centres de rayonnement tient à la fusion de son extrémité extérieure. Si ces deux actions se compensent, le glacier est stationnaire. Des inégalités dans l'alimentation ou la fusion sont les causes d'extension et de retrait. La principale cause de l'alimentation du glacier réside dans l'abondance du névé et dans l'étendue du cirque qui le reçoit. Or, les ressources du névé n'existent que dans la neige qui tombe; la neige ne peut se former qu'aux dépens de la vapeur d'eau élevée dans l'atmosphère, et celle-ci que par l'action de la chaleur. Le froid ne peut donc fournir que des neiges éphémères, et si l'abaissement de la température était général sur le globe, il n'y aurait pas de glacier, parce que l'évaporation cessant, il n'y aurait plus de neige. Plus l'évaporation est active, plus l'extention des glaciers doit être considérable, et c'est ainsi qu'un soleil géologique plus actif que celui d'aujourd'hui a dû déterminer la période glaciaire.

Nous ne saurions mieux terminer ce sujet qu'en montrant que, même en ce qui concerne la météorologie fossile, la doctrine des causes actuelles peut s'appliquer avec fruit. Ce sera finir comme nous avons commencé, alors qu'il s'agissait de l'histoire du granit, puisque nous rentrons ici dans le domaine de la géologie comparée.

On sait en effet que, parmi les innombrables suppositions émises relativement aux climats géologiques, M. Croll avait admis que si l'excentricité de l'orbite terrestre atteignait son maximum, celui des deux hémisphères où régnerait un climat glaciaire serait celui pour lequel le solstice d'hiver coïnciderait avec l'aphélie. M. Murphy ayant émis l'opinion opposée, M. Edward Carpenter a pensé que l'étude de la planète Mars pourrait fournir quelques arguments pour trancher la question.

Cette planète, en effet, a une orbite très-excentrique. Tandis que, d'après Le Verrier, le maximum de l'excentricité de l'orbite terrestre est 0,07, sur la planète Mars, l'excentricité actuelle est 0,093, c'est-à-dire supérieure au maximum terrestre. D'autre part, l'inclinaison de l'axe de Mars sur le plan de son orbite ne diffère pas beaucoup de l'inclinaison de l'axe de la Terre sur l'écliptique, et elle est de même sens, c'est-à-dire que le solstice d'hiver de l'hémisphère nord coïncide avec le périhélie. De cette manière, l'été et l'automne de l'hémisphère nord, sur la planète

Mars, durent ensemble 372 jours (comptés en jours de Mars), tandis que l'automne et l'hiver ne durent que 296 jours. En un mot, cette planète se trouve dans des conditions très-analogue à celles où se trouverait la Terre si son excentricité atteignait son maximum.

Or, si l'on compare les deux calottes de neige, très-variables dans leur étendue, qui entourent les deux pôles de Mars, on reconnaît que celle du nord subit des fluctuations lentes et de faible amplitude, tandis que celle du sud éprouve des oscillations beaucoup plus marquées : on a vu son diamètre varier de 5 à 35 degrés. Ce résultat ne peut être attribué à des causes géographiques, car, sur Mars, la distribution respective de la Terre et de la Mer est à peu près la même sur les deux hémisphères. Donc il en faut conclure que, sous la seule influence des causes astronomiques, celui des deux pôles qui éprouve le plus de fluctuations dans sa calotte neigeuse est celui qui possède à la fois un été extrêmement chaud et un hiver extrêmement froid. Dès lors, si les causes astronomiques agissaient seules sur la Terre, l'hémisphère soumis aux conditions glaciaires, c'est-à-dire couvert d'une calotte de glace peu variable et recevant beaucoup de neige en été, serait celui dont l'hiver arrive au périhélie; c'est actuellement, pour notre Terre, l'hémisphère nord, ce qui donnerait gain de cause à l'opinion de M. Murphy.

RÉSUMÉ

Aujourd'hui que les progrès de la science nous permettent d'envelopper d'un coup d'œil d'ensemble des faits bien plus nombreux que ceux sur lesquels spéculaient Lyell et Constant Prévost, nous pouvons constater, comme on l'a vu par les pages qui précèdent, que la doctrine des Causes actuelles s'applique aux chapitres les plus variés de la géologie.

La manière dont les couches du globe se sont édifiées peut, dans certains cas, être saisie, grâce au dépôt actuel des limons, des sables, des galets qui donnent lieu à des couches semblables et les observations de ce genre sont d'autant plus précieuses que notre situation à la surface des continents les rendent ausi difficiles que possible. C'est en effet au fond des eaux, c'est-à-dire dans des régions dont l'accès nous est interdit que ces couches contemporaines se construisent.

Les observations ont donc été très-malaisées, elles sont très-loin d'être complètes, et cependant elles ont fourni, dès maintenant, beaucoup de résultats certains.

Les variations, souvent brusques dans la forme et dans la structure des couches, ont été expliquées par la même méthode, et il en a été de même de l'agglutination parfois considérable qui, à première vue, semble être l'apanage des formations anciennes, mais qui se produit avec les mêmes caractères dans les dépôts les plus récents. Ceci a montré que toutes les roches sont le siége de mouvements moléculaires qui peuvent non-seulement en modifier l'adhérence et la structure, mais même en renouveler la substance, de façon que telle couche peut ne pas renfermer un seul des atômes qui la constituaient au moment de son dépôt. Nous avons insisté sur des faits de ce genre qui offrent, par exemple à l'occasion de la distribution stratigraphique du calcaire, des applications capitales. On en tire aussi la notion de quelques-unes des causes auxquelles sont dus les contrastes chimiques parfois si brusques d'assises en contact, contrastes qui peuvent résulter aussi soit des triages réalisés par les eaux remaniant un limon complexe, soit de l'arrivée de sources enrichies, dans les profondeurs, de substances minérales.

C'est encore par l'étude des causes actuellement agissantes qu'on se rend compte de la présence, dans les couches, de corps organisés fossiles. De toutes parts, la fossilisation a lieu autour de nous, et il est impossible encore, à cet égard, de tracer une démarcation entre l'époque présente et les âges antérieurs. Qu'il s'agisse de fossiles isolés ou d'agglomérations de dépouilles, l'identité est complète : nos bancs d'huîtres expliquent les accumulations d'hippurites des Corbières, nos vases à diatomées, les tripolis, nos atolls, les dépôts de coraux jurassiques et nos tourbières, les couches de houille. Partout en passant des époques anciennes au présent, le même mécanisme est reconnaissable.

La comparaison établie ainsi entre les anciennes assises et les dépôts contemporains, a aussi amené à reconnaître les causes des variations que l'on constate si souvent dans chacun d'eux en en examinant successivement divers points sur un même plan horizontal. On distingue de cette façon dans une formation donnée les *faciès* pélagien, thalassique et littoral, par comparaison avec les caractères, divers suivant les points, du dépôt actuel de nos océans.

Dans le sens vertical, l'observation de modifications analogues fait naturellement surgir de nouveaux problèmes dont les principaux concernent les êtres organisés. Par exemple, on voit ceux-ci varier en même temps que la nature même du fond de la mer, d'où l'on peut conclure une influence pleine d'enseignement de la composition des milieux sur les caractères des êtres vivants.

C'est donc par une transition insensible que ce sujet évoque celui bien plus vaste encore des disparitions et des apparitions d'espèces.

Ici les Causes actuelles se montrent exceptionnellement actives. A la place des révolutions admises si longtemps et auxquelles correspondrait la destruction de toute la nature animée, qu'une nouvelle création de toutes pièces devrait rétablir sur de nouveaux frais, les progrès de la science ont fait reconnaître un phénomène continu de rénovation analogue pour les espèces et, à l'échelle près, à celui que présentent en petit les individus.

Déjà de toutes parts l'homme a été témoin d'extinction d'espèces, et à côté de celles très-nombreuses dont il a été la cause déterminante, il en a constaté d'autres résultant du jeu d'agents différents. Il est bien reconnu maintenant, contrairement aux hypothèses anciennes, que les disparitions d'espèces ne supposent pas des conditions de milieu incompatibles avec la manifestation de la vie, mais résultent, au contraire, de l'exubérance de développement atteint par certaines d'entre elles. Parmi les faits innombrables que l'on peut invoquer à cet égard, deux doivent surtout être rappelés.

D'abord on reconnaît dans certaines tourbières la présence, dans les couches les plus anciennes, d'animaux qui, comme le *Megaceros hibernicus*, n'existent plus à l'état vivant; la persistance de la tourbière, dont la végétation exige des conditions très-uniformes, montre que l'extinction s'est faite en dehors de tout cataclysme.

En second lieu, il existe normalement les rapports les plus intimes entre la faune actuelle d'une région donnée et les fossiles les moins anciens qu'on y recueille. Ainsi, les marsupiaux d'Australie ont été immédiatement précédés par une faune marsupiale maintenant éteinte, mais qui présentait avec eux d'étroites analogies; — ainsi, les grands édentés du Brésil succèdent de même à des édentés aujourd'hui fossiles tout à fait comparables avec eux, etc.; de telle sorte qu'une idée de filiation des fossiles aux êtres actuels se présente comme d'elle-même à l'esprit.

A l'inverse, on peut constater souvent l'apparition sur certains points d'espèces amenées d'ailleurs, et ces faits d'observation journalière jettent un grand jour sur les études de la paléontologie. Le phylloxera, par exemple, a été importé d'Amérique en Europe; le rat, au contraire, a suivi la route inverse; — et il ne faudrait pas croire que l'homme seul eut le pouvoir de réaliser ces déplacements. Des graines de plantes passent d'une région à une autre sous l'action des vents, des courants de la mer, des glaces flottantes, ou bien attachées aux pattes des oiseaux migrateurs ou à la fourrure des mammifères ; — les œufs de certains animaux aquatiques peuvent s'attacher à des bois flottants et ceux-ci, comme les glaces elles-mêmes, charrient de temps en temps loin de leur patrie des animaux adultes.

Toutefois, en ce qui concerne les apparitions totales d'espèces jusque-là inconnues, on n'a encore que des résultats bien moins nets qu'au sujet des extinctions. La raison en est dans la difficulté spéciale inhérente à de semblables observations. « La science qui a pour objet l'histoire naturelle est restée si imparfaite jusqu'à nos jours, dit Lyell, que de mémoire de témoins encore vivants, le nombre des plantes et des animaux connus a doublé et même quadruplé dans plusieurs classes. Des espèces nouvelles, souvent fort remarquables, étant chaque année découvertes dans les parties de l'ancien continent depuis longtemps habitées par les peuples les plus civilisés, nous ne pouvons nous dissimuler à quel point nos connaissances sont bornées, et nous en concluons toujours que les espèces nouvellement découvertes ont pu jusqu'alors échapper à nos recherches ou tout au moins qu'elles existaient ailleurs et qu'elles ont émigré depuis peu dans les lieux où nous les trouvons aujourd'hui. Il est difficile de préciser le temps où il nous sera possible de faire quelque autre hypothèse à l'égard de toutes les tribus marines et de la plupart des espèces terrestres, telles que les oiseaux, les insectes, un grand nombre de plantes, celles surtout de la classe des cryptogames, dont plusieurs sont douées d'une telle facilité de diffusion qu'on pourrait presque les ranger parmi les espèces cosmopolites. »

Cependant plusieurs faits, rares encore, mais très-nets, semblent mettre sur la voie du mécanisme suivi lors de l'apparition d'espèces tout à fait nouvelles. De ce nombre est l'observation donnée précédemment avec détail d'un petit lézard cantonné sur un rocher voisin de l'île de Capri, qui dérive manifestement d'un lézard tout différent de cette île. Depuis longtemps on a signalé les variétés du papillon appelé *Heliconius* et celles d'un singe du genre *Cebus*, qui constitueraient des vraies espèces si l'on ne connaissait entre elles d'insensibles intermédiaires. Pour les papillons, il est particulièment évident que les conditions de climat exercent la plus décisive influence sur les caractères distinctifs des variétés, notions qui montrent de quelle importance doit être l'étude des climats géologiques, pour rendre compte des modifications observées dans les faunes dans les flores.

Tout ce qui précède concerne en définitive l'édification des formations géologiques; mais la considération des Causes actuelles s'applique d'une manière tout aussi utile, comme on l'a vu, à l'étude des démolitions que l'on peut observer de toutes parts. Pendant longtemps cependant on leur a refusé toute efficacité à cet égard, et il a fallu, pour répondre aux objections mises en avant, faire le calcul de l'énergie de démolition dont sont douées les vagues de l'océan et bien plus encore (contrairement à l'apparence première) les pluies et les eaux météoriques en général. C'est en effet par milliards de mètres cubes que se traduit la quantité annuelle de particules solides arrachées par certains fleuves à la surface des continents.

Nous avons montré pour le creusement des vallées, qu'il devient de plus en plus difficile de le rapporter au passage subit de violents torrents d'eau et qu'on arrive à le considérer comme le résultat de l'érosion très-lente à laquelle nous assistons actuellement. Cette érosion est surtout sensible dans les montagnes dont l'état d'usure et la hauteur peuvent, dans bien des cas, faire estimer l'âge relatif.

D'ailleurs, toutes les dénudations ont pour résultat final de simples déplacements de matériaux solides, qui, arrachés à un sommet, vont combler un bas-fond. Dans un fleuve, par exemple, les troubles charriés s'arrêtent çà et là et édifient des bancs de sable et des îles; les rivages corrodés de plus en plus, accentuent les méandres, et les divagations de la rivière réalisent de proche en proche le remaniement de tout sol de la vallée dans laquelle elle coule. A l'embouchure des cours d'eau des deltas s'établissent et croissent plus ou moins vite. Enfin, dans le sein des océans, les matériaux sont disposés, soit en couches sur le fond du bassin, soit le long des rivages en cordons littoraux dont le rôle est considérable.

A côté des dénudations purement mécaniques se placent de véritables démolitions chimiques qui ont joué à toutes les époques un rôle rendu sensible par les produits très-reconnaissables qu'elles ont fournis. L'altération superficielle des roches, sous l'influence de l'eau et de l'acide carbonique atmosphérique, montre comment les argiles se forment souvent aux dépens des masses feldspathiques. Dans les profondeurs souterraines, une action du même genre, aidée par la pression et par la chaleur, donne lieu à la formation du kaolin, dont les sables éruptifs, ou alluvions verticales décèlent l'origine d'une manière si nette.

Enfin, c'est aussi en relation avec ces régions profondes que se montrent des faits de nature à élucider, au moyen des Causes actuelles, l'histoire des roches éruptives ou, plus généralement, celle des masses cristallines et des divers mouvements de la croûte terrestre.

Comme on le voit par ce très-rapide résumé, la considération des Causes actuelles s'applique merveilleusement aux chapitres principaux de la géologie, et on peut s'étonner qu'il y ait eu tant d'opposition contre une doctrine si féconde.

FIN.

TABLE DES FIGURES

Figures   Pages

1. — Examen microspique du granit de Vire (Calvados) réduit en lame transparente : 4, Mica brun ; 6, 25, Quartz ; 7, Feldspath triclique ; 9, 22, 24, Orthose.. 2

2. — Dispositions générales d'une faille recoupant des couches de terrains sédimentaires. On remarque en suivant une couche en particulier, telle que A ou B, que l'ensemble des couches a été rejeté par la faille. 8

3. — Coupe théorique des terrasses coquillères récemment soulevées aux environs de Coquimbo. 43

4. — Coupe géologique montrant la structure en éventail du Saint-Gothard. Échelle de 1/100 000 : A, Granit plus ou moins homogène ; B, Gneiss ; C, Calcaire cristallin micacé ; D, Schistes micacés passant au gneiss alternant, près d'Andermatt, avec des bancs de schistes noirs contenant des veinules calcaires ; E, Schistes micacés alternant avec des gneiss finement schisteux et quelques bandes éparses de grès dioritiques ; F, Gneiss schisteux ; G, Schistes micacés passant au gneiss grenatifère, plus ou moins amphibolique ; H, Schistes micacés passant au gneiss, avec beaucoup de veines quartzeuses ; I, Calcaire d'Airolo. 51

5. — Disposition des terrains houillers et palœozoïques sous le terrain de craie dans le département du Nord : S, terrain silurien ; D, terrain dévonien ; C, calcaire carbonifère ; H, terrain houiller fortement plissé. On remarque qu'à gauche de la faille F les terrains de transition ont chevauché sur le terrain houiller plus récent de manière à le recouvrir. 53

6. — Coupe théorique du cratère et de la cheminée d'un volcan. Celle-ci, ramifiée dans la profondeur, donne naissance dans le cratère à plusieurs cônes d'éruption. 65

7. — Carte géologique du district de Kongsberg. 94

8. — Structure rubanée d'un filon. 95

9. — Falaise tertiaire T donnant lieu, par sa démolition, à un sédiment actuel A qui va se stratifier sur les couches secondaires S au fond de la mer. 114

Figures   Pages

10. — Action démolissante de la mer sur les falaises calcaires des côtes de la Manche. 120

11. — Topographie du fond de la Manche, d'après la carte de Baach. 127

12. — Roches moutonnées par l'action d'un glacier. 137

13. — Dénudation produite en Scandinavie par les glaces : G, Granit; Si, Couches siluriennes; Q, Dépôt quaternaire (Æsar). 137

14. — Coupe géologique du plateau de Thiais : C, Calcaire grossier; G, Gypse; Br, Meulière de Brie; H, Marnes à huîtres. 145

15. — Carte de la Réunion montrant l'action démolissante exercée par la pluie sur les formations volcaniques qui composent son sol. 148

16. — Carte montrant les effets de l'éboulement de Salazie (Réunion) survenu le 26 novembre 1875. 149

17. — Les Pyramides des Fées, près de Saint-Gervais-les-Bains, d'après une photographie. 156

18. — Dénudation exercée par les eaux sauvages aux environs de Champlieu (Oise); VR ancienne voie romaine; a, b, c, vide causé par la dénudation. 163

19. — Blocs de roche granitique, d'abord anguleux, arrondis par l'action lente des intempéries. 167

20. — Les Marmites de géant du Jardin des Glaciers, près de Lucerne. 169

21. — Le grand Cañon creusé par le passage du Rio-Colorado; vue prise de To-ro-weap. 177

22. — Schema montrant le mécanisme en vertu duquel les méandres des rivières se dessinent. 178

23. — Aspect d'escarpements calcaires soumis à l'action dissolvante de pluies chargées d'acide carbonique.. 181

24. — Vue d'une caverne où les infiltrations d'eaux calcaires donnent lieu à la formation de stalactites et de stalagmites. 482

25. — Puits naturels traversant les couches du calcaire grossier entre Poissy et Triel. (Dessin de M. Albert Tissandier, d'après nature). 184

26. — Tour naturelle de Fleurines. 185

27. — Coupe du diluvium gris parisien montrant des alternances nombreuses de couches de galets grossiers avec des lits de sables plus ou moins fins. 199

28. — Coupe du delta préhistorique de l'Arve. 200

29. — Coupe transversale d'un dépôt aurifère ancien dont la disposition est identique à celle des alluvions contemporaines du Rhin.. 206

Figures   Pages

30. — Glacier du Spitzberg aboutissant à la mer à laquelle il abon-
donne les îles de glace ou *Iceberg* qui transportent au loin les
fragments pierreux de ses moraines.   216

31. — Ile de glace flottante transportant des blocs de roches qui reproduisent, par leur chute au fond de la mer, un véritable
terrain erratique.   217

32. — Coupe de la colline de la Maladrerie montrant la disposition
du sable éruptif S, au travers des couches de la craie C et de
l'argile plastique A; M, bloc de meulière.   221

33. — Disposition d'un placage de lœss d'origine atmosphérique A
sur le flanc d'un coteau composé de couches stratifiées diverses (de 1 à 6).   246

34. — Schema montrant le mécanisme en vertu duquel se produit le
terrain météorique sur le flanc des montagnes mexicaines;
TTT, tourbillons aériens qui élèvent le sable jusqu'au niveau AB, où règnent les vents indiqués par la flèche; SS,
arbres qui brisent le vent déterminant la chute de la poussière.   249

35. — Vallée creusée par un cours d'eau au travers d'un épais terrain
stratifié. Correspondance des couches de part et d'autre de
la vallée.   264

36. — Pseudogalets de calcaire nummulitique de Coye (Oise).   267

37. — Disposition générale des alluvions du Nil.   277

38. — Disposition des cordons successifs de galets le long de la
Manche entre le Hourdel et Ault (Somme).   278

39. — Plage récemment soulevée offrant les traces d'exhaussements
successifs (Sicile).   279

40. — Échantillon de grès permien montrant, à la fois, l'empreinte des
pas du *Cheirotherium* et des bourrelets polygonaux dus au
retrait que la vase sous-jacente a subi de la part du soleil
avant le dépôt du sable maintenant aggluliné.   285

41. — Blocs de grès entassés sur les flancs d'un coteau où ils apparaissent à la suite de l'enlèvement, par les eaux sauvages,
du sable au milieu duquel ils étaient originairement noyés
(environ d'Étampes).   289

42. — Formation contemporaine de grès quartzeux à ciment calcaire:
plage de sable des Bermudes en voie de consolidation par
l'action des eaux calcaires et contenant des débris de troncs
d'arbres.   297

43. — Formation de grès quartzeux à ciment ferrugineux : P, bloc de
pyrite de fer; B, banquette de pierre qui' le supporte; S, tas
de sable qui reçoit les infiltrations ferrugineuses et qui est
cimenté par elles.   298

Fignres   Pages

44. — Source chaude de Yellowstone (États-Unis). 314

45. — Cratère des geysers de Firehole. 316

46. — Source boueuse de la région des geysers aux États-Unis. 318

47. — Coupe du gisement salin de Stassfurth (Prusse) : A, sel gemme
pur ; B, sel chargé de chlorure de magnésium ; C, sel chargé
de sulfates ; D, sel chargé de composés potassiques. 326

48. — Disposition des sédiments formés successivement par la démolition d'une même falaise constituée par une roche homogène : A, B, C, limites de la falaise à trois époques successives Ga, Gb, Cc, galets correspondant à ces trois époques
Sa, Sb, Sc, sable correspondant à ces trois époques. 339

49. — Disposition des sédiments fournis successivement par la démolition d'une même falaise constituée par la réunion de roches
diverses : S, masse stratifiée; Gr, protubérance granitique;
T, filon de trapp; AA', BB', CC', paroi de la falaise à trois
époques successives auxquelles se rapportent les galets et les
sables figurés. 340

50 et 51. — Belemnites étirées et tronçonnées des couches de lias méta
morphique du mont Lachat (Haute-Savoie). 342

52. — Restauration du squelette du *Cervus megaceros* fossilisé *par
altération* dans les tourbières de l'Irlande. 347

53. — Tronc d'*Endogenites echinatus* des sables glauconieux de
Vailly (Aisne), fossilisé *par substitution* de la silice à la matière végétale primitive. 350

54. — Exemple d'accumulation de fossiles fournis par un échantillon
de calcaire silurien de l'île de Gothland en Suède. 353

55. — Vue du dépôt de guano des îles Chincha (d'après une photographie). 364

56. — Types divers de diatomées. 368

57. — Le Dronte, oiseau de l'île Maurice dont l'espèce a disparu à l'é-
poque actuelle. 386

58. — Solitaire de Leguat, oiseau de l'île Rodrigues dont l'espèce a
disparu à l'époque actuelle. 387

TABLE ALPHABÉTIQUE

DES LOCALITÉS CITÉES

Aar, son delta dans le lac de Brienz, 199.

Abbotsbury, transport de galets par la mer, 118.

Abus, c'est l'ancien nom de l'Humber, 275.

Açores (Îles); on y ressent le tremblement de terre de 1755, 14.

— Volcans sous-marins, 75.

— Pluies de poussières, 251.

— Sources chaudes siliceuses, 311.

Adda, son delta dans le lac de Côme, 199.

Adige (l'), son delta, 270.

Adour (rive droite de l'), alluvions verticales, 240.

Adria, elle s'éloigne de la mer, 201, 272.

Adriatique (mer), avancement que le Pô y fait, 201.

— Deltas qui s'y édifient, 270.

— Abondance des infusoires dans son sable, 366.

Afrique, on y ressent le tremblement de terre de 1755, 13.

— Ses lacs salés, 328.

— Ses Rhinocéros comparés à ceux d'Asie, 394.

Afrique australe, sable diamantifère, 233.

Ahaus, pluie de poussières, 256.

Aiguillon (anse d') est le reste de l'ancien golfe du Poitou, 27.

Aimé (mont), calcaire pisolithique. 229.

— Roche d'où dérivent par triage les sables de Rilly, 306.

Ain (rivière), disposition des failles dans son voisinage, 107.

Airolo, sa constitution géologique, 51.

Aisne (département de l'), ses cendrières, 189.

— Pseudo-galets de Septmonts, 266.

— Oxydation de ses cendres pyriteuses, 332.

— Silicification de tiges végétales, 350.

Aix, failles dans ses environs, 108.

Akans, pluie de poussières, 256.

Aéloutiennes, volcan sous-marin, 75.

Alger (province d'), description d'une caverne habitée par des hyènes, 365.

Algérie, traces de soulèvements récents, 40.

— Sources calcaires incrustantes, 308.

Allemagne, effets qu'on y ressent du tremblement de terre de 1755, 13.

— Pluie de poussière, 252.

— Gisement du sel gemme, 326.

— Ses lézards comparés à celui de Capri, 389.

Allier (dépôt de l'), houillères embrasées, 189.

— *Rhinoceros randanensis*, 394.

Alpes (soulèvement lent de la chaîne des), 21.

— Cirques d'éboulement, œuvre des pluies, 146.

— Leur hauteur est à rapprocher de leur âge peu ancien, 165.

— Altitude de leurs tourbières, 376.

Alpe de scipsius, sa constitution géologique, 51.

Alsace, concrétions calcaires du lœss, 301.

Altaï, ses araucacites, 413.

ALTKIRCHE, sa constitution géologique, 51.

ALTZHEIM, pluie de poussières, 252.

AMAZONE, apparition d'espèces organiques nouvelles, 388.

AMÉRIQUE, on y ressent le tremblement de terre de 1761, 15.

— Le bison y est en voie de disparition, 315.

— C'est de là que nous vient le phylloxera, 426.

AMÉRIQUE CENTRALE, révolutions produites dans son sol par les pluies, 147.

— Ses pics volcaniques, 58.

AMÉRIQUE DU NORD, formation actuelle du minerai de fer, 331.

— Ses tourbières, 370.

— Ses mines de cèdres, 376.

AMÉRIQUE DU SUD, exemples d'affaissements et de soulèvements lents, 28.

— Origine des pépérinos des pampas, 76.

ANATOLIE, traces de soulèvements récents sur son littoral, 40.

ANDERMATT, sa constitution géologique, 51.

ANDES, leur hauteur est à rapprocher de leur âge peu ancien, 165.

ANDES ARGENTINES, leur monotonie due à l'absence des pluies, 146.

ANGOULÊME, crevasse qui s'y produisit lors du tremblement de terre de 1755, 13.

ANGLETERRE, ses côtes sud s'affaissent lentement, 27.

— Son ancienne jonction avec la France, 125.

— Pluie de poussières, 252.

— Sources salées, 326.

— Coprolithes qu'on y recueille, 363.

— Forêts renversées dans les tourbières, 374.

— Destruction du loup par l'homme, 385.

— Pluie fossile, 404.

— Structure de ses dadoxylon, 413.

ANGLESEA a fourni des cailloux roulés du Snowdon, 35.

ANHALT, gisement du sel gemme, 326.

ANSE AUX HUÎTRES est à l'extrémité des atterrissements du Mississipi, 277.

ANTILLES. récifs madréporiques, 354.

ANTILLES, abondance des infusoires dans leurs sables marins, 366.

ANTILLES (mer des), il s'y dépose du calcaire, 287.

— Tourbières de son littoral, 370.

ANTILLES (Petites), on y ressent le tremblement de terre de 1755, 15.

ANTONY, rognons de calcaire dans les marnes vertes, 301.

ANTRIM (comté d'), colonnades basaltiques, 57.

ARALO-CASPIEN (bassin), ses lacs salés, 328.

ARARAT (mont), allure du trachyte, 58.

ARCHANGEL, traces de soulèvement récent, 37.

ARCUEIL, ses eaux déposent un véritable travertin, 307.

ARDENNE, allure du terrain jurassique parisien sur ses flancs, 49.

ARDENNES (département des), grès à phosphate de chaux, 230.

ARLES, déplacement du Rhône qui lui est préjudiciable, 274.

ARMÉNIE, ses lacs salés, 328.

ARRONNE (pont de l'), traces de soulèvements récents, 38.

ARVE, dépôt de transport à sa jonction avec le Rhône, 198.

ARVEYE, pilastres erratiques qu'on y observe, 158.

ASCENSION, densité du calcaire qui se produit actuellement sur ses côtes, 287.

ASCHERSLEBEN, pluie de poussières, 256.

ASIE, ses rhinocéros comparés à ceux d'Afrique, 394.

ASIE MINEURE, comblement de ses ports, 201.

— Ses lacs salés, 328.

ASSAS (rue d'), effets produits sur le mur d'une de ses maisons par l'explosion de la poudrière du Luxembourg, 11.

ASSUK, basalte à fer natif, 90.

ASTRAKHAN, sa steppe a été récemment couverte par la mer, 38.

ATACAMA (désert d'), fer météorique qu'on y a recueilli, 96.

— Gisement de guano, 364.

ATCHAFALAYA, son embouchure est à l'extrémité des atterrissements du Mississipi, 277.

ATHÈNES, pluie de poussières, 256.

ATLANTIQUE, formation actuelle de la craie, 360.

— Gisement de guano dans ses îles, 364.

— Bois du Mississipi que le gulfstream y charrie jusqu'en Islande, 378.

— Caractères de la faune de ses profondeurs, 401.

AULT, les falaises abruptes y sont suivies par des collines adoucies, 166.

— Ses dunes, 258.

— Atterrissements de la Somme, 278.

AUNIS, son littoral se soulève lentement, 26.

AUSTRALIE, soulèvements récents, 45.

— Farines fossiles, 367.

AUTEUIL, coprolithe des lignites, 363.

AUTHIE (vallée de l'), ses tourbières, 375.

AUTUN (bassin houiller d'), forêts fossiles, 369.

AUVERGNE, allures des roches éruptives, 57.

— Corrosion des formations volcaniques par les eaux sauvages, 164.

AUVERS, le sable moyen y a le faciès des dunes, 260.

AVEYRON (département de l'), houillères embrasées, 189.

— Épaisseur de ses couches de houille, 379.

AYAMONTE, effets du tremblement de terre de 1755, 12.

AZOF (mer d'), traces de soulèvement récent sur ses bords, 39.

BACHIGLIONE (le), son delta, 270.

BADE, son vieux château est construit sur du porphyre colonnaire, 87.

— Pluie de poussières, 252.

BAGNES (vallée de) a fourni des matériaux au terrain erratique de la Suisse occidentale, 208.

BAHAMA (îles de), lagunes environnées de madrépores, 359.

BAIE NOIRE, digues du Mississipi, 277.

BALE, disposition de ses graviers aurifères, 205.

BALÉARES (îles), plages soulevées, 38.

BALISE (île de la), Mud lumps, 241.

— Est au sommet du delta du Mississipi, 276.

BALLEY (roc), tremblement de terre de 1755, 18.

BALTIQUE (mer), ses changements de niveau constatés, 24.

— Ses îles montrent des stries glaciaires, 138.

— L'huître y est récemment disparue, 386.

BARATARIA (baie de) est formée par les digues du Mississipi, 277.

BARCELONE (environs de), formation actuelle des pisolithes calcaires, 310.

BARFLEUR, profondeur de la Manche, 126.

BASSE-ÉGYPTE est entièrement l'œuvre du Nil, 276.

BASSIN (province du), dénudation qu'on y observe, 111.

BAUNU, pluies de poussières, 230.

BAVIÉRE, pluie de poussières, 252.

BEACHY - HEAD, profondeur de la Manche, 126.

BEAUCAIRE (environs de), gisement de fossiles pliocènes, 23.

BEAUSSET, accumulation d'hippurites, 354.

BEAUVAIS, craie chloritée, 229.

BELGIQUE, houillères embrasées, 190.

BELLESME, craie chloritée, 229.

BELL-ROCK (phare de), pression des vagues contre lui, 119.

BERICLE (tey de), ce que c'est, 274.

BERMUDES, cimentation spontanée des dunes sur leurs côtes, 259.

— Grès quartzeux de formation actuelle, 297.

— Leurs atolls, 359.

BERNARDINS (passage des), pluie de poussières, 257.

BERNE (canton de), sa constitution géologique, 324.

BERLIN (environs de), on y trouve des blocs erratiques originaires de Scandinavie, 215.

— Pluie de poussières, 252.

— Tourbe pleine d'infusoires, 366.

BERTHIAUD (chaîne de), disposition d'une faille qui la coupe, 107.

BERRE (étang de), accumulation des huîtres tertiaires, 354.

BERRE (vallée de la) marque la limite de la mer mollassique, 21.

BÉTHYSY, dénudation exercée par les eaux sauvages, 164.

BEX a fourni des matériaux au terrain erratique de la Suisse occidentale, 208.

Bex, sources salées, 326.

Beynes, lacune entre la craie et le calcaire grossier, 105.

— Alluvions verticales, 221.

Bigne (tey de la), ce que c'est, 274.

Bikri (île), rapidité de sa croissance, 359.

Bilin (environs de), tripoli à diatomées, 366.

Binnen (vallée de) a fourni des matériaux au terrain erratique de la Suisse occidentale, 208.

Blanche (falaise), tremblement de terre de 1855, 19.

Bleyberg, poudingues à ciment de galène, 103.

Blind-Bay, mud lumps, 242.

Bœckstein, pluie de poussière, 255.

Bogdo (lac), ne produit jamais de bancs de sel, 39.

Bogdo (mont), on y voit des traces récentes de la mer, 39.

Bohême, on y emploie le kaolin normal, 192.

— Couche de tripoli à diatomées, 366.

— Faune de son terrain silurien, 383.

Bolivie, Gisement du guano sur ses côtes, 364.

Boll, coprolithes qu'on y recueille, 363.

Bollène (environs de), marnes subapennines, 22.

Bône, traces de soulèvements récents, 40.

Bonne-Espérance (cap de), traces de soulèvements récents, 41.

Bordeaux, les dunes y arriveraient dans 2000 ans si on ne s'y opposait pas, 259.

— Tourbières de ses landes, 375.

Borkum (île de), sa destruction sous l'action des flots, 131,

Borgne (la), est à l'extrémité des atterrissements du Mississipi, 277.

Bornhœrd. plages soulevées, 37.

Bothnie (golfe de), il diminue de surface et de profondeur, 23.

Botzen (environ de), pilastres erratiques, 159.

Bouches-du-Rhône, atterrissements qui s'y produisent, 274.

— Leurs étangs salés, 329.

Bourbon, son volcan à trois cratères, 65.

— Forme des scories, 70.

— Laves prismatiques, 74.

Bourbonne-les-Bains, zéolithes de formation actuelle, 97.

Bourganeuf offre des traces de soulèvement récent, 26.

Bourget (lac du), failles dans son voisinage, 108.

Bouveret (le) est sur une ancienne terrasse lacustre, 201.

Bow-Island, c'est un atoll, 359.

Brabant, pluie de poussière, 252.

Brahmapoutre, son énergie démolissante, 162.

Brenne (environs de), chronomètre naturel qu'on y a observé, xv.

Brenta (la), son delta, 270.

Brésil, ses zircons comparés à ceux de Du Toit's Pan, 238.

— Ses tourbières, 371.

— Exubérance de la végétation dans ses forêts vierges, 405.

— Chronomètre naturel fourni par certaines de ses cavernes, xvi.

Bretagne, on y voit des montagnes en voie de disparition, 54.

— Dépôt du sédiment actuel sur des roches anciennes, 113.

— Côtes protégées, par des animaux fixés, contre l'action démolissante de la mer, 125.

— État d'usure de ses anciennes montagnes, 165.

— Canton détruit par la progression des dunes, 259.

— Accumulation des coquilles sur ses côtes, 353.

Breton (cap), forêts fossiles de l'époque houillère, 47, 369.

Briançonnais, dénudation à de grandes altitudes, 109.

Bridport, profond. de la Manche, 126.

Brieg, effets du tremblement de terre de 1755, 13.

Brienz (lac de), delta de l'Aar, 199.

Brighton, son recul devant les envahissements de la mer, 121.

— Son recul n'apporte aucune perturbation dans la vie de ses habitants, 134.

Brisach, disposition de ses graviers aurifères, 205.

Britanniques (îles), on y ressent le tremblement de terre de 1755, 14.

Brouage, était au moyen âge un port important, 27.

Brulé (le), houillère embrasée, 189.

BRUNIG (le), cité, 212.

BRUTELLE, son coteau fait suite à la falaise d'Ault, 166.

BUCALÈMES, traces de soulèvements récents, 42.

BULGAR (bassin de), sa formation, 39.

BULGARIE, traces de bouleversements récents sur son littoral, 40.

CADIÈRE (la), accumulation d'hippurites, 354.

CADIX, effets du tremblement de terre de 1755, 12.

CAERNARVON, présence de plages soulevées, 35.

CALABRE, tremblement de terre qu'on y observa en 1783, 16.

— Pluie de poussière, 251.

CALAIS, isthme qui le reliait à l'Angleterre, 126.

CALLAO (env. de), soulèvement lent, 29.

CALVADOS (département du), importance de la démolition des côtes par la mer, 124.

CAMARGUE, centre du delta du Rhône, 274.

CAMPIGLIA, formation actuelle de l'alunite, 334.

CANADA, soulèvements récents, 41.

— Ses tourbières, 375.

— (Haut), limité par le Niagara, 172.

CANALA, détruite par les eaux de la mer lors du tremblement de terre de 1755, 12.

CANARIES (îles), on y ressent le tremblement de terre de 1755, 14.

— Pluie de poussière, 251.

— Poissons tués par des éruptions volcaniques, 356.

CANTAL, sa formation volcanique, 80.

CANONVILLE, ses mollusques quaternaires, 418.

CAP-VERT (îles du), pluie de poussière, 251.

CAPRI (île de), apparition d'une espèce nouvelle de lézard, 388, 427.

CARINTHIE, pluie de poussière, 252.

CARNIOLE, pluie de poussière, 256.

— Ses montagnes fournissent des matériaux au delta du Pô, 270.

CAROLINE DU NORD, ses tourbières, 375.

CAROLINE DU SUD, diatomées dans les marais salants, 367.

CARLSBAD, formation actuelle des pisolithes calcaires, 310.

CARTHAGÈNE (environs de), volcan sous-marin, 75.

CASPIENNE (environs de la), traces de soulèvements récents, 38.

— (bassin de la), lacs salés qu'on y rencontre, 329.

CASTEL-NUOVO, formation épigénique du gypse, 335.

CATOGNE a fourni des matériaux au terrain erratique de la Suisse occidentale, 208.

CAUCASE (la steppe basse du) est un ancien fond de mer, 39.

CAYEUX, sédimentation qui s'y produit actuellement, 166.

CELAOS (cirque de), éboulement causé par les pluies, 150.

CERNAY-LA-VILLE, on y trouve des dunes miocènes, 260.

CETLATEPETL, dépôt sur ses flancs du terrain météorique, 247.

CHALLANCHES, sable dans un filon concrétionné, 95.

CHAMANT, est sur le littoral de la mer molassique, 22.

CHAMBÉRY, contact anormal de l'urgonien et de l'oxfordien, 109.

CHAMOISON, brèche calcaire, 159.

CHAMONIX, cité 212.

— (Vallée de), altitude de ses glaciers, 416.

CHAMPAGNE, argile qui sert de gangue au fer en grain, 220.

CHAMPCEUIL, traces d'actions glaciaires, 416.

CHAMPLIEU, dénudation exercée par les eaux sauvages, 163.

CHANDELEUR (baie de la), digues du Mississipi, 277.

CHANG-SY, soulèvement de montagnes, 40.

CHANTEMERLE est sur le littoral de la mer molassique, 22.

CHARENTE (la), ses tourbières, 375.

CHARKOW, pluie de poussière, 252.

CHARLEROI (environs de), houillères embrasées, 190.

CHATEAU-LANDON, son travertin, 232.

CHATILLON-SUR-SAÔNE, pointements granitiques en rapport avec des sources thermales, 100.

CHAUMONT-EN-VEXIN, couche de galets sur l'argile plastique, 116.

— Alternances répétées de calcaire dur et de calcaire farineux, 286.

CHERBOURG, altitude du granit, 7.
— Sa forêt submergée, 26.
— Canon de rempart déplacé par les vagues, 119.
CHESAPEAKE (baie de), eaux qui s'y jettent, 41.
— (la), ses tourbières, 370.
CHÉSIL (banc de), son origine, 117.
CHESTER (environs de), sources salées, 326.
CHILI, soulèvement lent, 29.
— Soulèvements récents de ses côtes, 42-45.
— Gisements de guano de ses côtes, 364.
CHILOÉ, soulèvement lent, 29, 45.
CHINCHA (îles), guano qu'on y exploite, 364.
CHINE, témoignages de soulèvements récents, 40.
— Pluie de poussière, 252.
— Farine fossile, 367.
CHIOGGIA, l'un des ports de Venise, 271.
CHOISY-AU-BAC, couche de galets sur l'argile plastique, 116.
CHONOS (archipel), soulèvement lent, 29.
— Sa météorologie, 409.
CHRISTIANIA, sillons glaciaires, 138.
CHUTES DU NIAGARA, leur recul progressif, 172.
CIEGA (lac), est à l'extrémité des atterrissements du Mississipi, 277.
CIVITA-VECCHIA, traces de soulèvement dans ses environs, 38.
CLAUSAYES est sur le littoral de la mer molassique, 22.
CLERMONT-FERRANT, hauteur que le granit y atteint, 7.
— (environs de), allures du basalte, 57.
— Volcans éteints de ses environs, 63.
— (environs), corrosion des formations volcaniques par les eaux sauvages, 164.
— Sources calcaires incrustantes, 307.
CLYDE (la), traces de soulèvemeuts récents, 34.
COBIJA, plage soulevée, 44.
COIRON, nappe basaltique, 82.
COLOMBIE, tourbières de son littoral, 370.

COLOMBIER (chaîne du), failles qui la traversent, 108.
COLORADO, gorges d'érosion dites cañons, 176.
COMACCHIO, lutte contre l'envahissement des atterrissements fluviatiles, 272.
CÔME (lac de), agité par le tremblement de terre de 1755, 13.
— Delta de l'Adda, 199.
COMMENTRY, houillères embrasées, 189.
COMMERN (environs de), poudingue à ciment de galène, 103.
COMPIÈGNE (forêt de), voie romaine qui la traverse, 164.
— Glauconie supérieure, 227.
CONCEPTION (la), soulèvement lent, 29.
— Terrasses parallèles, 43.
CONSTANCE (lac de), delta du Rhin. 199.
COOK (détroit de), tremblement de terre de 1855, 16.
COPIAPO, terrasses parallèles, 43.
COQUIMBO, soulèvement lent, 29.
— Plages soulevées, 43.
CORBEIL (environs), traces d'actions glaciaires, 416.
CORBIÈRES, abondance des hippurites, 352-425.
CORDEVILLE, glauconie supérieure, 227.
CORDILLIÈRES, les volcans de cette chaîne sont peut-être en relation avec le soulèvement des côtes, 26.
CORNES (montagne des), accumulation d'hippurites, 354.
CORNOUAILLES, la mer s'y soulève lors du tremblement de terre de 1755, 14.
— Son cuivre sulfuré, comparé à celui de Plombières, 97.
CORNU (lac) altitude de la tourbe, 275.
CORSE, porphyre globulaire, 60.
CÔTE-FERME, on y exploite du calcaire de formation actuelle, 287.
COTENTIN, allure du terrain jurassique parisien sur ses flancs, 49.
COTOPAXI, forme de sa cime, 63.
COULOUZ, alios qu'on y exploite, 261.
COYE, poudingues supracrétacés, 117.
— Pseudo-galets qu'on y observe, 266.

CRAWFORDEN, sa phosgénite comparée à celle de Bourbonne, 103.

CRÈTE (île de), limon d'origine atmosphérique, 247.

CRIMÉE, ses lacs salés, 328.

CROISIC (le), offre des traces de soulèvement récent, 76.

CUISE-LAMOTTE (environs de), glauconie supérieure, 229.

CUMBERLAND, a fourni les cailloux roulés du Snowdon, 35.

DAGENHAM, forêt submergée, 35.

DALMATIE, pluie de poussières, 256.

DANEMARK, oscillation de la mer lors du tremblement de terre de 1755, 14.

— Lignite subordonné aux dunes, 262.

— Antiquités trouvées dans les tourbières, 374.

DAUPHINÉ, sable dans un filon concrétionné, 95.

DAUPHINÉ (Bas), soulèvement lent de son sol, 21.

DECAZEVILLE, houillère embrasée, 189.

DEFFEREGGER (val), pluie de poussière, 255.

DEKKAN, abondance du basalte, 71.

— Origine de ses pépérinos, 76.

DELAWARE (baie de), eaux qui s'y jettent, 41.

— Recul de ses côtes sous l'action de la mer, 431.

DELÉMONT, origine de son gypse, 323.

— Argile rouge rejetée par les puits naturels, 220.

DENISE, épaisses couches de pépérinos, 83.

DERBYSHIRE, on y ressent le tremblement de terre de 1755, 14.

— Sa phosgénite comparée à celle de Bourbonne, 103.

DETMOLD, pluie de poussières, 252.

DEUX-SÈVRES (département des), ses tourbières, 375.

DEVONSHIRE, traces de soulèvements récents, 35.

DIABLE (montagne du), sa séparation récente, 41.

DIEPPE, la vase marine actuelle s'y dépose sur la craie, 112.

— Attaque des falaises par la mer, 119.

DIEPPE, composition de son sable actuel, 228.

— Triage des sédiments actuels, 304.

DIEUZE, sources salées, 226.

DISCO (île de), fer natif, 90.

DONAUWORTH, pluie de poussière, 252.

DORMANS, origine de son sable, 306.

DORSETSHIRE, plage de galets transportés par les mers, 118.

DOUVRES, démolition de ses falaises par la mer, 122.

— Isthme qui le reliait à Calais, 126.

DRANCE (la), son emplacement est celui d'un ancien glacier, 212.

DRÔME (département de la), rôle des alluvions verticales, 239.

DROSSIN, pluie de poussières, 252.

DRUMOND (lac), sa situation au centre de vastes tourbières, 375.

DUBLIN (environs de), pluie de poussière, 252.

DUDLEY, houillère incendiée, 190.

DUNKERQUE, trépidation du sol sous l'action des vagues, 119.

DURANCE, son énergie de démolition, 163.

— Valeur agricole du limon qu'elle charrie, 207.

DURHAM, dykes qu'on y observe, 70.

DUSKY (baie), soulèvement récent de la côte, 20.

DU TOIT'S PAN, sable diamantifère, 233.

DWINA, traces de soulèvement sur ses bords, 37.

EAST-FORK, sources siliceuses chaudes dans ses environs, 317.

ÉCLAT (banc de l'), est sur l'ancien emplacement de Ste-Adresse, 120.

ÉCOLE (l'), stries glaciaires dans son voisinage, 416.

ÉCOSSE, lacs agités pendant le tremblement de terre de 1755, 14.

— Traces de soulèvements récents qu'on y observe, 34.

— Sa phosgénite comparée à celle de Bourbonne, 103.

ÉGERI (lac d'), sa situation, 151.

ÉGYPTE (Basse), est entièrement l'œuvre du Nil, 276.

ELBE (embouchure de l'), oscillation de la mer lors du tremblement de terre de 1755, 14.

ELSENEUR, calcaire de formation actuelle, 288.

ELTON (lac), ne produit jamais de bancs de sel, 39.

— C'est une eau mère d'où le sel s'est déposé, 329.

ENTREMONTS (vallée d'), traces d'anciens glaciers, 213.

ÉRIÉ (lac) sa situation, 176.

ÉRITH, traces d'affaissements récents, 35.

ESPAGNE, secouée tout entière par le tremblement de terre de 1755, 13.

ESSEX (comté d'), les étangs sortent de leurs lits lors du tremblement de terre de 1755. 14.

— Sa côte serait détruite moins vite si on y laissait les galets, 152.

ESSONNE (vallée de l'), ses tourbières, 375.

— Stries glaciaires dans son voisinage, 416.

ÉTAMPES, lignite subordonné au sable supérieur, 261.

— Entassements de blocs de grès sur les flancs des coteaux, 289.

ÉTATS-UNIS, recul des côtes sous l'action de la mer, 131.

— Gorges d'érosion dites Cañons, 176.

— Sources siliceuses chaudes, 314.

— Sources salées, 326.

— Formation épigénique de gypse, 335.

— Bancs de coquilles fossiles, 355.

ETNA, son allure, 66.

— Forme de son sommet, 65.

— Laves prismatiques, 74.

— Comparaison de ses cônes parasites avec les volcans d'Auvergne, 84.

ENGANÉENNES (collines), origine de ses pépérinos, 76.

EUROPE, secouée tout entière par le tremblement de terre de 1755, 13.

— A fourni le rat à l'Amérique, 426.

EUROPE CENTRALE, est couverte de blocs erratiques, 215.

ÉVAN (baie d'), tremblement de terre de 1855, 13.

FALKLAND (îles), leurs tourbières, 375.

FALSE-BAY, plages soulevées, 41.

FASSA-AUGUSTA (la), ses alluvionnements, 272.

FÉROË (îles), confondues à tort avec la terre de Buss, 31.

FÉROË (îles), origine sous-marine de ses trapps anciens, 76.

— Zéolithes dans les amygdaloïdes, 86.

FERPÈCLE (glacier de), pilastres erratiques, 158.

FERRARE, le Pô coulait au sud de cette ville au XIIᵉ siècle, 272.

FERRELL (cap), profondeur de la Manche, 126.

FERRET (val), a fourni des matériaux au terrain erratique de la Suisse occidentale, 208.

FICAROLI, déplacements du Pô, 273.

FIESOLE (environs de), brèche serpentineuse, 235.

FIGUIÈRES, accumulation d'hippurites, 354.

FINLANDE (golfe de), oscillation de la mer lors du tremblement de terre de 1755.

FINMARK. plages soulevées, 36.

FINSTERBACH, pilastres erratiques, 159.

FIREHOLE, sources siliceuses chaudes, 316.

FIRTH DE FORTH, traces de soulèvement récent, 34.

FIRTH DE IGALLEKO, île submergée récemment, 33.

FLEET, canal marin près de Portland, 118.

FLEURINES, dénudation qui s'y est opérée, 110.

— Tour naturelle dans les sables moyens, 184.

FLEURS-JAUNES (gorge des), comblée par un éboulement dû aux pluies, 149.

FLEURY (val), soulèvement du sol dû au tassement de couches souterraines délayées, 154.

FLEVO, ancien lac sur l'emplacement du Zuyderzée, 130.

FLINDERS (île), son exhaussement récent, 45.

FLŒTZ, trapp amygdaloïde, 76.

FLORIDE, soulèvement récent de sa côte orientale, 41.

— Diatomées de ses marais salants, 367.

— Ses tourbières, 370.

— Notion chronométrique tirée de l'étude de ses coraux, XVI.

FOLLATERRES (montagne des), a fourni des matériaux au terrain erratique de la Prusse occidentale, 208.

FONTAINEBLEAU, caractères de ses grès, 290.

FORCLAZ (col de la), a fourni le limon où se sont produites les Pyramides des Fées, 158.

FORÊT-NOIRE, indique l'épaisseur des couches qui ont disparu de la plaine du Rhin, 9.

FOULLY (montagne de), a fourni des matériaux au terrain erratique de la Suisse occidentale, 208.

FRALIZOLLE (la), houillère embrasée, 190.

FRANCE, elle est animée d'un mouvement de bascule, 26,

— Son ancienne jonction avec l'Angleterre, 125,

— Pluies de poussières, 252.

— CENTRALE, ses phénomènes volcaniques, 77.

— (nord de la), la craie y est recouverte de galets siliceux, 117.

FRANCE (Ile de), tripoli à diatomées, 366.

FRANCHE-COMTÉ, argile qui sert de gangue au fer en grains, 220.

— Nodules appelés chailles, 301.

— Superposition de couches jaunes à des couches bleues, 343.

FRÉCAMBAULT, grès à inocérames, 229.

FRÉJUS, porphyre globulaire, 60.

— Porphyre colonnaire, 87.

FRESNES-LES-RUNGIS, point du littoral d'une mer tertiaire, 115.

FRIÈGES (les), dénudation qui s'y est exercée, 110.

— Puits naturels des sables moyens, 185.

— Lithomarge de sa tour naturelle, 219.

FRIESLAND, le point où on le marque correspond à la terre submergée de Buss, 31.

FRIOUL (le), ses montagnes fournissent des matériaux au delta du Pô, 270.

FRISE, son ancienne jonction avec le comté de Staveren, 131.

FURNAS (val de), ses sources siliceuses chaudes, 312.

GALICIE, pluie de poussières, 251.

GALLES (pays de), notions chronométriques tirées de son soulèvement lent, XVII.

GALVESTONE, régularité de pente du fond de la mer devant cette ville, 282.

GANGE, son énergie démolissante, 162.

— Son delta comparé à celui du Mississipi, 276.

GASCOGNE, ses dunes, 258.

GASTEIN, pluie de poussières, 255.

GAULES, comment leurs peuplades se sont répandues en Angleterre, 129.

GÊNES (montagnes de), brèche serpentineuse, 236.

— Pluie de poussières, 251.

— Ses lézards comparés à celui de Capri, 389.

GENÈVE, terrain de transport qu'on y observe, 198.

— Est sur le delta préhistorique de l'Arve, 201.

— Son climat à l'époque glaciaire, 415.

— (Lac de) chronomètre qu'y édifie le delta de la Tinière, xv.

GÉORGIE, diatomées de ses marais salants, 367.

— Ses cyprières, 371.

GERGOVIE, allure du basalte, 57.

GEYSER (le grand), sa description, 311.

GIBRALTAR, plages soulevées, 38.

GIRONDE (département de la), caractères de l'alios, 261.

— Superposition des faluns jaunes aux faluns bleus, 343.

GLEN ROY, parallel road qu'on y observe, 34.

GLORIA (tey de), ce que c'est, 273.

GOAT (ile de), fossiles récents qu'on y recueille, 175.

GOBI (désert de), est un ancien fond de mer, 40.

— Fournit des matériaux aux pluies de poussières du Honan, 254.

GOESCHENEN, sa constitution géologique, 51.

GOLDAU, désastres causés par les pluies, 152.

GOTE CANAL, direction des stries glaciaires, 141.

GOTHEMBOURG, sillons glaciaires, 138.

GOTHLAND, a fourni des blocs erratiques qu'on trouve maintenant près de Berlin, 215.

— Abondance des fossiles dans ses calcaires, 352.

GRANDE-BRETAGNE, relations de ses premiers habitants avec les Gaulois, 126.

GRANDE-TERRE (île de), les digues du Mississipi y commencent, 277.

GRAND-SABLE (village du), englouti par un éboulement dû aux pluies, 147.

GRANVILLE, la vase marine actuelle s'y dépose sur les roches cambriennes, 113.

GRÈCE, pluie de poussière, 255.

GUÉRANDE, offre des traces de soulèvement récent, 25.

GRENELLE, son puits artésien fournit des alluvions verticales, 219.

GRIGNAN, la mer molassique s'y est arrêtée, 21.

GRIMSEL, a fourni du granit au terrain glaciaire de la vallée de Hasli, 212.

GRIMM (cap), plage soulevée, 45.

GRIONNE (vallée de la), pilastres erratiques, 158.

GROS-MORNE, éboulement causé par les pluies, 147.

GRIQUALAND-WEST, sable diamantifère, 234.

GRISONS (canton des), pluies de poussières, 252.

GRŒNLAND, son affaissement lent, 30, 33.

— Fer natif, 90.

— Envoie des glaçons en Islande, 126.

GUADELOUPE, formation actuelle de l'alunite, 334.

— *Bourguetticrinus* vivant semblable à ceux du terrain tertiaire, 400.

GUADIANA, envahie par la mer lors du tremblement de terre de 1755, 12.

GUAGUA-PICHINCHA, sa forme, 64.

GUASCO, terrasses parallèles, 43.

GUESOLO, port de Venise, 271.

GUITRANCOURT, couche de galets à la base du calcaire grossier, 116.

GULF-STREAM, bois qu'il transporte en Islande, 378.

GUMNUNY, il a six cratères, 66.

GUSPIS (vallée de), sa composition géologique, 51.

GUSTROW, pluie de poussières, 252.

GUTERSLOH, pluie de poussières, 256.

GUYANE, fournit des matériaux aux pluies de poussières d'Europe, 251.

HAÏ-NAN (île de), soulèvement de montagnes, 40.

HALBERSTADT, pluie de poussières, 252.

HALINGDALEN (plateau d'), stries glaciaires, 142.

HALLE, sources salées, 326.

HAMBOURG, oscillations de la mer lors du tremblement de terre de 1755, 14.

— Pluies de poussières, 252.

HAMMAN-MESKOUTINE, pyrite de formation contemporaine, 97.

— Dépôt calcaire de ses sources, 308.

HARDANGER, stries glaciaires, 142.

HARLEM (environs de), leurs dunes, 259.

HARWICK, cette ville est menacée d'une destruction totale, 133.

HASLI (vallée de), traces d'anciens glaciers, 212.

HATRIA, c'est l'ancien nom d'Adria, 272.

HAUTEBUT, son coteau fait suite à la falaise d'Ault, 166.

HAUTE-MARNE (département de la), zéolithe de formation actuelle, 97.

HAUTES-PYRÉNÉES (département des), type d'alluvion vertical qu'on y observe, 239.

HAUTE-SAVOIE (département de la), Cheminées des Fées, 156.

HAVRE, démolition de ses falaises par la mer, 123.

HAWAÏ (île d'), volcan à deux cratères, 65.

HÉCLA, sa forme, 64.

— Geysers dans son voisinage, 320.

HÉRENS (vallée d'), a fourni des matériaux au terrain erratique de la Suisse occidentale, 203.

HELGOLAND (île de), sa corrosion par la mer, 131.

HELLESAVEN, plages soulevées, 36.

HELLESPONT, pluie de poussières, 255.

HÉRÉNO (vallée d'), pilastres erratiques, 158.

HERMONVILLE, piste sur le calcaire grossier, 404.

HESSE, sable dans un filon concrétionné, 95.

HIÉROPOLIS, sources calcaires de cette antique cité, 308.

HILLSWICK-NESS, démolition des rochers par la mer, 131.

HIMALAYA, destiné à passer par érosion à l'état de simples collines, 165.

Ho-ho-noor (lac de), ancienne mer intérieure dans son voisinage, 40.

Holderness, démolition que la côte subit tous les ans, 162.

Hollande, destruction d'îles sur ses côtes, 131.

— Caractères de ses dunes, 258.

— Ses tourbières, 375.

Holstein, plages soulevées, 37.

Honan, pluie de poussières, 252.

Hourdel (le), attérissements de la Somme, 278.

Humber, ses atterrissements, 275.

Huspéru (île), couloirs d'origine glaciaire, 139.

Hutte (vallée de la), tremblement de terre de 1855, 18.

Iles-Basses, leurs atolls, 359.

Indes, abondance du basalte, 75.

— Ses lacs salés, 328.

— Pluies de poussières, 250.

Indeck (lac), ne produit jamais de sel, 39.

Irlande, a fourni les cailloux roulés du Snowdon, 35.

— Pluie de poussière, 252.

— Squelettes de megaceros dans ses tourbières, 347.

— Ses tourbières, 371.

Islande, laves prismatiques, 74.

— Origine sous-marine de ses trapps anciens, 76.

— Spath calcaire dans les amygdaloïdes, 86.

— Reçoit des glaçons venant du Groënland, 126.

— Sources chaudes siliceuses, 311.

— Poissons tués par des éruptions volcaniques, 356.

— Ses tourbières, 376.

Isle-Adam (l'), puits naturels du calcaire grossier, 183.

Isola Nuova, sa naissance, 75.

Issy (parc d'), inclinaison vers la vallée de la Seine des couches de calcaire grossier, 152.

— Cristaux de quartz des caillasses, 224.

Italie, exemples de soulèvements et d'affaissements lents, 27.

— Pluies de poussières, 252.

— Sources salées, 326.

— Ses lézards comparés à celui de Capri, 389.

Ivry, puits naturels du calcaire grossier, 183.

Jaignes, cristaux de quartz des caillasses, 224.

Jaïk, son pied était baigné par la mer à l'époque tertiaire, 38.

Jaune (fleuve), a servi de déversoir à d'anciennes mers intérieures, 40.

Java, volcans déchirés par les pluies, 146.

Joachimsthal, galets de gneiss dans un filon concrétionné, 95.

Joinville, ses mollusques quaternaires, 416.

Julia (île), sa formation, 75.

— Sa destruction par les flots, 131.

Jutland, il s'affaisse lentement, 26.

— Ses dunes, 258.

— Tourbe subordonnée aux dunes, 376.

Jura, failles qu'on y observe, 108.

— Les glaciers des Alpes s'y sont étendus, 213.

Kalmouks (pays des), était sous la mer à l'époque tertiaire, 38.

Kama (le), traces sur ses bords de la présence récente de la mer, 39.

Kastenhorn, sa constitution géologique, 51.

Katzenbach, pilastres erratiques, 460.

Kent (péninsule de), progrès de la mer sur la terre ferme depuis les romains, 122.

Kherson, était sous la mer à l'époque tertiaire, 38.

Kinderhook, origine organique de certaines marnes, 355.

King (lac), plage soulevée, 45.

Klegenfurth, pluie de poussières. 252.

Klobenstein (environs de), pilastres erratiques, 159.

Klogleben, sillons glaciaires, 138.

Kongsberg, disposition des filons concrétionnés dans ses environs, 94.

Krawsburg, pluie fossile, 404.

Krasnojarsk, fer météorique qu'on y a recueilli, 96.

Labrador, ses tourbières, 375.

Lacalle, soulèvements récents, 40.

Laach (lac de), ses zéolithes comparées à celles de Bourbonne, 103.

Lachat (mont), bélemnites étirées du lias métamorphique, 342.

La Fère, description de l'*arctocyon*, 391.

Laghouat, description d'une caverne habitée par des hyènes, 365.

Laquedives, leurs atolls, 359.

La Guiolle, plateau basaltique, 81.

La Haye (environs de), leurs dunes, 159.

La Hève, démolition des falaises par la mer, 124.

— Craie chloritée, 229.

Lamone (le), ses alluvionnements, 272.

Lancerotte, poissons tués par des éruptions volcaniques, 356.

Landes, leur alios, 261.

— Origine de leur alios, 339.

Laponie, farines fossiles. 367.

Lausanne, caractère de l'argile glaciaire, 343.

Lavey, brèche glaciaire, 159.

— dépôt glaciaire dont les couches sont inclinées, 211.

Layfour, source ferrugineuse, 331.

Leao-tong, soulèvement de montagnes, 40.

Lebéron (mont), accumulation de mammifères fossiles, 355.

Leipzig, pluie de poussières, 252.

Léman (lac), disposition de failles dans son voisinage, 107.

— Les villes de son littoral sont sur d'anciennes terrasses lacustres, 201.

Lénaret (glacier de), pilastres erratiques, 158.

Lenna, pluie de poussières, 256.

Le Puy, les phonolithes y recouvrent des roches d'eau douce, 82.

Leyde, la mer s'y soulève pendant le tremblement de terre de 1755, 14.

Lido, l'un des ports de Venise, 271.

Lima, soulèvement lent de la côte, 29.

— Soulèvements récents, 45.

Limes (cité de), destruction de son emplacement par la mer, 120.

Limoges, altération du granit sous l'action des intempéries, 191.

— On y emploie le kaolin normal, 192.

Lincoln (comté du), est borné par l'Humber, 275.

Lion (montagne de), sa séparation récente, 41.

Lion (golfe de), ses villes mortes, 201.

Lisbonne, tremblement de terre qu'on y ressentit en 1755, 11.

Littrop (cap), plage soulevée, 45.

Livenza (la), son delta, 270.

Lœffgrund (île), Linné y place un repère pour apprécier le déplacement de la Baltique, 24.

Loire (département de la), forêts fossiles de l'époque houillère, 46.

Loire (rivière), elle prend sa source dans le Mezenc, 85.

— (Embouchure de la), ses tourbières, 375.

Lones (canal de), sa construction, 274.

Lons-le-Saulnier, effondrement du sol dû à la circulation des eaux souterraines, 155.

Lorraine, manière dont les Vosges s'inclinent vers elle, 9.

— Disposition lenticulaire du sel gemme, 281.

Louisiane, îles de boucs, 241.

Lourtier (hameau de), cité, 211.

Lowerz (lac de), sa situation, 151.

Lubeck (États-Unis), traces de soulèvement, 42.

Lucerne, Marmite des Géants, 167.

Ludhiana, pluie de poussières, 252.

Lugos, alios qu'on y observe, 261.

Luisagne, origine de ses pépérinos, 76.

Luxembourg (jardin du), effets produits par l'explosion de la poudrière sur un mur de la rue d'Assas, 11.

Lyme-Regis, coprolithes qu'on y recueille, 363.

Lyon, pluie de poussières, 251.

Macon, dénudation dans ses environs, 107.

Madison, sources siliceuses chaudes sur ses bords, 317.

Madère, on y ressent le tremblement de terre de 1755, 14.

Mafalte (cirque de), éboulement causé par les pluies, 151.

Magellan (détroit de), tremblements de terre, 30.

Maine (États du), coquilles soulevées, 42.

Majeur (lac), delta du Tessin, 199.

Maladrerie de Montainville, alluvions verticales, 221.

Malamocco, l'un des ports de Venise, 271.

Maldives, leurs atolls, 359.

Malmo (Ile de), marmites de géants qu'on y observe, 138.

Malouines (îles), leurs tourbières, 375.

Malvern, nature chimique de ses fossiles siluriens, 350.

Malte (île de), pluie de poussières, 251.

— Eléphant fossile remarquable par sa très-petite taille, 399.

Manche, affaissement de ses côtes, 26.

— Démolition de ses côtes par les vagues, 119.

— Si on la desséchait, elle aurait les caractères d'une vallée de dénudation, 134.

— Dunes le long de ses côtes, 258.

— Son recul à l'embouchure de la Somme, 279.

— Le phénomène des colonies qui y est en voie d'accomplissement actuel, 385.

Manche (département de la), la vase marine actuelle s'y dépose sur des roches anciennes, 113.

Manchester (États-Unis), formation actuelle du minerai de fer, 332.

Mansfeld, accumulation de poissons fossiles, 355.

Mantes (environs de), couche de galets à la base du calcaire grossier, 116.

— Faille remplie par les alluvions verticales, 225.

Marlat, éboulement causé par les pluies, 150.

Marne, isthme qu'elle resserre à St-Maur, 179.

— Passait autrefois par la vallée d'Ourcq, 265.

Marne (département de la), piste sur le calcaire grossier.

Maroc, on y ressent le tremblement de terre de 1755, 14.

Marsenego (le), son delta, 270.

Martigues (environs de), accumula- d'hippurites, 354.

Martigny, traces d'anciens glaciers, 212.

Marwal, comment le vent y enlève du sable, 250.

Maryland, soulèvement récent de sa côte orientale, 41.

— Couches tertiaires à diatomées fossiles, 367.

Mascareignes (îles), oiseaux d'espèces récemment éteintes, 387.

Massachussets, terrasses sur le bord de son bassin, 42.

— Formation actuelle de minerai de fer, 332.

Maunaloa, il a deux cratères, 65.

— Forme des scories, 71.

Maurice (île), disparition récente du Dronte, p. 386.

May (cap), recul de ses côtes sous l'action de la mer, 131.

— Ses mines de cèdres, 376.

Mayamo (canal de), déplacements du Pô, 273.

Maypo (vallée de), traces de soulèvements récents, 42.

Meaux (environs de), puits naturel du travertin de Saint-Ouen, 186.

— Exemples de colonies, 384.

Mecklembourg, oscillation de la mer lors du tremblement de terre de 1755, 14.

— Pluie de poussières, 252.

Medemblick, son ancienne situation, 131.

Méditerranée, ses côtes protégées par des animaux fixés contre l'action démolissante de la mer, 125.

— Calcaires cohérents qui se produisent actuellement sur ses côtes, 288.

Mévringen, cité, 212.

Melville (île), on y retrouve la flore houillère, 409.

Merbaba, son cratère démantelé par les pluies, 147.

Merindol est sur le littoral de la mer mollassique, 22.

Mesa d'Anahuac, trombes de poussières, 248.

Mesquinez, on y ressent le tremblement de terre de 1755, 14.

Meudon, la craie y est recouverte par le calcaire pisolithique, 105.

— Placages de lœss, 246.

— Travertin calcaire de formation actuelle, 307.

Meuse (la), source ferrugineuse de ses bords, 331.

Mexico (vallée de) était récemment sous la mer, 42.

Mexique, terrain météorique, 247.

— (Golfe du), traces de soulèvements sur son littoral, 44.

— Cyprières, 371.

Mézenc, sa constitution, 81.

MILAN, effets qu'on y ressent du tremblement de terre de 1755, 13.
MILIEU (île du), tremblement de terre de 1855, 19.
MILLE (montagne de), traces d'anciens glaciers, 211.
MINDEN (environs de), gisement du sel gemme, 326.
MISÈNE, Ravenne partageait autrefois la flotte romaine avec elle, 272.
MISSISSIPI, ses fausses rivières, 179.
— Iles de boues, 241.
— Son delta, 276.
— Les bois qu'il charrie, entraînés en Islande par le gulfstream, 378.
— Son delta constitue un véritable chronomètre, XVI.
MISSOURI, îles de boue, 244.
MITTERBERG, pluie de poussières, 255.
MOBILE est établi sur un banc de gnathodonthes, 35.
MODÈNE (envir. de), sources salées, 326.
MOEL-TRIFAU (le), les terrains récents s'élèvent à : 26 mètres, 35.
MŒLAR (lac), on trouve entre lui et la mer des vaisseaux enfouis d'une époque reculée, 25.
— Ses îles montrent des stries glaciaires, 138.
MOLLANS est sur le littoral de la mer mollassique, 22.
MONTAINVILLE, dénudation qui s'y est opérée, 109.
— Origine des sables granitiques, 195.
— Alluvions verticales, 221.
— Glauconie supérieure, 227.
MONT-BLANC, hauteur que le granit y atteint, 7.
— Son étude géologique, 52.
— A fourni des matériaux au delta préhistorique de l'Arve, 201.
MONTE-BOLCA, accumulation de poissons fossiles, 355.
MONTE-CATINI, serpentine altérée, 235.
MONTE-CERBOLI, formation épigène du gypse, 335.
MONT-DORE, sa formation volcanique, 78.
MONTÉLIMAR, ses pavés basaltiques révèlent à Guettard l'existence des volcans d'Auvergne, 62.
MONTEREAU, sable de l'argile plastique, 230.
— Sable quatzeux éruptif, 306.
MONTGAILLARD, alluvions verticles, 240.

MONGOLIE, ses steppes fournissant des matériaux aux pluies de poussières qui tombent sur la Chine, 254.
MONTOIRE, ses tourbières, 375.
MONTRÉAL, traces de soulèvements récents, 41.
MONTREUIL, ses mollusques quaternaires, 418.
MONTSOURIS (parc de), grès moyen pétri de coquilles, 290.
MONT-VALÉRIEN a dû être entouré par la Seine, 265.
MORTE (mer), sa composition comparée à celle de l'Océan, 329.
MORVAN a fourni des matériaux au diluvium de la Seine, 265.
MUKO-MUKA, tremblement de terre de 1855, 17.
MURAT, colonnades basaltiques, 57-81.
MURTNER, lac dans son voisinage déprimé par le tremblement de terre de 1755, 13.

NAMUR (environs de), houillères embrasées, 190.
NANTERRE, cristaux de quartz des caillasses, 224.
NAPLES, ses lézards comparés à celui de Capri, 389.
NATCHEZ, îles de boue, 244.
NAUMOISE, liaison de la tourbe au lignite, 376.
NEBRASKA, *acerotherium* qu'on y a découvert, 394.
NELSON (environs de), soulèvement des terres, 29.
NEMOURS, poudingues siliceux supra crétacés, 117.
— Poudingue siliceux, 232.
NEUFCHATEL (lac de), ses eaux soulevées lors du tremblement de terre de 1755, 13.
— Chronomètre naturel qu'on y a observé, XV.
NEUSALZWERK, gisement du sel gemme, 326.
NEVACHE, dénudation dans son voisinage, 109.
NEVADA DE TOLUCA, sa hauteur, 248.
NEWCASTLE, affaissement du sol dans les houillères, 153.
NEWHAVEN, on y voit une station antique minée par la mer, 121.
NEW-JERSEY (État de), ses mines de cèdres, 376.

New-York (État de) limité par le Niagara, 172.
— Origine organique de certaines marnes, 355.
Niagara, traces de soulèvements récents, 41.
— Recul de ses chutes dû à l'action érosive de la rivière, 172.
Nil, ses atterrissements, 276.
— Ses alluvions constituent un véritable chronomètre, xvi.
Ningpo, pluies de poussières, 252.
Niort, la mer y arrivait encore à une époque peu ancienne, 27.
Noire (mer), traces de soulèvements récents dans ses environs, 38.
Noisy-le-Sec, gypse disséqué par les pluies, 188.
— Décoloration des marnes bleues à l'air libre, 244.
Nord (département du), disposition relative des terrains houillers et paléozoïques, 53.
Nord-Hollande communiquait anciennement avec Texel, 130.
Nord (mer du), présence de coquilles vivantes semblables aux fossiles des plages soulevées de la Scandinavie, 36.
Nordstrand (île de), sa corrosion par la mer, 131.
Normandie, ses côtes s'affaissent lentement, 26.
— On y voit des montagnes en voie de disparition, 54.
— Dépôt des sédiments marins actuels sur des roches anciennes, 113.
— Exploitation de la tangue, 353.
— Poulain ayant certains caractères des hipparions, 396.
Norwège, on y ressent le tremblement de terre de 1755, 14.
— Plages soulevées, 36.
— Roches rabotées par le phénomène glaciaire, 138.
— Limon rouge laissé par la fusion de la neige, 220.
— Accumulation des coquilles sur ses côtes, 353.
Nouvelle-Bretagne, ses tourbières, 375.
Nouvelle-Grenade, volcan sous-marin, 75.
Nouvelle-Orléans, eau de puits, 243.

Nouvelle-Zélande, sources chaudes siliceuses, 311.
Novion, grès à phosphate de chaux, 230.
Noyen, on y voit une fausse rivière de la Seine, 179.
Nuages (baie des), tremblement de terre de 1855, 17.
Nyons est sur le littoral de la mer mollassique, 22.

Oberland-Bernois, source apparue lors du tremblement de terre de 1755, 13.
Oberstein, agates dans les amygdaloïdes, 86.
Océan, sa composition comparée à celle de la mer Morte, 327.
Océanie, ses récifs madréporiques, 354, 358.
Ohio, iles de boue, 244.
Oise (affluents de l'), leurs tourbières, 375.
Oise (département de), couche de galets siliceux sur l'argile plastique, 116.
— Dénudation exercée par les eaux sauvages, 163.
— Ses cendrières, 189.
— Pseudogalets de Coye, 266.
— Oxydation de ses cendres pyriteuses, 332.
— Liaison de la tourbe au lignite, 376.
Olonetz (arrondissement d'), exploitation de fer des marais, 331.
Onéga (lac), minerais des marais dans ses environs, 331.
Onival, son coteau fait suite à la falaise d'Ault, 106.
Ontorio (lac), traces de soulèvements récents, 41.
— Son altitude, 172.
Oporto, effets du tremblement de terre de 1755, 12.
Oran, soulèvements récents, 40.
Orizaba, dépôt sur ses flancs du terrain météorique, 247.
Orokeikorako, sources chaudes et siliceuses de cette vallée, 313.
Oueg du Chensy, soulèvements de montagnes, 40.
Oural, son pied était baigné par la mer à l'époque tertiaire, 38.
Ourcq (vallée de l'), ses tourbières, 375.

OUSE (l') est un des affluents de l'Humber, 275.

OVIFAK, fer natif, 90.

PACIFIQUE (océan), traces de soulèvements sur son littoral, 44.

PACIFIQUE (îles du), gisement de guano, 364.

PADOLE (la), traces d'action glaciaire, 416.

PAOLE, pluie de poussières, 252.

PALATINAT, pluie de poussières, 252.

PAPA-STOUR, démolition des rochers par la mer, 131.

PAMPAS (les), origine de leurs pépérinos, 76.

— Paraissent représenter un fond de mer récemment desséché, 281.

PANTIN, gypse disséqué par les pluies, 188.

— Décoloration des marnes bleues du gypse, 344.

PANBOUK-KELESSI, amas calcaire de formation actuelle, 308.

PARIOU, corrosion de sa coulée par les eaux sauvages, 164.

PARK (province du), dénudation qu'on y observe, 111.

PARIS, Profondeur à laquelle on trouverait le granit, 7.

— Sériation de ses îles, 205.

— Ses puis artésiens fournissent des alluvions verticales, 219.

— Abondance des coquilles dans son calcaire grossier, 352.

— Tourbe peine d'infusoires, 367.

— Description du *Palœotherium*, 393.

— Allures du terrain jurassique, 49.

— Variation des couches qui recouvrent immédiatement la craie, 105.

— Apparence de stries glaciaires, 143.

— Inclinaison des couches stratifiées vers la Seine, 152.

— Disposition des méandres de la Seine, 178.

— Composition de son diluvium, 197.

— Disposition lenticulaire du gypse, 281.

— Horizons géologiques marqués par des bancs d'huîtres, 354.

— Ses tourbières, 275.

— Traces d'actions glaciaires, 416.

PAS-DE-CALAIS, son élargissement incessant, 123.

PASSE-A-LOUTRE, îles de boue, 243.

PASSY, son puits artésien fournit des alluvions verticales, 219.

PATAGONIE, ses dunes, 258.

PAYS-BAS, leurs dunes, 258.

PECKELOH, pluie de poussières, 256.

PEKING (environs de), fournissent des matériaux aux pluies de poussières du Honan, 254.

PÉLICAN (anse du), sources siliceuses chaudes, 325.

PÉNINSULE SCANDINAVE, soulèvements et affaissements lents qu'on y observe, 23.

PENJAB, trombes de poussières, 250.

PÈGUE (le), est sur le littoral de la mer mollassique, 22.

PERETA, formation actuelle de l'alunite, 334.

PERM, grès cuprifère, 103.

— Forêts fossilisées, 355.

PÉROU, soulèvement récent de ses côtes, 29, 45.

— Guano qu'on exploite sur ses côtes, 364.

PESTCHORA (vallée de la), traces de soulèvements, 39.

PETROWSKAYA, fossiles végétaux de son calcaire carbonifère, 413.

PIAVE (le), son delta, 270.

PIC DE SANCY, sa hauteur, 78.

PICHINCHA, sa forme, 64.

PIKERMI, accumulation de mammifères fossiles, 355.

— Le *Rhinoceros pachygnathus*, 393.

PILLAZ (mont), failles qui l'ont produit, 108.

PITON DES NEIGES, éboulement causé par les pluies, 147.

PLANITZ, tripoli à diatomées, 366.

PLATA (la), tremblement de terre, 30.

PLATEAU (province du), dénudation qu'on y observe, 111.

PLOMB DU CANTAL, sa hauteur, 80.

PLOMBIÈRES, zéolithes de formation contemporaine, 97.

PLUMSTEAD, forêt submergée, 31.

PLYMOUTH, puissance de démolition des vagues de la mer, 117.

PÒ (le), son avancement sur l'Adriatique, 201.

— Son delta, 270.

PO DI PRIMIARO, ses alluvions ont rattaché Ravenne au continent, 272.

POISSY, puits naturels du calcaire grossier, 183.

POITOU, son littoral se soulève lentement, 26.

POLÉSINE DE ROVIGO, déplacement du Pô, 273.

POLOGNE, pluies de poussières, 252.

POMÉRANIE, oscillations de la mer lors du tremblement de terre de 1755, 14.

PONTORSON était anciennement relié au Mont-Saint-Michel, 26.

PONZA (île de), pechstein sphéroïdal, 74.

POPOCATEPETL, dépôt du terrain météorique sur ses flancs, 247.

PORRENTRUY, bancs de polypiers fossiles, 355.

PORTLAND (baie de), en Australie, plage soulevée, 45.

— Forêt fossile de l'époque jurassique, 47, 355, 369.

— Transport de galets par la mer, 117.

— Démolition de ses falaises, 121.

PORT-NICHOLSON, tremblement de 1855, 16.

PORTUGAL, ses montagnes ébranlées par le tremblement de terre de 1755, 12.

— Porphyres actuels fort analogues à ceux du crétacé, 400.

PORT-VALAIS, s'éloigne du lac de Genève depuis les Romains, 199.

POUZZOLLES (environs de), soulèvements et affaissements lents, 27.

PROVENCE, sources troublées par le tremblement de terre de 1755.

— Ses côtes présentent des cordons littoraux, 278.

PRUDELLE (plateau de), corrosion des formations volcaniques par les eaux sauvages, 164.

PRUSSE, poudingue à ciment de galène, 103.

— Gisement de sel gemme, 325.

PULTAWA, pluie de poussière, 252.

PURBECK, blocs glaciaires de l'époque crétacée, 142, 417.

PUSTERTHAL, pluie de poussière, 251.

PUTEAUX, cristaux de quartz des caillasses, 224.

— Accumulation de poissons fossiles, 355.

PUY-DE-DÔME, allure du trachyte, 58.

PUY-DE-DÔME, pointement trachytique, 84.

PYRÉNÉES (chaîne des), agitée par le tremblement de terre de 1755, 13.

— Allures des ophites, 58.

— Cirques d'éboulement, œuvre des pluie, 146.

— Leur hauteur est à rapprocher de leur âge peu ancien, 165.

QUEENSTOWN, allure du Niagara, 173.

QUERCY, argile rouge qui sert de gangue à la phosphorite, 220.

QUEYLIN (roche de), dénudation dans son voisinage, 109.

RAMBOUILLET (environs de), on y trouve des dunes miocènes, 260.

RAUSIS, pluie de poussière, 255.

RAVENNE s'éloigne de la mer, 201.

— a été rattachée au commencement par les alluvions de ses fleuves, 272.

ROCHEMAURE, courant de lave basaltique qu'on y observe, 82.

RECULET (chaîne du), dénudation qui s'y est opérée, 108.

REMAGEN, pluie de poussière, 256.

REINEK, pluie de poussière, 256.

RÉUNION (île de), désastre causé par les pluies, 147.

REUS (le), ses alluvionnements, 272.

RHIN (plaine du), failles qui la caractérisent, 9.

— Son delta dans le lac de Constance, 199.

— Disposition de ses graviers aurifères, 206.

RHÔNE, son delta, 274.

— Ses eaux proviennent des glaciers, 135.

— (bassin méridional du), la mer s'en est retiré successivement, 23.

— dépôt de transport à sa jonction avec l'Arve, 198.

— (glacier du) a fourni des matériaux au terrain erratique de la Suisse occidentale, 208.

RIEGELSDORF, sable dans un filon concrétionné, 95.

RIGHI, sa situation, 151.

RILLY, son sable est une dune, 260.

— Origine de son sable, 306.

RIMUTAKA (collines de), tremblement de terre de 1855, 17.

Rio-Bamba, secousse verticale éprouvée en 1797, 15.

Rio-Colorado, cañon qu'il a creusé, 177.

Ripaille (torrent de), couches qu'il stratifie, 202.

Ritton, pilastres erratiques, 159.

Rivolet (dent de), failles qui l'ont produite, 108.

Roche Corneille, épaisses couches de peperinos, 83.

Rochelle (la), était anciennement en mer, 27.

Roche-Maure (rocher de), il est de nature basaltique, 62.

Rodrigues (île), disparition récente du solitaire, 387.

Romainville, grès supérieur pétri de coquilles, 290.

— Décoloration des marnes bleues du gypse, 314.

Rome (environs de), routes antiques pavécs en basalte, 62.

— Origine des tufs volcaniques qu'on y voit, 75.

— Sources calcaires incrustantes, 307.

Romery, alternances répétées de calcaire compacte et de calcaire sableux, 287.

Roumélie, traces de soulèvements récents sur son littoral. 40.

Ropel (le), plages soulevées à son embouchure, 42.

Rossberg, éboulement causé par les pluies, 151.

Rotembourg, pluie de poussière, 252.

Rothi (le), aspect de la plaine du Rhin vue de son sommet, 9.

Rotten (village de), catastrophe causée par les pluies, 152.

Rotterdam, secousse ressentie pendant le tremblement de terre de 1755, 14.

Rouge (mer), il s'y fait actuellement des conglomérats à ciment calcaire, 287.

— Gisement de guano de ses îles, 364.

Royan, calcaire de formation actuelle, 288.

Russie, grès cuprifère, 103.

— pluie de poussière.

— exploitation du fer des marais, 331.

— Forêts fossilisées, 355.

Saalfeld, pluie de poussière, 252.

Saas (vallée de), a fourni des matériaux au terrain erratique de la Suisse occidentale, 208.

Sabine (rivière), marécages qui se rattachent au delta du Mississipi, 276.

Sables d'Olonne (les) offrent des traces de soulèvements récents, 26.

Sahara (désert de), ses dunes, 258.

— paraît être un fond de mer récemment desséché, 281.

Sainte-Adresse, son emplacement remplacé par le banc de l'Éclat, 120.

Saint-Bernard (vallée du), a fourni des matériaux au terrain erratique de la Suisse occidentale, 208.

Saint-Christophe (butte), sa constitution, 110, 187.

Saint-Etienne, forêts fossiles de l'époque houillère, 46, 355, 369.

— (environs de), houillères embrasées, 189.

Saint-Eyriès, marnes subapennines, 22.

Saint-Florentin (environs de), grès à inocérames, 229.

Saint-Genies (tour de), sa situation, 275.

Saint-Gervais, cheminées des Fées, 156.

Saint-Gingolph est sur une ancienne terrasse lacustre, 201.

Saint-Gothard, sa structure en éventail, 51.

— pluie de poussière, 252.

Saint-Jacob (Tyrol), pluie de poussière, 255.

Saint-Martin (village des Alpes), pilastres erratiques, 158.

Saint-Martin (Oise), dénudation exercée par les eaux sauvages, 164.

Saint-Mathieu (cap), accumulation de coquilles, 353.

Saint-Maur, boucle de la Marne, 179.

Saint-Maurice a fourni des matériaux au terrain erratique de la Suisse occidentale, 208.

Saint-Michel (île), ses sources siliceuses chaudes, 312.

Saint-Michel (mont), était anciennement relié à Pontorson, 26.

— Sa séparation est l'œuvre de la mer, 132.

SAINT-MICHEL, altération du granit, 190.

— Sa grève représente un fond de mer, 280.

— Enfouissement des coquilles dans la vase marine, 351.

SAINT-NICOLAS (vallée de), a fourni des matériaux au terrain erratique de la Suisse occidentale, 208.

SAINT-PAUL-TROIS-CHATEAUX est sur le littoral de la mer mollassique,

SAINT-POL-DE-LÉON, canton détruit par la progression des dunes, 259.

SAINT-VALERY, profondeur de la Manche, 126.

— Atterrissement de la Somme, 279.

SAINTE-ALLYRE, ses sources donnent des dépôts calcaires, 307.

SAINTE-HÉLÈNE, abondance des dykes de lave, 69.

SAINTE-SABINE, serpentine grenatique, 236.

SAINTONGE, son littoral se soulève lentement, 26.

SALAZES (chaîne des), sa constitution, 150.

SALAZIE (cirque de), éboulement causé par les pluies, 147.

SALIES, sources salées, 326.

SALINS, sources salées, 326.

— bancs de polypiers fossiles, 355.

SALZBOURG (environs de), pluie de poussière, 255.

SAN-ANTONIO (vallée de), traces de soulèvements récents, 43.

SAN-FILIPPO, sources calcaires incrustantes, 307.

SAN-MIGUEL, éruption volcanique sous-marine, 75.

SAN-SALVADOR, action des pluies sur son sol, 147.

SANSAN, accumulation de mammifères fossiles, 355.

— Caractère de ses antilopes, 396.

SANK (île de), son origine et ses accroissements, 276.

SANTA-FIORE, tripoli à diatomées, 366.

SANTERNO (le), ses alluvionnements, 272.

SANTO-LORENZO (île), soulèvement lent, 29.

SANTORIN, volcan sous-marin, 75.

SARATOGA, sources salées, 326.

SARDAIGNE, plages soulevées, 38.

SARDAIGNE, sa phosgénite comparée à celle de Bourbonne, 103.

SARREBRUCK, houillères embrasées, 190.

SAVONE (montagnes de), brèches serpentineuses, 236.

SAXE, développement des rétinites, 87.

— On y emploie le kaolin normal, 192.

— Serpentines grenatiques, 236.

— Tripoli à diatomées, 366.

SCANIE, affaissement lent de son sol, 26.

SCANDINAVIE, soulèvement et affaissements lents qu'on y observe, 23.

— Plages soulevées, 36.

— Rabotage glaciaire dont on y observe les effets, 137.

— Marmites des géants, 167.

SCEAUX (environs de), rognons calcaires dans les marnes vertes, 301.

SCHELLING (île de), son ancienne situation, 130.

SCHLESWIG, plages soulevées, 37.

SEINE, disposition de ses méandres, 178.

— (département de la), détermination qu'on y peut faire d'un point du littoral d'une mer tertiaire, 115.

— (vallée de la), son sol subit un exhaussement lent, 265.

SEINE-INFÉRIEURE (département de la), la vase marine actuelle s'y dépose sur la craie, 113.

— Valeur de la démolition annuelle des côtes par la mer, 124.

SEINE-ET-MARNE (département de), poudingues siliceux suprà-crétacés, 117.

SELLA (lac de), sa constitution géologique, 51.

SEMO (le), ses alluvionnements, 272.

SENLIS, ancienne voie romaine, 164.

SENS (environs de), pluie de poussière, 252.

SEPTMONTS, pseudogalets qu'on y observe, 266.

SERAPIS (temple de), mouvements lents de son sol, 27.

SESTRI DI PONENTE, serpentine bréchiforme, 236.

SEUDRE (la), ses tourbières, 375.

SEVERN, traces de soulèvement sur ses bords, 35.

SÈVRES, on y emploie le kaolin normal, 192.
— Glauconie supérieure, 227.
SHANGHAÏ, pluie de poussières, 254.
SHEKBUDIN, orages de sables, 250.
SHERRYVORE (île), pression des vagues contre la côte, 119.
SHETTLAND (îles de), forces des vagues de la mer, 117.
— Dénudation des rochers par la mer, 132.
SHROPSHIRE, blocs glaciaires de l'époque permienne, 143, 417.
SICILE, volcan sous-marin, 75.
— Origine de ses pépérinos, 66.
SIENNE, pluie de poussières, 254.
SIERRA-LEONE (en mer devant), pluie de poussières, 255.
SIERRE, brèche glaciaire, 159.
SILE (le), son delta, 270.
SILÉSIE, sa phosgénite comparée à celle de Bourbonne, 103.
— Pluie de poussières, 252.
— Houillères embrasées, 190.
SIMPLON a fourni des matériaux au terrain erratique de la Suisse occidentale, 208.
SKAPTAR-JOKUL, abondance de la lave, 67-71.
SNÖHATTAN, stries glaciaires, 142.
SNOWDON, sa pente N. O. présente des cailloux roulés et des coquilles récentes, 35.
SŒDERTELJE (vallée de), dépôt coquillier récent, 25.
SŒST, pluie de poussières, 256.
SOISSONNAIS, caractères de sa formation ligniteuse, 269.
SOISSONS, ancienne voie romaine, 164.
— (Environs de), glauconie supérieure, 227.
— Conservation de ligament des huîtres éocènes, 352.
SOLEURE, caractère de l'argile glaciaire, 343.
SOLVITZBORG, c'est par cette ville que passerait la charnière autour de laquelle tourne la Scandinavie, 26.
SOMME (la), ses atterrissements, 278.
— (Bassin de la), ses tourbières, 375.
— (Embouchure de la), plaine de sédimentation récente, 166.
SOUABE, fossiles des dépôts de fer en grains, 324.

SOUND-OZÉRO (lac de), minerai de fer actuel, 331.
SPARK, dépôt récent dans ses environs, 39.
STADE, pluie de poussières, 252.
STAFFA (grotte de), colonnade basaltique, 57.
STAFFORDSHIRE, forêts fossiles de l'époque houillère, 47.
— Incendie des houillères, 190.
STALDEN, brèche glaciaire, 159.
STASSFURT, gisement du sel gemme, 32.
STAVEREN (comté de), son ancienne jonction avec la Frise, 131.
STAWROPOL, dépôt marin récent dans ses environs, 39.
STEAMBOAT-POINT, sources siliceuses chaudes, 315.
STEINBRUCH, pluie de poussières, 256.
STENNEWITZ, pluie de poussières, 252.
STOCKHOLM, les théologiens de cette ville condamnent Celsius, 24.
— (Environs de), leurs œsars, 25.
— Sillons glaciaires, 138.
STROMBOLI, il est en éruption permanente, 66.
— Poissons tués par les éruptions volcaniques, 356.
STUTTGARD, pluie de poussières, 252.
SUD (mer du), température de ses îles, 409.
SUÈDE, on y ressent le tremblement de terre de 1755, 14.
— Changement de niveau de la mer, 24.
— Notions chronométriques tirées de son soulèvement lent, XVII.
— Sillons glaciaires, 138.
— Limon rouge laissé par la fusion de la neige, 220.
— Abondance des coquilles dans ses calcaires siluriens, 852.
SUISSE, pluie de poussières, 252.
— Fossiles des dépôts de fer oolithique, 324.
— Sources salées, 326.
— Comparaison des dépôts appartenant aux âges glaciaires, 343.
— Antiquités trouvées dans les tourbières, 374.
SUISSE OCCIDENTALE, composition de son terrain erratique, 208.
SULPHUR MOUNTAIN, sources siliceuses chaudes, 315.

SUMATRA (Île de), volcan à six cratères, 66.

.SUNGERN (vallée de), traces d'anciens glaciers, 212.

SUPERGA, blocs glaciaires de l'époque miocène, 142, 417.

SUSSEX, révolution de ses côtes par la mer, 121.

SYRIE, pluie de poussières, 252.

TABLE (montagne de la), sa séparation récente, 41.

— (baie de la), plages soulevées, 41.

TAGE, effets qu'il éprouva pendant le tremblement de terre de 1755, 11.

TAGLIAMENTO (le), son delta, 270.

TAÏTI, ses atolls, 359.

TAI-TONG-FOU, soulèvement de montagnes, 40.

TAMISE, traces d'affaissements récents sur ses bords, 35.

TAMPICO, traces de soulèvements récents 44.

TANGENEZ, on y ressent le tremblement de terre de 1755, 14.

TAPFTS (les), gisement de soufre stratiforme, 334.

TARARNA (montagnes), tremblement de terre de 1855, 17.

TAULIGNAN est sur le littoral de la mer mollassique, 22.

TCHANAK-KELESSI, pluie de poussières, 255.

TEGHAZA, abondance du sel gemme, 281.

TÉNÉBREUSE (mer) fournit des matériaux aux pluies de poussières, 251.

TENERIFFE, allure du trachyte, 58.

— Petitesse de son cratère, 66.

TERRANNOVA, effet du tremblement de terre de 1783, 16.

TERRE DE BUSS, son affaissement lent, 30.

TERRE-DE-FEU, soulèvement lent, 29.

— Ses tourbières, 374.

TERRE-NEUVE (banc de), son origine erratique, 217.

— Ses tourbières, 275.

TESSIN, son delta dans le lac Majeur. 199.

TÊTE-DE-L'INCA, ce que c'est, 64.

TÉTOUAN, on y ressent le tremblement de terre de 1755, 14.

TEXEL (Île de), son ancienne situation. 130.

THANN, euritine fossilifère, 87.

THIAIS, marnes à huîtres respectées par le prétendu rabotage diluvien, 145.

THIELLE (pont de), chronomètre naturel qu'on y a observé, xv.

THIVERVAL, sable éruptif, 231.

THONON est sur une ancienne terrasse lacustre, 201.

THORIGNY, origine de son albâtre gypseux, 188.

TINIÈRE (la), chronomètre naturel fourni par son delta, xv.

TIVOLI, formation actuelle des pisolithes calcaires, 310.

TOI (canal de), déplacements du Pô. 273.

TOLFA (la), formation actuelle de l'alunite, 334.

TO-RO-WEAP, vue du grand cañon du Rio-Colorado, |177.

TOSCANE, brèche serpentineuse, 235.

— Formation épigénique de l'alunite et du gypse, 334.

— Tripoli à diatomées, 366.

TOULON (environs de), accumulation d'hippurites, 354.

TOUZLASOU (vallée de), abondance du sel gemme, 327.

TRENT (le) est un des affluents de l'Humber, 275.

TRÉPORT, consistance de sa craie, 129.

— Galets fournis par ses falaises, 279.

TRE-PORTI, l'un des ports de Venise. 271.

TREUIL, forêts fossiles de l'époque houillère, 46, 369.

TRIEL, puits naturels du calcaire grossier, 183.

TRITTHORN, sa constitution géologique, 51.

TROLLY-BREUIL, glauconie supérieure, 227.

TSY-CHY (gorge de) a servi de déversoir à d'anciennes mers intérieures. 40.

TUCHERBAND, pluie de poussières, 252.

TURIN, effets qu'on y ressent du tremblement de terre de 1755, 13.

TULETTE, on y trouve les assises supérieures de la mollasse, 22.

TURQUIE, son calcaire à Viquesnelia, 352.

TYROL, pilastres erratiques, 159.

— Pluie de poussières, 255.

Tyrol, ses montagnes fournissent des matériaux au delta du Pô, 270.

Udine, pluie de poussières, 251.

Uinta, énergie de la dénudation, 111.

Unkelstein, pluie de poussières, 256.

Upsal, les théologiens de cette ville condamnent Celsius, 24.

— (environs de), ses œsars, 25.

Uri (trou d'), sa constitution géologique, 51.

Ursière, brèche glaciaire, 159.

Uruguay, agates dans les amygdaloïdes, 86.

Useignes, pilastres erratiques, 118.

Ust-Urt (plateau d'), âge des couches marines qui le forment, 39.

Utah, énergie de la dénudation, 111.

Uzor (mont), allure du porphyre, 58.

Vaga (la), traces de soulèvement à son embouchure, 37.

Vailly, silification de tiges végétales, 350.

Valais, pilastres erratiques, 158.

— Traces d'anciens glaciers, 213.

Valérien (mont), respecté par le prétendu rabotage diluvien, 145.

Vallorsine a fourni des matériaux au terrain erratique de la Suisse occidentale, 208.

Valmondois, puits naturels du calcaire grossier, 183.

Valparaiso, soulèvement lent, 29.

— Plages soulevées, 43.

Valréas, on y trouve les assises supérieures de la mollasse, 22.

Van Diémen, plages soulevées, 45.

Vanves, effondrement du sol dû à des pluies, 155.

Varreddes, puits naturels du travertin de Saint-Ouen, 186.

— Lithomarge de ses puits natur^ls, 219.

— Exemple de colonies, 384.

Vaucluse (département de), gisement de soufre stratiforme, 334.

Vaugirard, composition de la glauconie supérieure, 227.

Vauxbuin, glauconie supérieure, 227.

Vendée, allure du terrain jurassique parisien sur ses flancs, 49.

— Ses dunes, 258.

— Tourbe dérivée de plantes marines, 376.

Vernon, faille remplie par les alluvions verticales, 225.

Venise est établie sur plusieurs îles de formation récente. 271.

Veronais, origine de ses pépérinos, 76.

Verte (île), son exhaussement récent, 45.

Vésuve, son éruption s'arrêta lors du tremblement de terre de 1755, 13.

— Les variations de son cratère, 65.

— Son allure, 66.

— Laves prismatiques, 74.

Vevey est sur une ancienne terrasse lacustre, 201.

— Caractères de l'argile glaciaire, 343.

Vicentin, allures du basalte, 57.

— Origine de ses pépérinos, 76.

Vienne, on y emploie le kaolin normal, 192.

Villars (dans les Alpes), pilastres erratiques qu'on y observe, 158.

Villars (Puy-de-Dôme), corrosion des formations volcaniques par les eaux sauvages, 164.

Villejuif, marnes à huîtres respectées par le prétendu rabotage diluvien, 145.

Villeneuve-Saint-Georges, grès poli par les intempéries, 268.

Villers-Cotterets (environs de), liaison de la tourbe au lignite, 376.

Vintimille, les falaises y sont protégées par des animaux fixés, 125.

Vire, structure en éventail des collines, 54.

Virginie, couches tertiaires à diatomées fossiles, 367.

— Ses tourbières, 375.

Visan, on y trouve les assises supérieures de la mollasse, 22.

Vitry, sa constitution géologique, 145.

Vivarais, les basaltes y abondent, 62.

— Colonnades basaltiques, 84.

Vivray (le), glauconie supérieure, 229.

Vlieland (île de), son ancienne situation, 130.

Volga, dépôt récent sur ses bords, 39.

Voltri, brèche serpentineuse, 236.

Volvic, téphrine cellulaire, 84.

Vosges, indiquent l'épaisseur des couches qui ont disparu dans la plaine du Rhin, 9.

Vosges (département des), zéolithes de formation contemporaine, 97.
— Serpentine grenatique, 236.

Waigatt (détroit de), basalte à fer natif, 90.
Waikato (rivière), sources siliceuses chaudes près de ses rives, 313.
Wairarapa (plaine de), tremblement de terre de 1855, 17.
Wairan (rivière de), tremblement de 1855, 19.
Walsend, affaissement du sol dans les houillères, 153.
Wangerland, sa destruction sous l'action de la mer, 131.
Wangeroode (île de), c'est un débris de l'ancienne terre de Wangerland, 131.
Waxholm, stries glaciaires, 138.
Weixelstein, pluies de poussières, 256.
Wellington, tremblement de terre de 1855, 17.
Wesserling, traces d'anciens glaciers, 414.
Whirlpool, érosion due au Niagara, 175.
Wierirgen (île de), son ancienne liaison avec la terre ferme, 130.
Wight (île de), profondeur de la Manche, 126.

Wolverhampton, forêts fossiles de l'époque houillère, 47.
Woolwich, traces d'affaissements récents, 35.
Worcestershire, blocs glaciaires de l'époque glaciaire, 143, 417.
Wurtenberg, manière dont la chaîne de la Forêt-Noire s'incline vers lui, 9.
— Pluie de poussières, 252.
— Coprolithes qu'on y recueille, 363
Wyoming, *Hyrachyus* qu'on y a découvert, 395.

Yao (déluge d'), sa cause, 40.
Yellowstone, sources siliceuses chaudes, 313.
Yonne (département de l'), grès à inocérames, 229.
Yorkshire, apparence de stries glaciaires à l'époque dévonienne, 143.
— Est borné par l'Humber, 275.
— Dykes qu'on y observe, 70.
Yssel, son ancien cours, 130.
Yun-Nan, soulèvement de montagnes, 40.

Zélande (Nouvelle-), tremblement de terre de 1855, 16.
Zœblitz, serpentine grenatique, 236.
Zug (lac de), sa situation, 151.
Zurich, pluie de poussières, 254.
Zuyderzée, son origine, 130.

TABLE ALPHABÉTIQUE

DES NOMS PROPRES CITÉS

ADRIEN, monnaies à son effigie trouvées à Bourbonne, 101.

AGASSIZ, chronométrie fournie par les coraux de la Floride, XVI.

— Sillons et stries glaciaires, 138.

— Étude du terrain glaciaire, 214.

ALLEIZETTE (d'), Calcul de la dénudation, 107.

ALTING, envahissements de la mer en Hollande, 130.

ANDREW TALCOTT, mud lumps du Mississipi, 241.

ANGELOT, origine du sel, 329.

ANTONIN, description de l'emplacement de Douvres, 122.

ARAGO, comparaison des montagnes lunaires avec les volcans terrestres, 91.

ARCHANDER, affaissement lent du Groënland, 32.

ARCHIAC (d'), soulèvements récents, 35-36.

— Son opinion sur le poudingue de Nemours, 117.

— Son opinion sur le forage des puits naturels, 186.

— Conditions de formation des tourbières, 372.

AUGUSTE, monnaies à son effigie trouvées à Bourbonne, 101.

— Situation de Ravenne à son époque, 272.

AYMARD, mammifères fossiles, 391.

BAACH, carte topographique de la Manche, 127.

BABBAGE, mouvements du temple de Serapis, 21.

BARDEEN (Ivor), la terre de Buss, 31.

BAROULLIER, formation artificielle de la houille, 367.

BARRANDE, théorie des colonies, 383.

BASINER, plages soulevées, 39.

BECQUEREL (A.), altération du granit, 191.

BELGRAND, son opinion sur le creusement des vallées, 143.

— Origine des terrains diluviens, 204.

— Exhaussement lent du bassin de la Seine, 265.

BENOÎT, coupes géologiques du Jura, 108.

BERGHAUS, tremblement de terre de Lisbonne, 12.

BERTHIER, décomposition du feldspath, 194.

BINNEY, structure des tiges de Calamodendron, 412.

BIOT (Ed.), ancienne existence de la mer dans le désert de Gobi, 40.

BLAINVILLE, mammifères fossiles, 391.

BORLASE, faille produite par un tremblement da terre, 18.

BORY DE SAINT-VINCENT, description des laves de Bourbon, 71.

BOSCOWITZ, tremblement de terre de Lisbonne, 11.

BOUNICEAU, recul annuel des falaises du Calvados et de la Seine-Inférieure, 124.

BOURGUIGNAT, température des environs de Paris à l'époque quaternaire, 413.

BOUSSINGAULT, exemple de la formation rapide de la terre végétale, 370.

Brard, transport des blocs erratiques, 212.

Bravais, opinion sur le mouvement des côtes de France, 26.

Brongniart (Al.), forêts fossiles du terrain houiller, 46.

— Forêts fossiles de la mine dn Treuil, 369.

— Différenciation mutuelle des couches stratifiées par leurs fossiles, 381.

— Origine du kaolin, 162-194.

Brongniart (Adolphe), climat de la période houillère, 408.

Buckland, soulèvements récents, 35.

Buffon, expériences sur la fusion des roches, 6.

— Ses vues sur l'histoire de la terre, XI.

Cabot (Sébastien), voyages dans les régions artiques, 31.

Calvert, pluies de poussières: 256.

Calverty, pluies de poussières, 255.

Carpenter, origine de la craie, 361.

— Climatologie de la planète Mars, 422.

Celsius, soulèvement lent de la Scandinavie, 23.

César, description de l'emplacement de Douvres, 122.

Chambreland, alios des Landes, 261.

Chamisso, description des atolls, 358.

Charpentier (de), origine des pilastres erratiques, 158.

— Caractères du terrain glaciaire, 207.

Chevreul, composition de la matière noire de l'alios, 261.

Claussen, chronométrie fournie par les cavernes du Brésil, XVI.

Clarke (W.-B.), plages soulevées au cap de Bonne-Espérance, 41.

Clift, éléphants fossiles, 399.

Cloëz, carbure d'hydrogène dégagé par la dissolution de la fonte de fer, 91.

— Composition de la matière noire de l'alios, 261.

Colladon, terrain d'alluvion à Genève, 199.

Collomb, traces glaciaires aux environs de Paris, 416.

Constant, monnaies à son effigie trouvée à Bourbonne, 101.

Coquand, tourbe produite par des plantes marines, 376.

Corda, influence du climat sur la structure des plantes, 408.

Crantz, la terre de Buss, 31.

Croll, causes astronomiques des climats terrestres, 422.

Cuvier, ses disciples opposés à la doctrine des causes actuelles, XIII.

Dana, description des laves d'Hawaï, 71.

Darwin, opinion sur la mobilité constante du sol, 26.

— Mouvements de la côte de l'Amérique du sud, 28.

— Observation de soulèvements récents, 34-42-45.

— Glaces flottantes, 216.

— Pluies de poussières, 251.

— Densité des calcaires actuels de l'Ascension, 287.

— Caractères des îles madréporiques, 359.

— Formation de la tourbe dans l'Amérique méridionale, 374.

Daubrée, imitation expérimentale de la structure en éventail des chaînes de montagnes, 32.

— Zéolithes contemporaines à Plombières, 97.

— Zéolithes contemporaines à Luxeuil, 99.

— Minerais de filons contemporains à Bourbonne, 100.

— Origine des graviers glaciaires, 142.

— Cristallisation du quartz dans l'eau suréchauffée, 225.

— Distribution de l'or dans les graviers du Rhin, 205.

— Sables diamantifères du Cap, 233.

— Origine du minerai de fer des marais, 262, 332.

— Anthracite artificielle, 377.

Dawson, influence du climat sur la structure des tiges végétales, 413.

Deleschaux, effondrement du sol de Lons-le-Saulnier, 157.

Delesse, analyse de grès cristallisé, 297.

— Origine du gypse, 322.

Deramond, éboulement de la Réunion, 150.

Des Cloizeaux, sables diamantifères du Cap, 233.

Deshayes, bithynies parisiennes; 116.

Desmarets, son opinion sur l'ancienne jonction de la France et de l'Angleterre, 125.

Deville (Marie), transport des blocs erratiques, 212.

Dolfuss, origine de l'argile à silex, 306.

Domitien, monnaies à son effigie trouvées à Bourbonne, 107.

Dufrénoy, structure colonnaire du porphyre, 87.

Dunn, origine du diamant du Cap, 234.

Ebelmen, décomposition des silicates, 193.

Ebray, calcul de la dénudation, 107.

Ehrenberg, poussières atmosphériques, 151, 257.

— Nombre des foraminifères, dans les sables marins, 366.

Eimer, lézard d'espèce nouvelle apparu à Capri, 388.

Élie de Beaumont, Constitution de la plaine du Rhin, 9.

— Les bossellements généraux, 33.

— Son opinion sur les couches transgressives d'âges différents d'un même bassin, 49.

— Distribution régulière des chaines de montagnes, 50.

— Structure colonnaire du porphyre, 87.

— Envahissements de la mer en Hollande, 130.

— Origine de l'eau qui ruisselle des glaciers, 135.

— Dunes des Pays-Pas, 258.

— Atterrissements fluviatiles, 271.

— Soulèvements du sol dus à la formation du gypse, 335.

— Calculs relatifs à l'origine de la houille, 378.

Élisabeth (la reine), emplacement de Brighton sous son règne, 121.

Emo, formation du Zuyderzée, 130.

Fabre, delta du Rhône, 274.

Falconer, éléphants fossiles, 399.

Faustine (jeune), monnaies à son époque trouvées à Bourbonne, 101.

Favre (Alphonse), structure en éventail des chaines de montagnes, 52.

Faye, origine de l'alios, 262, 333.

Fellenberg (de), analyses de bronze antique, 102.

Filhol, mammifères fossiles, 391.

Fleurieu, carte du Groëland, 30.

Flight, diamants du Cap, 234.

Florentinus V, formation du Zuyderzée, 131.

Forbes (David), origine des diamants du Cap, 234.

Forchhammer, plages soulevées en Danemark, 37.

— Décomposition du feldspath, 194.

— Lignite et tourbe subordonnés aux dunes du Danemark, 262, 376.

Forshey, Mud lumps du Mississipi, 242.

Fournet, concrétions calcaires dans le lœss, 301.

— Effondrements du sol dus au passage des eaux souterraines, 155.

— Origine du kaolin, 192.

Fraas (Dʳ), origine du gypse, 324.

Friedel, déshydratation spontanée des silex, 321.

Frobisher, terre habitée de son temps et actuellement submergée, 31.

Gastaldi, blocs glaciaires de l'époque miocène, 142, 417.

Gaudry, fossiles du Léberon et de Pikermi, 355.

— Les enchaînements du monde animal, 390.

Gervais (Paul), mammifères fossiles, 391.

Godwin Austeen, blocs glaciaires de l'époque crétacée, 142, 417.

Gœthe, son opinion sur le transport des blocs erratiques, 214.

Goppert, influence de climat sur la structure des tiges végétales, 413.

Graah, la terre de Buss, 31.

Grand'Eury, forêts fossiles du terrain houiller, 46.

— Flore carbonifère de Saint-Étienne, 355.

— Climat de la période houillère, 407.

Gras (Scipion), géologie de la Drôme, 239.

Graves, dénudation par les eaux sauvages, 163.

Greppin, origine du gypse, 324.

Gressly, puits naturels de la Suisse, 220.

GRESSLY. origine du gypse, 323.

GUCKLADD, forêt submergée à l'embouchure de la Tamise, 36.

GUETTARD reconnaît la nature volcanique des roches d'Auvergne, 62.

GUIMPS (de), ancienne extension des glaciers, 212.

GUMBEL, coccolithes des sédiments actuels de l'Atlantique, 360.

GUTKESC, chute de poussières en mer, 257.

HALL (Basil), soulèvements récents à Coquimbo, 43.

HAUY, il appelle *aphanite* les diorites compactes, 60.

HÉBERT, classification des terrains fondés sur les mouvements verticaux du sol, 49.

— Caractères des formations geysériennes, 321.

— Origine du gypse, 324.

HEER, climat des périodes géologiques, 406.

HÉLÈNE (Maxime), atterrissement du Rhône, 199.

HENNEPIN, ancienne observation des chutes du Niagara, 174.

HIBBERT (Dr), force des vagues de la mer, 117.

HITCHKOCK, origine du fer des marais, 332.

HOCHSTETTER (Dr), concrétions siliceuses des geysers de la Nouvelle-Zélande, 313.

HONORIUS, monnaies à son époque trouvées à Bourbonne, 101.

HOOKER, transport des pierres par les glaces flottants, 217.

HOOKER (Dr), climat de la période houillère, 408.

HOMMAIRE DE HELL, soulèvements récents dans l'Europe orientale, 40.

HUMBOLDT, fréquence des tremblements de terre, 15.

— Forme générale des volcans des Andes, 63.

— Influence du climat sur la structure des plantes, 408.

HUTCHIN, éboulement de falaises en Dorsetshire, 121.

HUTTON, ses vues sur l'histoire de la Terre, XI.

HUXLEY. la craie moderne, 363.

JAMESON, observation de soulèvements récents, 888.

JOHNSTON, signification des mots *Actual causes*, IX.

KALM, ancienne observation des chutes du Niagara, 174.

KHANIKOFF (de), niveau comparé de la mer d'Aral et de la Caspienne, 39.

KLŒDEN, tremblement de terre de Lisbonne, 12.

KEYSERLING (de), plages soulevées, 38.

KEILHAU, stries glaciaires, 142.

LARTET, fossiles de Sansan, 355.

LAUDEL DICK, observation des parallel roads, 34.

LAURILLARD, mammifères fossiles, 391.

LAWRENCE SMITH, fer natif du Groënland, 90.

LAZZARO MORO, soulèvement lent de la Scandinavie, 24.

LEBLANC, forage des puits naturels, 186.

LECOQ (H.), sa description géologique de l'Auvergne, 77.

— Climats géologiquee, 419.

LEGUAT, le solitaire de l'île Rodriques, 387.

LESSEPS (de, coquilles fossiles d'eau douce de l'isthme de Suez, 355.

LENNIER, dénudation par la mer des falaises de La Hève, 124.

LINANT-BEY, chronométrie fournie par les alluvions du Nil, XVI.

LINDLEY, climat de la période houillère, 408.

LINNE, soulèvement lent de la Scandinavie, 24.

LLYOD, utilité des coraux, 358.

LOGAN (William), plages soulevées au Canada, 41.

LONSDALE, composition microscopique de la craie, 361.

LORTET (Dr), la terre de Buss, 30.

LORY, soulèvement successif des Alpes du Dauphiné, 21.

— Failles du Briançonnais, 109.

LYELL, son rôle dans la doctrine des causes actuelles, XII.

— Tremblement de terre de la Nouvelle-Zélande, 16.

— Opinion sur la lenteur du soulèvement des montagnes, 21.

LYELL, soulèvement de la Scandinavie, 24.
— Affaissement des côtes en Angleterre, 27.
— Terrasses des rivières du Massachussets, 42.
— Formation du banc de Chésil, 117.
— Rôle préservatif des galets contre l'action de la mer sur les falaises, 183.
— Affaissement du sol dans les mines de Wallsend, 153.
— Les pilliers de terre de Ritton, 159.
— Puissance de dénudation comparée des eaux savages et de la mer, 168.
— Recul des chutes du Niagara, 172.
— Terrain glaciaire, 214.
— Glaces flottantes, 215.
— Récifs madréporiques, 359.
— Son opinion sur les apparitions d'espèces organiques, 427.

MACCULOCH, observation des paralled road, 34.
MACWOGAN, pluie de poussière en Chine, 252.
MAGNENCE, monnaies à son effigie trouvées à Bourbonne, 101.
MALAGUTI, décomposition du feldspath, 194.
MALESHERBES reconnaît la nature volcanique des roches d'Auvergne, 62.
MANCO, formation du Zuyderzée, 130.
MANGON (Hervé), quantité de limon charié par la Durance, 207.
MANTELL (Walter), soulèvement permanent dû à un tremblement de terre, 17.
MANTELL, nombre des foraminifères dans la craie, 361.
MARCOU, structure des polypiers jurassiques, 355.
— Climat des périodes géologiques, 396.
MARÈS, description d'une caverne habitée par des hyènes, 365.
MARTINS (Charles), production des stries glaciaires, 136.
— Climat de Genève à l'époque glaciaire, 415.
MASKELYNE, diamants du Cap, 234.
MELLEVILLE, forage des puits naturels, 186.

MORLOT, chronomètre naturel de la Tinière, xv.
— Variations verticales des couches, 343.
MURCHISON, mouvement du sol de la Scandinavie, 26.
— Soulèvements récents, 35.
— Plages soulevées, 37.
MULLER (Karl), description de l'ancienne Helgoland, 132.
MURPHY, causes astronomiques des climats terrestres, 422.

NÉRON, monnaies à son effigie trouvées à Bourbonne, 101.
NORDENSKJOLD, fer natif d'Ovifak, 90.

ŒLLACHER, pluie de poussière, 255.
OGIER, origine de l'argile à silex, 306.
OLOF KRAMER, terre de Buss, 30.
OMALIUS - D'HALLOY, caractères des formations geysériennes, 321.
ORBIGNY (Alcide d'), plages soulevées dans l'Amérique du Sud, 44.
— Fossilisation, 346.
— Description des amas d'hippurites de la montagne des Cornes, 354.
— Nombre des foraminifères dans les sables marins, 366.
— Son opinion sur les créations successives, 385.

PALASSOU, crevasse ouverte par le tremblement de terre de 1755, 13.
PALLAS, marais salés des bords de la mer Caspienne, 39.
PARFAIT, atterrissements fluviatiles dans l'Adriatique, 270-273.
PERRAUDIN, son opinion sur le trans- des blocs erratiques, 211.
PERRY, forêt submergée à l'embouchure de la Tamise, 36.
PEYRET-LALLIER, attérissements annuels du Rhône, 275.
PILLET (Louis), Description géologique des environs d'Aix, 108.
PINGEL, affaissement lent du Groënland, 32.
PLAYFAIR, son opinion sur le transport des blocs erratiques, 214.
PLINE, description de Ravenne, 272.
POMEL, mammifères fossiles, 391.
POMPONIUS-MÉLA, description du Zuyderzée, 130.
POULETT-SCROPE, son opinion sur le but de la géologie, XII.

Poulet-Scrope, crevasses des montagnes volcaniques, 67.
— Sa géologie de la France centrale, 77.
— Dénudation par les eaux sauvages,
— Échauffement de l'eau par les éruptions volcaniques sous-marines, 356.
Powell, géologie de l'Uinta, 111.
Prestwich, foraminifères du limon actuel de l'Atlantique, 362.
Prévost (Constant), sa part dans la doctrine des causes actuelles, XIII
— Son opinion sur la lenteur des soulèvements des montagnes, 21.
— Cause des ondulations de certaines couches stratifiées, 282.
Prony, alluvionnement du Pô, 275.
Pythéas, n'a pas connu l'existence de l'isthme hypothétique dit de Calais, 129.

Ramsay, blocs glaciaires de l'époque permienne, 143, 417.
— Origine des diamants du Cap, 234.
Raulin, son opinion sur le poudingue de Nemours, 117.
— Attérissements météoriques, 246.
Raymond, mud-lumps du Mississipi, 243.
Reboux, origine du limon rouge du diluvium, 220.
Reclus (Élisée), soulèvement lent de la Scandinavie, 23.
— Envahissements de la mer, 123,
— Destruction des îles par la mer, 132.
— Rôle géologique de la pluie, 146.
— Dénudation par les eaux sauvages, 165.
— Calcaire de formation actuelle à Pambouk-Kelessi, 308.
— Description des tourbières d'Amérique, 370.
Reid (colonel), démolition des roches par la mer, 119.
Renou, coquilles récentes des plages soulevées de l'Algérie, 40.
Robert, comparaison des geysérites avec les meulières, 320.
Roberts (Edwards), soulèvement permanent dû à un tremblement de terre, 17.
Rose (Henri), origine du sel gemme, 329.

Ross (James), observation de la terre de Buss, 20.
— Transport des pierres par les champs de glace, 216.
Rousseau (Louis), banc d'huîtres de l'étang de Berre, 354.
Rozan (J.), conservation du ligament d'huîtres éocènes, 352.
Rozet, cause des ondulations de certaines couches stratifiées, 282.
Rupert (Jones), foraminifères du limon actuel de l'Atlantique, 362.

Sainte-Claire Déville (C.), son opinion sur les causes actuelles, IX
Saporta (de), climat des périodes géologiques, 406.
— Température des temps primitifs, 417.
Saussure, il distingue les roches moutonnées, 136, 170.
Saxby (capitaine), son ondavarologie, 123.
Sherer, polissage glaciaire des roches, 139.
Schmidt (Jules), pluie de poussière, 255.
Seguin aîné, cristallisation du sel dans une pâte argileuse, 303.
Sénarmont, son opinion sur le forage des puits naturels, 186.
Seykes (le colonel), abondance du basalte dans le Dekkan, 71.
Shakespeare, falaise où il a placé une scène du *Roi Lear*, 122.
Siljestrœm, stries glaciaires, 142.
Simonin, houillères embrasées, 189.
Smith (W.) différentiation mutuelle des couches stratifiées par leurs fossiles, 381.
Soldani, différenciation mutuelle des couches stratifiées par leurs fossiles, 381.
Spiers, signification des mots *Actual causes*, IX.
Steenstrup, basalte à fer natif d'Assuk, 90.
Stephenson (Thomas), force des vagues de la mer, 119.
Strzelecki, plages soulevées en Australie, 45.
Stow (Georges), gisement des diamants du Cap, 234.
Strabon, description de l'Etna, 65.
— Description de Ravenne, 272.

STUDER, terrain glaciaire, 214.

TAYLOR, soulèvement du sol de la Nouvelle Zélande, 20.
TCHIHATCHEF (de), abondance du sel gemme à Touzlasou, 327.
THOMASSY, mud-lumps du Mississipi, 243.
THOBURN, nuages de poussières, 250.

VÉLAIN, éboulement de la Réunion, 150.
VENETZ, son opinion sur l'ancienne extension des glaciers, 212.
VERNEUIL (de), soulèvements récents, 38.
VESPASIEN, monnaies à son effigie trouvées à Bourbonne, 101.
VÉZIAN, forêts enfouies du terrain de Portland, 48.
— Soulèvement du sol dû à la plasticité de couches souterraines surchargées, 154.
— Formation actuelle du calcaire pisolithique, 310.
— Origine des argiles et des marnes, 321.
— Variations horizontales des couches, 338.
— Variations verticales des couches, 343.
— Houillères comparées aux tourbières, 380.

VIRLET-D'AOUST, terrain météorique du Mexique, 247.
VON HOFF, formation du Zuyderzée, 131.

WALLICH, la terre de Buss, 30.
WATTMANN, pluie de poussière, 255.
WEDL, pluie de poussière, 255.
WEGMANN (de), cause des ondulations de certaines couches stratifiées, 282.
WEISSEN, étude zoologique des poussières atmosphériques, 257.
WELD, abaissement permanent dû à un tremblement de terre, 19.
WILLIAMSON, structure du calamodendron, 413.
WITHAM, structure des végétaux jurassiques, 412.
WORANN, formation du Zuyderzée, 130.
WYVILLE THOMSON, cimentation actuelle d'un grès quartzeux, 296.
— Origine de la craie, 360.
— Les fossiles crétacés comparés à la faune profonde de l'Atlantique, 400.

YVON VILLARCEAU, trépidation du sol pendant les tempêtes, 119.

ZENI, découverte de la terre de Buss actuellement submergée, 31.
ZIRKEL, transformation du péridot en serpentine, 235.

TABLE ALPHABÉTIQUE

DES MATIÈRES

Abaissement de la limite supérieure de la végétation en Scandinavie, 37.

Ablation de la terre ferme par la mer, 134.

Absence de fossiles dans le diluvium rouge; pourquoi, 220.

Accidents topographiques dus au délayage des couches souterraines, 435.

Accroissement des bouches du Rhône par les atterrissements du fleuve, 154.

Accumulation de blocs glaciaires, 210.

— des fossiles en certains points, 352.

— des poussières en certains points d'élection, 258.

— de végétaux d'où dérivent les combustibles fossiles, 378.

Acerotherium, ses liens avec les rhinocéros, 393.

Acide carbonique qui exsude du sol de l'Auvergne, 78.

— — atmosphérique; sa source, 91.

— — il dissout les calcaires, 180.

— son rôle dans la production du fer des marais, 332.

Acide crénique; son rôle dans la production du fer des marais, 332.

Action à la fois destructive et créatrice des rivières, 201.

— chimique à laquelle on peut attribuer la décomposition des silicates, 495.

— glaciaire dans le terrain dévonien, 417.

Action solaire pendant les temps primitifs, 419.

— de la mer sur les falaises, 112.

Activité volcanique, non encore tout à fait éteinte en Auvergne, 78.

Æsars; leur description, 25-137.

Affaissements permanents produits par le tremblement de terre de 1855, 19.

— lents, 23.

— — du Groënland, 30.

— récent des rives de la Tamise, 35.

— à toutes les époques géologiques, 45.

— du sol révélant l'existence de fissures souterraines, 70.

— dus au délayage des couches souterraines par la pluie, 153.

Age des montagnes; sa relation avec leur état d'usure, 165.

— des volcans d'Auvergne, 78.

— divers des astres du système solaire, 5.

— relatif des roches intercalées, 58.

— ses rapports avec leur composition minéralogique, 59.

— relatif du basalte et du trachyte dans le Cantal, 80.

— relatif des grès et des sables qui les contiennent, 289.

Agglutination des couches sédimentaires, 284.

Air, relation de sa composition avec l'altération des silicates, 195.

— rejeté par les sources boueuses du Mississipi, 243.

— son rôle dans la décoloration des couches argileuses bleues, 344.

Air, son contact s'oppose à la fossilisation, 351.

Albatre gypseux; son origine, 336.

— de Thorigny; son origine, 188.

Alcali des sources thermales de Plombières; son rôle dans la formation des zéolithes, 98.

Algues; leur rôle protecteur contre la démolition des falaises par la mer, 124.

— elles paraissent être l'origine du lignite de Cernay. 262.

Alignement des puys d'Auvergne, 85.

Alios des Landes, sa formation; il est identique à la formation miocène, 261, 332.

Allure des filons concrétionnés, semblable à celle des failles, 93.

— tranquille de la dénudation, 110.

Alluvions des fleuves comme chronomètres géologiques, xv.

— verticales; éclairant parfois les phénomènes de dénudation, 109.

— — leurs caractères, 218.

— — caractères qui les distinguent des produits geysénens, 321.

Altération des matières organiques soumises à la fossilisation, 347.

— des silicates; ses relations avec la composition de l'air atmosphérique, 195.

— diverses du feldspath dans les sables éruptifs, 222.

Alternance des nappes et des conglomérats de roches éruptives, 57.

— en Auvergne des trachytes et des basaltes, 79.

Altitude atteinte par le poli glaciaire, 142.

— des glaciers actuels des Alpes, 416.

Alun, dû à l'oxydation des argiles pyriteuses, 189.

Alunite; son origine épigénique, 334.

Amas de sel gemme dans le Sahara, 281.

Amas de sel gemme; leur disposition lenticulaire, 325.

Ambiguïté de certains terrains stratifiés, 269.

Amphibolithe, sa constitution minéralogique, 60.

Amphidiscus truncatus dans les pluies de poussières, 258.

Amphymeryx, est un ancêtre des ruminants actuels, 396.

Analogie des briques à zéolithes avec les roches amygdaloïdes, 99.

— des fossiles crétacés avec la faune profonde des océans actuels, 400.

— des tourbières et des houillères, 380.

— des volcans éteints et des volcans actuels, 85.

— des démolitions marines avec les dénudations, 134.

— des roches volcaniques et des roches éruptives anciennes, 86.

— des roches arrondies par les agents météoriques avec les roches moutonnées, 166.

Analyse de bronzes antiques, 102.

— spectrale; fait connaître l'unité de constitution chimique du système solaire, 4.

Anchitherium, ses liens avec les solipèdes, 365.

Anciens glaciers, leurs caractères, 414.

Andromède, fait partie de la flore des tourbières, 374.

Anglésite de formation actuelle, 103.

Animaux, leur absence de la mer Morte, 329.

— phénomènes qui accompagnent leur fossilisation, 347.

— leur transformation en bitume par fossilisation, 351.

Anoplotherium, sa dentition, 397.

Anses des cours d'eau; leur origine et leur accentuation progressive, 178.

Anselmoirs; ce que c'est, 155.

Antilopes, sont les plus anciens ruminants à cornes, 396.

Antimoine; sa présence dans les minéraux contemporains de Bourbonne, 102.

Antiquité de l'homme, xvi.

Antiquités humaines dans les tourbières, 374.

Anthracite dérivé des matières végétales, 377.

Anthracotherium, ses caractères, 392.

Antisepticité de la tourbe, 372.

Aphanite; sa constitution minéralogique, 60.

Apicrinidæ, leur abondance dans l'oolithe, 400.

Appareil littoral; ce que c'est, 278.

Apparition des espèces organiques nouvelles, 427.

Apophyllite de formation actuelle, 98.

Aragonite de formation actuelle, 103.

Araucacites de l'époque houillère, 413.

Arctocyon, c'est le mammifère tertiaire le plus ancien, 391.

Aréomètre propre à servir d'hypsomètre pour les lacs salés, 330,

Argent natif, mis en liberté par le galène, 104.

Argile rendue feuilletée par l'écoulement, 53.

— contenue dans les puits naturels du calcaire grossier, 183.

— sont de vraies combinaisons définies, 193.

— d'origine atmosphérique, 247.

— cristallisation du sel dans son sein, 303.

— qui empâte les geyserites, analogue à celle qui empâte les meulières, 320.

— transformée en alunite par épigénie, 334.

— abondance des céphalopodes dans les couches argileuses, 382.

— cuites des houillères embrasées, 190.

— plastique, témoigne à Martainville de la lenteur de la dénudation, 110.

— plastique destinée à disparaître totalement du sud de l'Angleterre par dénudation, 122.

— plastique; coprolithes qu'on y recueille, 363.

— plastique, analogie de cette formation avec le terrain houiller, 377.

— rouge diluvienne; son origine profonde, 219.

— à silex; dérive de la craie par voie de triage, 306.

Argilite ancienne soulevée par le tremblement de terre de 1855, 17.

Argilophyre, sa constitution minéralogique, 60.

Argilolithe, sa constitution minéralogique, 60.

Argilolithes; se présentent comme des limons feldspathiques, 305.

Arille; fait partie de la flore des tourbières, 374.

Arkoses, leur cimentation, 299.

Arrondissement des blocs anguleux par les agents météoriques, 166.

Articulations de prismes de lave volcanique, 73.

Accroissement des deltas; produit le recul des villes du littoral, 199.

Assimilation des meulières aux geysérites, 320.

Association des porphyres et des rétinites, 87.

— dans la même couche de coquilles fragiles et de gros galets siliceux, 232.

— mutuelle du sel gemme, du gypse, du bitume et de la dolomie, 325.

Astelia pumilla, concourt à la formation de la tourbe dans l'Amérique méridionale, 374.

Arbres fossilisés dans la situation qu'ils avaient pendant leur vie, 369.

— morts sur les sommets montagneux en Scandinavie, témoignant d'un soulèvement récent, 37.

Arbustes qui constituent la flore des tourbières, 374.

Astrogonium des grandes profondeurs, 401.

Astropecten des grandes profondeurs, 401.

Attaque chimique des roches par les intempéries, 180.

Atterrissements fluviatiles, leur énergie géologique, 272.

Atolls; ce que c'est, 358.

Aumalites; ses rapports avec la serpentine, 88.

Aurochs; en voie de disparition totale, 387.

Axe terrestre, son inclinaison, 420.

Bagues romaines extraites du puisard de Bourbonne, 101.

Bancs de calcaires déposés par des sources, 308.

— de galets transportés par les vagues, 117.

— de glaces flottantes transportant des blocs pierreux, 215.

— d'huîtres fossiles, 354.

Bancs pourris des carriers, comment ils se produisent, 180.
— produits par l'abondance des matériaux apportés par les glaces flottantes, 217.
— de sable, leur déplacement par les rivières, 176.
Banquises, elles transportent des blocs de pierre, 215.
Barégine, son rôle dans la production des eaux sulfurées, 335.
Barrancas, ravins creusés par les pluies dans les terrains météoriques du Mexique, 247.
Basalte, est fréquemment en nappes, 57.
— sa nature, 61.
— à fer natif du Groënland, 90.
Basanite, sa nature, 61.
Bassin circulaire d'où jaillit un geyser, 312.
Bélemnites étirées par les actions mécaniques qui ont accompagné le métamorphisme, 342.
Bétons, ce que c'est, 155.
Béton romain imbibé par des eaux thermales qui y ont développé des zéolithes, 97.
Bison, en voie d'extinction totale en Amérique, 385.
Bithynie, galets des calcaires de Fresnes, 116.
Bitume, son association avec le sel gemme, 325.
— produit par la fossilisation de certains animaux, 351.
Blocs cuboïdes dans lesquels se divisent les laves par refroidissement, 74.
— erratiques, 207.
— leur conservation, 209.
— glaciaires d'âges géologiques divers, 142.
— pierreux déterminant la formation des pilastres erratiques, 161.
— renfermés dans les glaces flottantes, 215.
— de rochers enlevés par les vagues, 117.
— pris dans un conglomérat miocène, 417.
Bois transformé artificiellement en houille et en anthracite, 377.
Boit-tout, ce que c'est, 155.
Bossellements généraux, 10, 33.

Botryoïde (structure) de certains grès quartzeux, 292.
Boue qui constitue les mud-lumps du Mississipi, 241.
— rejetée par des sources chaudes aux États-Unis, 319.
Bouleau blanc, fait partie de la flore des tourbières, 374.
Bourguetichrinus commun à la craie et à la faune actuelle, 400.
Bourrelets de retrait sur un grès permien, 285.
Brèches, leur abondance est un signe de l'humidité du climat alors qu'elles se formaient, 404.
— calcaires, leur cimentation, 299.
— dans laquelle sont enchâssés les diamants du Cap, 234.
— de filon à ciment métallique, 103.
— de Montgaillard, est un type d'alluvion vertical, 240.
— osseuses, leur mode de formation éclairé par une observation faite en Algérie, 365.
Brique à polir, son origine, 366.
— Romaines transformées par des eaux minérales, 97.
Brochantite produite par l'action de la galène sur le sulfate de cuivre, 104.
Bronze romain, minéraux formés à ses dépens dans les eaux de Bourbonne, 102.
Bruit qui accompagne l'éruption des geysers, 312, 315.
Buccinum undatum des plages soulevées du Danemark, 37..

Cabane enfouie dans les sables et témoignant du soulèvement lent du sol de la Nièvre, 25.
Cadavres conservés dans les tourbières, 372.
Caillasses, leurs cristaux de quartz comparés à ceux des alluvions verticales, 224.
Caillasses, on y trouve des rognons de marnolite, 300.
Cailloux disposés en nappe sous les glaciers, 135.
Calamine, est accompagnée d'argiles geysériennes, 321.
Calamites verticales des couches houillères, 46.
Calamodendrées, ce qu'elles indiquent

quant au climat des temps carbonifères, 412.

Calamodendrons verticaux des couches houillères, 46.

Calcaire, abondance des polypiers dans les couches calcaires, 382.

— devenu saccharoïde par métamorphisme, 342.

— dissous par l'action calorique de l'air, 180.

— en rognons dans les marnes vertes, 305.

— crétacé d'où dérivent par triage les sables de Rilly, 306.

— grossier, couche de galets qu'on observe à sa base, 116.

— origine des puits naturels qui le traversent, 183.

— ses lits de silex, 302.

— d'où dérivent les sables moyens par voie de triage, 307.

— accumulation des coquilles qu'il présente, 352.

— nummulitique, transforme les galets sans l'intervention d'un frottement, 267.

— pisolithique, est à l'état de lambeaux échappés à la dénudation, 122.

— de Saint-Ouen en blocs accumulés dans la tour naturelle de Fleurines, 110.

Calcite cristallisé dans les fissures des roches, 299.

Calcul des dénudations, 106.

— relatif à l'origine de la houille, 378.

— relatif au climat de la période glaciaire, 416.

Campan, accumulation des coquilles qu'il présente, 352.

Canal de Lônes, creusé pour dessaler les étangs des Bouches-du-Rhône, 274.

Canaux creusés par les vagues dans les roches de Suède, 138.

— ramifiés édifiés en mer par le Mississipi, 276.

Canevas géométriques dessinés par les failles à la surface du globe, 52.

Cannelures glaciaires en Norwége, 139.

Canon incrusté de calcaire de cimentation actuelle, 288.

Canon de rempart déplacé par la force des vagues, 119.

Cañons du Colorado, leur origine, 176.

Caractère prophétique de certaines espèces fossiles, 383.

Carbonifère (époque), son climat, 406.

Carbures hydrogénés dérivés de la fonte infragranitique, 91.

Cardita planicosta de la glauconie supérieure, 227.

Cardium edule des monticules de sables, preuve de soulèvements lents, 25.

— des plages soulevées du Danemark, 37.

Causes actuelles: ce que c'est, IX.

— elles s'appliquent aux chapitres les plus variés de la géologie, 421.

— elles servent à l'histoire des roches éruptives, 429.

Causes aqueuses ne sont pas seules les causes actuelles, XIX.

Carnallite associée au sel gemme, 325.

Carrières, affaissements du sol provoqués par les tassements qui s'y produisent, 153.

Cassitérite de formation actuelle, 102.

Cataclysmes, inutiles pour expliquer les phénomènes diluviens, 204.

Catastrophe du Rossberg causée par la pluie, 152.

Cavernes, origine des stalactites et des stalagmites qu'on y observe, 182.

Caverne habitée par des hyènes, 365.

Cavités cylindroïdes produites dans les roches par les eaux sauvages, 166.

Cendrières de l'Oise et de l'Aisne, leur description, 189.

Cendrières, réactions qui s'y produisent, 332.

Céphalopodes, leur abondance dans les couches argileuses, 382.

Cerithium plicatum, son gisement à Fresnes, 115.

Cerithium turbinatum des lignites, 289.

Cerithium variabile des lignites, 269.

Cérusite de formation actuelle, 103.

Cervus megaceros, fossilisation dans les tourbières, 347.

Cétacés, leurs rapports et différences avec les autres mammifères, 392.

Chabasie de formation actuelle, 98.

Chailles, ce que c'est, 300.

Chaîne d'îles du littoral de la Hollande, sa corrosion par la mer, 131.

Chaînes de montagnes, leur structure, 8.

— leur formation, 20.

— granit injecté dans leur axe, 52.

— d'orifices volcaniques en Amérique, 78.

Chaleur des temps primitifs moins forte qu'on ne l'a dit, 417.

Chalkopyrite de formation actuelle, 102.

Chalkosine de formation actuelle, 102.

Chamærops de la molasse suisse, 213.

Champs de glaces flottants transportant des blocs pierreux, 215.

Changement de cours du Niagara, 175.

— de direction du Pô gêné par ses propres atterrissements, 273.

— d'une couche stratifiée, 337.

Charnière autour de laquelle s'exécute le mouvement de la Scandinavie, 26.

Charriage des matériaux pierreux par les rivières, 204.

Cheires, ce que c'est, 57.

Cheirotherium, empreinte de ses pas sur un grès permien, 285.

Cheminées des Fées, leur origine, 156.

— volcaniques, leurs cratères, 64.

Choanites crétacé, ses analogies avec le *Cœlosphera* actuel, 400.

Chronomètres naturels fournis par le delta de la Tinière, xv.

— par les alluvions du Nil, xvi.

— par le delta du Mississipi, xvi.

— par les récifs madréporiques, xvi.

— par les cavernes du Brésil, xvii.

— par les mouvements lents du sol, xvii.

Chrysocole de formation actuelle, 102.

Chutes de poussières, leur fréquence, 250.

Cidaris des grandes profondeurs, 401.

Ciment romain transformé par des eaux minérales, 97.

Cimentation actuelle de grès quartzeux, 297.

— des couches formées par le bicarbonate de chaux qui imprègne le sol, 180.

Cimentation des couches sédimentaires, 284, 287.

— spontanée de certaines dunes, 260.

Circulation lente des eaux thermales au travers des maçonneries romaines zéolithiques, 98.

Classification des terrains d'après la considération des mouvements verticaux du sol, 48.

Classifications lithologiques et géologiques, leurs caractères différents, 2.

Clepsamidium conicum dans les pluies de poussières, 258.

Climat, son influence sur les caractères des êtres organisés, 403.

— de la Suisse à l'époque glaciaire, 213.

— du bassin de Paris à l'époque quaternaire, 418.

Climats; leurs variations successives sur le globe et les causes de cette variation, 419.

Cocardes, disposition spéciale de certains filons concrétionnés, 96.

Cœlosphera actuel, ses analogies avec les *Choanites* crétacés, 400.

Cohérence diverse des couches sédimentaires, ses causes, 284.

Coiffe de pierre des pilastres erratiques, 161.

Collines constituées de vestiges d'anciennes chaînes de montagnes, 54.

— formées par les laves au-dessus de certains soupiraux, 71.

Colmatage, ce que c'est, 206.

Colonies, ce que c'est, 383.

Colonnades basaltiques, 57.

— porphyriques, 87.

Colonnes attaquées du temple de Sérapis, prouvent les mouvements du sol, 27.

— cylindrique naturelle traversant les sables moyens de Fleurines, 185-187.

— d'Uscignes, leur origine, 158.

Colorations diverses de couches superposées, 343.

Comblement de lagunes par les atterrissements fluviatiles, 274.

Combustibles fossiles, leur origine, 333-378.

Compacités inégales de couches calcaires superposées, 344.

Comparaison chimique des terrains cristallins et des terrains stratifiés, 193.

— des meulières et des geysérites, 320.

Complexité des conditions qui ont accompagné le dépôt des lignites, 209.

Composés potassiques associés au sel gemme, 325.

Composition minéralogique des roches intercalées, 58.

— des rognons infragranitiques éclairée par les roches éruptives, 88.

— de l'air atmosphérique, ses relations avec les altérations des silicates, 195.

— lithologique du diluvium parisien, 198.

— de rhomboèdres de grès à ciment calcaire, 297.

— comparée de la mer Morte et de l'Océan, 329.

Concassement des roches par l'action de la mer, 305.

Concordance des couches des deux côtés du Pas-de-Calais, 129.

Concrétions calcaires produites par des eaux, 307.

— siliceuses des geysers comparées aux meulières, 320.

Conditions favorables à la dénudation, 111.

Conduits faisant communiquer la surface du sol avec les profondeurs, 218.

Cônes de laves, 71.

— de scories associés aux roches intercalées, 58.

Conglomérats qui alternent avec les roches éruptives en nappes, 57.

— à ciment de sulfures contemporains de Bourbonne, 101.

— glaciaire du terrain permien, 143.

— volcaniques en Auvergne, 79.

Conquêtes de la mer sur la terre ferme, 119.

Conservation des ligaments des huîtres éocènes, 352.

Consistance de la lave au moment de l'épanchement, 70.

Continuité du dépôt de limon dans l'Atlantique depuis l'époque crétacée, 360.

Contraste entre les parties du sol poli par les glaces et les parties préservées, 141.

— entre l'érosion maritime et l'érosion météorique, 166.

— entre les empiétements des deltas sur la mer et les soulèvements lents des plages, 279.

— de couches calcaires superposées, les unes compactes, les autres farineuses, 286.

— des couches superposées, 343.

Contribution fournie aux alluvions verticales par les couches stratifiées, 233.

Conversion chimique de matières organiques soumises à la fossilisation, 350.

Coprolithes, leur origine, 363.

Coquilles empâtées dans le grès, 290.

— marines récentes en pleine terre, elles prouvent les soulèvements lents, 24.

— soulevées au-dessus de la mer, 34-37.

Corallien (terrain), son origine, 355.

Coraux, formations auxquelles ils donnent lieu, 357.

Cordaïtes verticaux des couches houillères, 46.

— ce qu'ils indiquent quant au climat des temps carbonifères, 412.

Corde tendue, ses ondulations comparées aux inflexions des mers, 263.

Cordon de galets, protége la falaise contre la dénudation par les vagues, 133.

Cordons littoraux, ce que c'est, 278.

Corps organisés fossiles, 425.

Correspondance des couches stratifiées des deux côtés d'une même vallée, 106.

Corrosion des glaciers par l'eau qui ruisselle à leur surface, 168.

— des îles sous l'action de la mer, 131.

Cosmogonie de Laplace, 4.

Coteaux, leur origine se rattache à l'action géologique de la pluie, 152.

Côtes pourvues de dunes, 258.

Couches de sédiments, leurs diverses natures chimiques, 304.

— stratifiées, leurs variations, 337.

— concentriques dont se composent les pisolithes et les oolithes, 309.

Coulées superficielles de roches dolé-
  ritiques, 57.
Couloirs glaciaires en Norwége, 138.
Coupe géologique montrant la structure en éventail du St-Gothard, 51.
— théorique d'un cratère et d'une
  cheminée volcaniques, 65.
Courants auxquels on attribue parfois
  le phénomène erratique, 139.
— auxquels on attribue souvent le
  creusement des vallées, 143.
— diluviens, hypothèses à leur égard,
  204.
— leur supposition est inutile, 268.
— sous-marins, ils réalisent de
  vraies dénudations, 132.
Cours anciens du Pô et de l'Adige,
  273.
— anciens du Rhône, 275.
— d'eau, leur action démolissante,
  171.
Craie, dénudations qu'elle a subies
  avant l'époque tertiaire, 105.
— origine de ses silex, 302.
— sa formation actuelle, 359.
— formée par des organismes microscopiques, 366.
Cratère est un trait spécial aux volcans, 64.
Cratères emboîtés, 65.
— des geysers des États-Unis, 315.
Créations successives, comment on
  doit les entendre, 385.
Creep, des houillères de Wallsend,
  ce que c'est, 153.
Crétacé (terrain), blocs glaciaires
  qu'il contient, 142.
Crétacée (époque), son climat, 406.
Creusement des vallées, comment il
  s'est fait, 263.
Creusement actuel de la vallée de
  Villars, 164.
Crevasses ouvertes et refermées par
  les tremblements de terre, 11.
— du sol remplies de haut en bas
  par la lave, 72.
— des glaciers, elles préparent la
  formation des moulins, 168.
— déterminées par le retrait dans les
  vases déséchées, 285.
— d'où sortent les geysers aux
  États-Unis, 313.
Cristallisation des grès quartzeux à
  ciment calcaire, 297.
— dans les fissures des roches, 299.

Cristallisation du sel au milieu d'une
  pâte argileuse, 303.
Croiseurs, sorte de filons concrétion-
  nés. 95.
Croûte granitique, sa description, 1.
Crustacés fossiles de Fresnes, 115.
Cryptogames, leur rôle dans la for-
  mation de la terre végétale, 369.
Cryptomonas dans les pluies de
  poussières, 257.
Cuivre natif de formation actuelle,
  102.
— Sulfuré de formation actuelle, 97.
Culots constitués par certaines roches
  intercalées, 57.
Cuppessus disticha, son rôle dans
  le développement des tourbières
  américaines, 371.
Cupule de formation actuelle, 102.
Cycadées du *dirt bed* de Portland,
  48.
Cyclas des anciens sédiments du Niagara, 175.
Cyprès, leur rôle dans le développement des tourbières américaines,
  371.
Cyrena antiqua des lignites, 269.
— *cuneiformis*, des lignites, 269.
— *incrassata*, son gisement à Fresnes, 115
Débris organiques fossilisés par les
  eaux de Bourbonne, 102.
— d'industrie de l'âge du bronze,
  xv.
Décoloration par les racines des argiles furrugineuses, 332.
Délayage des couches argileuses
  comme cause d'affaissement et de
  soulèvement du sol, 153.
Deltas, leur mode de formation, 270.
— employés comme chronomètres
  géologiques, xv.
Delta préhistorique de l'Arve à Genève, 198.
— du Rhône, sa surface et ses accroissements, 274.
Démolition des continents par les
  fleuves, 428.
Dénudation des falaises par la mer,
  113.
— des roches par les glaciers, 135.
Dénudations; elles sont mécaniques
  ou chimiques, 429.
Dénivellations de la croûte terrestre
  dues à d'anciens soulèvements, 33.

Dénivellations permanentes produites par les tremblements de terre, 16.
— subites de la croûte terrestre. leur origine, 50.
Densité de la terre, indique l'existence d'un noyau métallique, 89.
Dénudation, elle peut faire disparaître des chaînes montagneuses. 54.
— elle constitue un phénomène continu, 179.
— ses caractères généraux. 105.
— fera prochainement disparaître les derniers vestiges de l'argile plastique du sud de l'Angleterre. 122.
— chimique, 180.
— météorique bien plus puissante que la dénudation marine, 162.
— réalisée par les courants sous-marins, 132.
— réalisée par les glaciers, 135.
Déplacement des dunes, 259.
— horizontaux d'animaux dus aux variations du fond de la mer, 382.
— de matériaux réalisés par les eaux courantes, 171.
Dépôts des sources thermales éclairant l'histoire des filons concrétionnés, 93.
— aériens, leur importance géologique, 258.
— coquiller récent de la Suède témoignant des soulèvements lents, 25.
Désagrégation, elle ne suffit pas pour expliquer la formation des roches stratifiées au-dessus des roches cristallisées, 193.
— et destruction des matières organiques enfouies dans la terre végétale, 357.
— du granit sous l'influence de la chaleur rouge, 195.
Désastre causé à la Réunion par la pluie, 147.
Déshydratation spontanée des silex, 321.
Desniogonium guyanense, dans les pluies de poussières, 257.
Désséchement de certaines vallées, son explication, 265.
Dessiccation de la vase, lui donne fréquemment de la cohésion, 285.
Destruction météorique de falaises continentales, 164.

Destruction subite de poissons lors des éruptions sous-marines, 356.
— totale des faunes. son impossibilité, 385.
Déviations que subissent les cours d'eau, 177.
Dévonien (terrain), apparences glaciaires, qu'on y observe, 143.
Diamant, hypothèse sur son origine, 377.
— du Cap, ils gisent dans des alluvions verticales. 233.
Diatomées, leur abondance dans des gisements divers, 367.
Dichodon est un ancêtre des ruminants actuels, 396.
Digues construites en mer par le Mississipi, 277.
Diluvienne (époque), ses caractères supposés, 144.
Diluvium, sa constitution, 197.
— des côteaux. son origine, 144.
— nautique des plateaux, son origine. profonde, 226.
— rouge est teint par une argile geyserienne, 321.
Dinoceros, ses caractères, 393.
Dinotherium a disparu sans laisser de descendance. 393.
Diorite, sa constitution minéralogique, 60.
— sa transformation en kaolin, 192.
Directions diverses des stries glaciaires, 141.
Dirt bed de Portland, c'est une terre végétale fossilisée, 47.
Discoplea atlantica, dans les pluies de poussières, 257.
— *atmospherica*, dans les pluies de poussières, 257.
Discussion sur l'origine des rochers basaltiques, 57.
Dislocation des montagnes volcaniques, 67.
Disparition d'îles par corrosion, très-différentes de la disparition par affaissement du sol, 132.
— d'anciennes lagunes entre Venise et Comacchio, 272.
— dé combustibles par combustion spontanée, c'est un mode de dénudation, 190.
— graduelle de la terre de Buss, 30.
— de terrains par voie de dénudation, 106.

Disparition lenticulaire des amas de sel gemme, 32.

Dissolution du calcaire amène parfois le forage des puits naturels, 183.

— partielle des monnaies romaines par les eaux thermales de Bourbonne, 101.

— superficielle de calcaire donnant naissance à des galets, 267.

— lente de la craie donne comme résidu de l'argile à silex, 306.

Distribution géographique des êtres organisés, 405.

Division naturelle de la lave par le refroidissement, 70.

— prismatique des laves par refroidissement, 73.

Dolérite, sa constitution minéralogique, 61.

— Constitue les cheires d'Auvergne, 57.

— à fer natif du Groëland, 90.

Dolomie, son association avec le sel gemme, 325.

Dômes de roches intercalées, 57.

Donatia magellanica convient à la formation de la tourbe dans l'Amérique méridionale, 374.

Doryphora, son transport d'une localité dans une autre, 386.

Doublure argileuse des puits naturels, 220.

Dragages en mer profondes, animaux qu'ils ont fait découvrir, 400.

Dragées de Tivoli et de Carlsbad, leur origine, 310.

Dremotherium, ruminant ayant encore des liens avec les pachydermes, 396.

Dronte, son extinction totale causée par l'homme, 387.

Durée énorme de la période actuelle, xvii.

— inégale des phénomènes de dénudation dans des localités voisines, 117.

— énorme des temps géologiques, xviii.

Dureté inégale des roches comme cause de la distribution des stries glaciaires, 139.

Dunes, présentant en Danemark des couches de tourbe subordonnées, 376.

— leur formation et leurs déplacements, 258.

Dykes, leur définition, 56.

— sont souvent la racine des nappes, 57.

— volcaniques, leur mode de production, 69.

Eau, comme moteur des éruptions des roches, 88.

— sa puissance de corrosion sur les glaciers, 168.

— qui a entraîné les alluvions verticales, 223.

— c'est l'agent essentiel du tourbage, 372.

— courante, son action de dénudation. 171.

— de la mer Morte comparée à celle de l'Océan, 329.

— minérale des Plombières, sa composition, 98.

— produite par la fusion des glaciers, 135.

Eaux sauvages, leur action démolissante sur les roches, 143.

— séléniteuses, leur origine, 188.

— séléniteuses comme cause des dépôts gypseux, 332.

— sulfureuses, rôle des organismes inférieurs dans leur production, 335.

Éboulement causé par la pluie à la Réunion, 147.

— des falaises par l'action de la mer, 120.

— du sommet de certains volcans, 64.

— dû à la disposition des couches de houille par combustion spontanée, 190.

— produit par la pluie au Rossberg, 151.

Éboulis de porphyre transformés en terre végétale, 370.

Ébullition apparente des sources boueuses du Mississipi, 244.

Échauffement de la mer par les éruptions volcaniques sous-marines, 356.

Echinothuridæ, commun au terrain crétacé et à la faune profonde des mers actuelles, 402.

Éclairs accompagnant les éruptions volcaniques, 67.

Éclogite, sa constitution minéralogique, 60.

École cataclysmienne, ce que c'est, 141.

École cataclysmienne opposée aux causes actuelles, IX et X.

Écorce terrestre, sa flexibilité donne lieu aux bossellements généraux, 33.

Écoulement des substances pâteuses donnant lieu à l'imitation de la structure en éventail, 52.

Édification de certaines couches par les alluvions verticales, 226.

Effondrements causés par la pluie, 154.

Efflorescences jaunes de sulfate de fer sur les argiles pyriteuses, 189.

Élargissement progressif du Pas-de-Calais, 123.

Éléments des roches triés par l'action de la mer, 305.

Éléphants, leurs rapports avec les mastodontes, 399.

Embrasement des houillères dû à l'oxydation des pyrites, 189.

Émersion des terrains sous-marins, son mécanisme, 48.

Emplacement de l'ancienne Friesland, correspond à celui de la terre submergée de Buss, 30.

Endogenites echinatus, fossilisé par silification, 350.

Énergie comparée de la dénudation marine et de la dénudation météorique, 162.

— géologique de la pluie, 146.

Enfouissement des matières organiques, transformations chimiques qu'il détermine, 346.

Entassement des blocs de grès sur les flores des coteaux sableux, 289.

Entroques, leur accumulation dans certains calcaires, 352.

Envahissement de certaines vallées d'Auvergne par des courants de lave, 84.

— de la mer par le delta du Nil, 276.

— de la mer en Hollande, 130.

Épaisseur de la croûte cristalline du globe, 6.

— des terrains enlevés par dénudation, 111.

Épanchement de la lave lors des éruptions volcaniques, 67.

Éparpillement du terrain glaciaire, 210.

Épigénies de diverses roches éclairées par les phénomènes actuels, 333.

Épingles romaines extraites du puisard de Bourbonne, 101.

Épontes des filons concrétionnés, 96.

Époque de la séparation de la France et de l'Angleterre, 129.

— diluvienne, ses caractères supposés, 144.

— de sortie des alluvions verticales, 225.

Erica fait partie de la flore des tourbières, 374.

Érosion considérable des montagnes de l'Uinta, 111.

Éruption des geysers, 312.

Érosion pluviale, seule cause de la formation des pilastres erratiques, 161.

Érosions produites par la pluie à la Réunion, 150.

Éruption du sable granitique à Montainville, 221.

Éruptions gypseuses du val de Delémont, 324.

— sous-marines, elles causent la mort subite de très-nombreux poissons, 356.

— volcaniques, leurs caractères, 66.

— volcaniques sous-marines, 75.

Espèces commençantes, ce que c'est, 390.

Étalement des limons actuels ou des roches d'âges divers, 113.

Étangs salés, leurs dépôts, 329.

Étirement des bélemnites dans des couches devenues métamorphiques, 342.

Êtres organisés, leur sensibilité aux changements de climat, 405.

Étude géologique d'astres différents éclairant la doctrine des causes actuelles.

Eunotia amphioxys, dans les pluies de poussières, 257.

Euphotide, sa constitution minéralogique, 60.

Eurite, sa constitution minéralogique, 60.

— sa transformation en kaolin, 192.

Euritine fossilifère, 87.

Éventail (structure dite en), des chaînes de montagnes, 52.

Évolution dont les astres parcourent les phases, 5.

— du globe, XIX.

Examen microscopique des pluies de poussières, 257.
Exhaussement des côtes atlantiques de la France, 26.
Expérience relative au dépôt des sédiments sur des fonds onduleux, 282.
— relatives au mode de forage des puits naturels, 186.
— relatives à l'origine des nodules de grès, 290.
— relative à la reproduction de la structure en éventail des montagnes, 52.
Explosions gazeuses qui accompagnent les éruptions volcaniques 67.
— qui ont causé certains lacs de la France centrale. 84.
Exploitation des coquilles comme source de chaux et comme engrais, 353.
Extension des anciens glaciers, 212, 415.
— des tourbières dans diverses contrées, 375.
— remarquable des laves épanchées sous l'eau, 76.
Extinction des espèces organiques, 385, 426.
Exubérance de certaines espèces, cause de disparition d'autres espèces, 388.

Facies divers d'une même couche et des points différents, 337, 425.
Failles, ce que c'est, 8.
— elles dessinent un réseau régulier sur la surface du globe, 50.
— leur origine, 50.
— elles produisent quelquefois le renversement de l'ordre des terrains, 53.
— comment elles permettent de calculer les dénudations, 107.
— comme origine des vallées, 263.
— d'où sortent les sources de Bourbonne, 100.
— produites à l'époque actuelle par les tremblements de terre, 16.
— qui ont servi de réceptacles aux filons concrétionnés, 95.
Faisceaux de filons concrétionnés, 95.
Falaises, leur dénudation par la mer. 113.

Faialse de la mer tertiaires à Fresnes, 115.
— des mers tertiaires, notions relatives à leur variation, 233.
— du cap Breton montrent une succesion de forêts fossilisées, 47.
— jaunes, leur superposition aux falaises bleues, 343.
Farines fossiles, 367.
Faunes, leur renouvellement, 381.
Fausses rivières du Mississipi; ce que c'est, 179.
Feldspath, sa production dans les roches métamorphiques, 100.
— circonstances de sa décomposition, 194.
— orthose et triclinique, sa présence dans le granit, 2.
— des sables éruptifs, 222.
— séparé du granit par le triage naturel réalisé par la mer, 305.
— dans le sable diamantifère du Cap, 288.
Fer, constitue un noyau infragranitique, 89.
— carbonaté, formation des rognons, de cette substance, 303.
— en grain, oxyde qui l'accompagne, 220.
— en grains est accompagné d'argile geyserienne, 321.
— dés marais, 331.
— natif du Groënland, 90.
— phosphaté produit en même temps que le minerai des marais, 332.
— romain, minéraux formés à ses dépens dans les eaux de Bourbonne, 102.
— titané dans les sables diamantifères du Cap, 237.
Feuilleté pris par l'argile soumise à l'écoulement, 53.
Filons concrétionnés, leurs caractères, 93.
— leur origine, 96.
— contemporains de Bourbonne, 100.
— de sable granitique, 109.
— sulfurés, réactions secondaires qui y prennent naissance, 103.
— verticaux de gypse au val de Delémont, ce qu'ils enseignent, 324.
Fissures marquant la faille ouverte par le tremblement de terre de 1855, 18.
— qui redressent les rochers en fragments naturels, 50.

Fissures du sol produites par les éruptions volcaniques, 67.
— où se sont concrétés les filons, 95.
— des roches avec cristallisations variées, 299.
Flammes produites par l'éboulement de Rorsberg, 152.
Fleuves gigantesques supposés à l'époque quaternaire, 144.
— leurs remous expliquent les accumulations d'os de vertébrés dans certains points du diluvium, 357.
Flexibilité de l'écorce terrestre, 33.
Flore carbonifère de Saint-Étienne, 46.
— houillère, ce qu'elle indique quant au climat de l'époque carbonifère, 407.
Flores, leur renouvellement, 381.
— opposées des vallées ont la même constitution géologique, 263.
— des tourbières, 374.
Fond des cratères volcaniques, ce que c'est, 64.
Fonds de mer récemment désséchés, 281.
Fonte infragranitique comme source de l'acide carbonique atmosphérique, 91.
Forage des puits naturels dans les calcaires, 186.
Foraminifères, leur accumulation dans certains calcaires, 352.
— de la craie comparés à ceux du limon actuel de l'Atlantique, 361.
Force de démolition des vagues de la mer, 117.
Forét submergée des environs de Cherbourg, 26.
— à l'embouchure de la Tamise, 36.
Foréts détruites par le développement des tourbières, 374.
— fossiles de l'époque houillère, 46,
— témoignent de l'existence d'anciennes terres végétales, 368.
Formation artificielle des nodules de grès, 290.
— geysériennes, ce que c'est, 319.
— des chaînes de montagnes, 20, 52.
— des stries glaciaires, 136.
Forme conique de la plupart des volcans, 63.
Forme filandreuse et cordée de certaines laves volcaniques, 71.

Forme des fragments erratiques, 209.
— lenticulaire des sédiments marins, 281.
Fossiles empâtés dans les silex de la craie, ce qu'ils enseignent, 302.
— dans les sables éruptifs, 223.
— siluriens de Gothland, recueillis à Berlin dans les blocs erratiques, 215.
Fossilisation, 345.
Fractures, sont l'origine des vallées, 263.
Fragilaria striolata dans les pluies de poussière, 257.
Fragments naturels dans lesquels les roches sont produites, 50.
— empâtés dans les roches intercalées, ce qu'ils apprennent, 59.
— juxtaposés dont la réunion constitue l'écorce du globe, 8.
— pierreux incrustés dans les filons en cocardes, 96.
Fréquence des chutes de poussière, 251.
— des mouvements de soulèvement ou d'affaissement du sol, 26.
— des mouvements verticaux du sol, 34.
Frottement, n'est pas indispensable à la production des galets, 266.
Fucus, concourt à la formation de certaines tourbières, 376.
— des glaciers sur leur lit, 135.
Fusion du granit, verre qui en résulte, 6.

Galène de formation actuelle, 103.
— extrait d'argent natif des sels de ce métal, 104.
Galets, leur rôle de béliers dans la démolition des falaises par la mer, 124.
— ils peuvent se produire sans frottement, 266.
— empâtés dans des filons concrétionnés, 95.
— de l'argile plastique donnant de la craie par triage, 306.
— calcaires d'une plage de l'époque tertiaire, 115.
— siliceux de la base du calcaire grossier, 116.
Gallinace, sa nature, 61.
Galionella dans les pluies de poussière, 257.

Gangues, leur distribution dans les filons concrétionnés, 95.

Gault, est amené sous forme d'alluvion verticale par les puits artésiens de Paris, 219

Gaz dégagés pendant les tremblements de terre, 12.

— rejetés par les sources boueuses du Mississipi, 243.

Gelée, son rôle dans la formation de la terre végétale, 369.

Gelocus, ruminant ayant encore des rapports avec les pachydermes, 396.

Géologie comparée, ce que c'est, 5.

— Éclaire la question de la lithologie, infragranitique, 89.

Géophages peuplades, 367.

Geyserite, son origine, 313.

Gisement des fossiles, 352.

Glaces flottantes transportant des blocs de pierre, 215.

Glaciers, leur formation, 421.

— ce qui les alimente, 422.

— leur action démolissante, 135.

— auxquels on attribue les stries de la Scandinavie, 140.

— ils ont transporté les blocs erratiques des Alpes, 212.

— fossiles, ce que c'est, 414.

Glaise, son origine éclaircie par le phénomène des salzes, 321.

Glaises, leur délayage a provoqué des effondrements, 155.

Glands enfoncés dans le puisard romain de Bourbonne, 101.

Glauconie supérieure, part des alluvions verticales dans son édification. 227.

— Son origine, 228.

Glissement d'une partie du Rossberg sur une assise argileuse délayée par la pluie, 152.

Glyptodon, restes trouvés dans des casernes du Brésil. XVII.

Gnathodonthes, leur accumulation en certains points, 355.

Gneiss, appartient à la famille des granits, 3.

— sa transformation en kaolin, 192.

Goldgründe, c'est le nom des bancs aurifères les plus riches du Rhin, 205.

Goniaster des grandes profondeurs, 401.

Gorges creusées par les fleuves dans les roches sur lesquelles ils coulent, 176.

Gouffres, ce que c'est, 155.

Gouilles, ce que c'est, 155.

Gours, ce que c'est, 155.

Gouttelettes liquides incluses dans le quatz du granite, 6.

Granit, sa présence universelle sous les terrains stratifiés, 1.

— son origine et son mode de formation n'échappent pas nécessairement au contrôle des causes actuelles, 4.

— d'où dérive par triage le sable de Fontainebleau, 30.

— son injection verticale dans l'axe des chaînes montagneuses, 52.

— forme un pointement près des sources de Bourbonne, 100.

— attaqué parfois par les agents atmosphériques, 190.

— sa transformation en kaolin, 192.

— sa désagrégation par l'application de la chaleur, 223.

— triage de ses éléments par l'action démolissante de la mer, 305.

Granitone, sa constitution minéralogique, 60.

Graphite, dérivé peut-être des matières végétales, 377.

Graptolithes, leur importance dans les colonies de la Bohême, 383.

Gravier coquiller récemment soulevé en Scandinavie, 36.

— erratique, 207.

Graviers glaciaires, leur origine, 142.

Grêle colorée par des poussières minérales, 252.

Grenat, sa production dans les roches métamorphiques, 100.

Grenats, leur abondance dans le sable diamantifère du Cap, 236.

Grès contenant des coquilles récentes soulevé sur les côtes d'Algérie, 40.

— cuprifère à végétaux, 103.

— du gault, dans la glauconie supérieure, 229.

— en grappes formés autour du puits naturel de Fleurines, 110.

— lustrés, ce que c'est, 298.

— permiens présentant des pas et des bourrelets de retrait, 285.

— quartzeux poli par l'action des intempéries, 268.

Grès transformés en quartzites par métamorphisme, 342.
— vitriflés des houillères embrasées, 190.
Grève du mont Saint-Michel comme exemple de sédimentation proprement dite, 280.
Grottes dans les colonnades basaltiques, 57.
Groupement des filons concrétionnés, 95.
Groupes distincts de formation volcanique dans la France centrale, 78.
Guano, son origine, 364.
Gypse, son origine, 322.
— son association avec le sel gemme, 325.
— cristallisé dans les fissures des roches, 299.
— tertiaire, forme lenticulaire de ses dépôts, 281.
— puits naturels qui le traversent quelquefois, 188.
— ses rognons de silex, 302.
Gypsification des calcaires par des sources sulfhydriques, 335.

Habitations lacustres, leurs vestiges se détruisent au contact de l'air, 351.
Halitherium, ont des alvéoles à la mâchoire, 392.
Halloysite, son origine éclairée par les sources boueuses, 321.
Harmotome de formation actuelle, 98.
Hauteur atteinte par le jet des geysers, 312.
Helladotherium, a disparu sans laisser de descendance, 393.
Himantidium papilis dans les pluies de poussière, 257.
Hipparion, ses liens avec les chevaux, 395.
Hippurites, leur accumulation dans certains calcaires, 352.
— leur localisation stratigraphique, 382.
Holtenia actuel, ses analogies avec les ventriculites crétacés, 400.
Homme fossile, son histoire est éclairée par celle des peuplades sauvages actuelles, XIX.
Homogénéité caractéristique des terrains geysériens, 321.

Houille, dérive des matières végétales, 377.
Houille-métal, ce que c'est, 154.
Houillères, affaissement du sol que les tassements y produisent, 153.
— leur comparaison avec les tourbières, 380.
Humidité, son intensité à l'époque houillère, 411.
— du sol, son action sur la lave volcanique épanchée à sa surface, 72.
Huître, détruite dans la Baltique par la dessalure de l'eau, 389.
Huîtres éocènes, conservation de leur ligament, 352.
Hydrogène rejeté par les sources boueuses du Mississipi, 243.
— sulfuré, agent de transformation des roches argileuses en alunite, 334.
Hydrogènes carbonés dérivés de la fonte infra-granitique, 91.
Hyènes, véritables coprolithes qu'elles produisent, 265.
Hyœmoschus, passage des ruminants aux pachydermes, 398.
Hyœnodon, ses caractères ambigus entre les marsupiaux et les placentaires, 391.
Hypérite, sa constitution minéralogique, 60.
Hypnum, son rôle dans la production de la tourbe, 373.
Hypsométrie des lacs salés conclue de la densité de leurs eaux, 330.
Hyrachyus, ses liens avec le tapir, 395.

Iceberg, transportent des fragments pierreux qu'ils abandonnent ensuite au fond de l'Océan, 216.
Ile formée par les atterrissements de l'Humber, 275.
Iles, leur corrosion sous l'action de la mer, 131.
— leur production dans les rivières, 204.
— de boue du Mississipi, 241.
— formées à la rencontre de courants marins, 278.
— lagoun, ce que c'est, 358.
— madréporiques, leur origine, 357.
— scandinaves, contraste pour le poli de leurs différentes rives, 140.

Ilménite dans les sables diamantifères du Cap, 237.

Importance capitale de la dénudation, 112.

Impossibilité pour un fleuve de couler en ligne droite, 176.

Inclinaison de l'axe terrestre, conséquences, 420.

— des couches des deltas lacustres, sa cause, 212.

— des couches stratifiées vers les flancs des coteaux qu'elles constituent, 152.

— régulière du fond de la mer au Texas, 284.

Incrustations calcaires produites par des sources, 307.

— déposées dans la tour naturelle de Fleurines, 185.

— des matières organiques soumises à la fossilisation, 348.

— siliceuses des geysers, 311.

Inflexions des stries glaciaires, 141.

Infusoires fossiles, nombre de leurs carapaces dans certains dépôts, 366.

Injection verticale du granit dans l'axe des chaines de montagnes, 52.

Intempéries, leur rôle dans la formation de la terre végétale, 369.

Intermittences du soulèvement des Alpes, 21.

Isothermes, date géologique de leur apparition, 405.

Isthme hypothétique de Calais, 125.

Isthmes toujours rétrécis des presqu'îles circonscrites par les méandres des cours d'eau, 178.

Jonction ancienne de la France et de l'Angleterre, 125.

Jurassique (époque), son climat, 406.

Jurassique (terrain), sa structure dans le bassin de Paris, 49.

Jeux de la nature, ce que c'est, 300.

Kaolin, résulte de l'altération des roches granitiques, 192.

— des sables éruptifs, 222.

Kupfstein, rognons qui se produisent dans le lœss, 301.

Lacerta cœrulea, espèce commençante de Capri, 388.

Lacs agités par les tremblements de terre, 13.

Lacs d'eau douce d'Auvergne, existaient lors des éruptions volcaniques, 83.

— où se produit le minerai de fer, 331.

— salés, leurs dépôts, 328.

Lacune statigraphique entre le fond de la mer et le sédiment actuel, 113.

Lacunes fréquentes dans la série des couches stratifiées, 105.

Lagonis de la Toscane, réactions qui s'y produisent, 334.

Lagoun (îles), ce que c'est, 358.

Lagunes de l'Adriatique progressivement comblées par les atterrissements fluviatiles, 273.

Laminages qui ont accompagné le métamorphisme de certaines couches, 342.

Landes, alios qui s'y forme, 201.

Lave divisée par retrait en prismes, 74.

Laves volcaniques, leur épanchement, 67.

Lehmkindchen, rognons qui se produisent dans le lœss, 301.

Lehm lyonnais, production de rognons de marnolite, 301.

Lenteur du forage des puits naturels, 187.

— des phénomènes géologiques, xix.

— des grandes dénudations, 134.

— du soulèvement des chaines de montagnes, 25.

Lethœa rossica du terrain carbonifère, 413.

Lézard de Capri, paraissant en voie de constitution d'espèce commençante, 388.

Liaison des fossiles récents avec la faune actuelle, 390.

Lias métamorphique, étirement et tronçonnement de ses bélemnites, 342.

— coprolithes qu'on y recueille, 363.

Lichens, ont souvent fait perdre aux roches leur caractère glaciaire, 140.

— leur rôle dans la formation de la terre végétale, 369.

Lido de Venise, son origine, 271.

Lignes isothermes, date géologique de leur apparition, 405.

Lignite, son abondance au Groënland, 90.

— son passage à la tourbe, 376.

Lignite contenu dans le dirt bed de Portland, 47.
— éocènes, constituent une formation ambiguë, 269.
Lignite subordonné au sable de Cernay, 260.
Limnea condita du travertin de Cernay, 260.
— *longiscata* de la tour natuturelle de Fleurines, 188.
Limon de l'Atlantique, son identité avec la craie, 360.
— charrié dans la mer par les fleuves, XVIII, 162.
— durci qui constitue les piliers de terre, 159.
— feldspathique, indique l'origine des argilolithes, 305.
— erratique, 207.
— des fleuves, sa valeur agricole, 207.
— glaciaire jaune superposé au limon bleu, 343.
— d'origine atmosphérique, 246.
— quaternaires, leur origine, 144.
— des plateaux, son origine, 144.
Limonite de formation actuelle, 103.
Limite supérieure du poli glaciaire, 142.
Liquides en gouttelettes incluses dans le quartz du granit, 6.
Litharge de formation actuelle, 103.
Lithostylidium dans les pluies de poussière, 257.
Lithomarge contenue dans les puits naturels du calcaire grossier, 183.
Lit abandonné du Niagara, 175.
— de boue de Portland, est une terre végétale fossilisée, 47.
— de la Manche, est une vallée en dénudation, 134.
— de silex de la craie, leur origine, 302.
Littorina littorea, des plages soulevées du Danemark, 37.
Littoraux (dépôts), 337.
Loess, son origine diluvienne supposée, 144.
— son origine est souvent atmosphérique, 246.
— il s'y produit des rognons de marnolite, 301.
Loi suivant laquelle l'érosion augmente avec la hauteur au-dessus du niveau de sédimentation, 112.

Lophiodon, ses liens avec le tapir, 395.
Loup, absolument éteint en Angleterre, 385.
Lumachelle, accumulation de coquilles qu'elle présente, 352.
Lumière, son intensité à l'époque houillère, 409.
Lune, astre plus âgé que la Terre, 5.
Lusus naturæ, ce que c'est, 300.

Machærodus, a disparu sans laisser de descendance, 393.
Macle, sa production dans les roches métamorphiques, 100.
Maçonneries romaines imbibées par des eaux thermales qui y ont développé des zéolithes, 98.
Madrépores, formations auxquelles ils donnent lieu, 357.
Magnétisme terrestre, paraît indiquer l'existence d'un noyau métallique, 89.
Maisons englouties par suite de la circulation souterraine de l'eau, 157.
Mammifères fossiles, leur accumulation en certains points, 355.
— de Montmartre retrouvés dans le gypse de Delémont, 325.
Manganèse oxydé en enduits dans la tour naturelle de Fleurines, 186.
— cristallisé dans les fissures des roches, 299.
Mangliers, leur rôle dans le développement des tourbières américaines, 270.
Mammouths, ce qu'ils indiquent quant au climat quaternaire de la Sibérie, 405.
Marais salants : leur dépôt, 328.
— leur richesse en diatomées, 367.
Marbres ; accumulation de fossiles dans certains d'entre eux, 352.
Marécages à la surface du delta du Mississipi, 276.
— marins où se développent les tourbières dans l'Amérique du nord, 370.
— produits dans les fausses rivières des cours d'eau, 179.
Marées sensibles dans le golfe de Venise, 271.
Marmites de géants de la Norwége, 138.
— leur origine, 166.

Marnes à huîtres respectées par le prétendu rabotage diluvien, 145.
— jaunes subapennines superposées aux marnes bleues, 343.
— du lias constituées par des organismes microscopiques, 366. •
— résultant de la décomposition de coquilles accumulées, 355.
— vertes, rognons qu'on y observe, 301.
Marnolite en rognon dans le terrain des caillasses, 301.
Mars, astre plus âgé que la Terre, 5.
— ses climats, 425.
Marsouins, dépôt analogue aux coprolithes qu'ils produisent, 363.
Marsupiaux, sont peut-être la souche des placentaires, 300.
Masses ferrugineuses découvertes au Groënland, 90.
Mastodontes des anciens sédiments du Niagara, 175.
— leurs rapports avec les éléphants, 398.
Matières organiques enfouies; leurs transformations chimiques, 346.
Méandres des cours d'eau; comment ils se dessinent, 178.
Médailles romaines extraites du puisard de Bourbonne, 101.
— enfouies dans le delta de la Tinière, xv.
Megatherium, restes trouvés dans des cavernes du Brésil, xvi.
Mélaconise de formation actuelle, 102.
Mélange des atterrissements fluviatiles et des sédiments marins, 278.
Melania inquinata des lignites, 269.
Melania des anciens sédiments du Niagara, 175.
Mélanochroïte produite par l'action de la galène sur les chromates alcalins, 104.
Melanopsis buccinoidea des lignites, 269.
Mélaphyre, sa constitution minéralogique, 61.
Ménilite, forme de ses rognons, 302.
Mer, ses oscillations pendant les tremblements de terre, 14.
— sa présence à une date plus ancienne dans le désert de Gobi, 40.

Mer, son action sur les éruptions volcaniques produites sous sa surface, 72.
— son action sur les falaises, 113.
— n'est pour rien dans la production des roches striées, 140.
— triage qu'elle réalise parmi les matériaux accumulés au pied des falaises, 305.
— elle est l'origine des amas de sel gemme, 328.
— son échauffement par les éruptions volcaniques sous-marines, 356.
Métamorphisme contemporain de Plombières, 97.
— éprouvé par les meulières empâtées dans les alluvions verticales, 225.
— de contact, ce que c'est, 342.
Métaux natifs produits dans les filons sulfurés par les réactions secondaires, 104.
Météorites, leur analyse conduit à reconnaître l'unité de constitution du système solaire, 4.
— lumière qu'elles fournissent à la géologie, 80.
Météorologie fossile, 424.
Meules de pierre qui ont creusé les marmites de géants, 167.
Meulières, leur gisement et leur origine, 319.
— contenues dans les alluvions verticales de Montainville, 109, 224.
Mica, sa présence dans le granit, 2.
— séparé du granit par le triage naturel réalisé par la mer, 305.
Micaschiste, appartient à la famille du granit, 3.
Micraster coranguinum cité, 228.
Microscope appliqué à l'étude des pluies de poussière, 257.
Milliolites, leur gisement à Fresnes, 115.
Mimosite, sa nature, 61.
— constitue les cheires d'Auvergne, 57.
Minerais, leur distribution dans les filons concrétionnés. 95.
— de fer en grains, sont accompagnés d'argile geysérienne, 321.
— des marais, leur formation, 262.
— stratifiés, leur origine, 330.

Mines, affaissements du sol provoqués par les tassements qui s'y produisent, 153.

— de cèdres des États-Unis, 376.

Minéraux cristallisés développés dans les couches diverses métamorphiques, 342.

— divers des sables à diamants du cap, 238.

— filoniens formés dans le bassin des sources thermales, 100.

Miocène, renferme près de Rambouillet, un véritable alios, 261.

— blocs glaciaires qu'il contient, 142.

Mobilité des îles et des bancs de sable, 205.

— de l'écorce granitique, 10-15.

Modelé du sol dû à l'action de la pluie, 146.

Modifications subies par les cratères volcaniques, 65.

— produites dans les terrains par le voisinage d'une roche éruptive, 342.

Modiola lithophaga des colonnes du temple de Sérapis, 27.

Mollasse du Bas-Dauphiné; sa disposition témoigne d'un soulèvement lent, 21.

Mollusques; ils sont soumis à toutes les influences des climats, 418.

Monnaies romaines extraites du puisard de Bourbonne, 101.

— danoises empâtées dans des roches de sédimentation actuelle, 288.

Monosulfure de sodium; son action réductrice sur les dissolutions métalliques, 104.

Monotonie du relief du sol dans les pays où il ne pleut jamais, 146.

Montagnes, structure de leurs chaînes, 8.

— relation entre leur âge et leur degré d'usure, 165.

— leur soulèvement a pu causer la période glaciaire, 415.

— (Chaînes de), leur mode de formation, 20, 52.

— récemment soulevées en Chine, 50.

— recouvertes par les alluvions atmosphériques, 247.

Montagnes de l'Uinta, leur érosion considérable, 111.

— volcaniques, leurs caractères, 63.

— — servent de bases aux îles madréporiques, 359.

Monticules de sables connus sous le nom de *dunes*, 259.

Moraines glaciaires, leur description, 135.

— leurs diverses formes, 214.

Moules internes et externes produits par les corps organiques enfouis, 348.

Moulins des glaciers; ce que c'est, 168.

Mousses propres au développement de la tourbe, 372.

Mouvement de charnière subi par la péninsule scandinave, 26.

— moléculaires dans l'intérieur des roches, 299, 424.

— verticaux du sol comme base de la classification des terrains, 48.

Mud lumps du Mississipi, 241.

Murs des cratères volcaniques, ce que c'est, 64.

— souterrains constitués par les roches intercalées, 56.

Mytilus edulis des œsars prouvant des soulèvements lents, 25.

— témoigne d'un récent séjour de la mer dans la steppe d'Astrakhan, 39.

Nagelfluhe jurassique, son âge géologique, 324.

Nappes de cailloux sous les glaciers, 135.

— de roches intercalées, 57.

Natica micromphalus, son gisement à Fresnes, 115.

Nature chimique des couches de sédiment, 304.

— volcanique des basaltes d'Auvergne, comment elle fut découverte, 62.

Nébuleuse primitive du système solaire, 4.

Neige, fournissant un limon rouge en Suède et en Norwège, 220.

Neiges colorées par des poussières minérales, 255.

Neritina globulus des lignites, 269.

Ngawhas, sources siliceuses de la Nouvelle-Zélande, 313.

Niveau des lacs de Suisse; effets qu'aurait son abaissement, 202.

— des lacs salés par rapport à celui de l'Océan, 330.

Noisettes, enfouies dans le puisard romain de Bourbonne, 101.

Nodules de grès, leur reproduction artificielle, 290.

Nombre considérable de dykes volcaniques dans certaines régions, 69.

— de tremblements de terre en Nouvelle-Zélande, 19.

Noyau interne du globe, sa contraction séculaire, 50.

— métallique infragranitique, 89.

Noyaux de fruits enfouis dans le puisard romain de Bourbonne, 101.

Nuages volcaniques, 66.

Nummulites, leur accumulation dans certains calcaires, 352.

— leur localisation stratigraphique, 382.

Objections à la théorie diluvienne du creusement des vallées, 144.

Obsidienne; sa nature, 61.

Obstacles opposés à la progression des dunes, 159.

Oligiste, remplaçant la substance de coquilles fossiles, 350.

Ondavorologie; ce que c'est, 123.

Ondulations d'une corde tendue comparées aux inflexions des rivières, 263.

— des anciennes mers conservées par fossilisation, 404.

— d'un fond reproduites par les sédiments qui s'y déposent, 282.

— offertes par la craie parisienne, 106.

— de la surface de la croûte granitique, 7.

Oolithe supérieure, affaissement du sol qui lui correspond dans le bassin de Paris, 49.

Oolithes calcaires, leur formation actuelle, 309.

— qui se produisent dans le lœss, 302.

Opale ménilite, forme de ses rognons, 302.

Ophites, sont fréquemment en dômes, 58.

Ophite de Palassou; sa constitution minéralogique, 60.

Or, sa distribution dans la gravier des rivières, 205.

Or natif, mis en liberté par la pyrite, 104.

Organismes microscopiques des pluies de poussières, 254.

Organismes microscopiques; leur rôle géologique, 366.

Ordre de superposition des couches renversé par des failles, 54.

Orientation géométrique des failles sur le globe, 50.

Orifices volcaniques, leurs caractères, 64.

Origine des diamants du Cap, 234.

— des matériaux que l'action sédimentaire met en œuvre, 112.

— des roches basaltiques, discussion dont elle a été l'objet, 57.

— des roches intercalées récentes, 77.

— du Zuyderzée, 130.

Oreodon, sa dentition, 397.

Orœopithecus, passage des pachydermes aux quadrumanes, 400.

Orthose; sa présence dans le granit, 2.

Os humains empâtés dans des roches de cimentation actuelle, 288.

Oscillation double du sol correspondant, d'après M. Hébert, à chaque époque géologique, 42.

Oscillations de la croûte granitique, 10.

— du sol dont on voit les vestiges auprès d'Archangel, 27.

Ostéocolles, ce que c'est, 301.

Ostrœa angustâ des lignites, 269.

— *bellovacina*, conservation de son ligament, 352.

— *bellovacina* des lignites, 269.

— *cyathula*, son gisement à Fresnes, 15.

— *edulis*, des plages soulevées du Danemark, 37.

— *longirostris*, son gisement à Fresnes, 115.

— *sparnacensis* des lignites, 269.

— *squarrosa*, son accumulation près de l'étang de Berre, 354.

Oxydation des pyrites, est activée par le mélange des matières charbonneuses, 189.

Oxyde de fer en enduits dans la tour naturelle de Fleurines, 186.

Oxyde de fer des sources boueuses des États-Unis, 319.

Oxfordien (terrain), abondance des rognons appelés *chailles*, 300.

Pachydermes, leurs ancêtres fossiles, 390.

— leur liaison avec les singes, 400.

Paillettes d'or, leur distribution dans le gravier des rivières, 205.

Palœonictis, ses caractères au point de vue de la filiation des espèces, 391.

Palœotherium du nagelfluhe jurassique, 324.

— ses liens avec le rhinocéros, 393.

Palagonite, son analogie ave les silicates du béton de Plombières, 100.

Palétuviers, leur rôle dans le développement des tourbières américaines, 370.

Paloplotherium, ses liens avec le rhinocéros, 393.

Paludina lenta des lignites, 269.

Pans de l'Afrique australe, 233.

Parallélisme mutuel des couches dans les terrains stratifiés, 282.

— des sillons glaciaires, 140.

Parallel road, 34.

Passage graduel d'une formation marine à une formation lacustre plus récente, 262.

Pâte des briques romaines, son influence sur les zéolithes qui s'y développent, 99.

Pectunculus terebratularis des lignites, 269.

Pegmatite, sa constitution minéralogique, 59.

— en fragments dans le sable diamantifère du Cap, 238.

— sa transformation en kaolin, 192.

Pélagiens (dépots), 337.

Pence orientalis du terrain carbonifère, 413.

Pentacrinus, genre commun au terrain secondaire et à la faune profonde des océans actuels, 401.

Pépérinos, leur cimentation, 299.

— conchyfères, leur origine, 76.

Période actuelle, sa durée énorme, xv.

Périodes glaciaires, leur succession, 415.

— de repos et d'activité des volcans, 85.

Perlite, sa nature, 61.

Permanence de certains volcans. 66.

Permien (terrain), conglomérat qu'il contient, 143.

Persistance de matériaux délayables après la prétendue époque diluvienne, 145.

Pétrosilex, sa constitution minéralogique, 60.

Peuplades sauvages actuelles dont l'histoire éclaire celle de l'homme fossile, xix.

Phénomène erratique, causes auxquels on l'attribue, 139.

— volcanique, 62.

Phillipsite de formation actuelle, 102.

Phonolithe, sa nature, 61.

— son abondance dans le Mézenc, 81.

Phoques, dépôt analogue aux coprolithes qu'il produisent, 363.

Phosgénite, de formation actuelle, 102.

Phosphorite concrétionnée, argile rouge qui l'accompagne, 220.

— du gault dans la glauconie supérieure, 230.

Phylloxera, son transport d'une localité dans une autre, 386.

Phytolitharia dans les pluies de poussières, 257.

Pics trachytiques, 58.

Pierres calcaires de cimentation actuelles, 287.

— glaciaires datant d'anciennes époques géologiques, 417.

— qui coiffent les pilastres erratiques, 161.

— qui creusent en tournant sur elles-mêmes les marmites de géants, 167.

Pilastres erratiques, leur origine, 158.

Piliers de terre, ce que c'est, 159.

Pin sylvestre, fait partie de la flore des tourbières, 374.

Pins qui constituent les forêts de Scandinavie, 37.

Pinites du terrain carbonifère, 413.

Pinnularia borealis dans les pluies de poussières, 257.

Pisolithes calcaires, leur formation actuelles, 309,

Pistes de pas fossilisés, 404.

Placage de lœss expliqués par une origine atmosphérique, 246.

Placentaires, descendent peut-être des marsupiaux, 390.

Plaine des cratères volcaniques, ce que c'est, 64.

Plage d'âge miocène, visible à Étampes, 116.

— produite par le tremblement de terre de 1855, 18.

Plages soulevées à l'époque actuelle, 29-37.

Planorbis rotundatus de la tour naturelle de Fleurines, 188,

Plantes empâtées dans les dépôts siliceux des geysers, 312.

— fossiles, leur accumulation en certains points, 355.

— — dans l'euritine, 86.

— marines, produisent de la tourbe, 376.

Plateau de gneiss où se sont ouverts les volcans d'Auvergne, 77.

Plates-formes basaltiques dans le Cantal, 81.

Pliocène (époque), traces glaciaires qu'on y observe, 416.

Plissement de certaines couches stratifiées, leur origine, 282.

Plomb romain, minéraux formés à ses dépens par les eaux de Bourbonne, 103.

Plongement moyen des sédiments actuels vers la haute mer, 280.

Pluie, son action démolissante sur les roches, 143, 146.

— fossile, ce que c'est, 403.

Pluies, leur action sur les alluvions météoriques, 247.

— de poussières, leur fréquence, 250.

Pointements granitiques, souvent en relation avec les failles, 8.

Points d'éruption de l'Auvergne, leur constitution générale, 77.

Poissons fossiles accumulés en certains points, 355.

— tués par le tremblement de terre de 1855, 19.

Poli pris par les roches sous l'action des intempéries, 268.

Polissage des roches par les glaciers, 136.

Polypiers, formation auxquels ils donnent lieu, 357.

— leur abondance dans les couches calcaires, 382.

Polypiers fossiles, leur accumulation en certains points, 355.

Ponce, sa nature, 61.

Porphyre, sa constitution minéralogique, 60.

— sa transformation en kaolin, 192.

Porphyres, sont fréquemment en dômes, 58.

Postérosité du grès par rapport au sable qui le contient, 289.

Potamides Lamarckii du travertin d'Étampes, 261.

Potasse associée au sel gemme, 325.

Pôts, ce que c'est, 155.

Poudingues calcaires, leur cimentation, 296.

— à ciment de galène, 103.

— cimentés par du calcaire de précipitation actuelle, 287.

— siliceux qui recouvrent la craie blanche, 117.

Pourriture des parois des puits naturels du calcaire grossier, 183.

Pourtalesia, commun au terrain crétacé et à la faune profonde des mers actuelles, 402.

Prairies tremblantes, tourbières encore imparfaites, 371.

Précipitation dans les roches de calcaire niviforme venant de la surface, 180.

— d'infusoires par le mélange de l'eau douce avec l'eau salée, 366.

Presqu'îles progressivement circonscrites par les méandres des rivières, 178.

Pression exercée par l'eau lancée par la mer contre des parois solides, 119.

Pression, son influence sur l'agglutination des limons, 286.

Prismes dans lesquels se divise la lave par refroidissement, 73.

Production des chaînes de montagnes, 52.

— d'un cratère dans un cratère plus ancien, 65.

— de crevasses du sol pendant les explosions volcaniques, 67.

— artificielle de galets comme protection des falaises, 133.

— des îles dans les cours d'eau, 304.

Productus silurien contenant encore des matières organiques, 350.

Produits de la décomposition des silicates, 193.

Progression des courants de lave volcanique, 70.

— des dunes, 259.

Profondeur du lac de Genève, 261.

Protection des falaises par les galets accumulés à leurs pieds, 133.

Protogine, appartient à la famille du granit, 3.

Proviverra, ses caractères au point de vue de la filiation des espèces, 391.

Psaronius, souches encore en place dans les couches houillères, 46.

Pseudo-galets produits sans frottement, 266.

Pterodon, ses caractères ambigus, 391.

Pugmeodon, a des alvéoles à la mâchoire, 392.

Puias, nom donné aux geysers en Nouvelle-Zélande, 313.

Puisard romain découvert à Bourbonne, 100.

Puissance de charriage des rivières, 204.

— excessive des agents météoriques, 165.

Puits artésiens, fournissent de vraies alluvions verticales, 219.

— des glaciers, ce que c'est, 168.

— naturels, ce que c'est, 155.

— éclairent parfois les phénomènes de dénudation, 110.

— résultant parfois d'une dissolution des couches calcaires, 183.

Puys, ce que c'est, 58.

Pyramides des Fées, leur origine, 156.

Pyrite déposée par des sources, 97.

— formée à Bourbonne aux dépens du fer romain, 102.

— extrait l'or de ses dissolutions, 104.

— se transforme en sulfate de fer sous l'action de la pluie, 189.

— fournissant des infiltrations qui cimentent du sable en grès, 298.

— son oxydation donne naissance à du minerai de fer, 332.

— elle dérive des sulfates dans les couches de combustibles, 334.

Pyroméride, sa constitution minéralogique, 60.

Pyroxène, sa production dans les roches métamorphiques, 100.

Quadrumanes, leur parenté avec les pachydermes, 400.

Quantité de lave rejetée par les éruptions volcaniques, 71.

Quartz, sa présence dans le granit, 2.

— arénacé, son origine, 304.

— bipyramidé des meulières empâtées dans les alluvions verticales. 224.

— granitique des sables éruptifs, 222.

— granitique dans les sables diamantifères du Cap, 238.

— séparé du granit par le triage naturel réalisé par la mer, 305.

Quartzites dérivés des grès par métamorphisme, 342.

Quaternaire (époque), grands courants qu'on suppose y avoir existé, 143.

Rabotage réalisé par la mer aux dépens des continents, 134.

— produit sur les roches par les glaciers, 137.

Racines, leur pouvoir décolorant sur les argiles ferrugineuses, 332.

Rapidité de croissance de certains deltas, 270.

— de progression des dunes, 259.

Rapport entre l'âge des roches éruptives et leur nature minéralogique, 59.

Ravins creusés par les pluies dans les alluvions atmosphériques du Mexique, 247.

Réaction des roches superficielles sur le noyau interne du globe, 52.

— secondaires des filons sulfurés, 103.

Réapparitions d'espèces animales dans la série stratigraphique, 382.

Récifs madréporiques, leur origine, 357.

Recul de Brighton compatible avec le calme de ses habitants, 134.

— des chutes du Niagara, 172.

— de certaines côtes par suite de la démolition des falaises par la mer, 121.

— progressif de la Manche à l'embouchure de la Somme, 279.

Réduction des sulfates par les substances organiques, 334.

Réduction supposée des basaltes groënlandais par le lignite, 99.

Refroidissement des pôles, 420.

Régime climatologique supposé de la période diluvienne, 144.

Rejet des terrains par les failles, 8.

Relation entre l'âge des montagnes et leur degré d'usure, 165.

Relations mutuelles des nappes et des dykes de roches éruptives, 57.

Remaniement par un cours d'eau des galets du fond de sa vallée, 178.

Remolinas de polvo, nom donné au Mexique aux trombes de poussière, 248.

Remous des fleuves expliquant l'accumulation d'os de vertébrés dans certaines parties du diluvium, 357.

Remplissage des dykes volcaniques, 69.

Rennes fossiles, ce qu'ils indiquent quant au climat quaternaire de la France, 405.

Renouvellement des faunes et des flores, 381.

Renversements des terrains produits par des failles, 53.

Reproduction artificielle de la structure en éventail des chaînes de montagnes, 52.

Reproduction des tourbières, 372.

Réseau régulier dessiné par les failles à la surface du globe, 50.

Réservoir qui alimente les éruptions de roches, 89.

Restes d'animaux récents dans le sol d'une forêt submergée, 36.

Rétinite, sa constitution minéralogique, 60.

Retrait des roches comme cause des fissures qui les traversent, 50.

— de la vase désséchée, 285.

— sub: par certains rognons, 300.

— de l'argile conservé par fossilisation, 404.

— des glaciers, 416.

Réunion lente de Venise au continent, 271.

Révolutions produites par la pluie dans le sol de l'Amérique centrale, 147.

Rhinoceros, leurs ancêtres fossiles, 393.

Rhizocrinus, commun au terrain tertiaire et à l'époque actuelle, 400.

Rhomboèdres de grès quartzeux, leur composition, 297.

Rides causées par le vent et fossilisées dans les grès, 403.

Rivages anciens représentés par les terrasses parallèles, 35.

Rive rabotée et rive préservée des îles Scandinaves, 141.

Rivières, leur action à la fois destructive et créatrice, 201.

— leurs inflexions comparées aux ondulations d'une corde tendue, 263.

Roches acides, ce que c'est, 59.

— constituées par des organismes microscopiques, 366.

— cristallines de Scandinavie, ont été abaissées sous les eaux, puis soulevées, 38.

— éruptives récentes, leur origine, 77.

— feldspatiques, leur transformation en kaolin, 192.

— intercalées, ce que c'est, 56.

— moutonnées des glaciers, 136.

— polies par les glaciers, 136.

— scandinaves en blocs erratiques autour de Berlin, 215.

Rocher soulevé au-dessus de la mer par le tremblement de terre de 1855, 19.

Rognons, leur mode de formation, 300.

— de pyrite, leur origine, 303.

Rosalia dans les pluies de poussière, 257.

Rugosités de la surface des coulées de lave, leur origine, 70.

Ruines du temple de Sérapis, témoignage des mouvements lents du sol, 27.

Ruminants, leur parenté avec les pachydermes, 398.

Rupture spontanée de la terre, ce que c'est, 50.

Sable, son accumulation sous forme de dunes, 259.

— ancien, ayant les caractères des dunes, 260.

— cimenté par du calcaire de précipitation, 287.

— diamantifère du Cap, c'est un type d'alluvions verticales, 233.

— empâté dans des filons concrétionnés, 95.

Sable erratique, 207.
— de Fontainebleau respecté par le prétendu rabotage diluvien, 145.
— granitiques, leur origine, 195.
— mouvants qui recouvrent le Sahara, 281.
— moyen, traversé par un puits naturel, 184.
   moyen, dérivant du calcaire grossier par voie de triage, 307.
— quartzeux, son origine, 304.
Sahlite dans les sables diamantifères du Cap, 236.
Salines de Stassfurth, 325.
Salzes, sources boueuses, 321.
Sapin rouge, les conditions des tourbières ne lui conviennent pas, 374.
Schistes jurassiques transformés peu à peu en alunite, 334.
Schistosité acquise par certaines couches par l'effet du métamorphisme 342.
— de certaines laves volcaniques, 75.
Scialets, ce que c'est, 155.
Scories qui recouvrent les courants de lave, leur origine, 71.
— volcaniques d'Auvergne, discussion sur leur vraie nature, 63.
Secousses de tremblements de terre, leurs différentes formes, 15.
Sédimentation, ce que c'est, 196.
— atmosphérique, son importance, 258.
— proprement dite, 280.
— sur un fond onduleux, 282.
Sédiments fluviatiles accumulés dans les deltas sous-lacustres, 201.
— crayeux, leur triage par la mer au pied des falaises, 305.
Sel ammoniac produit dans les houillères embrasées, 189.
— gemme cristallisé dans les fissures des roches, 299.
— — sa cristallisation au milieu d'une pâte argileuse, 303.
— — son origine, 325.
— — triasique, forme lenticulaire de ses amas, 281.
Sels solubles, éléments des silicates qui se décomposent, 195.
Sensibilité des êtres organisés aux changements de climat, 405.
Séparation du Mont Saint-Michel dû à un affaissement du sol, 26-133.

Séparation par triage des éléments d'un limon complexe, 307.
Septaria, ce que c'est, 300.
— leur rôle protecteur pour les falaises, 133.
Sériation des îles, 205.
Serpentine, sa constitution minéralogique, 60.
— erratique du terrain miocène, 142.
— est la gangue des diamants du Cap, 235.
— son origine, 87.
Sez de terre, terrain glaciaire en couches inclinées, 211.
Shaking bogs, nom des tourbières en Irlande, 371.
Sidérose associée à la houille à Saint-Étienne, 46.
— formation des rognons de cette substance, 303.
Silex de la craie, leur origine, 302.
— leur déshydratation spontanée, 321.
— roulés de la glauconie supérieure, 227.
Silicates d'alumine hydratés déposés par les sources de Bourbonne, 102.
— constitutifs des roches éruptives, 59.
— contemporains de Plombières, leurs caractères et leur origine, 98.
Silice comme ciment des grès, 298.
— déposée par des sources, 311.
— remplaçant la substance des corps organiques fossilisés, 350.
Silification des marnes qui se transforment en ménilite, 302.
— de débris végétaux, 350.
Sillons glaciaires, 138.
— sinueux creusés sur la glace par l'eau qui y ruisselle, 168.
Sinuosités de la croûte granitique, 7.
Silurien (terrain) de la Bohême. On y observe le phénomène des colonies, 383.
Silurienne (époque), son climat, 406.
Sivatherium a disparu sans laisser de descendance, 393.
Soleil, astre plus jeune que la terre, 5.
— fossile, ce que c'est, 404.
— résidu de la nébuleuse primitive du système solaire, 4.
Solfatares, réactions qui s'y produisent, 334.

Solidification centripète du globe, 89
— des limons par dessiccation, 286.
Solipèdes, leur parenté avec les pachydermes, 395.
Solitaire de Leguat, son extinction
totale causée par l'homme, 387.
Sommet multiple de certains volcans,
61.
Sortie des roches éruptives, son mécanisme, 87.
Soufre en fleur produit dans les houillères embrasées, 189.
— mêlé à la silice des geysers aux
États-Unis, 315.
— stratiforme, son origine, 334.
Soulèvements et affaissements tem-
poraires du sol par les tremblements
de terre, 16.
Soulèvements lents, 23.
— des chaînes de montagnes, 21.
— du sol des vallées explique la formation des terrasses, 265.
— permanents produits par les
tremblements de terre, 16.
Soulèvement récent de l'Angleterre
tout entière, 35.
— récent de montagnes en Chine, 40.
— du sol dû au délayage de couches
d'argile fortement pressées, 154.
— du sol à toutes les époques géologiques, 45.
— du sol dus à la transformation de
l'anhydrite en gypse, 335.
Soupiraux volcaniques recouverts de
collines de lave, 71.
Source de l'acide carbonique atmosphérique, 91.
Sources boueuses chaudes aux États-
Unis, 319.
— du Mississipi, 241.
— ferrugineuses, leurs dépôts, 331.
— incrustantes, leurs caractères,
97, 307.
— minérales, leur rôle dans la cimentation de dépôts meubles, 288.
— salées, leurs dépôts, 325.
— séléniteuses, leurs caractères, 323.
— thermales, leurs dépôts éclairent
l'histoire des filons concrétionnés,
93.
— thermales troublées par les tremblements de terre, 13.
Spectroscopie, fait reconnaître l'u-
nité de constitution du système
solaire, 4.

Sphaignes, leur rôle dans la production des tourbières, 372.
Sphærella nivalis, dans les pluies
de poussières, 257.
Sphéroïdes dans lesquels se divisent
certaines laves volcaniques, 74.
— de marnolites qui se produisent
dans le lœss, 301.
Spilite, sa nature, 61.
Spongia cincinata, dans les pluies
de poussières, 257.
Squelette humain de 70 siècles, xv.
— de caraïbe empâté dans un calcaire de cimentation actuelle,
288.
Stalactites et stalagmites, leur mode
de formation, 182.
Statuette romaine extraite du puisard
de Bourbonne, 101.
Strates inclinées des delta lacustres,
leur origine, 202.
Stratification régulière de certains
terrains glaciaires, 211.
Stries marquées sur les roches par
les glaciers, 136.
Strontiane sulfatée en rognons dans
les marnes vertes, 303.
Structure des chaînes de montagnes,
8.
— en éventail des chaînes de montagnes, 51-52.
— des nodules de grès, 289.
— prismatique des roches intercalées,
57.
— rubanée des filons concrétionnés,
95.
Subapennin du Bas-Dauphiné, sa disposition témoigne d'un soulèvement
lent, 22.
Subapennin (terrain), ses marnes
jaunes superposées aux marnes
bleues, 343.
Subdidelphes, ce que c'est, 391.
Submersion est une bonne condition
par la fossilisation, 351.
Substances organiques, leur action
réductrice sur les sulfates, 334.
Substitution d'une matière minérale
à la substance des corps organiques
soumis à la fossilisation, 349.
Sulcatures d'origine glaciaire, 137.
Sulfate de magnésie associé au sel
gemme, 325.
— de fer dérivant de la pyrite par
oxydation, 189.

Sulfates, leur réduction par les sub-
stances organiques, 334.
Sulfuraires, leur rôle dans la produc-
tion des eaux sulfurées, 334.
Sulfures oxydés par la pluie, 189.
Surcharge supportée par le centre des
bassins stratifiés, 49.
Syénite, sa constitution minéralo-
gique, 59.
— erratique du terrain crétacé, 143.
Symétrie de certains filons concré-
tionnés, 96.
Système solaire, son origine, 4.
Systèmes de montagnes, 9.

Tableau montrant les terrains stratifiés propres à chaque type de
roches éruptives, 61.
Talcshiste dans les sables à diamants
du Cap, 238.
Tangue, son exploitation, 353.
Tapir, ses ancêtres fossiles, 394.
Tellina baltica des æsars, preuve
des soulèvements lents, 25.
Terebratula, commune à la craie et
à la faune actuelle des mers profondes, 403.
Température de l'eau qui charrient
les alluvions verticales, 225.
— des geysers des États-Unis, 316.
— nécessaire à la cristallisation des
silicates contemporains de Plombières, 98.
Temple de Sérapis témoigne des mouvements lents du sol, 27.
Témoins, constitués par les piliers
de terre de l'action démolissante
de la pluie, 162.
Temps géologiques, leur durée, XVIII.
Téphrine très-cellulaire de Volvic, 84.
Terrasse diluvienne au confluent de
l'Arve et du Rhône, 199.
Terrasses parallèles témoignant
d'exhaussement du sol, 34.
— des rivières, leur explication, 265.
Terres comestibles, leur composition,
367.
Terrain diluvien, 197.
— erratique, 207-210.
— du département de la Drôme à
rapprocher des alluvions verticales,
239.
— glaciaire, 207.
— houiller, sa disposition dans le
département du Nord, 53.

Terrain jurassique, sa structure dans
le bassin de Paris, 49.
Terrains cristallins et terrains stratifiés, leur composition chimique
comparée, 193.
— météoriques ou atmosphériques,
246.
— mixtes ou d'estuaires, 269.
— de sédiment proprement dits, 280.
— stratifiés latéraux des chaînes de
montagnes, leur disposition, 8.
— stratifiés propres à chaque type
des roches éruptives, 61.
— subapennins du Bas-Dauphiné,
leur disposition témoigne d'un
soulèvement lent, 22.
— superficiels de la craie dérivent
de la craie par voie de triage, 306.
— de transport, 197.
Terre, est un terme dans une nombreuse série de corps comparables
entre eux, 4.
— végétale, son origine, 367.
— — n'offre pas les conditions favorables à la fossilisation, 351.
— — sa persistance malgré la dénudation des points qu'elle recouvre,
163.
— de Buss, sa disparition récente,
30.
Térébratules siluriennes, contiennent
encore de la matière organique,
350.
Tertiaire (époque), son climat, 406.
Têtes de chats des sables de Chaumont en Vexin, 229.
Tétraédrite de formation actuelle,
102.
Thalassiques (dépôts), 337.
Tiges végétales, ce que leur structure indique quant au climat sous
lequel elles ont végété, 412.
Tiges encore debout des végétaux
fossilisés de l'époque houillère, 46.
Topographie du fond de la Manche,
127.
Tour naturelle de Fleurines, 185,
187.
— de Saint-Louis, son éloignement progressif de la mer, 275.
Tourbe, sa nature et son origine,
370.
— pleine d'infusoires vivants, 366.
Tourbières, fossilisation que le *Cervus megaceros* y a subie, 347.

Tourbières, conditions qui sont favorables à leur développement, 370.
— leur comparaison aux houillères, 380.
Traces laissées sur les roches par le passage d'un glacier, 135.
Trachytes, sont fréquemment en dôme, 58.
— leur constitution minéralogique, 61.
Tragulus, passage des ruminants aux pachydermes, 398.
Traînées de blocs glaciaires le long des vallées, 214.
— de blocs abandonnés actuellement au fond de la mer par les glaces flottantes, 217.
Trapp, est fréquemment en nappes, 57.
— sa nature, 61.
Tranchées ouvertes par les pluies sur les flancs de certains volcans, 146.
Tranquillité de la dénudation, 110.
Transformation d'un cordon de galets en une nappe caillouteuse, 232.
— chimique des matières organiques enfouies, 346.
— rapide d'un éboulis de porphyre en terre végétale, 370.
— du bois en houille et en anthracite, 377.
Transport des sables et des galets dans les fleuves quaternaires, 144.
— des poussières par le vent, 251.
— des blocs du diluvium, son explication par les causes actuelles, 265.
— des blocs erratiques, 215.
Travail de dénudation rendu sensible par les puits naturels, 110.
Travertin de Saint-Ouen, origine des puits naturels qui le traversent, 186.
Triages, rendent compte des faciès divers d'une même couche et des points différents, 337.
— naturels réalisés par la concentration des silex, 303.
— réalisés dans les rivières par les matériaux qu'elles charrient, 206.
— réalisés par la mer dans le produit complexe de démolition des falaises, 304.
— chimiques opérés par les racines dans les argiles ferrugineuses, 332.
Triasique (époque), son climat, 406.

Trilobites, leur localisation stratigraphique, 381.
Tronçonnement des bélemnites dans des couches devenues métamorphiques, 342.
Troncs d'arbres passés à l'état de lignite dans les tourbières, 377.
Troubles charriés par les fleuves, 162.
Tremblements de terre, 10.
Tremendal, nom des tourbières au Brésil, 371.
Tripoli, formé par des organismes microscopiques, 366.
Trombes de poussières du Mexique, elles produisent les alluvions atmosphériques, 248.
Troncs verticaux fossilisés à l'époque houillère, 46.
Tufs volcaniques coquillers, leur origine, 75.
— volcaniques en Auvergne, 79.
Tuyaux de plomb romains attaqués par les eaux de Bourbonne, 102.
Types principaux des roches éruptives, 59.

Unio, des anciens sédiments du Niagara, 175.
Ulva, concourt à la formation de certaines tourbes, 376.
Usure des montagnes, sa relation avec leur âge, 165.

Vaalite, dans les sables diamantifères du Cap, 236.
Vagues, leur force de démolition, 117.
— canaux qu'elles creusent dans les roches, 138.
— produites par les tremblements de terre, 11.
Vaisseaux retrouvés dans les terres, à la Nouvelle-Zélande, et témoignant d'un soulèvement du sol, 10.
— enfouis dans la terre, en Suède, et témoignant de soulèvements lents, 25.
Valeur agricole du limon des fleuves, 207.
Vallées, comment elles se sont creusées, 263.
— scandinaves, contraste entre le côté choqué lors du phénomène erratique et le côté préservé, 141.
Vapeurs, leur rôle dans la production du granit, 6.

Vapeur d'eau qui s'échappe de la lave volcanique incandescente, 70.
— que fournissent les geyers des États-Unis, 317.
Variation des climats pendant les temps géologiques, 405.
— des couches stratifiées, 337.
— des falaises de la mer tertiaire, 233.
— des fossiles avec la nature lithologique des couches, 382.
— des roches intercalées aux époques successives, 59.
Variations brusques dans la forme et dans la structure des couches, 420.
Variolite du Drac, sa nature, 61.
— de la Durance, sa nature, 61.
Vase des fleuves, sa valeur agricole, 207.
— marine actuelle, son dépôt sur des roches anciennes, 113.
— qui s'accumule autour des atolls, c'est une craie moderne, 359.
Végétation, sa limite supérieure s'est récemment abaissée en Scandinavie, 37.
Végétaux, phénomènes qui accompagnent leur fossilisation, 346.
— fossiles dans l'euritine, 86.
— inférieurs, leur rôle dans la formation de la terre végétale, 369.
Vent, poussière qu'il transporte à de grandes distances, 251.
— fossile, ce que c'est, 403.
Ventriculites crétacés, leur analogie avec le *Holtenia* actuel, 400.
Vénus, on y observera peut-être la formation contemporaine du granit, 5.
Verre qui résulte de la fusion du granit, 6.
Vésicules caractéristiques des laves refroidies sous l'eau, 76.
Vestiges de chaînes de montagnes détruites par dénudation, 54.
Viquesnelia, son accumulation dans certains calcaires, 352.
Villages entraînés par la démolition des falaises, 120.

Villages engloutis par l'éboulement de la Réunion, 147.
— détruit par l'envahissement des dunes, 259.
Vitesse supposée des fleuves quaternaires, 144.
Vivianite de formation actuelle, 103.
Voie mixte d'où paraît résulter le granit, 6.
— romaine corrodée par les agents météoriques, 164.
Volcans, leurs caractères généraux, 63.
— apaisés par les tremblements de terre, 13.
— sans cratères, 66.
— lunaires comparés aux volcans terrestres, 91.
— sous-marins, leur éruption cause la mort subite de très-nombreux poissons, 356.
Volume de la lave rejetée par certaines explosions volcaniques, 71.
— du limon charrié dans la mer par les fleuves, 162.
— des matériaux éboulés lors de la catastrophe du Rossberg, 152.
Vulcain, on y observera peut-être la formation contemporaine du granit, 5.

Wernerite, sa formation dans les roches métamorphiques, 100.

Xiphodon, est un ancêtre des ruminants actuels, 396.

Zéolithes formées dans le bassin des sources thermales, 97.
Zeuglodon, paraît relier les différents groupes de mammifères marins, 392.
Zircosyénite scandinave en blocs erratiques autour de Berlin, 215.
Zone où le poli glaciaire des roches scandinaves est le plus parfait, 140.
Zones sableuses anciennes parallèles aux côtes et résultant de triages naturels, 305.
— successives intragranitiques, 89.

FIN DES TABLES.

PARIS. — IMPRIMERIE ARNOUS DE RIVIÈRE

26, OUE RACINE, 26